放射生态学

张丰收　丁库克　陈晓明　主编

科学出版社

北京

内 容 简 介

本书紧密围绕放射生态学的学科特点，基于其基础知识与理论，注重介绍该学科目前在国内外发展的现状和科研成就。在此基础上还增加了一些典型场景，如：切尔诺贝利核事故、福岛核事故等的核污染生态效应分析。本书前二章为射线和核素的基础知识介绍；后五章分别介绍放射性核素在环境中的行为特性、核素的生态转移、放射性核素的生物学效应、放射生态监测与影响评价、放射生态修复技术及其应用。

本书可供放射生态学及其相关专业的研究生、本科生使用，同时也可为从事核能开发、生态保护和辐射防护工作的科技人员、大专院校师生提供参考。

图书在版编目(CIP)数据

放射生态学 / 张丰收，丁库克，陈晓明主编. -- 北京：科学出版社，2024.11. -- ISBN 978-7-03-079343-0

Ⅰ. Q142.6

中国国家版本馆 CIP 数据核字第 2024YM8263 号

责任编辑：刘　琳 / 责任校对：彭　映
责任印制：罗　科 / 封面设计：墨创文化

科 学 出 版 社 出版

北京东黄城根北街16号
邮政编码：100717
http://www.sciencep.com

成都锦瑞印刷有限责任公司 印刷
科学出版社发行　各地新华书店经销
*

2024 年 11 月第 一 版　　开本：787×1092 1/16
2024 年 11 月第一次印刷　　印张：23 1/4
字数：540 000
定价：98.00 元
(如有印装质量问题，我社负责调换)

《放射生态学》编委会

序

　　生态环境安全是国家总体安全的重要组成部分。在习近平总书记倡导"绿水青山就是金山银山"发展理念之后，我国政府将"加强污染防治和生态建设"作为生态环境安全的重点工作，并把新时代"环境友好型社会建设"放在优先发展的战略位置，提出到 2035 年实现建成"健康中国""美丽中国"的宏伟目标，这为我们从事放射生态学研究指明了前进方向。

　　放射性核素在人类居住的地球上可谓是无处不在、无时不在。它们一部分来源于地球和外太空，另一部分是来源于反应堆、粒子加速器、核试验、核医学等装置。目前，无论是核能与核技术的广泛应用，还是矿产资源尤其是伴生放射性煤矿、稀土矿和有色金属矿等资源的开发利用，以及大规模城镇、高铁、高速公路等基础设施建设，都显著提高了放射性核素的环境释放量，由此增加了潜在的生态环境风险。因此我们必须始终坚持总体国家安全观，把人才队伍建设和科学研究作为生态环境安全保障的基础工程，以放射生态领域高层次人才培养为龙头，以加强高水平的科学研究为重点，为国家生态环境安全与可持续发展保驾护航。

　　放射生态学是研究放射性核素与生态环境之间相互关系的一门科学。中国辐射防护学会放射生态分会始终将学科建设与人才培养作为核心工作之一，结合放射生态学科最新发展和行业应用需求，重构知识体系，组织编写了《放射生态学》教材。

　　该书在内容择取上，兼具经典性、前沿性与特色性。有与放射生态学定性定量描述密切相关的物理、化学、生态学基础知识，也涵盖了放射性核素进入人类生存环境的不同途径及其在环境中的迁移规律，放射性核素与环境生态中的不同生物组织层次之间的相互作用，放射性核素的生态监测方法、影响评价方法等经典内容；也有污染区域生态恢复有效技术、痕量放射性核素的 ICP-MAS（电感耦合等离子质谱仪）分析方法、氡的测量与防护方法等呼应学科发展前沿的新知识、新技术、新方法；还有将理论描述和场地案例相结合，介绍与分析了切尔诺贝利和日本福岛核事故的有关生态效应的特色内容。全书形成了一个较为全面、系统的知识体系。

　　该书不仅具有较高的可读性、科学性和指导性，而且贴合当前放射生态学科高层次人才培养需求，可作为辐射防护、环境保护、放射卫生等相关专业本科生与研究生教材，也可作为相关领域科技工作者和从业人员的重要参考书。相信该书的出版和应用，亦能以小见大，促进放射生态学科专业建设的教学相长、科教相长，助推生态环境安全领域高层次人才培养和科学研究。

中国工程院院士
西北核技术研究院研究员

前　言

　　放射生态学大约形成于 20 世纪 50 年代，是随着核能与核技术的开发利用而发展起来的，主要是研究放射性核素进入环境后，在环境与生物、生物与生物之间的转移、分布以及辐射对生物及生态系统影响的一门学科，覆盖核物理、化学、数学、生物学和生态学等的基础知识。

　　放射性核素在地球上无处不在，且天然存在的部分放射性核素在地球诞生之日起就存在，与地球相伴演化至今依然存在，也将继续存在；有些放射性核素不断衰变，其子体也具有放射性，这些核素构成了放射性衰变系列。放射性核素在地球上不仅有量值上的衰变变化，也可能有位置上的转移，如板块漂移、火山喷发、风力吹动、水体流动、山石风化等；在人类出现之后，尤其是物体的搬运、矿石的开采、隧道的开掘、房屋的建造、煤炭的燃烧等活动都在不断地改变着地表和地下放射性物质的固有点位。此外，核试验与核事故等也会释放放射性物质进入周围生态环境中。

　　尽管人类在地球上时刻都面对无处不在的放射性核素，但直到 1896 年法国物理学家贝可勒尔发现了天然放射性，紧随其后居里夫妇发现了两种新的放射性核素"钋"和"镭"，人类才开始进入核技术发展和应用的新时代。为肯定他们在放射性领域的开创性贡献，放射性活度的单位先后命名为"居里"和"贝可勒尔"，1903 年的诺贝尔物理学奖授予他们三人。

　　英国物理学家卢瑟福通过实验建立了原子的"核式结构模型"。典型的 α 射线、β 射线和 γ 射线均由原子核的衰变产生。这些射线与物质的相互作用都会产生相应的辐射效应，从而开启了放射性核素在医疗、地学、材料、建筑、农业、航天航空、水利、食品和环境等领域的广泛应用。

　　这些天然放射性和人工放射性核素，无论以何种形态存在，均具有放射性衰变特性。只要它们进入人类赖以生存的生态环境中，就会产生迁移、扩散及生物富集。核素在生态环境中的运移方式可以概括为以下三种：①随地壳运动、雨水冲刷、风吹鸟带等运动而使其发生位置运动和变化；②因核设施事故泄漏而导致放射性核素扩散；③通过水分蒸发和食物链转移而产生放射性核素的转移、浓缩或富集，对其周围的生物体产生辐射影响。这些问题引发的生态环境影响及其防护技术得到了相关研究人员重视。

　　20 世纪 40 年代到 60 年代的大规模核武器试验时期是放射生态学发展初期，也是放射生态学的蓬勃发展期。科学家们提出许多问题，不过一些问题比较简单，通过观察和测量就能回答，但是也有相当一部分问题并未得到令人满意的答案。随着核能的和平利用，核电站建设越来越受到关注，这为进一步了解环境中放射性的转移及其影响提供了强大的发展动力。然而同时，在世界范围内发生了几次大的核电站事故，特别是 1979 年美国三英里岛核电站事故、1986 年的苏联切尔诺贝尔核电站事故和 2011 年的日本福岛核电站事故，导致大量放射性物质被释放到环境中。不管是扩散到陆地还是水域，放射性物质不仅对生态环境中的放射性核素种类、数量有影响，而且对生态环境中的微生物、植物和动物，乃至于人类，都有可能因食物链传递、呼吸、皮肤接触等途径而产生放射性核素的富集和转移，从而对人体和其他生物体产生外照射与内照射。

在西方发达国家，放射生态学被广泛重视。在 2011 年 1 月，美国能源部萨凡纳河国家实验室(Savannah River National Laboratory)决定在国际范围内建立一个放射生态学的知识库和人才库，联合美国各相关高校，以及法国、乌克兰的研究机构成立国家放射生态研究中心(National Center for Radioecology，NCRE)，汇集环境放射性污染风险评价以及放射性污染环境修复等领域的专家和学者。该中心的主要合作方包括萨凡纳河国家实验室、杜克大学(Duke University)、科罗拉多州立大学(Colorado State University)、俄勒冈州立大学(Oregon State University)、克莱姆森大学(Clemson University)、南卡罗来纳大学(University of South Carolina)、佐治亚大学—萨凡纳河生态实验室(UG-SREL)、法国辐射防护和核安全研究所(IRSN，France)、切尔诺贝利国际放射生态实验室(IRL，Ukraine)。此外，NCRE 除了提供教育和培训机会，还展开相关研究项目，开展放射风险评价方法研究。各合作方相互协作申请联合研究项目，主要涉及分子水平、基因水平、个体水平、群落水平和生态系统水平的响应研究，同时还会涉及放射生态学方面的国家安全问题。

我国放射生态学研究晚于西方发达国家十多年时间。我国放射生态学第一个研究高潮是在 20 世纪 70～80 年代。到了 21 世纪，特别是在 2011 年日本福岛发生核电站事故之后，我国出现放射生态学第二个研究高潮，较高的研究热度至今仍在持续，这与福岛核电站事故的后续影响存在密切关系。

当前，矿产资源开发和冶炼、伴生放射性煤矿燃烧、放射性尾矿处理和堆积、核电站的冷却水排放、20 世纪的核试爆、国外的核电站事故及其核污染物排放等对放射生态的研究提出了现实要求；以保护人民健康为治国理念的提出，也对从事放射生态研究提出了较高要求。因此，既要关注常规环境中的放射生态问题，也要重视非常规环境中的放射生态问题。此外，还应关注生态环境中的气载放射性转移、扩散及其对人体健康影响等科学问题。

随着核能工业和核技术应用的发展，公众生态安全和辐射安全尤为重要，在处置放射性物质的过程中，人们对可能产生的对生态系统和人类健康不良的影响进行评价、对释放到环境中的放射性所致辐照剂量进行评估的要求日益迫切。在潘自强院士和中国辐射防护学会有关领导的支持下，2018 年 7 月 23 日在北京成立中国辐射防护学会放射生态分会。

2019 年中国辐射防护学会放射生态分会第一届学术会议期间，理事会决定面向放射生态学及其相关专业的本科生与研究生编写《放射生态学》教材，以汇集放射生态学当代研究成果为核心内容，从环境生态的视角阐述放射性核素在大气、水体和土壤等层面的转移、富集和作用规律，重点描述射线与物质的相互作用、放射性的来源、放射性核素在环境中的行为特性、核素的生态转移特征、放射性核素的生物学效应、放射生态监测与影响评价、放射生态修复技术及其应用。

中国工程院欧阳晓平院士在百忙中给本书做序，教育部高等学校核工程类专业教学指导委员会主任程建平教授多次关怀和指导教材编写，特向欧阳晓平院士和程建平主任表达敬意与感谢！本教材进行了函审和教指委组织的专家审定会，参加教材审稿的专家来自北京师范大学、清华大学、北京大学、西安交通大学、兰州大学、四川大学、复旦大学、中国海洋大学、哈尔滨工程大学、南京航空航天大学、苏州大学、成都理工大学、西南科技大学、四川轻化工大学、东华理工大学、南华大学、生态环境部核与辐射安全中心、中国辐射防护研究院、中国原子能科学研究院、中国疾病预防控制中心和科学出版社等单位。本书在编写过程中，还得到广大辐射防护领域专家的积极参与和大力支持，其中包括中国核学会射线束技术分会、中国生物物理学会辐射与环境生物物理专业委员会、中国环境诱变剂学会辐射与健康专业委员会等学会的专家学者。在此，谨向对本教材作出贡献的专家们一并致谢！

本书可作为本科生、研究生学习的教材和放射生态学领域专家学者交流的工具书，期待能得到广大读者的认可，助推我国放射生态学事业更好地向前发展。本书难免会有不足之处，敬请指导和斧正，以便再版时修订。

编者
2024 年 1 月

目　　录

第1章　放射生态学基础知识

1.1　放射生态的发展史

1.1.1　核科学发展简史

1. 原子模型历史

1858 年，德国物理学家尤利乌斯·普吕克(Julius Plücker)在利用低压气体放电管研究气体放电时发现了阴极射线。1897 年，约瑟夫·约翰·汤姆孙(Joseph John Thomson)根据放电管中的阴极射线在电磁场和磁场作用下的轨迹确定阴极射线中的粒子带负电，并测出其荷质比，这在一定意义上是历史上第一次发现电子。汤姆孙提出原子是一个带正电荷的球，电子镶嵌在里面，原子好似一块"葡萄干布丁"(plum pudding)，故名"葡萄干蛋糕模型"。1911 年，英国物理学家卢瑟福(Rutherford)提出原子核式模型，认为原子的质量几乎全部集中在直径很小的核心区域，叫原子核，电子在原子核外绕核作轨道运动。

2. 几种射线发现历史

1895 年，X 射线最早由德国物理学家伦琴(Röntgen)发现，故又称伦琴射线。伦琴从事阴极射线的研究时，他把房间全部弄黑，可是当他切断电源后，却意外地发现 1m 以外的一个小工作台上有闪光，闪光是从一块荧光屏上发出的，于是他重复刚才的试验，把荧光屏一步步地移远，直到 2m 以外仍可见到屏上有荧光。伦琴认为这不是阴极射线，他经过反复试验，确信这是一种尚未为人所知的新射线，便取名为 X 射线。

1896 年，贝可勒尔(Becquerel)发现了天然放射现象，这是第一次观察到原子核变化的现象，标志着核物理学的开端。1898 年，卢瑟福发现铀和铀的化合物所发出的射线有两种不同类型：一种是极易吸收的，他称之为 α 射线；另一种有较强的穿透能力，他称之为 β 射线。

1900 年，法国化学家维拉德(Villard)发现，将含镭的氯化钡通过阴极射线照射，从照片记录上看到辐射穿过 0.2mm 厚的铅箔，卢瑟福称这一贯穿力非常强的射线为 γ 射线。

1918 年，卢瑟福任卡文迪许实验室主任时，用 α 粒子轰击氮原子核，他注意到闪光探测器捕捉到了氢核的迹象。卢瑟福认识到这些氢核唯一可能的来源是氮原子，因此氮原子必须含有氢核。卢瑟福被公认为质子的发现人。在此之前尤金·戈尔德斯坦(Eugene Goldstein)就已经注意到阳极射线是由正离子组成的，但他没能分析出这些离子的成分。1920 年，卢瑟福发现质子以后，又预言了不带电的中子存在。1932 年詹姆斯·查德威克(James Chadwick)用 α 粒子轰击实验证实了中子的存在。

3. 几种放射性元素发现历史

1789 年，马丁·海因里希·克拉普罗特(Martin Heinrich Klaproth)发现了铀(U)。铀化合物早期用于瓷器的着色，发现铀的核裂变现象后，通常将铀作为核裂变反应堆的燃料使用。

1815 年，贝齐里乌斯(Berzelius)从事分析瑞典法龙(Fahlum)地方出产的一种矿石，发现一种新的金属氧化物，他命名这一新金属为钍(thorium，Th)，10 年后他又否认了钍是新元素。到 1828 年，贝齐里乌斯在挪威南部勒峰岛上所产的黑色花岗石中找到未知的元素，仍用钍命名。

1898 年，法国物理学家居里(Curie)发现沥青铀矿比纯氧化铀的放射性还强 4 倍，因此发现了放射性比铀强的钋(Po)和镭(Ra)两种放射性元素。1899 年卢瑟福(Rutherford)和欧文斯(Owens)研究铀衰变时，发现了氡(Rn)。1900 年，德国的弗里德里希·恩斯特·道恩(Friedrich Ernst Dorn)发现镭的化合物发出未知气体，证实该气体是氡。氡是继铀、钍、镭和钋之后第五个被发现的放射性元素。

原子核反应：由于组成 α 射线的 α 粒子有巨大的能量和动量，因此α粒子成为卢瑟福用来打开原子大门、研究原子内部结构的有力工具。1919 年，卢瑟福用镭发射的 α 粒子作"炮弹"，用"闪烁法"观察被轰击的粒子的情况。终于观察到氮原子核俘获一个 α 粒子后放出一个氢核，同时变成了另一种原子核的结果，这个新生的原子核后来被证实是氧-17(^{17}O)的原子核。这是人类历史上第一次实现原子核的人工转变。

1923 年，美国物理学家康普顿(A.H. Compton)发现 X 射线与电子散射时波长会发生变化，这称为康普顿效应。1939 年，哈恩(Hahn)和斯特拉斯曼(Strassmann)发现了核裂变现象。1942 年，费米(Fermi)建立了第一个链式反应堆。

1.1.2 核技术发展简史

1895 年，有一次伦琴夫人到实验室来看望伦琴时，伦琴请她把手放在用黑纸包严的照片的底片上，然后用 X 射线对准照射 15 分钟，显影后底片上清晰地呈现出伦琴夫人的手骨像，手指上的结婚戒指影像也很清楚。该实验表明了人类可借助 X 射线，隔着皮肉去透视骨骼。这也是最原始的核应用。

1962 年，美国著名的斯坦福直线加速器中心(Stanford Linear Accelerator Center，SLAC)成立。1967 年，斯坦福直线加速器中心顺利建设完成直线加速器，成功获得了 20GeV 电子束流。加速器的发明促进了射线束的应用。

1960 年以来，离子溅射、离子注入技术和掺杂技术在工业部门开始有了广泛的应用。接着又出现了束-箔光谱学。1970 年来，研究人员开始了用重离子治疗肿瘤和癌症的临床试验，并且还用重离子来形成超重准原子和产生极强电场，出现了真空衰变为正负电子对的现象。1988 年，我国建设了北京正负电子对撞机，开始了正负电子的对撞实验。2009 年，我国在中国科学院上海应用物理研究所建设了上海光源(Shanghai Synchrotron Radiation Facility，SSRF)。这是一台高性能的中能第三代同步辐射光源。工程包括三大加速器，分别是一台 150MeV 的电子直线加速器、一台能在 0.5s 内把电子束能量从 150MeV 提升到

3.5GeV 的全能量增强器和一台周长为 432m 的 3.5GeV 高性能电子储存环。2011 年 9 月，英国斯特拉斯克莱德大学领导的一个科研小组制造出一束地球上最明亮的伽马射线，其比太阳亮 1 万亿倍。这些都开启了核医学研究的新纪元。

1. 核技术在医学上的应用

核磁共振成像是一种利用核磁共振原理的最新医学影像新技术，对脑、甲状腺、肝、胆、脾、肾、胰、肾上腺、子宫、卵巢、前列腺等实质器官以及心脏和大血管有良好的诊断功能。20 世纪 70 年代中期出现了脉冲傅里叶核磁共振仪，它的出现使 ^{13}C 核磁共振的研究得以迅速开展。

计算机断层扫描(computed tomography，CT)是利用精确准直的 X 射线束、γ 射线、超声波等，与灵敏度极高的探测器一同围绕人体的某一部位做一个接一个的断面扫描，具有扫描时间快、图像清晰等特点，可用于多种疾病的检查；根据所采用的射线不同可分为 X 射线 CT(X-CT)、γ 射线 CT(γ-CT)等。

正电子发射体层成像(positron emission tomography，PET)是目前在细胞分子水平上进行人体功能代谢显像最先进的医学影像技术之一。PET 可以从体外对人体内的代谢物质或药物的变化进行定量、动态的检测，成为诊断和指导治疗各种恶性肿瘤、冠心病和脑部疾病的最佳方法之一。

2. 核技术在建筑上的应用

射线探伤是利用某种射线来检查焊缝内部缺陷的一种方法。常用的射线有 X 射线和 γ 射线两种。X 射线和 γ 射线能不同程度地透过金属材料，照相胶片产生感光作用。利用这种性能，当射线通过被检查的焊缝时，因焊缝缺陷对射线的吸收能力不同，所以射线落在胶片上的强度不一样，胶片感光程度也不一样，这样就能准确、可靠、非破坏性地显示缺陷的形状、位置和大小。

X 射线透照时间短、速度快，当检查厚度小于 30mm 时，显示缺陷的灵敏度高，但设备复杂、费用高、穿透能力比 γ 射线弱。

γ 射线能透照 300mm 厚的钢板，透照时不需要电源，方便野外工作，环缝时可一次曝光，但透照时间长，不宜用于小于 50mm 厚构件的透照。

1.1.3　放射生态学科的产生

和平利用核能在科技史上非常重要。然而，切尔诺贝利核电站事故、美国三哩岛核事故、日本福岛核事故这些重大核事故都给周围地区带来了严重的放射性污染。核武器研制及核实验也可能污染周边的环境。核事故泄漏和核试验释放的放射性核素可在动物、植物、微生物等构成的生态系统中逐渐扩散，最终威胁人类健康。

核能利用相比化石燃料利用更有助于减少碳排放，对环境污染小，相比风能、地热等能量供应更稳定。但核能利用中核燃料生产、提纯、运输、乏燃料的处理可能会给周围环境带来污染。

开发某些矿产尤其是稀土矿时，可能会导致地下放射性核素大量暴露于环境中。矿山开发过程中有导致周围环境放射性污染的风险。

放射性同位素的医学应用很广，人体的代谢和人体组织的成像都离不开各种医用同位素。锕-225 是富有应用前景的一种同位素，因为它的半衰期短（10 天），释放α粒子多，具有非常好的杀死癌细胞的能力，它能在很短的半径内起作用，同时不影响周围的健康组织。但生产和研究放射性同位素有造成环境污染的风险。

综上所述，治理核素污染，研究生态系统中放射性核素的运移机制非常重要，这就促进了放射生态学的产生。

放射生态学主要研究以下内容：放射性核素；环境温度、风、降雨等自然条件对放射性核素运移的影响；核素在土壤中的迁移性质；放射性核素对动物、植物及微生物的影响；如何修复污染的生态系统。这些研究可以对我国制定放射性核素的相应监管政策提供参考。

1.2   放射性和放射性衰变

1895 年伦琴发现了 X 射线，1896 年贝可勒尔发现了天然放射性现象。这两个事件拉开了人们对放射性领域的研究序幕。在其后的五十年中涌现出了大批科研成果，多人因此获得诺贝尔奖，其中就包括居里夫妇与爱因斯坦等知名科学家。随着电离辐射技术的发展，放射性核素在生物学、生态学中的应用也较广，如在研究 DNA 和大分子蛋白功能、同位素核素辐射与示踪等方面发挥着很大作用，已成为生物学与生态学实验的一种重要手段。

1.2.1   放射性及其特性

许多天然的和人工产生的核素都能自发地发射各种射线。有的发射 α 射线，有的发射 β 射线，有的发射 γ 射线，有的三种射线均有。此外，还有的核素能发射正电子、质子和中子等其他粒子。原子核自发地放射各种射线的现象，称为放射性。按照其原子核是否保持稳定这一特征，可把核素分为稳定性核素和放射性核素两大类，其中放射性与原子核衰变密切相关。

在已发现的 100 多种元素中，有 2600 多种核素。其中稳定性核素仅有 280 多种，属于 81 种元素。放射性核素有 2300 多种，又可分为天然放射性核素和人工放射性核素两大类。放射性衰变最早发现于天然放射性铀中。1896 年，法国物理学家贝可勒尔在研究铀盐的实验中，首先发现了铀原子核的天然放射性。在进一步研究中，他发现铀盐所放出的这种射线能使空气电离，也可以穿透黑纸使照相底片感光。他还发现，外界压强和温度等因素的变化不会对实验产生任何影响。贝可勒尔的这一发现意义深远，它使人们对物质的微观结构有了更新的认识，并由此打开了原子核物理学的大门。

1898 年，居里夫妇又发现了放射性更强的钋和镭。由于天然放射性这一划时代的发现，居里夫妇和贝可勒尔共同获得了 1903 年诺贝尔物理学奖。居里夫人于 1902 年分离出高纯度的金属镭，此后，获得了 1911 年诺贝尔化学奖。在贝可勒尔和居里夫妇等人研究的基础上，研究人员又陆续发现了其他元素的许多放射性核素。

那些能够自发释放出射线或粒子的物质，叫作放射性物质。一般情况下，放射性物质主要有放射性核素及由其标记与被包含的化合物等。此外，能够产生某些射线的设备叫作射线装置，即指能产生 X 射线、γ 电子束、中子射线等的电器设备或内含放射源的装置(高能加速器除外)。

放射性核素的主要特性是原子核衰变，即自发释放出一些射线或粒子。除了天然存在的放射性核素以外，还存在大量人工制造的放射性核素。放射性的类型除了放射 α 粒子、β 粒子、γ 粒子以外，还有放射正电子、质子、中子、中微子等粒子以及自发裂变粒子、β 缓发粒子等。原子核衰变服从指数衰减规律，初始时刻原子核数为 N_0，经过时间 t 后，原子核数变为 N：

$$N = N_0 \mathrm{e}^{-\lambda t} \tag{1.1}$$

其中，λ 为衰变常量，表示在单位时间内(如每秒)每个原子核的衰变概率，也可理解为单位时间内衰变的原子核数占所有原子核数的比例。

在单位时间内有多少原子核发生衰变，亦即放射性核素的衰变率叫作放射性活度 A。

$$A = -\frac{\mathrm{d}N}{\mathrm{d}t} = \lambda N_0 \mathrm{e}^{-\lambda t} \tag{1.2}$$

放射性核素的原子核数量因衰变而减少到原来一半时所经历的时间为半衰期 $T_{1/2}$：

$$T_{1/2} = \frac{\ln 2}{\lambda} \tag{1.3}$$

不同放射性核素有不同的半衰期；放射性核素与它们的半衰期之间具有一一对应的关系。

式(1.3)是放射性核素一次性衰变的规律。若一种核素及其衰变的子体具有多级放射性衰变，则其递次衰变的规律如下。

有些放射性核素衰变通常能够一代一代地连续进行，直到衰变到稳定核素为止，这种衰变叫作递次衰变、连续衰变或级联衰变。假定母体 R 衰变到 S，S 衰变到 T。下面就以 ^{232}Th 经过若干次衰变最终转变成 ^{208}Pb 这一过程进行说明与公式推导。

$$^{232}\text{Th} \xrightarrow[1.41 \times 10^{10}\text{a}]{\alpha} {}^{228}\text{Ra} \xrightarrow[5.76\text{a}]{\beta^-} {}^{228}\text{Ac} \xrightarrow[6.13\text{h}]{\beta^-} {}^{228}\text{Th} \rightarrow \cdots \rightarrow {}^{208}\text{Pb} \tag{1.4}$$

$$\text{R} \rightarrow \text{S} \rightarrow \text{T} \tag{1.5}$$

R、S、T 的衰变常量分别为 λ_1、λ_2、λ_3，时刻 t 时，它们的原子核数分别为 N_1、N_2、N_3，$t = 0$ 时刻，只有母体 R，$N_2(0) = N_3(0) = 0$，

$$N_1(t) = N_0 \mathrm{e}^{-\lambda_1 t} \tag{1.6}$$

R、S、T 的放射性活度分别用 $A_1(t)$、$A_2(t)$、$A_3(t)$ 表示：

$$A_1(t) = \lambda_1 N_1 = \lambda_1 N_0 \mathrm{e}^{-\lambda_1 t} = A_1(0) \mathrm{e}^{-\lambda_1 t} \tag{1.7}$$

$$\frac{\mathrm{d}N_2}{\mathrm{d}t} = \lambda_1 N_1 - \lambda_2 N_2 \tag{1.8}$$

求解后得

$$N_2(t) = \frac{\lambda_1}{\lambda_2 - \lambda_1} N_1 = \frac{\lambda_1}{\lambda_2 - \lambda_1} N_1(0) \left[\mathrm{e}^{-\lambda_1 t} - \mathrm{e}^{-\lambda_2 t} \right] \tag{1.9}$$

$$A_2(t) = \lambda_2 N_2(t) = \frac{\lambda_1 \lambda_2}{\lambda_2 - \lambda_1} N_1 = \frac{\lambda_1}{\lambda_2 - \lambda_1} N_1(0)\left(e^{-\lambda_1 t} - e^{-\lambda_2 t}\right) \tag{1.10}$$

如果 T 稳定，则

$$N_3(t) = \frac{\lambda_1 \lambda_2}{\lambda_2 - \lambda_1} N_1(0)\left[\frac{1}{\lambda_1}\left(1 - e^{-\lambda_1 t}\right) - \frac{1}{\lambda_2}\left(1 - e^{-\lambda_2 t}\right)\right] \tag{1.11}$$

如果 T 不稳定，则

$$N_3(t) = N_1(0)\left(h_1 e^{-\lambda_1 t} + h_2 e^{-\lambda_2 t} + h_3 e^{-\lambda_3 t}\right) \tag{1.12}$$

$$h_1 = \frac{\lambda_1 \lambda_2}{(\lambda_2 - \lambda_1)(\lambda_3 - \lambda_1)}, \quad h_2 = \frac{\lambda_1 \lambda_2}{(\lambda_1 - \lambda_2)(\lambda_3 - \lambda_2)}, \quad h_3 = \frac{\lambda_1 \lambda_2}{(\lambda_1 - \lambda_3)(\lambda_2 - \lambda_3)} \tag{1.13}$$

$$A_3(t) = \lambda_3 N_3(t) = \lambda_3 N_1(0)\left(h_1 e^{-\lambda_1 t} + h_2 e^{-\lambda_2 t} + h_3 e^{-\lambda_3 t}\right) \tag{1.14}$$

由式(1.14)可看出，递次衰变规律不再是简单的指数衰减规律。

1.2.2 主要射线与粒子

当前，在生物学和放射生态学实验中常遇到的射线与粒子主要为α射线、β射线、γ射线、X射线、质子、重离子，下面就简要介绍它们的基本性质。

1. α射线

α射线是放射性物质所放出的氦原子核 $_2^4\mathrm{He}^{2+}$，$_2^4\mathrm{He}^{2+}$ 由两个质子和两个中子构成，并带有 2 个正电荷。多种放射性物质(如镭)能够发射出α粒子。从α粒子在电场和磁场中偏转的方向可知，α粒子带有正电荷。由于α粒子的质量比电子大很多，通过物质时极易使其中的原子电离而损失能量，所以它穿透物质的本领比 β 射线弱得多，容易被薄层物质所阻挡，但是它有很强的电离作用。放射α粒子的核素半衰期范围变化很大，为 $10^{-7}\mathrm{s}\sim10^{15}\mathrm{a}$。

α粒子的能量可用磁谱仪测量。半圆磁谱仪的工作原理如图 1.1 所示，即质量为 m、速率为 v 的α粒子从垂直磁场 B 方向入射，在均匀磁场的作用下偏转，做半径为 r 的匀速圆周运动，洛伦兹力充当向心力，有如下关系：

$$qvB = m\frac{v^2}{r} \tag{1.15}$$

由磁场强度 B、电荷 q、质量 m、偏转半径 r，就可测量出α粒子的速率 v。

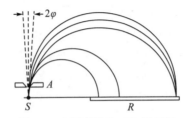

图 1.1　半圆磁谱仪工作原理图

A-狭缝；S-源；R-接收屏；φ-源对入射狭缝的张角

半圆磁谱仪的动量分辨率 R_p 为

$$R_p = \frac{\varphi^2}{2} \tag{1.16}$$

在大多数天然α射线中，核素的原子序数 $Z \geq 82$，仅少数 $Z \leq 82$，如 $^{147}_{62}Sm$（钐，半衰期 $T_{1/2}=6.7 \times 10^{11}a$）的原子序数就小于 82。α粒子能量与衰变能有关。α衰变可表示如下：

$$^{A}_{Z}X \rightarrow {}^{A-4}_{Z-2}Y + {}^{4}_{2}He + Q \tag{1.17}$$

式中，X 为母体核素(简称母核素或母核)；Y 为子体核素(简称子核素或子核)；Q 为衰变能。

在α衰变过程中，由核内释放出的能量为α粒子具有的动能与子核的反冲能之和。其中，α粒子所具有的动能称为α辐射能。

根据能量守恒和动量守恒，可以推导出α粒子动能 E_α、子核反冲能 E_R、核衰变能 E_d 满足下式：

$$E_d = E_\alpha + E_R = \left(1 + \frac{m_\alpha}{m_Y}\right)E_k \approx \left(1 + \frac{4}{A-4}\right)E_k$$

$$E_\alpha = \frac{A-4}{A}E_d$$

$$E_R = \frac{4}{A}E_d \tag{1.18}$$

式中，E_k 为动能。

能够发生α衰变的原子核，其首要条件就是质量数 $A > 200$，$E_d > 0$，所以 $E_\alpha \geq 0.98E_d$，即α粒子几乎带走了所有衰变能。此外，可以通过下式求出α粒子衰变过程中的核衰变能。

$$E_d = m\left({}^{A}_{Z}X\right) - m\left({}^{A-4}_{Z-2}X\right) - m\left({}^{4}_{2}He\right) \tag{1.19}$$

只要能够测量母核放出的α粒子的能量，就可以确定子核能级的能量。在测量α粒子的能量时，通过高分辨率的磁谱仪发现：一种核素发射的α粒子的能量并不只有一个峰，而是有几个峰同时存在，这种峰形称为α能谱的精细结构。在α能谱的精细结构中，只有一种能量的α粒子的强度最大，其他几种能量的α粒子的强度都较弱，它们的能量也较低，射程当然也较短，这种α粒子称为短射程α粒子，如 ^{228}Th、^{226}Th 等。短射程α粒子是从母核的基态衰变到子核的激发态时所发射的α粒子。另一方面，当只有一种能量的α粒子的强度最大，其他几种α粒子具有很大能量而强度很弱，通常称这种α粒子为长射程α粒子，如 ^{212}Po、^{214}Po 等。

2. β 射线

有些放射性同位素(如 ^{32}P、^{35}S 等)母核中子或质子过多，在衰变时能放出带正电荷或带负电荷的粒子，放出的射线就是β射线。β射线是高速运动的电子流，贯穿能力很强，电离作用弱。在β衰变过程中，放射性原子核通过发射电子和中微子转变为另一种原子核，产物中的电子就被称为β粒子。β辐射就是由核电荷数改变而核子数不变的核衰变所产生的，主要包括β⁻辐射、β⁺辐射、电子俘获(electron capture，EC)三种。

1) β⁻ 辐射

β⁻ 辐射是由原子核发射出来的高速运动的电子所组成，它以粒子流的形式传播能量流。电子带一个负电荷，质量约为 1 个核子质量的 1/1840。因为电子质量相对较小，所以在磁场中有较大偏转。原子核发生 β⁻ 衰变的一般反应式为

$$_{Z}^{A}X \longrightarrow _{Z+1}^{A}Y + \beta^- + \bar{v} + Q \tag{1.20}$$

式中，$\bar{v}$ 是反中微子，它是在 β⁻ 衰变过程中伴随 β⁻ 粒子而放射出的一种基本粒子，它的反粒子称为中微子，记作 v。$\bar{v}$ 和 v 都不带电，静止质量接近为零，它们与其他物质的相互作用极微弱，因而 $\bar{v}$ 和 v 的穿透能力极强。

例如：$_{82}^{214}Pb$（铅，$T_{1/2}$=26.8min）放出一个电子变成了 $_{83}^{214}Bi$，其 β⁻ 衰变的反应式为

$$_{82}^{214}Pb \longrightarrow _{83}^{214}Bi + \beta^- + \bar{v} + Q$$

原子核是由质子 p 和中子 n 组成，β⁻ 衰变可以看成母核内的一个中子发生衰变，生成一个质子，放出一个电子和一个反中微子的过程，即

$$n \longrightarrow p + \beta^- + \bar{v} + Q \tag{1.21}$$

β⁻ 衰变的衰变能 Q 可以从母核静止质量和子核、电子及反中微子的质量之差中求出。

2) β⁺ 辐射

1932 年，安德森（Anderson）发现了 β⁺ 辐射，由于 β⁺ 粒子是带一个正电荷的粒子，其质量为 1/1840u，它是电子的反粒子，故称为正电子，其辐射称为正电子辐射。一般，正电子在辐射防护中的辐射效应没有粒子大。原子核进行 β⁺ 衰变的一般反应式为

$$_{Z}^{A}X \longrightarrow _{Z-1}^{A}Y + \beta^+ + v + Q$$

例如，$_{7}^{13}N$（氮，$T_{1/2}$ =9.96min）放出正电子（可记为 e⁺）变成了 $_{6}^{13}C$，其 β⁺ 衰变的反应式为

$$_{7}^{13}N \longrightarrow _{6}^{13}C + \beta^+ + v + Q$$

β⁺ 衰变可以看成母核内的一个质子转变为一个中子，放射出 β⁺ 粒子和中微子的过程，这个过程可以写为

$$p \longrightarrow n + \beta^+ + v + Q \tag{1.22}$$

3) 电子俘获

电子俘获(EC)是 β 衰变的另一种形式，它是原子核俘获某一电子壳层的核外电子，使核发生跃迁的过程，又称轨道电子俘获。由于 K 壳层的电子离原子核最近，故俘获 K 壳层电子的概率最大，常称 K 俘获。原子核发生电子俘获的一般反应式为

$$_{Z}^{A}X + \beta^- \longrightarrow _{Z-1}^{A}Y + v + Q \tag{1.23}$$

例如，$_{4}^{7}Be$（铍，$T_{1/2}$ =53.22d）经电子俘获，生成子核 $_{3}^{7}Li$ 的过程可用反应式表示为

$$_{4}^{7}Be + \beta^- \longrightarrow _{3}^{7}Li + v + Q$$

同理，电子俘获也可看作核内的一个质子转变为一个中子并放出中微子的过程，即

$$p + \beta^- \longrightarrow n + v + Q \tag{1.24}$$

　　如果母核发生了 K 俘获，则 K 壳层少了一个电子，K 壳层出现一个电子空穴，此时，处于较高能态的电子(如 L 壳层或其他壳层的电子)就会跃迁到 K 壳层来填补这个空穴，多余的能量以特征 X 射线的形式放射出来，即

$$E_X = h\nu = E_K - E_L \tag{1.25}$$

式中，E_X 为特征 X 射线能量；h 是普朗克常量；ν 为 X 射线频率；E_K、E_L 分别为 K、L 壳层电子的结合能。

　　在 K 俘获产生子核的过程中，多余能量除了可放出特征 X 射线外，还可能把多余能量交给某层电子，如 L 层电子或其他壳层电子，而使这个电子成为自由电子而被放出，该电子称为俄歇电子，该过程称为俄歇效应。K 俘获所引起的发射特征 X 射线(也称 KX 射线)和俄歇电子的过程，如图 1.2 所示。其中俄歇电子的动能为

$$E_e = h\nu - E_L \tag{1.26}$$

　　还应指出，β^- 衰变有三个生成物，即子核、电子和反中微子；而 β^+ 衰变的三个生成物则为子核、正电子和中微子，因此衰变能由这三个粒子共同携带。由于子核的质量比电子和中微子的质量大很多，按照能量守恒定律，衰变能主要由电子和反中微子带走，它们携带的能量各自都是连续的。

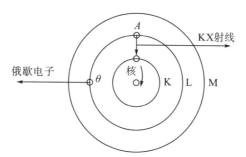

图 1.2　特征 X 射线和俄歇电子示意图

　　图 1.3 给出了所发射的 β^- 粒子的能量曲线，由图 1.3 可以看出，β 射线的能量分布是连续的；右边有一个确定的最大能量值 E_{max}。其中，在最大能量 1/3 左右的 β^- 粒子数量最多，动能很小和动能很大的 β^- 粒子数目都很少，故取 β^- 粒子的平均能量为

$$E_{\beta^-} = \frac{1}{3} E_{max} \tag{1.27}$$

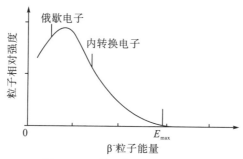

图 1.3　β^- 粒子能量曲线示意图

3. γ射线

γ射线是原子核衰变时放出的射线之一。γ射线是波长很短的电磁波,它的穿透力很强。γ射线首先是由法国科学家维拉德(Villard)在 1900 年发现的,他将含镭的氯化钡通过阴极射线,从照片记录上看到辐射穿过 0.2mm 厚的铅箔,随后他将这一贯穿力非常强的辐射定义为 γ 射线。这是继 α、β 射线后发现的第三种原子核射线。

当某个原子核发生α衰变或β衰变时,衰变所产生的子核常常处于高能态,即子核的激发态。当子核从激发态跃迁到基态或能量更低的激发态时,就会放出γ射线。一般来说,原子核在激发态存在的时间很短($10^{-12} \sim 10^{-11}$s),因而可认为γ射线与α射线或β射线同时产生。

也有一些核素的激发态寿命较长,可采用常规方法来测定其半衰期 $T_{1/2}$。因这类原子核的质量数、电荷数均保持不变,只是原子核的能量状态发生了变化而放出γ射线,故又称这种过程为同质异能跃迁(记为 IT)。同质异能跃迁的一般表达式如下,即

$$_{Z}^{Am}X \longrightarrow _{Z}^{A}Z + \gamma + Q_\gamma \tag{1.28}$$

例如,同质异能跃迁 $_{27}^{60m}Co \longrightarrow _{27}^{60}Co + \gamma$ 可放出能量 E_γ 分别为 1.33MeV 和 1.17MeV 的γ粒子。若衰变前后的核能级差为 Q_γ,则γ衰变能 Q_γ 可由γ粒子辐射能 E_γ 和核反冲能 E_X 求得,即

$$Q_\gamma = E_X + E_\gamma \tag{1.29}$$

由于核反冲能 E_X 很小,$Q_\gamma \approx E_\gamma = h\nu$,即核能级差 Q_γ 几乎被γ粒子带走,故γ粒子的能量是单色光的。通常,可通过γ粒子的辐射能 E_γ 来分析核能级状况。

1) 内转换

内转换是指处于激发态的原子核把激发能给予核外电子,将导致该电子从壳层发射出来,此时原子核从激发态回到基态。应指出的是,内转换过程所发射出来的电子主要是 K 壳层电子(也有 L 层或其他层的电子),其释放出来的电子的能量为

$$E_e = \Delta E - E_i \tag{1.30}$$

式中,ΔE 为核激发态与核基态的能级差;E_i 为第 i 层的电子结合能,i =K,L,M,$\cdots$,分别表示 i 取不同的电子壳层。

由于核能级的不连续性,故内转换电子的能量 E_e 是单一的,这一点与β衰变发射出来的电子有明显区别,但也有些核素的内转换电子与 β$^-$ 粒子的能量混在一起。例如,$_{55}^{137}Cs$ 经衰变处于 $_{56}^{137}Ba$ 的激发态的概率约占 93.5%,从 $_{56}^{137}Ba$ 的激发态回到基态并放出 0.662MeV 的γ粒子的概率约占 85%,还有一部分是通过放出内转换电子回到 $_{56}^{137}Ba$ 的基态。因此内转换也是一种γ跃迁,因为这种跃迁不放出光子,所以将该跃迁称为"无辐射跃迁"。内转换过程如图 1.4 所示,在该图中,M 层电子因内转换被发射出来,外层电子将填补空位,其后仍有可能发射特征 X 射线或放出俄歇电子,这与电子俘获相类似。

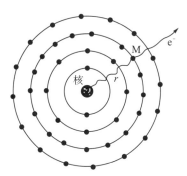

图 1.4 内转换过程示意图

r 为电子与原子核的距离

2) 穆斯堡尔效应

穆斯堡尔(Mössbauer)于 1958 年将发射γ粒子的原子核和吸收γ粒子的原子核分别置入固体晶格中,使其尽可能固定,并与晶格形成一个整体,因而在吸收γ粒子或发射γ粒子时,反冲体不是一个原子核,而是整个晶体。此时核反冲能 E_X 极小,实际上可看成零,该现象称为穆斯堡尔效应。

利用穆斯堡尔效应,可直接观测核能级的超精细结构,以及验证广义相对论等。这种效应被大量应用的基础是原子核与核外电子的超精细作用,并且被广泛应用于物理学、化学、生物学、地质学、冶金学等学科的基础研究,已发展成为一门重要的边缘学科。

处于激发态的原子核进行γ跃迁时,原子核的反冲能 E_X 比γ粒子辐射能 E_γ 小很多,可忽略,但 E_X 与核能级宽度比较,就不能忽略。因为只有稳定的原子核基态,才有完全确定的能级,而具有一定寿命的非稳定核的能级是不能完全确定的,也就是它具有一定的能级宽度。

当核的激发能级有一定宽度并进行γ跃迁时,放出的γ射线能量才具有一定的展宽,称为γ谱的自然展宽。理论上,通过测量γ射线的展宽可以测定激发能级的宽度。由于目前γ谱仪的能量分辨率尚不能达到如此高的要求,故只能间接对它进行测量。

例如,采用γ射线共振吸收法可进行相关测量。当入射的γ射线能量等于原子核激发能级的能量时,将发生γ射线的共振吸收现象,但让一种原子核放出的γ粒子通过同类核素的原子核时,不易观测到该现象。原因是发射γ粒子(能量为 $E_{\gamma e}$)的原子核携带了反冲能 E_R,导致 $E_{\gamma e}$ 低于相应能级差 ΔE,即

$$E_{\gamma e} = \Delta E - E_R \tag{1.31}$$

当同类原子核吸收γ粒子受激时,原子核也有一个同量的反冲动能 E_R。因此要发生共振吸收,吸收光子的能量必须大于相应能量级差,即

$$E_{\gamma a} = \Delta E + E_R \tag{1.32}$$

因此,实际发射能量 $E_{\gamma e}$ 与吸收能量 $E_{\gamma a}$ 相差 $2E_R$(如图 1.5 所示),只有当发射谱与吸收谱出现重叠时(阴影部分),才能发生γ共振吸收。要发生显著的γ共振吸收,必须置 $E_R < \Gamma$(Γ 为能级宽度);当 $E_R \gg \Gamma$ 时(^{57}Fe),发射谱与吸收谱之间不能出现重叠,则不可能发生γ共振吸收。

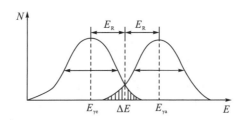

图 1.5　γ 射线的发射谱与吸收谱

4. X 射线

X 射线为波长介于紫外线和 γ 射线之间，且波长量级约 10nm 的电磁波。最早由德国物理学家伦琴于 1895 年发现，故又称为伦琴射线。由于它的波长比 γ 射线稍长，其穿透能力不及 γ 射线。

1) X 射线产生机理

(1) 电子的轫致辐射。电子被加速而成为一种高能电子，之后采用高能电子轰击金属，而高能电子在轰击金属的过程中会急剧减速。众所周知，加速的带电粒子周边会产生辐射电磁波。如果电子能量很大，比如上万电子伏，就可以产生 X 射线。

(2) 原子的内层电子跃迁。原子核外电子从高能级往低能级跃迁时，若这两种能级间的能量差比较大，就可以发出 X 射线波段的光子。此外，原子核内能级跃迁也会俘获内层电子，在这种情况下也会产生 X 射线。

2) X 射线的物理特性

(1) 穿透作用：X 射线波长短、能量大，当 X 射线照射到物质上，它仅有一小部分能量被物质所吸收，它的大部分能量可经原子间隙透过，表现出很强的穿透能力。X 射线的这种穿透物质的能力与 X 射线光子的能量有关。X 射线的波长越短，光子的能量越大，其穿透力越强。其次，X 射线的穿透力也与物质密度有关。利用这种差别吸收的性质就可以把不同密度的物质区分开来。

(2) 电离作用：物质受 X 射线照射时，可使原子核外电子脱离原来的运行轨道而产生电离。基于这一物理特性，就可以利用 X 射线电离出电荷的多少测定其照射量，也可以根据这个原理制成 X 射线测量仪器。

(3) 荧光作用：X 射线波长很短，肉眼无法识别，但它照射到某些化合物时，如铂氰化钡、硫化锌镉、钨酸钙等，可使这些物质产生荧光(属于一种可见光或紫外光)，这就是 X 射线的荧光作用。

(4) 热作用：物质吸收 X 射线后，其部分能量转变成热能，使物体温度升高。

(5) 干涉、衍射、反射、折射作用：X 射线是一种电磁波，因此，它具有波的特性，在一定条件下能够发生干涉、衍射、反射、折射现象。

5. 质子

质子是原子核的组成部分之一，带一个单位正电荷。质子发射指质子从原子核中发射出来的一种放射性衰变方式。质子发射可以在一个原子核产生 β 衰变之后发生，这种情况的质子发射称为 β⁻延迟质子发射。质子也可以从质子比较丰富的原子核(或低激发态的核同质异能素)中发射出来。在天然存在的同位素中很难产生质子发射，但是，质子发射可通过核反应这一方式产生该类型的放射性衰变，一般情况下会利用某种粒子加速器产生质子。

质子的放射性与中子不同，不是瞬发过程，而是与α衰变类似，但因库仑势垒的阻挡，它也具有一定的半衰期。不过，它的半衰期比α衰变的半衰期要短得多。

6. 中子

中子是原子核的组成部分之一，不带电，因此它和原子中电子的相互作用很小，还具有极强的穿透力。原子核在受到外来粒子的轰击时会发生核反应，这种核反应中常会有中子被释放出来，这就是中子产生的常用方法，如加速器中子源就是利用质子被加速后轰击靶产生的。而反应堆中子源，就是利用重核裂变产生的大量中子。核爆现场会产生中子辐射。在辐射育种中，应用较多的是热中子和快中子。此外，还有瞬发中子和缓发中子。中子除具有上述物理应用之外，它还具有很好的生物应用，可用于癌症治疗。

7. 重离子

质量数大于 4 的原子核称为重离子。根据此定义可知，H、D(^{2}H)、T(^{3}H)、^{3}He、^{4}He 等都是轻离子。和质子情况类似，重离子束进入生物体内也会形成能量沉积的布拉格峰。因重离子在身体内沉积能量的位置准确，重离子辐射可以只伤害癌细胞，对正常细胞伤害小。同 X 射线相比，重离子在生物体中线能量转移值高，而且可以精确地控制剂量及射程，定位性能好，射程末端的释放能量集中，可使杀伤效果集中在需要照射的局部范围内，而减小对周围健康组织的损伤。利用重离子束的这个特性，可以利用重离子治疗癌症，即辐射治疗。

1.3　射线与物质的相互作用

射线与物质的相互作用是研究辐射生物效应的基础。一般来说，人们只关注能量在 10eV 量级(称为最低能量)以上的辐射，大于该最低能量的辐射以及它与物质相互作用的次级产物能使典型材料(如空气)发生电离(称为电离辐射)；慢中子(尤其是热中子)的能量可能低于该最低能量，但因慢中子能引发核反应且其核裂变产物具有相当大的能量，因而也归入这一范畴。通常，电离辐射按其电荷及相关性质可分为以下几类。

(1)重带电粒子：包括质量为一个或多个原子质量单位(u)，并且具有相当能量的各种粒子，这些粒子一般都带有正电荷。重带电粒子实质上是原子的外层电子完全或部分被剥离了的原子核，如α粒子又称为氦原子核；质子又称为氢核；氘又称为重氢核或氘核。裂变产物和核反应产物则是较重的原子核组成的重带电粒子。

(2)快电子：包括核衰变中发射的β^+、β^-粒子，以及其他过程产生的具有相当能量的电子。快电子在穿透物质时可产生电子-离子对，其中具有足够能量可进一步引起电离的电子称为δ电子。

(3)中子：是由核反应(例如核裂变)等核过程所产生的不带电粒子，它与质子的质量相当。

(4)电磁辐射：按频率分成两种类型，一类是γ射线，是由核放射的或在物质与反物质之间的湮灭过程中产生的电磁辐射，前者称为特征γ射线，后者称为湮灭辐射；另一类是X射线，是由处于激发态的原子退激时发出的电磁辐射或带电粒子在库仑场中进行慢化过程所产生的电磁辐射，前者称为特征X射线，后者称为轫致辐射。

国际辐射单位与测量委员会在1971年推荐的有关电离辐射术语中，强调带电粒子辐射、非带电粒子辐射与物质相互作用的显著区别为：①直接致电离辐射、快速带电粒子在沿着粒子径迹通过许多小的库仑相互作用，将能量传给物质；②间接致电离辐射是X或γ射线、中子在发生少数几次相对较强的相互作用过程中，先把能量转移给它们所通过的物质中的带电粒子，然后由这些快速带电粒子直接将电离辐射能量传递给物质。

间接致电离辐射在物质中的能量沉积是两步过程。表1.1中的箭头表示了间接致电离辐射的中间过程所产生的带电粒子，X射线或γ射线将其全部或部分能量传递给物质中原子核外的电子，产生所谓的次级电子；中子几乎总是通过核反应等过程来产生次级重带电粒子。本章中主要阐述重带电粒子、快电子、电磁辐射以及中子与物质的相互作用。

表1.1   放射生态研究中涉及的四类辐射

带电粒子辐射		非带电粒子辐射
重带电粒子	←	中子
快电子	←	电磁辐射

1.3.1 重带电粒子与物质的相互作用

1. 相互作用的主要特点

地球上的^{238}U、^{232}Th、^{235}U等放射性核素经α衰变和β^-衰变产生一系列放射性核素，最终可生成稳定的Pb同位素。放射性核素衰变产生的α粒子是一种典型的重带电粒子。研究α粒子和物质相互作用有助于理解辐射生物效应及其对生态系统的影响。重带电粒子与物质相互作用主要是通过其正电荷与物质原子中的轨道电子之间的库仑作用来实现，即这种相互作用主要是重带电粒子与物质原子的核外电子之间的库仑作用。虽然重带电粒子与物质的原子核也可能发生相互作用(如卢瑟福散射及带电粒子引起的核反应)，但这类相互作用很少发生，在辐射生物效应中不重要。因此，下面将只讨论重带电粒子与物质的核外电子之间的相互作用。

　　当具有一定动能的重带电粒子与原子的轨道电子发生库仑作用时，重带电粒子会把本身的部分能量传递给轨道电子。如果轨道电子获得的动能足以克服原子核的束缚，则可逃出原子壳层而成为自由电子，此过程称为电离。电离后的原子带正电荷，它与逃出的自由电子合称为离子对。如果轨道电子获得的能量不足以摆脱原子核的束缚，而是从低能级跃迁至高能级，使原子处于激发态，此过程称为激发。处于激发态的原子是不稳定的，高能级的电子自发地跃迁到低能级，最终回到基态，多余的能量以 X 射线的形式放出。此种 X 射线的能量是不连续的，它等于电子跃迁的两能级能量之差，被称为标识 X 射线或特征 X 射线。

　　由上述电离产生的某些电子，具有足够的动能，能进一步引起物质电离，这些电子称为次级电子或β射线。由β射线产生的电离称为间接电离或次级电离。由入射带电粒子与物质直接作用产生的电离称为直接电离或初级电离。

　　当高速运动的带电粒子从原子核附近掠过时，它会受到原子核库仑场的作用而产生加速度。由经典电动力学可知，在库仑场中受到减速或加速的带电粒子，其部分或全部动能将转变为连续谱的电磁辐射(即轫致辐射)，这种形式的能量损失，称为辐射损失。因重带电粒子的质量较大，该能量损失形式与通过碰撞使原子内电子激发或电离的方式相比是微不足道的。因此，重带电粒子只需考虑电离损失。

　　2. 阻止本领与贝特(Bethe)公式

　　带电粒子与吸收物质发生相互作用而损失能量的过程可采用线性阻止本领(简称阻止本领，记为 S)来描述，即阻止本领的定义为该带电粒子在吸收材料中的微分能量损失与相应微分路径之商，亦即 $S = -\mathrm{d}E / \mathrm{d}x$。阻止本领还被称为粒子的比能损失或能量损失率。由于粒子的能量损失有电离损失和辐射损失两种形式，则上述 S 可表示为

$$S = S_{rad} + S_{ion} = (-\mathrm{d}E / \mathrm{d}x)_{rad} + (-\mathrm{d}E / \mathrm{d}x)_{ion} \tag{1.33}$$

式中，$S_{rad} = (-\mathrm{d}E / \mathrm{d}x)_{rad}$，辐射损失率；$S_{ion} = (-\mathrm{d}E / \mathrm{d}x)_{ion}$，电离损失率。

　　显然，重带电粒子的能量损失率 $S \approx S_{ion} = (-\mathrm{d}E / \mathrm{d}x)_{ion}$。为了描述电离损失率 S_{ion} 与带电粒子速度 v、电荷量 ze 等变量之间的关系，常采用 Bethe 公式(又称为经典公式)。

　　首先，可将原子中的电子看成自由电子，在它们与入射带电粒子的相互作用过程中，考虑入射带电粒子速度显著大于靶原子内的轨道电子运动速度，因而可近似将电子看成静止的。即假设重带电粒子质量为 M，电荷量为 ze，能量为 E，速度为 v(v 比轨道电子速度大得多)，电子质量为 m_0，电荷为 $-e$。

　　考虑重带电粒子与单个电子的碰撞情况。如图 1.6 所示，当重带电粒子沿着 Ox 方向入射到靶物质中时，它与物质中的电子(该电子离 Ox 轴的垂直距离为 b，并将 b 称为碰撞参数)发生库仑相互作用，而使电子获得能量。由于碰撞传给电子的能量要比入射粒子自身的能量小很多，故可认为碰撞后的入射重带电粒子仍按原方向直线运动。当重带电粒子与电子相距 r 时，电子受到的库仑力为

$$f = \left| \frac{1}{4\pi\varepsilon_0} \left[ze(-e) / r^2 \right] \right| \tag{1.34}$$

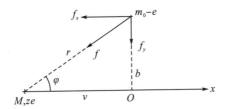

图 1.6　带电粒子与自由电子的弹性碰撞

再假设相互作用过程的时间是从 $t = -\infty$ 到 $t = +\infty$，则在整个作用过程中传给电子的总动量 P，经推导为

$$P = \frac{1}{4\pi\varepsilon_0}\frac{2ze^2}{bv} \tag{1.35}$$

由此，当碰撞参数为 b 时，单个电子所获得的动能（即入射重带电粒子损失的能量）为

$$\Delta E_b = \frac{P^2}{2m_0} = \left(\frac{1}{4\pi\varepsilon_0}\right)^2\frac{2z^2e^4}{m_0v^2b^2} \tag{1.36}$$

对单位距离内碰撞参数为 b 的所有电子求和，再对所有的碰撞参数 b 求和。由此可得

$$S_{\mathrm{ion}} = \frac{4\pi z^2e^4NZ}{m_0v^2}\ln\frac{b_{\max}}{b_{\min}} \tag{1.37}$$

显然，式 (1.37) 中的 $b_{\min}$ 不能为 0 也不能为 ∞，否则 S_{ion} 将为 ∞，这是不合理的。必须合理地确定 $b_{\min}$ 和 $b_{\max}$ 的值，这应当从量子力学的角度来考虑。下面仅从经典力学出发，来粗略地确定它们的数值。

$b_{\min}$ 对应于电子可能从入射粒子处获得的最大能量的情况，按照经典碰撞理论，重带电离子与电子发生对心碰撞时，电子将获得最大动能，其值约为 $2m_0v^2$。则由式 (1.36) 可得

$$b_{\min} = \left(\frac{1}{4\pi\varepsilon_0}\right)\left(\frac{ze^2}{m_0v^2}\right) \tag{1.38}$$

$b_{\max}$ 对应于电子可能从入射粒子处获得的最小能量的情况，这可由电子在原子中的结合能来考虑。在前面的计算中，已经假设电子是"自由的"，忽略了结合能。实际上，电子是被束缚在原子中，入射粒子传给电子的能量必须大于其激发能级值才能使之激发或电离，否则将不起作用。这就是说，电子只能从粒子外接受大于其激发能级的能量，即式 (1.36) 中 ΔE_b 的最小值应当是各电子的平均激发能（$I = (\Delta E_b)_{\min}$）。由此可得

$$b_{\max} = \left(\frac{1}{4\pi\varepsilon_0}\right)\frac{ze^2}{v}\left(\frac{2}{m_0I}\right)^{1/2} \tag{1.39}$$

将式 (1.38) 和式 (1.39) 代入式 (1.37)，可得

$$S_{\mathrm{ion}} = (-\mathrm{d}E/\mathrm{d}x)_{\mathrm{ion}} = \left(\frac{1}{4\pi\varepsilon_0}\right)^2\frac{4\pi z^2e^4NZ}{m_0v^2}\ln\left(\frac{2m_0v^2}{I}\right)^{1/2} \tag{1.40}$$

这就是按经典理论推导出的电离能量损失率的近似公式。为以后讨论方便，令

$$B = Z \ln \left(2m_0 v^2 / I \right)^{1/2} \qquad (1.41)$$

式(1.40)可写为

$$S_{\text{ion}} = (-\mathrm{d}E / \mathrm{d}x)_{\text{ion}} = \left(\frac{1}{4\pi\varepsilon_0} \right)^2 \frac{4\pi z^2 e^4}{m_0 v^2} NB \qquad (1.42)$$

另外，从量子理论推导出的公式(非相对论)仍与式(1.42)类似，仅参数 B 不同，即

$$B = Z \ln \left(2m_0 v^2 / I \right) \qquad (1.43)$$

比较式(1.41)与式(1.43)中 B 的对数项的差异，并进一步考虑相对论与其他修正因子，推导出来的重带电粒子电离能量损失率的精确表达式称作贝特-布洛赫(Bethe-Bloch)公式(简称 Bethe 公式)，即式(1.42)，而此时的 B 参数为

$$B = Z \left[\ln \left(2m_0 v^2 / I \right) - \ln \left(1 - \beta^2 \right) - \beta^2 \right] \qquad (1.44)$$

式中，$\beta = v / c$，为重带电粒子速度与真空中光速之比；I 是物质原子的平均激发和电离能，一般由实验来测定。I 的值大概可以表示为 $I = I_0 Z$，其中 $I_0 \approx 10\text{eV}$。

对于非相对论粒子($v \ll c$)，β 值可忽略，式(1.44)即可化为式(1.43)。

Bethe 公式适用于各种类型的带电粒子，只要这些带电粒子的速度保持大于物质原子中的轨道电子运动速度。为了有效地应用此公式，下面对其进行进一步的讨论。

(1)带电粒子的电离能量损失率与其质量 M 无关，而仅与其速度 v 及电荷数 z 有关。显然，在 Bethe 公式中，入射带电粒子的质量 M 较大，M 值不同不会影响 S_{ion} 值，只要电荷数 z 及速度 v 相同，无论任何质量的入射带电粒子，其电离能量损失率都相同。

(2)带电粒子的电离损失率与其电荷数的平方(z^2)成正比。从 Bethe 公式可以看出，B 仅与带电粒子速度有关，因而对各种 v 值，$S_{\text{ion}} \propto z^2$。例如，$\alpha$ 粒子的 $z = 2$，质子的 $z = 1$，如果它们以同样速度入射到靶物质中，则 α 粒子的电离能量损失率将等于质子的 4 倍。由此可知，入射粒子电荷数越大，其能量损失率越大，即穿透能力越小。

(3)带电粒子的电离能量损失率与其速度的关系比较复杂，可按不同速度情况来讨论。

在非相对论情况下，Bethe 公式中的 B 等于 $Z \ln \left(2m_0 v^2 / I \right)$。由于 v 出现在对数项内，则 B 随 v 的变化缓慢。近似将 B 看成与 v 无关，则 $S_{\text{ion}} \propto 1 / v^2$，即电离能量损失率近似与粒子速度的平方成反比。考虑到非相对论情况下 $E = mv^2 / 2$，因而对同一种粒子而言，存在如下近似关系，即 $S_{\text{ion}} \propto 1 / E$。

当入射粒子能量很高并处于相对论区域(即平均每个核子的能量大于 20MeV)时，B 表达式中的相对论修正项将起作用，使 S_{ion} 值缓慢地变大。此时，S_{ion} 与速度的关系可用曲线表示。对于不同质量的粒子，其速度与 E/n 一一对应(n 是粒子所含的核子数，E 是粒子能量)，因而 S_{ion} 也可表示为相对于 E/n 的关系曲线，如图 1.7 所示。图 1.7 中，横坐标表示入射粒子中每一核子的平均能量。

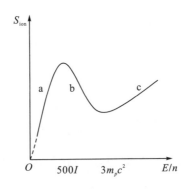

图 1.7   电离能量损失率随粒子 E/n 值的变化

图 1.7 中曲线的 b 段及 c 段分别代表前面讨论过的非相对论及相对论状况；m_p 为质子的质量，$m_p c^2$ 约为 1000MeV。a 段是入射粒子能量很低时的情况，取 $I = 60\text{eV}$，$500I$ 即为 0.03MeV。由于对低速入射粒子而言，物质原子的内层电子对 $-\text{d}E/\text{d}x$ 无贡献（内层电子的结合能大），而且入射粒子俘获电子而使有效电荷减小的概率增大，这使 S_{ion} 值随 E/n 的减小而下降，此时，Bethe 公式已失效。

(4) 带电粒子电离能量损失率与吸收物质原子的关系仅反映在 N、Z 及 I 上。I 需由实验测定，但因其出现在对数项内，故其影响不显著。由 Bethe 公式可知，对于同样的入射粒子参数，有 $S_{\text{ion}} \propto NZ$，即 S_{ion} 主要取决于吸收物质的原子序数 Z 与单位体积内的原子数 N 的乘积，亦即原子序数增高、材料密度增大，必然导致电离能量损失率（或阻止本领）也增大。

3. 布拉格(Bragg)曲线与能量歧离

Bragg 曲线是指带电粒子的电离能量损失率（或比能损失）沿其穿透距离变化的曲线。图 1.8 给出了单个 α 粒子径迹的 Bragg 曲线，还给出了初始能量相同的平行 α 粒子束的统计规律曲线。因 α 粒子电荷数为 2，在径迹的绝大部分区域内，比能损失近似正比于 $1/E$。随穿透距离的增大，能量将下降，Bragg 曲线将上升，对应于图 1.7 的 b 段。当接近径迹末端时，α 粒子能量已很低，Bragg 曲线快速下降至零，对应于图 1.7 的 a 段。

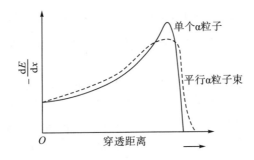

图 1.8   比能损失沿 α 粒子穿透距离的变化

　　入射带电粒子与物质原子的相互作用是随机的，因此能量损失也是随机的，Bragg 曲线仅是此过程的统计描述。实际上，相同能量的入射粒子经过一定距离后，所损失的能量不完全相同，即单能粒子穿过一定厚度的物质后，能量发生了离散，称之为能量歧离。发生离散粒子的能量宽度分布可作为能量歧离的量度，它随沿粒子径迹行进的距离而改变。图 1.9 给出了初始单能粒子束在其径迹各点的能量分布，即能量分布的相对宽度随穿透距离增大而变大。重离子的 Bragg 曲线能量损失分布更集中在最大穿透位置处。

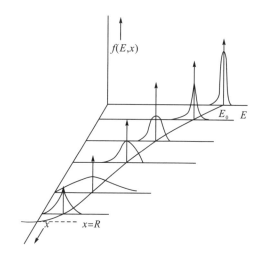

图 1.9　单能带电粒子束穿透不同距离的能量分布

4. 粒子的射程

1) 射程的定义与测量

　　带电粒子在穿过物质时，能量不断损失，直到耗尽而停留于物质中。通常，将入射粒子在物质中的实际轨迹长度称作路径，而将沿初始运动方向穿过物质的最大距离称为入射粒子的射程，并用 R 表示。显然，路径与射程是两个不同的概念，在数值上，射程小于路径，特别是当粒子轨迹弯曲严重时，两者的差异就更显著了。由于重带电粒子的质量较大，在它与物质原子的相互作用过程中，运动方向改变不大，其轨迹近似为直线，因此，重带电粒子的射程基本上等于其路径。

　　为确定入射粒子的射程，可设计如图 1.10（a）所示的实验装置。其中，单能 α 粒子源经过准直器后，穿过不同厚度的吸收体，其后被探测器记录。由于 α 粒子的径迹基本上是直线，当吸收体的厚度 t 很小时，α 粒子穿过吸收体损失的能量也很小，因而到达探测器的 α 粒子数目基本不变；不断增大 t，直到 t 接近 α 粒子在该吸收物质中的最短径迹长度时，穿过吸收体而被记录的 α 粒子数才开始衰减；继续增大 t，越来越多的 α 粒子将被阻止，所探测到的粒子数将迅速下降到零，如图 1.10（b）的曲线所示。

　　在图 1.10（b）中，当 α 粒子计数 I 正好下降到没有吸收体时的 α 粒子计数的一半，此时的吸收体厚度被定义为平均射程 R_m，这也是通常意义上的射程，并编制在常用数据表中。

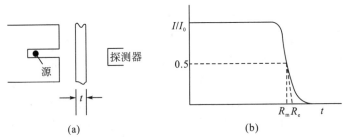

图 1.10 α粒子透射吸收体实验(图中，I 为穿过厚度为 t 的吸收体后尚存的α粒子数；I_0 为没有吸收体时测得的α粒子数；R_m 为平均射程；R_e 为外推射程)

另外，在一些研究中还有外推射程 R_e 的概念，即将穿透曲线末端 A 的直线部分外推至零时求得的相应厚度。显然，入射粒子能量越高，其平均射程或外推射程就越长，即射程与粒子能量之间存在确定的关系。早期常利用图 1.10(a)所示的实验，通过测定射程来间接地确定入射带电粒子的能量。

图 1.11 和图 1.12 绘制了几种重带电粒子在比较重要的探测器材料中的射程与能量关系的曲线。其中，Geant4 是一个开源的计算辐射物质相互作用的计算机程序。利用 Bethe 公式，也可推算出不同带电粒子在某些吸收材料中的射程。

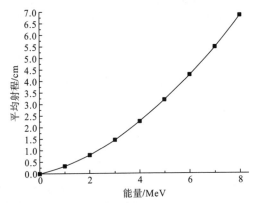

图 1.11 带电粒子在硅中的平均射程与能量关系曲线(在标准温度和压力下，采用 Geant4 计算结果)

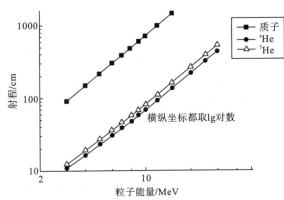

图 1.12 α粒子在空气中的射程与能量关系曲线(在标准温度和压力下，采用 Geant4 计算结果)

质量为 M、电荷数为 z 的粒子射程为

$$R(v) = \frac{M}{z^2} F(v) \tag{1.45}$$

式中，$F(v)$ 是初速度为 v 的粒子的单值函数。

对于相同 v 值的不同粒子，有如下关系：

$$R_a(v) = \frac{M_a z_b^2}{M_b z_a^2} R_b(v) \tag{1.46}$$

式中，下标 a 及下标 b 代表两种不同的带电粒子。

因此，对于没有射程数据的粒子，可先算出其初始速度，再查出初始速度相同的任一种其他粒子在同一吸收材料中的射程，可由式(1.46)求出该粒子的射程。

2) 射程歧离

由于带电粒子与物质相互作用是一个随机过程，因而与能量歧离一样，单能粒子的射程也是涨落的，称作射程歧离。对于重带电粒子而言，这种"歧离"约为平均射程的百分之几，歧离的程度可由图 1.9 中的平均透射曲线末端截止的锐利程度显示出来。将这条曲线微分可得到一峰状分布，其宽度常用于度量该粒子在所用吸收体中的射程歧离。

3) 阻止时间

将带电粒子阻止在吸收体内所需时间可由射程与平均速度来估算。对于质量为 M、动能为 E 的非相对论粒子，其速度为

$$v = \sqrt{2E/M} = c\sqrt{\frac{2E}{Mc^2}} = (3 \times 10^8 \text{m/s})\sqrt{\frac{2E}{(931\text{MeV/u})M_a}} \tag{1.47}$$

式中，M_a 是以 u 为单位的粒子质量。

假定粒子减慢时的平均速度 $\bar{v} = kv$（这里 v 是粒子初始速度，k 是某常数），则阻止时间 T 可由射程 R 算出，即

$$T = R/\bar{v} = \frac{R}{kv}\sqrt{\frac{Mc^2}{2E}} = \frac{R}{k \cdot (3 \times 10^8 \text{m/s})}\sqrt{\frac{931\text{MeV/u}}{2}}\sqrt{\frac{M_a}{E}} \tag{1.48}$$

如果粒子是均匀减速的，则 $\bar{v} = v/2$，因而 $k = 0.5$。但是，带电粒子一般在其射程末端附近损失能量要快得多，k 应取较大一点的分数值。假定 $k = 0.6$，可以估算阻止时间为

$$T \approx 1.2 \times 10^{-7} R\sqrt{M_a/E} \tag{1.49}$$

式中，T 的单位为 s；R 的单位为 m；M_a 的单位为 u；E 的单位为 MeV。

式(1.49)对重带电粒子在非相对论能区是相当准确的，但不适于相对论粒子(如快电子)。由式(1.49)按典型射程估算重带电粒子的阻止时间，可得在固体或液体中为飞秒量级，在气体中为纳秒量级。

5. 在薄吸收体中的能量损失

对于带电粒子穿透薄吸收体的情况，例如穿透气体探测器的"窗"，这时，带电粒子在薄吸收体中能量损失为

$$\Delta E = \overline{(-\mathrm{d}E/\mathrm{d}x)}t \tag{1.50}$$

式中，ΔE 为能量损失；t 为吸收体厚度；$\overline{(-\mathrm{d}E/\mathrm{d}x)}$ 为粒子在吸收体的平均能量损失率。

当能量损失较小时，能量损失率变化不大，可用入射粒子的初始 $(-\mathrm{d}E/\mathrm{d}x)$ 数据来代替。多种不同带电粒子在不同吸收介质中的 $(-\mathrm{d}E/\mathrm{d}x)$ 数据可查阅相关文献，各种重离子在铝中的比能损失曲线如图 1.13 所示。

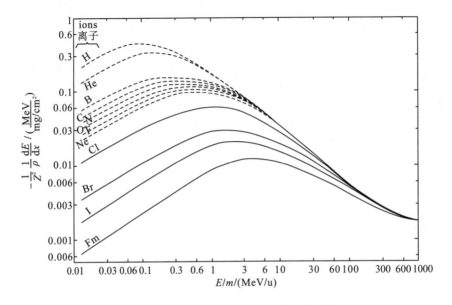

图 1.13 各种重离子在铝中的比能损失曲线

纵坐标中 Z 为靶的质子数；ρ 为重离子相应原子的密度

对于能量损失较大的吸收体，很难直接从上述数据中得到适当的加权 $\overline{(-\mathrm{d}E/\mathrm{d}x)}$ 值，此时可用图 1.13 中的曲线来求 ΔE 值，亦即令 R_1 表示能量为 E_0 的入射粒子在该吸收材料中的全射程；从 R_1 减去吸收体实际厚度 t 得到 R_2，它表示从吸收体另一面射出的那些粒子的射程，求得相应于 R_2 的能量(即穿透粒子的能量 E_t)；则能量损失 $\Delta E = E_0 - E_t$。此法要求粒子在吸收体中的径迹必须是直线，不适用于快电子等。

6. 定比定律

在实际中，有时难以恰好得到是实验所需的那种粒子与吸收体组合的 $(-\mathrm{d}E/\mathrm{d}x)$ 或射程数据，则必须求助于各种近似方法，其都遵循定比定律。这些近似方法大多是依据 Bethe 公式，并假定化合物或混合物中每个粒子的阻止本领后，经过相加而导出。该假定称作布拉格-克里曼(Bragg-Kleeman)定则，可写为

$$\frac{1}{N_c}(-\mathrm{d}E/\mathrm{d}x)_c = \sum_i W_i \frac{1}{N_i}(-\mathrm{d}E/\mathrm{d}x)_i \tag{1.51}$$

式中，W_i 为化合物(或混合物)中第 i 种成分原子的份额；N_c 及 $(-\mathrm{d}E/\mathrm{d}x)_c$ 表示化合物(或混合物)的原子密度与能量损失率；N_i 及 $(-\mathrm{d}E/\mathrm{d}x)_i$ 则表示第 i 种成分元素的原子密度与能量损失率。

例如，α 粒子在金属氧化物中的能量损失率可应用式(1.51)求得。式(1.51)是近似的，近年来对几种化合物的测量表明，测得的值与式(1.51)中计算值可相差 10%～20%。同样，若已知带电粒子在化合物所有组分元素中的射程，也能估计出带电粒子在化合物中的射程。这里需假定 $(-\mathrm{d}E/\mathrm{d}x)$ 曲线的形状与阻止介质无关。在此条件下，粒子在化合物中的射程由下式给出

$$R_c = \frac{M_c}{\sum_i n_i(A_i/R_i)} \tag{1.52}$$

式中，R_i 为第 i 种元素中的射程；n_i 为化合物分子中第 i 种元素的原子数；A_i 为第 i 种元素的原子量；M_c 为化合物的分子量。

如果不能得到全部组分元素中的射程数据，可按如下半经验公式进行估算

$$R_1/R_0 = (\rho_1/\rho_0)\sqrt{A_1/A_0} \tag{1.53}$$

式中，ρ 和 A 表示吸收材料的密度和原子量；下标 0 和 1 表示不同的吸收材料。要注意，当两种材料的原子量差别太大时，这种估算的精度将被降低。

1.3.2　快电子与物质的相互作用

部分对环境造成污染的核素(如 $^3\mathrm{H}$、$^{137}\mathrm{Cs}$)经 β^- 衰变成子核，同时放出快电子(β^- 粒子)。如存在于福岛核电站的核废水中的 $^3\mathrm{H}$，其半衰期长达 12.26a，可污染海洋，并通过食物链传递威胁人类的健康。这种 β^- 衰变过程可由式(1.20)来表示，即

$$_Z^A\mathrm{X} \longrightarrow \,_{Z+1}^{A}\mathrm{Y} + \beta^- + \bar{\nu} + Q$$

式中，X 和 Y 是衰变前后的核素；$\bar{\nu}$ 是反中微子。β 衰变包括三种形式：β^+ 衰变、β^- 衰变和轨道电子俘获(EC)。本节主要讨论 β^- 衰变产生的快电子。

由于中微子和反中微子与物质作用的概率极小，反冲核 Y 的反冲量也很小(低于电离阈值)，故实际需要考虑的 β 衰变中的电离辐射就是快电子。β^- 衰变是连续能谱，变化范围为零至端点能(最大能量)，端点能由衰变反应的 Q 值所决定。

相比重带电粒子，轻带电粒子(β 粒子、单能电子和正电子等快电子)与靶物质相互作用的能量损失较慢，且通过吸收材料时的径迹要曲折得多。快电子的一组径迹如图 1.14 所示。快电子径迹偏转较大的原因是其质量与轨道电子的质量相等，因而在单次碰撞中可损失大部分能量并发生大的偏转。此外，有时还发生能急剧改变快电子运动方向的电子与核的相互作用。

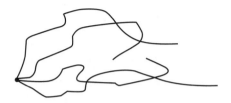

图 1.14　快电子径迹示意图

1. 能量损失率

为了描述快电子由于电离和激发引起的电离能量损失率（又称比能损失），Bethe 也推导出了类似于式（1.42）的表达式，即

$$S_{\text{ion}} = \left(\frac{1}{4\pi\varepsilon_0}\right)^2 \frac{2\pi e^4 NZ}{m_0 v^2} \left\{ \begin{array}{l} \ln\left[\dfrac{m_0 v^2 E}{2I^2\left(1-\beta^2\right)}\right] - \ln 2\left(2\sqrt{1-\beta^2}-1+\beta^2\right) \\ +\left(1-\beta^2\right)+\dfrac{1}{8}\left(1-\sqrt{1-\beta^2}\right)^2 \end{array} \right\} \tag{1.54}$$

式（1.54）中各符号的意义与式（1.42）的相同。

电子与重带电粒子不同，除电离损失外，还能通过辐射过程而损失能量。这些辐射损失的形式是轫致辐射，即电磁辐射。根据经典理论，电荷被加速时产生电磁辐射而发射能量，电磁波的振幅正比于电荷的加速度，而此加速度又正比于电荷所受的库仑作用力。量子电动力学计算表明，轫致辐射造成的辐射能量损失率应基本服从下述关系：

$$S_{\text{rad}} = (-\text{d}E/\text{d}x)_{\text{rad}} \propto \frac{z^2 Z^2}{m^2} NE \tag{1.55}$$

式中，m 是带电粒子的质量；E、z 是带电粒子的能量与电荷数；Z 为吸收物质的原子序数；N 为单位体积内吸收物质的原子核数目。

由式（1.55）可以看出 $(-\text{d}E/\text{d}x)_{\text{rad}}$ 与 m^2 成反比，因此，对重带电粒子而言，辐射能量损失可忽略。一般只考虑电子的辐射能量损失，对电子的计算结果为

$$S_{\text{rad}} = (-\text{d}E/\text{d}x)_{\text{rad}} = \left(\frac{1}{4\pi\varepsilon_0}\right)^2 \frac{NEZ(Z+1)e^4}{137 m_0^2 c^4} \left[4\ln\left(\frac{2E}{m_0 c^2}\right) - \frac{4}{3}\right] \tag{1.56}$$

式中，m_0 代表电子的质量。

式（1.56）中的因子 E 和 Z^2 表明，当电子能量较高以及吸收体材料的原子序数较大时，辐射能量损失更显著。快电子总能量损失率是电离能量损失率与辐射能量损失率之和，即 $S = S_{\text{rad}} + S_{\text{ion}}$，两种能量损失率之比近似为

$$\frac{(-\text{d}E/\text{d}x)_{\text{rad}}}{(-\text{d}E/\text{d}x)_{\text{ion}}} \cong \frac{EZ}{800} \tag{1.57}$$

式中，E 以 MeV 为单位。

放射生态学中研究的基本是核素衰变过程产生的快电子，其能量一般不超过几兆电子伏特。由式（1.57）可见，只有在高原子序数 Z 的吸收材料中，辐射能量损失才是最重要的。

2. 电子的射程和透射曲线(吸收曲线)

1)单能电子的吸收

与前面讨论过的α粒子透射实验类似,单能快电子源的实验曲线如图 1.15 所示。由于电子散射使其显著地偏离初始方向,很薄的吸收体就能使被测电子束失掉一些电子,因此,被测到的电子数与吸收体厚度的关系曲线从开始就下降。当吸收体厚度足够大时此曲线趋近于零。与重带电粒子相比,快电子射程的概念不太明确,因为电子的总路径长度比沿初速度方向穿透的距离大得多。通常电子的射程如图 1.15 中所示,即投射曲线上将直线部分外推到零求得,它表示几乎没有电子能穿透的吸收体厚度,即最大吸收厚度。在能量相等的情况下,电子的能量损失率远小于重带电粒子的能量损失率。粗略地估计,在低密度固体材料中,电子射程大约为 2mm/MeV;而在中等密度固体材料中,电子射程大约是 1mm/MeV。

在相当好的近似程度内,初始能量相等的电子在各种材料中的射程与吸收体密度的乘积是常数。在图 1.15 中给出了电子在几种常用探测器材料中的射程曲线。由图 1.15 可知,当射程也用吸收厚度(射程×密度)表示时,同样能量电子在物理性质或原子序数差别很大的材料中的射程数值也是很近似的。

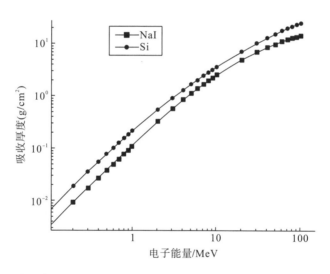

图 1.15 电子在硅和碘化钠中的吸收厚度与能量关系曲线(Geant 4 计算结果)

2)β粒子的吸收

由于放射性同位素源发射的β粒子的能量是从零到最大能量($E_{\beta_{max}}$),且连续分布,因此其透射曲线与单能电子的透射曲线有明显不同。"软"或低能的β粒子在薄吸收体中迅速被吸收,因而透射射线初始部分的衰减斜率要比单能电子透射曲线大得多。对于大多数β谱,吸收衰减曲线恰好具有和式(1.1)类似的指数形式。如图 1.16 所示,吸收衰减曲线可近似用式(1.58)表示。

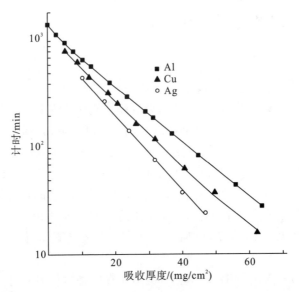

图 1.16　^{185}W 的 β 粒子（$E_{\beta_{max}}=0.43MeV$）的透射曲线（吸收衰减曲线）

$$I/I_0 = e^{-\mu t} \qquad (1.58)$$

式中，I_0 为无吸收体时的计数率；I 为有吸收体时的计数率；t 为吸收体厚度；μ 为吸收系数。对具体的一种吸收材料，吸收系数 μ 与 β 粒子的最大能量 E_β 密切相关，铝材（Al）的这种依赖关系如图 1.17 所示。利用这些数据，可以通过吸收衰减测量来间接确定 β 射线的最大能量 $E_{\beta_{max}}$。

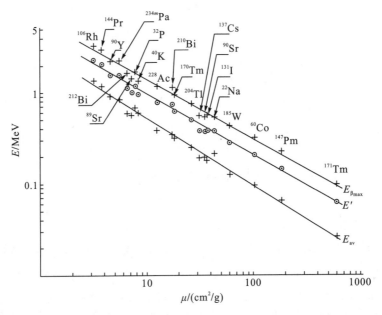

图 1.17　β 粒子在铝中的吸收系数 μ 与各种 β 源的最大能量 $E_{\beta_{max}}$、平均能量 E_{av} 和 $E'=0.5(E_{\beta_{max}}+E_{av})$ 的关系曲线

3）反散射

　　电子沿其径迹常常会发生大角度的偏转，这会导致反散射现象（进入吸收体表面的电子因发生大角度偏转而从其入射面再发射出来）。这些反散射电子没有将其全部能量损耗在吸收介质中，此时将会影响探测器的测量结果。在探测器"入射窗"或"死层"发生反散射的电子将不能被探测到。反散射也会影响放射性同位素β粒子源的产额。

　　当电子入射能量低，而且吸收体原子序数大时，反散射现象更严重。图 1.18 给出了单能电子垂直入射到各种吸收表面时，被反散射的比例。

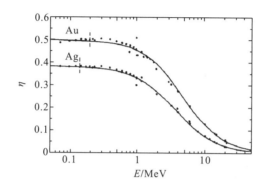

图 1.18　垂直入射的单能电子从各种材料的厚衬底反散射的比例 η 与入射能量 E 的关系

3. 正电子与物质的相互作用

　　正电子 β^+ 通过物质时，也像负电子 β^- 一样，要与核外电子及原子核相互作用，产生电离损失与辐射损失等。以上对于负电子与物质相互作用的阐述也都适用于正电子。正电子在吸收体中的径迹类似于负电子，其能量损失率及射程也与初始能量相同的负电子相同。

　　正电子与负电子的显著差别在于，高速正电子进入物质后很快会被慢化，然后在其径迹末端遇到负电子即发生湮没，辐射γ光子；或者与一个负电子结合在一起，形成正电子素，衰变后转变为电磁辐射（即形成正电子素后才湮没）。从能量守恒考虑，在发生湮没时，正、负电子动能为零，所以两个湮没光子的总能量应等于正、负电子的静止质量，即

$$h\nu_1 + h\nu_2 = 2m_0c^2 \tag{1.59}$$

　　从动量守恒考虑，由于湮没前正、负电子的总动量为零，湮没后，两个光子的总动量也为零，即

$$h\nu_1/c = h\nu_2/c \tag{1.60}$$

　　由上述两个公式可得，两个湮没光子的能量相等，且为 0.511 MeV，由于这些光子的穿透本领远超过电子的射程，这可能导致在远离正电子原来轨迹的地方发生能量损耗。

1.3.3　X 射线或γ射线与物质的相互作用

1. 相互作用的特点

重带电粒子及快电子会引起物质的电离和激发，可产生 X 射线辐射。核素衰变也能产生 X 射线或γ射线：一些放射性核素(^{238}Pu)经α衰变后，产生处于激发态的子核，子核由激发态向基态跃迁时，会产生γ射线辐射；也有一些放射性核素(^{57}Co)经电子俘获(EC)后，也伴随 X 射线辐射。

X 射线或γ射线是一种比紫外线的波长短得多的电磁波，其与物质相互作用时，能产生次级带电粒子(主要是电子)和次级光子，通过这些次级带电粒子的电离和激发过程把能量传递给物质。X 射线或γ射线与物质相互作用，并不像带电粒子那样通过多次小能量的损失逐渐消耗其能量，而是在一次相互作用过程中就可能损失大部分或全部能量。在 0.01～10MeV 能量范围内，主要的作用过程是光电效应、康普顿效应和电子对效应，其他作用过程(如相干散射和光核反应)与上述三种主要过程相比都是次要的。

光子与物质发生相互作用都有一定的概率，上述三种主要作用过程发生的概率大小与光子能量 $h\nu$、吸收物质的原子序数 Z 有关。一般来说，对于低原子序数的物质，康普顿效应在很宽的能量范围内占优势；对于中等原子序数的物质，在低能时光电效应占优势；在高能时，电子对效应占优势。当光子能量在 10MeV 以上，并且与它作用物质的原子序数为任何值时，光电效应、康普顿效应的截面随着光子能量的增加而减小，电子对效应的截面却随着光子能量的增加而增大，其相较于前两种过程更具优势。

2. 相互作用机制

1)光电效应

在光电效应过程中，入射光子在吸收物质原子的相互作用中完全消失，代之以一个有相当能量的光电子从原子某一束缚壳层发射出来。光电子的动能就是入射光子能量与该束缚电子所处电子壳层的结合能之差。对于能量足够高的入射光子，光电子最可能来自原子中结合能最大的 K 壳层。此时，光电子的能量为

$$E_e = h\nu - E_K \tag{1.61}$$

式中，E_K 为光电子在其原来壳层中的结合能。

发生光电效应时，从内壳层上发射出电子，在此壳层上就留下空位，并使原子处于激发状态。这种激发状态是不稳定的，它的退激过程有两种。一种过程是外层电子向内层跃迁以填补空位，使原子恢复到较低的能量状态。例如，从 K 壳层发射出光电子后，L 壳层的电子就可跃迁回 K 壳层。两个壳层的结合能之差就等于跃迁时释放出来的能量，能量将以特征 X 射线形式出现。原子的另一种退激过程是将其激发能直接传给外壳层的电子，使它从原子中发射出来，称作"俄歇电子"。这些过程如图 1.19 所示。

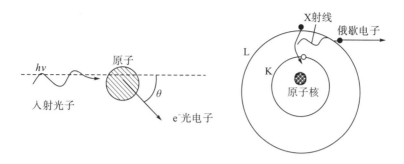

图 1.19　光电效应、特征 X 射线和俄歇电子的发射示意图

光子与物质原子作用时发生光电效应的概率用光电效应截面来表示，简称光电截面。光电截面的大小与入射光子能量大小以及吸收物质的原子序数有关。简单地讲，光电截面 σ_{ph} 随光子能量增大而减小，随物质原子序数 Z 增大而急剧增大。量子力学给出了光电截面有如下计算公式。

（1）在非相对论情况下（即 $h\nu \ll m_0 c^2$ 时，m_0 为电子质量），K 壳层的光电截面为

$$\sigma_K = (32)^{1/2} \alpha^4 \left(\frac{m_0 c^2}{h\nu}\right)^{7/2} Z^5 \sigma_{ph} \propto Z^5 \left(\frac{1}{h\nu}\right)^{7/2} \tag{1.62}$$

式中，$\alpha = 1/137$，为精细结构常数，并且

$$\sigma_{ph} = \frac{8}{3}\pi\left(\frac{e}{m_0 c^2}\right) = 6.65 \times 10^{-25} \, \text{cm}^2 \tag{1.63}$$

（2）在相对论情况下（即 $h\nu \gg m_0 c^2$ 时），有

$$\sigma_K = 1.5\alpha^4 \frac{m_0 c^2}{h\nu} Z^5 \sigma_{ph} \propto Z^5 \frac{1}{h\nu} \tag{1.64}$$

可以看出，在这两种情况下，K 壳层光电截面 σ_K 均与 Z^5 成正比。由此，往往选用高原子序数材料做探测器以获得较高的探测效率，同样，这也是选用高原子序数材料进行γ射线或 X 射线屏蔽处理的主要原因。从式（1.62）及式（1.64）还可看出，K 壳层光电截面 σ_K 随 $h\nu$ 的增大而减小；低能时减小得快一些，高能时减小得缓慢一些。

光子在原子的 L、M 等壳层上也可以产生光电效应，但相对于 K 壳层而言，L、M 等壳层的光电截面要小得多。如果用 σ_{ph} 代表光电效应总截面，则有

$$\sigma_{ph} = \frac{5}{4}\sigma_K \tag{1.65}$$

图 1.20（a）给出了不同吸收物质的光电截面与光子能量的关系曲线，也称作光电吸收曲线。由图可见，σ_{ph} 随 E_γ 的增大而减小。在 $h\nu < 100\text{keV}$ 时，光电截面显示出特征性的锯齿状结构，这种尖锐的突变称作吸收限。它是在入射光子能量与 K、L、M 壳层电子的结合能一致时出现的。当光子能量逐渐增大到等于某一壳层电子的结合能时，这一壳层电子就对光电效应作贡献，导致 σ_{ph} 阶跃式地上升到某一较高数值，然后又随光子能量增大而下降。图 1.20（b）是铅的吸收曲线，其 K 壳层吸收限为 88.3keV，其 L、M 壳层电子存

在子壳层。各子壳层的结合能稍有差异，因而吸收曲线中对应于 L 壳层吸收限与 M 壳层吸收限存在精细结构。例如铅的 L 壳层有 3 个吸收限，M 壳层有 5 个吸收限。

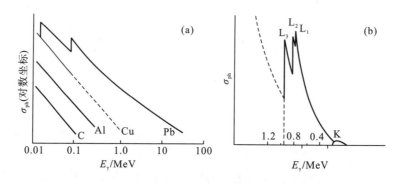

图 1.20　原子的光电截面与入射光子能量 (E_γ) 的关系

实验和计算结果都表明在 0°与 180°方向不可能出现光电子。光电子在某一角度出现的概率最大，这一角度与光子能量有关。设用微分截面 $\mathrm{d}n/\mathrm{d}\Omega$ 代表进入平均角度为 θ 方向的单位立体角内的光电子数(或份额)，则光电子的角分布状况如图 1.21 所示。可以看出，当入射光子能量低时，光电子主要沿接近垂直与入射方向的角度发射。当光子能量高时，光电子更多地朝前向角发射。相对于光子的入射方向而言，不同角度光电子的产额是不一样的。

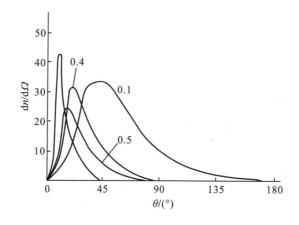

图 1.21　不同 E_γ (MeV)时的光电子角分布

2) 康普顿效应

在康普顿效应(又称为康普顿散射)中，辐射光子与原子的外层电子发生碰撞，一部分能量传给电子使它脱离原子射出而成为反冲电子，同时光子损失能量并改变方向而成为散射光子。如图 1.22 所示，图中 $h\nu$ 和 $h\nu'$ 为入射与散射光子能量；θ 为散射光子与入射光子间夹角，称作散射角；φ 是反冲电子与入射光子的夹角，称作反冲角。

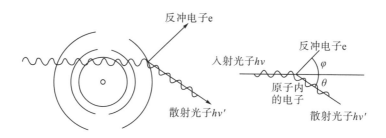

图 1.22　康普顿效应示意图

康普顿效应与光电效应不同。在光电效应中，入射粒子被吸收后，能量全部转移给光电子(以及俄歇电子或特征 X 射线)。而康普顿效应发生后仍存在散射光子，反冲电子只获得入射光子的一部分能量。光电效应主要发生在束缚最紧的内层电子上，而康普顿效应则主要发生在束缚最松的外层电子上。

虽然入射光子与原子外层电子间的康普顿效应严格说来是一种非弹性碰撞过程，但是，外层电子的结合能很小，仅为电子伏特量级，与入射光子能量相比，可以忽略，完全可以把外层电子看作"自由电子"。康普顿效应就可认为是入射光子与处于静止状态的"自由电子"之间的弹性碰撞，可以用相对论的能量与动量守恒定律来推导和计算反冲电子、散射光子以及入射光子间的能量、动量分配和角度等关系。

设入射光子能量为 $E_\gamma = h\nu$，则其动量为 $h\nu/c$。这里 h 是康普顿常数，ν 是光子频率。又设散射光子能量为 $E_{\gamma'} = h\nu'$，则其动量为 $h\nu'/c$，并设反冲电子能量为 E_e，总能量为 E，动量为 P。则

$$E_e = E - m_0 c^2 = mc^2 - m_0 c^2 = m_0 c^2 / \sqrt{1-\beta^2} - m_0 c^2 \tag{1.66}$$

式中，$\beta = v/c$；m 是电子以速度 v 运动时的质量(静止质量为 m_0)。

根据能量与动量守恒定律，则有下列关系式成立，即

$$h\nu - h\nu' = E_e$$
$$h\nu/c = h\nu'\cos\theta/c + P\cos\varphi$$
$$h\nu'\sin\theta/c = P\sin\varphi \tag{1.67}$$

可解得散射光子的能量为

$$E_{\gamma'} = \frac{E_\gamma}{[1 + E_\gamma/(m_0 c^2)](1 - \cos\theta)} \tag{1.68}$$

式(1.68)反映了散射光子能量 $E_{\gamma'}$ 与入射光子能量 E_γ 以及散射角 θ 之间的关系。显然，当 E_γ 一定时，不同散射角的散射光子能量是不同的。还可求出反冲电子能量：

$$E_e = h\nu - h\nu' = E_\gamma^2 (1 - \cos\theta) / \left[m_0 c^2 + E_\gamma (1 - \cos\theta) \right] \tag{1.69}$$

式(1.69)表明了反冲电子能量 E_e 与入射光子能量 E_γ 以及散射角 θ 之间的关系。可求得

$$\cot\varphi = [1 + E_\gamma/(m_0 c^2)]\tan(\theta/2) \tag{1.70}$$

式(1.70)就是反冲角 φ 与入射光子能量 E_γ 以及散射角 θ 之间的关系式。下面将对式(1.68)、式(1.69)以及式(1.70)进行进一步的讨论。

（1）当散射角 $\theta=0°$ 时，散射光子能量最大并恰好等于入射光子能量，即 $E_{\gamma'}=E_{\gamma}$，而反冲电子能量 $E_e=0$。此时表明，入射光子从电子旁掠过，未受到散射，光子未发生变化。

（2）当 $\theta=180°$ 时，反冲电子能量最大，而散射光子能量最小，即散射角 $\theta=180°$，而反冲角 $\varphi=0°$。此时就是入射光子与电子对心碰撞的情况，相应的反散射光子和反冲电子的能量分别为

$$E_{\gamma\min}=\frac{E_{\gamma}}{[1+2E_{\gamma}/(m_0c^2)]} \tag{1.71}$$

$$E_{e\max}=\frac{E_{\gamma}}{[1+(m_0c^2)/2E_{\gamma}]} \tag{1.72}$$

式（1.71）给出了 $180°$ 反散射光子的能量计算式。由此关系式看出，$E_{\gamma\min}$ 随 E_{γ} 变化缓慢，因而对不同入射光子能量，$180°$ 反散射光子能量变化不大，表 1.2 反映了这一情况。由表 1.2 可见，即使入射光子的能量变化较大（$180°$），反散射光子的能量也只在 0.2MeV 左右。

表 1.2　入射光子及相应的 $180°$ 反散射光子的能量值　　　　　　　　　（单位：MeV）

入射光子能量 E_{γ}	0.5	0.662	1.0	1.5	2.0	3.0	4.0
$180°$反散射光子能量 $E_{\gamma\min}$	0.169	0.184	0.203	0.218	0.226	0.235	0.240

（3）散射角 θ 与反冲角 φ 之间存在式（1.70）表示的一一对应关系，即散射角在 $0°$ 与 $180°$ 之间变化时，反冲角也相应地在 $90°$ 与 $0°$ 之间变化。$0°$ 反冲角对应于 $180°$ 散射角，$90°$ 反冲角对应于 $0°$ 散射角，反冲角不可能大于 $90°$。

对于一定能量的入射光子，散射光子与反冲电子的能量和角度之间的关系可表示为矢量图（图 1.23）。图中上半部反映散射光子的情况，下半部反映反冲电子的情况。箭头方向代表散射角或反冲角，箭头矢量的长短代表散射光子或反冲电子的能量高低。同一数字标号代表一一对应的散射光子与反冲电子。

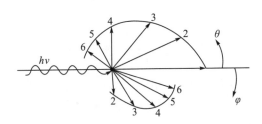

图 1.23　散射光子和反冲电子发射方向矢量图

（4）当散射角 θ 在 $180°$ 附近（即反冲角在 $0°$ 附近）变化时，反冲电子能量 E_e 随散射角 θ 的变化缓慢变化，并具有式（1.71）的关系。考虑表 1.2 所示的情况，不同能量的入射光子所产生的散射角在 $180°$ 附近的反散射光子能量相差不多，均在 0.2MeV 左右。这就是γ射

线的能谱测量中"反散射峰"的形成原因。

上述各种关系式说明了康普顿效应中的入射光子、散射光子以及反冲电子的能量与角度之间的关系。只要确定了散射角(或反冲角),就可唯一确定其他各参数。但是,一旦康普顿效应发生后,φ 或 θ 的取值完全是随机的,因而散射光子或反冲电子取不同方向的可能性(概率)也是不同的,这必须用代表散射光子或反冲电子落在不同方向的单位立体角内的概率"微分截面" $d\sigma / d\Omega$ 来描述;当然,这也可由代表落在某 θ 方向单位散射角内的概率微分截面 $d\sigma / d\Omega$,或由代表落在某 φ 方向单位反冲角内的概率微分截面 $d\sigma / d\Omega$ 来描述。

图 1.24 给出了用极坐标表示的微分截面 $d\sigma / d\Omega$ 与散射角以及能量的关系。在图 1.25 中还给出了微分散射截面 $d\sigma / d\Omega$ 与散射角以及能量的关系,这也是用极坐标表示的。

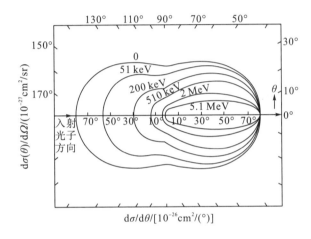

图 1.24　用极坐标表示的微分截面 $d\sigma / d\Omega$ 与散射角及能量的关系

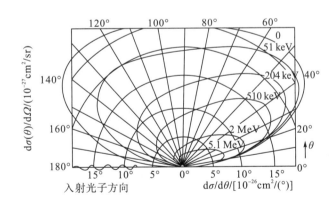

图 1.25　用极坐标表示的微分散射截面 $d\sigma / d\Omega$ 与散射角及能量的关系

按概率论的规则,将微分截面 $d\sigma / d\Omega$ 对 4π 立体角积分或微分截面 $d\sigma / d\Omega$ 对全部 θ 的可取值($0°\sim180°$)进行积分,即可得到代表康普顿效应发射概率的总截面。由于康普顿效应是发生在入射光子与各个电子之间的过程,因此上述截面均是对原子中的电子而言的。

由于原子中包括 Z 个电子,而且当入射光子能量足够高时,即使把内层电子也看成

"自由的"，它也能与入射光子发生弹性碰撞。由此，入射光子与整个原子的康普顿效应总截面 σ_c 等于它与各个电子的康普顿效应截面 σ_{ce} 之和，由此有

$$\sigma_c = Z\sigma_{ce} \tag{1.73}$$

可由量子力学理论推导出整个原子的康普顿效应总截面公式如下：

$$
\begin{aligned}
\sigma_e & \\
(h\nu \to 0) & \to \sigma_{ph} = \frac{8\pi r^2 Z}{3} \qquad h\nu \ll m_0 c^2 \\
\sigma_c & = Z\pi r_0^2 \frac{m_0 c^2}{h\nu} \left(\ln \frac{2h\nu}{m_0 c^2} + \frac{1}{2} \right) \qquad h\nu \gg m_0 c^2
\end{aligned} \tag{1.74}
$$

式中，σ_e 为电子散射截面；σ_{ph} 为光子散射截面；$r_0 = \dfrac{e^2}{m_0 c^2} = 2.8 \times 10^{-13}\,\mathrm{cm}$，为经典电子半径。

式 (1.74) 表明，当 $h\nu \ll m_0 c^2$ (入射光子能量较低)时，σ_c 与入射光子能量无关，仅与 Z 成正比；而当 $h\nu \gg m_0 c^2$ (入射光子能量较高)时，σ_c 与 Z 成正比，且近似地与光子能量成反比。

图 1.26 给出了单个电子的康普顿效应总截面与入射光子能量的关系曲线。可以看出，当入射光子能量增加时，康普顿效应总截面下降。

同理，只要知道了散射光子的康普顿散射总截面与微分截面，也就确定了反冲电子的总截面与微分截面，二者微分截面之间的关系同样可由 θ 与 φ 之间的一一对应关系来确定。

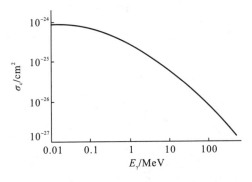

图 1.26 单个电子的康普顿效应总截面与入射光子能量之间的关系

设用微分截面符号 $(\mathrm{d}\sigma_\gamma / \mathrm{d}\Omega)_\theta$ 表示散射光子落在某 θ 方向单位散射立体角内的概率，用微分截面符号 $(\mathrm{d}\sigma_e / \mathrm{d}\Omega)_\varphi$ 表示反冲电子落在与上述散射角 θ 对应的某反冲角 φ 方向的单位反冲立体角内的概率。由此，散射光子落在 $[\theta,\ \theta + \mathrm{d}\theta]$ 范围内的概率为

$$(\mathrm{d}\sigma_\gamma / \mathrm{d}\Omega)_\theta\, 2\pi \sin\theta \mathrm{d}\theta \tag{1.75}$$

这里，$2\pi \sin\theta \mathrm{d}\theta$ 为 $[\theta,\ \theta + \mathrm{d}\theta]$ 所包括的立体角大小。

设与散射角 θ 对应的反冲角为 φ，与 $\theta + \mathrm{d}\theta$ 的对应关系为 $\varphi + \mathrm{d}\varphi$，相应的概率应当为

$$\left(d\sigma_e / d\Omega\right)_\varphi 2\pi\sin\varphi d\varphi \tag{1.76}$$

由于散射角 θ 与反冲角 φ 存在一一对应的函数关系，散射光子落在 $[\theta,\ \theta+d\theta]$ 范围内同反冲电子落在对应的 $[\varphi,\ \varphi+d\varphi]$ 范围内是同一随机事件，则二者的发生概率应当相同，此时式 (1.75) 与式 (1.76) 应当相等，即

$$\left(d\sigma_\gamma / d\Omega\right)_\theta 2\pi\sin\theta d\theta = \left(d\sigma_e / d\Omega\right)_\varphi 2\pi\sin\varphi d\varphi$$

$$或 \left(d\sigma_e / d\Omega\right)_\varphi = \left(d\sigma_\gamma / d\Omega\right)_\theta \frac{\sin\theta}{\sin\varphi}\frac{d\theta}{d\varphi} \tag{1.77}$$

利用函数关系式 (1.70)，可将 $(\sin\theta / \sin\varphi)(d\theta / d\varphi)$ 表示为 θ 或 φ 的函数。此时的式 (1.77) 就给出了反冲电子微分截面与散射光子微分截面之间的关系。

设用微分截面符号 $(d\sigma_e / d\varphi)$ 表示反冲电子落在 φ 方向单位反冲角内的概率。按此定义，反冲电子落在 $[\varphi,\ \varphi+d\varphi]$ 范围内的概率为

$$(d\sigma_e / d\varphi)\cdot d\varphi \tag{1.78}$$

式 (1.78) 也应当与式 (1.76) 相等，则可得

$$\left(d\sigma_e / d\varphi\right) = \left(d\sigma_e / d\Omega\right)_\varphi 2\pi\sin\varphi \tag{1.79}$$

利用式 (1.77)、式 (1.79) 及图 1.24 中的曲线，可以导出图 1.27 中反冲电子微分截面 $d\sigma_e / d\varphi$ 与反冲角及入射光子能量的关系曲线。同样，由于反冲电子能量与反冲角或反射角之间存在一一对应的函数关系，也可从反冲电子微分截面导出反冲电子能量落在单位能量间隔内的概率 $(d\sigma_e / dE_e)$，即康普顿效应对反冲电子能量的微分截面。按照与式 (1.77) 的同样方法，可得

$$\frac{d\sigma_e}{dE_e} = \frac{d\sigma_e}{d\varphi}\frac{d\varphi}{dE_e} = \frac{d\sigma_e}{d\theta}\frac{d\theta}{dE_e} \tag{1.80}$$

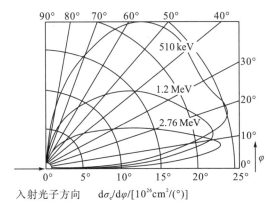

图 1.27　反冲电子微分截面 $d\sigma_e / d\varphi$ 与反冲角及入射光子能量的关系

如图 1.28 所示，这里的 $(d\sigma_e / dE_e)$ 实际上就是康普顿反冲电子能谱。可以看出，单能入射光子所产生的反冲电子的动能是连续分布的，其能谱在最大能量处有一尖锐的边界。

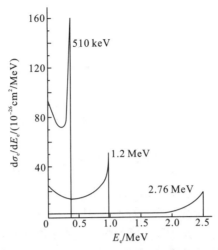

图1.28   几种能量入射光子的康普顿反冲电子能谱

3) 电子对效应

当辐射光子的能量足够高，则在它从原子核旁经过时，在核库仑场作用下，辐射光子可能转化为一个正电子和一个负电子，这种过程称作电子对效应(即电子对的产生)，如图1.29所示。

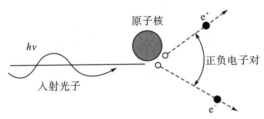

图1.29   在原子核库仑场中的电子对效应示意图

根据能量守恒定律，只有当入射光子的能量 hv 大于 $2m_0c^2$ (即 $hv > 1.02\mathrm{MeV}$)时，才可能发生电子对效应。入射光子能量除被转化为正、负电子静止质量(1.02MeV)的动能部分外，其余能量将转化为正、负电子的动能。此时存在关系式：

$$hv = E_{e^+} + E_{e^-} + 2m_0c^2 \tag{1.81}$$

式中，E_{e^+}、E_{e^-} 分别代表正、负电子的动能。

与光电效应相似，电子对效应除涉及入射光子、电子对以外，需有第三者(原子核)参与，才可同时满足能量守恒与动量守恒定律。

分析式(1.81)可知，对于一定能量的入射光子，电子对效应产生的正、负电子的动能之和为常数。然而，就负电子或正电子中某一粒子而言，其动能可取从零到$(hv - 2m_0c^2)$之间的任何值。总动能$(hv - 2m_0c^2)$在负电子与正电子间的分配是随机的。由于动能守恒的关系，负电子和正电子几乎都是沿着入射光子方向的前向角发射的，入射光子能量越高，正、负电子的发射方向越是前倾。

　　电子对效应中产生的快速正电子和快电子一样，在吸收物质中通过电离损失与辐射损失而损耗能量。正电子在吸收物质中很快被慢化，其后它与吸收体中的一个负电子相互作用而转化为两个光子。这种正、负电子对复合消失并转化为一对光子的现象称作电子对湮没，湮没时发出的光子叫湮没辐射。

　　由于湮没时正电子动能已下降至零，介质中的负电子的热运动能量也可忽略。按照能量守恒定律，两个湮没光子的总能量应等于正、负电子的静止质量。因此

$$h\nu_1 + h\nu_2 = 2m_0c^2 \tag{1.82}$$

　　同时，根据动量守恒定律，考虑到湮没前正、负电子的总动量也为零，则两个湮没光子的总动量也必为零。两个光子必定在方向相反的同一条直线上，而且存在下列关系，即

$$h\nu_1 / c = h\nu_2 / c \text{ 或 } h\nu_1 = h\nu_2 \tag{1.83}$$

根据式（1.82）、式（1.83）可知，两个湮没光子的方向相反，能量相同，且均等于 510keV（m_0c^2）。由于动量守恒，在实验室坐标中，湮没光子的发射是各向同性的。正、负电子的湮没可看作是电子对效应的逆过程。

　　对于各种原子的电子对效应，可由理论计算得到其截面 σ_p，它是入射光子能量和吸收物质原子序数的函数。即

$$\begin{aligned}&\text{当} h\nu \text{稍大于} 2m_0c^2 \text{时，}\quad \sigma_p \propto Z^2 E_\gamma \\ &\text{当} h\nu \text{远大于} 2m_0c^2 \text{时，}\quad \sigma_p \propto Z^2 \ln E_\gamma\end{aligned} \tag{1.84}$$

　　可以看出，在能量较低时，电子对效应截面 σ_p 随 E_γ 增长更快一些。在上述两种情况下，σ_p 均与吸收物质的原子序数的平方成正比。图 1.30 给出了吸收物质的 σ_p 与入射光子能量 E_γ 的关系。

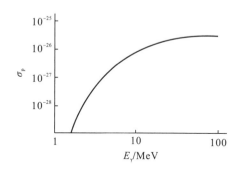

图 1.30　电子对效应截面与入射光子能量的关系

　　上文说明了 γ 射线或 X 射线与物质相互作用的三种主要效应，σ_{ph}、σ_e、σ_p 分别代表入射光子与物质原子发生光电效应、康普顿效应及电子对效应的截面，并用 σ_γ 代表入射光子与物质原子发生作用的总截面，按照概率相加的原理，有

$$\sigma_\gamma = \sigma_{ph} + \sigma_e + \sigma_p \tag{1.85}$$

当入射光子能量 $E_\gamma < 1.02\text{MeV}$ 时，只能发生光电效应与康普顿效应，此时 $\sigma_p = 0$。

　　归纳前面的论述可以看出三种效应的截面均与物质的原子序数 Z 相关。即

$$\sigma_{ph} \propto Z^5，\quad \sigma_e \propto Z，\quad \sigma_p \propto Z^2 \tag{1.86}$$

另外，σ_{ph} 和 σ_e 均随入射光子能量 E_γ 的增大而降低，但 σ_p 在 $E_\gamma \geqslant 1.02\text{MeV}$ 以后，才随 E_γ 的增大而变大。图 1.31 给出了三种效应截面随入射光子能量的变化情况。

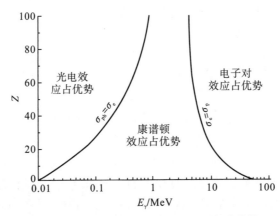

图 1.31 三种效应截面随入射光子能量的变化情况

3. γ 射线（或 X 射线）束的吸收

前面已经说明，对单个入射光子而言，穿过物质时只有两种可能，一是发生前述三种效应中的一种而消失（在康普顿散射中，原来的入射光子消失而出现散射光子）或是毫无变化地通过。但是，对包含大量光子的γ射线或 X 射线束流来说，从宏观的角度看，在它们穿过物质时，其束流强度（单位时间内通过单位截面积的光子数，也可采用照射量率来表征）将逐渐减弱。下面具体分析射线束通过物质的情况。

设有一准直的γ射线束，沿水平方向垂直通过吸收物质。γ射线束的初始强度为 I_0，吸收物质单位体积中的原子数为 N，密度为 ρ，物质厚度为 t，光子与物质作用的截面为 σ_γ。可得

$$I(t) = I_0 e^{-\sigma_\gamma N t} = I_0 e^{-\mu t} \tag{1.87}$$

式中，μ 称为线性吸收系数，且 μ 可表示为

$$\mu = \sigma_\gamma N \tag{1.88}$$

式 (1.87) 是和式 (1.1) 类似的读者熟悉的负指数衰减公式，它表明准直的单能γ射线束流的束流强度随吸收物质厚度按负指数函数衰减。由式 (1.88) 可知，线性吸收系数 μ 与 N 成正比，即它与吸收物质的密度密切相关，可引入质量吸收系数 μ_m，即

$$\mu_m = \mu / \rho \tag{1.89}$$

式中，ρ 是吸收物质密度。

显然，对于给定的γ射线束流能量，质量吸收系数 μ_m 不随吸收物质物理状态的变化而改变。例如对于水，无论它是液态还是气态，其质量吸收系数都是相同的，这在应用中带来了很大方便。按照质量吸收系数 μ_m 的定义，式 (1.87) 应改写为

$$I(t) = I_0 e^{-\mu_m(\rho t)} \tag{1.90}$$

相应地，把 ρt 称作物质的质量厚度，用 t_m 表示。则式 (1.90) 可写成

$$I(t) = I_0 e^{-\mu_m t_m} \tag{1.91}$$

对于准直得很好的窄束单能γ射线束，式(1.87)才成立，这时上述推导过程中必须预先假设。但是，一旦入射光子与物质发生相互作用，就会同时产生经吸收体散射而来的光子，探测器的信号是这两种入射光子信号的叠加。这时，探测器信号与吸收体厚度之间不再是简单的指数关系。在这种宽束条件下，一般用下式来代替式(1.87)，即

$$I / I_0 = B(t, \ E_\gamma)\mathrm{e}^{-\mu t} \tag{1.92}$$

式中，$B(t, \ E_\gamma)$ 为积累因子。

在式(1.92)中，保留了指数项 $\mathrm{e}^{-\mu t}$，它描述γ射线强度随吸收体厚度的主要变化规律，同时引入积累因子作为简单的修正。积累因子的大小取决于入射γ光子的能量、吸收体厚度、准直条件以及探测器响应特性等综合因素。

1.3.4　中子与物质的相互作用

1. 中子与物质相互作用的一般特性

核爆及核泄漏会污染环境，环境中会包含中子的辐射。中子在物质中能量沉积严重，作用在生物体组织上，可产生次级带电粒子，进一步引起电离和激发，因此中子会对生物体造成严重的损伤。通常，中子可按其能量进行分类(但并不严格，各文献之间略有差别)，本书具体分类如下。

(1)慢中子：能量为 $0\sim10^3\mathrm{eV}$，并可再细分为冷中子(能量小于等于 $2\times10^{-3}\mathrm{eV}$)、热中子(能量等于 $0.025\mathrm{eV}$)、超热中子(能量大于等于 $0.5\mathrm{eV}$)、共振中子(能量低于 $10^3\mathrm{eV}$)。

(2)中能中子：能量为 $10^3\sim5.0\times10^5\mathrm{eV}$。

(3)快中子：能量为 $5.0\times10^5\sim10^7\mathrm{eV}$。

(4)非常快的中子：能量为 $10^7\sim5.0\times10^7\mathrm{eV}$。

(5)超快中子：能量为 $5.0\times10^7\sim10^{10}\mathrm{eV}$。

(6)相对论中子：能量大于 $10^{10}\mathrm{eV}$。

中子不带电，几乎不能和原子中的电子发生相互作用，而只能和原子核相互作用。中子与原子核相互作用可分为两大类：一类是散射，包括弹性散射和非弹性散射，这是快中子与物质相互作用过程中能量损失的主要形式。快中子在轻介质中主要通过弹性散射损失能量，在重介质中主要通过非弹性散射损失能量。另一类是吸收，即中子被原子核吸收后，仅产生其他种类的次级粒子，不再产生中子。快中子减速成为能量较低的中子的过程称为中子的慢化。中子一般只有被慢化后才能有效地被物质吸收。

2. 中子的散射

在散射作用发生前后，中子与靶核都没有发生质的变化。散射发生后，出射粒子仍然是中子，而余核仍是原来的靶核。散射作用又可以分为两类，一类称作弹性散射，用(n, n)表示；另一类称作非弹性散射，用(n, n′)表示。在弹性散射过程中，靶核没有发生状态变化(如能级跃迁)，散射前后中子和靶核总动能不变。在非弹性散射过程中，入射中子所损失的动能不仅能使靶核受到反冲，而且能使之激发而处于某一激发能级，而后在退激

时再发出一个或几个γ光子。在非弹性散射前后，中子与靶核的总动能是变化的，只有当入射中子能量高于靶核的最低激发能级时，才可能发生非弹性散射。

1) 弹性散射

弹性散射是最常见的中子与物质相互作用形式之一。设中子与靶核发生弹性碰撞，如图 1.32 所示。设其中子质量为 m，靶核质量为 M，碰撞后中子的出射角度为 θ(称作散射角)，而反冲核的出射角度为 φ(称作反冲角)，并且入射中子速度为 v_1，碰撞后的速度变为 v_2，类似于 1.3.3 节中康普顿效应的计算问题，可利用能量守恒与动量守恒定律来求得碰撞前后各参数间的关系。列出结果如下：

$$v_a = \frac{Mv_1}{M+m} = v_1 - v_c$$

$$v_b = \frac{mv_1}{M+m} = v_c \tag{1.93}$$

可以看出，碰撞前后，中子及靶核在质心坐标系中速度的取值没有变化，而只是方向发生了变化。

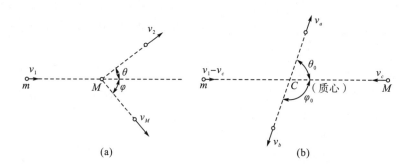

图 1.32　中子与靶核的弹性碰撞

为了能与实验结果比较，必须把在质心坐标系中得到的结果再转移到实验室坐标系中。通过矢量关系求出 v_2 与 v_M 及它们与 v_1、φ、θ、v_M 的关系。结果如下：

$$v_M = 2\frac{mv_1}{M+m}\cos\varphi \tag{1.94}$$

假设入射中子的能量用 E 表示，出射中子的能量用 E' 表示，则有

$$E' = E\frac{m^2}{(M+m)^2}\left(\cos\theta + \sqrt{\frac{M^2}{m^2} - \cos^2\theta}\right)^2 \tag{1.95}$$

这就是实验室坐标系中出射中子能量 E' 与入射中子能量 E 以及散射角 θ 之间的关系。

可求得验室坐标系中的反冲核速度 v_M：

$$v_M = 2v_c\cos\varphi = 2\frac{mv_1}{m+M}\cos\varphi \tag{1.96}$$

假设采用 E_M 表示反冲核的动能，则

$$E_M = \frac{1}{2}Mv_M^2 = \frac{4Mm}{(m+M)^2}E\cos^2\varphi \tag{1.97}$$

$$\sin\varphi_0 = \frac{v_M}{v_b}\sin\varphi \tag{1.98}$$

$$\varphi_0 = 2\varphi \tag{1.99}$$

式 (1.99) 表明，质心坐标系内的反冲角 φ_0 恰是实验室坐标系内反冲角 φ 的 2 倍。

可以看出，当靶核质量越接近中子质量且反冲角越小时，靶核由中子得到的反冲能量越大。当反冲核为质子 ($M = m$) 且 $\varphi = 0°$ 时，反冲质子能量最大，即 $E_M = E$。

以上应用能量守恒定律和动量守恒定律，通过中子与反冲核之间的弹性碰撞，得到了碰撞前后运动参数之间的关系。然而，发生散射作用的概率(总散射截面)取决于中子散射截面上关于中子与原子核之间相互作用力的特征，因此，只有知道了中子与原子核之间的作用力特性，才能从理论上估算总散射截面与微分散射截面。反之，从实验中测出截面数据后，可由此推算核子作用力的性质和特征，这正是实验核物理的一种主要研究方法。

2) 非弹性散射

非弹性散射分为直接相互作用过程和复合核过程。直接相互作用过程是入射中子和靶核中的核子发生时间非常短 ($10^{-22} \sim 10^{-21}$s) 的相互作用，在每次直接相互作用过程中，中子损失的能量较小；复合核过程是入射中子进入靶核形成复合核，在形成复合核过程中，入射中子和核子发生时间较长 ($10^{-20} \sim 10^{-15}$s) 的能量交换。无论经过哪种过程，靶核都将释放出一个动能较低的中子而处于激发态，然后这种靶核以发射一个或若干个光子的形式释放出激发能后回到基态。

在非弹性散射中，入射中子所损失的能量不仅使靶核受到反冲，而且有一部分能量转变为靶核的激发能。因此，中子和靶核虽然总能量守恒，但靶核内的能量发生了改变，总动能并不守恒。

非弹性散射的发生和入射中子的能量有关，只有入射中子的能量大于靶核的第一激发能级时，才能发生非弹性散射。发生非弹性散射的阈能略高于最低的激发能级，在此阈能以上，随着中子能量的增加，非弹性散射的截面将变大。

靶核的第一激发能级愈低，愈易发生非弹性散射。重核的第一激发能级比轻核的第一激发能级低。重核的第一激发能级在基态以上 100keV 左右，随着原子量的增加，能级间隔将愈来愈小；轻核的第一激发能级一般在几兆电子伏特以上。因此，快中子 (>0.5MeV) 与重核相互作用时，与弹性散射相比，非弹性散射占优势。每发生一次非弹性散射，中子就会损失很大一部分能量，因而只需经过几次非弹性散射，中子能量就能降低到原子核的第一激发能级以下。此后，不再发生非弹性散射，主要靠弹性散射损失能量。

因此，在处理中子屏蔽层时，往往在屏蔽层中掺入重元素或用重金属与减速剂组成交替屏蔽层，其中重元素具有吸收射线和使较高能量的中子减速的双重作用。

3. 辐射俘获

当中子射入靶核后，与靶核形成激发态的复合核，然后，复合核通过发射一个或多个

γ光子(不再发射其他粒子)而回到基态，此过程称为辐射俘获，又称为(n，γ)反应。这时中子被靶核所吸收。

任何能量的中子都能与原子核发生辐射俘获，其反应截面大小仅和中子能量有关。在低能区除共振中子外，其反应截面一般随 $1/\sqrt{E}$ 而变化。发生(n，γ)反应后的靶核，由于核内多了一个中子，一般都是具有放射性的，但也有的是稳定核。

各种核素的热中子俘获截面变化很大，可从 $2.65 \times 10^6 b^①$ (^{135}Xe) 变化到 $10^{-4}b$ (^{18}O)。常用的镉可作为热中子吸收剂，它的俘获截面 σ_r 很大 ($\sigma_r=19910b$)，大约只要 2mm 厚的镉，基本上就可以将射入的热中子吸收。

4. 其他核反应

不同能量的中子和靶核发生的核反应是多种多样的，除上述(n，n)、(n，γ)核反应外，还有发射带电粒子的核反应、裂变核反应、多粒子发射核反应等。

1) 发射带电粒子的核反应

在这种情况下，复合核通过发射带电粒子(如质子、α粒子)而衰变，例如，慢中子引起的(n，α)、(n，p)等核反应。在中子屏蔽中有重要意义的有 ^{10}B 和 ^{6}Li 的(n，α)反应，其中

$$^{10}B+n \longrightarrow ^7Li+\alpha+2.79MeV(6.1\%)$$

$$^{10}B+n \longrightarrow ^7Li^*+\alpha+2.31MeV(93.9\%) \tag{1.100}$$

式中，$^7Li^*$ 很不稳定，继续进行如下反应 $^7Li^* \longrightarrow ^7Li+0.478MeV$。

虽然 ^{10}B 的丰度只有 19.8%，但这种反应的截面很大，其热中子吸收截面 $\sigma=3837b$。此外，还可继续发生如下核反应：

$$^6Li+n \longrightarrow ^3H+\alpha+4.786MeV \tag{1.101}$$

虽然 ^{6}Li 的丰度仅为 7.52%，但热中子的(n，α)反应截面却很大 ($\sigma=940b$)。所以，在中子防护中除使用镉外，也常用硼和锂作为中子的吸收剂和减速剂。

2) 裂变核反应

有几种重核，如 ^{235}U、^{239}Pu 等，当它们俘获一个中子后，可分裂为两个中等质量的原子核，并伴随着放出 2~3 个中子及 200MeV 左右的巨大能量，这就是裂变核反应，称为(n，f)核反应。约一半以上的裂变产物(称为裂变碎片)属于放射性核素，如 ^{90}Sr、^{137}Cs 等。这些核素一旦泄漏，可能污染环境。

3) 多粒子发射

当入射中子能量特别高时，形成的复合核可衰变发射出不止一个粒子，称为多粒子发射，如(n，2n)、(n，n，p)等核反应。这类发射多粒子的反应阈能都在 10MeV 以上，只有特快中子才能发生这种作用。

以上，我们介绍了中子与原子核的两大类相互作用(散射与俘获)的各种具体形式。实

---

① 1b=10^{-28}m²。

际情况中，往往只有一种或两种反应是主要的，其他都是次要的或概率极小的，这主要取决于中子能量与原子核特性这两个因素。在这些反应中，弹性散射(n, n)和辐射俘获(n, γ)是最常见的两种，不论轻核($A<25$)、中量核($25<A<80$)或重核($A>80$)，还是慢中子、中能中子或快中子，都能发生这两种反应，但在不同情况下二者的反应截面有所不同。在中能中子及快中子情况下，弹性散射(n, n)是主要的，不论对轻核还是重核都是如此。在慢中子情况下，对轻核来说，弹性散射(n, n)仍是主要的，但对重核，则以辐射俘获(n, γ)为主。当中子能量很低(如热中子)时，对所有的核而言，均主要发生辐射俘获(n, γ)。

1.4　放射性核素毒性及其分组

　　研究放射性生态有关问题旨在探索放射性核素在环境中的转移及其经接触、呼吸和食入等方式进入人体而造成的健康风险和环境影响。除此之外，放射性的毒性问题，也是放射生态学关注的一项重要内容。因此，了解放射性核素毒性及其分组对研究放射生态学具有重要作用。

　　放射性核素毒性及其分组这一科学问题是电离辐射防护和辐射源安全工作中的重要参考。在开展放射性核素的设施和系统设计、工作场所的分区、划分开放型放射性单位的级别，以及相应的核素操作量限值制定等方面，常需要放射性核素的毒性分组资料。此外，实验室表面污染限值、空气监测结果的评估、体内污染人员处理的原则和程序也需要放射性核素的毒性分组。李玮博等参照国内外已报道的分组界限值和国内以往的分组经验，引用了国际原子能机构(International Atomic Energy Agency，IAEA)和国际放射防护委员会(International Commission on Radiological Protection，ICRP)发表的最新核素吸入剂量转换系数，依据 ICRP 所提出的按肺部吸收速率的核素分类方法和 ICRP 人类呼吸道模型，按活度浓度和质量浓度作为毒性分组指标，对 IAEA 安全标准丛书第 115 号中所列出的 94 种元素 851 种放射性核素进行了毒性分组。现将其放射性毒素分组研究结果，编入本书供参考。

　　国家标准《电离辐射防护与辐射源安全基本标准》(GB 18871—2002)将放射性核素分成极毒、高毒、中毒和低毒四个组别。

1.4.1　放射性核素的毒性分组

1. 极毒组的核素

　　^{148}Gd、^{210}Po、^{223}Ra、^{224}Ra、^{225}Ra、^{226}Ra、^{228}Ra、^{225}Ac、^{227}Ac、^{227}Th、^{228}Th、^{229}Th、^{230}Th、^{231}Pa、^{230}U、^{232}U、^{233}U、^{234}U、^{236}Np($T_1=1.15\times10^5$a)、^{236}Pu、^{238}Pu、^{239}Pu、^{240}Pu、^{242}Pu、^{241}Am、^{242m}Am、^{243}Am、^{240}Cm、^{242}Cm、^{243}Cm、^{244}Cm、^{245}Cm、^{246}Cm、^{248}Cm、^{250}Cm、^{247}Bk、^{248}Cf、^{249}Cf、^{250}Cf、^{251}Cf、^{252}Cf、^{254}Cf、^{253}Es、^{254}Es、^{257}Fm、^{258}Md。

2. 高毒组的核素

^{10}Be、^{32}Si、^{44}Ti、^{60}Fe、^{60}Co、^{90}Sr、^{94}Nb、^{106}Ru、^{108m}Ag、^{113m}Cd、^{126}Sn、^{144}Ce、^{146}Sm、^{150}Eu(T_1=34.2a)、^{152}Eu、^{154}Eu、^{158}Tb、^{166m}Ho、^{172}Hf、^{178m}Hf、^{194}Os、^{192m}Ir、^{210}Pb、^{210}Bi、^{210m}Bi、^{212}Bi、^{213}Bi、^{211}At、^{224}Ac、^{226}Ac、^{228}Ac、^{226}Th、^{227}Pa、^{228}Pa、^{230}Pa、^{236}U、^{237}Np、^{241}Pu、^{244}Pu、^{241}Cm、^{247}Cm、^{249}Bk、^{246}Cf、^{253}Cf、^{254m}Es、^{252}Fm、^{253}Fm、^{254}Fm、^{255}Fm、^{257}Md。

说明：属于这一毒性组的还有如下气态或蒸汽态放射性核素：^{126}I、^{193m}Hg、^{194}Hg。

3. 中毒组的核素

^{22}Na、^{24}Na、^{28}Mg、^{26}Al、^{32}P、^{33}P、^{35}S(无机)、^{36}Cl、^{45}Ca、^{47}Ca、^{44m}Sc、^{46}Sc、^{47}Sc、^{48}Sc、^{48}V、^{52}Mn、^{54}Mn、^{52}Fe、^{55}Fe、^{59}Fe、^{55}Co、^{56}Co、^{57}Co、^{58}Co、^{56}Ni、^{57}Ni、^{63}Ni、^{66}Ni、^{67}Cu、^{62}Zn、^{65}Zn、^{69m}Zn、^{72}Zn、^{66}Ga、^{67}Ga、^{72}Ga、^{68}Ge、^{69}Ge、^{77}Ge、^{71}As、^{72}As、^{73}As、^{74}As、^{76}As、^{77}As、^{75}Se、^{76}Br、^{82}Br、^{83}Rb、^{84}Rb、^{86}Rb、^{82}Sr、^{83}Sr、^{85}Sr、^{89}Sr、^{91}Sr、^{92}Sr、^{86}Y、^{87}Y、^{88}Y、^{90}Y、^{91}Y、^{93}Y、^{86}Zr、^{88}Zr、^{89}Zr、^{95}Zr、^{97}Zr、^{90}Nb、^{93m}Nb、^{95}Nb、^{95m}Nb、^{96}Nb、^{90}Mo、^{93}Mo、^{99}Mo、^{95m}Tc、^{96}Tc、^{97m}Tc、^{103}Ru、^{99}Rh、^{100}Rh、^{101}Rh、^{102}Rh、^{102m}Rh、^{105}Rh、^{100}Pd、^{103}Pd、^{109}Pd、^{105}Ag、^{106m}Ag、^{110m}Ag、^{111}Ag、^{109}Cd、^{115}Cd、^{115m}Cd、^{111}In、^{114m}In、^{113}Sn、^{117m}Sn、^{119m}Sn、^{121m}Sn、^{123}Sn、^{125}Sn、^{120}Sb(T_1=5.76d)、^{122}Sb、^{124}Sb、^{125}Sb、^{126}Sb、^{127}Sb、^{128}Sb(T_1=9.01h)、^{129}Sb、^{121}Te、^{121m}Te、^{123m}Te、^{125m}Te、^{127m}Te、^{129m}Te、^{131m}Te、^{132}Te、^{124}I、^{125}I、^{126}I、^{130}I、^{131}I、^{133}I、^{135}I、^{132}Cs、^{134}Cs、^{136}Cs、^{137}Cs、^{128}Ba、^{131}Ba、^{133}Ba、^{140}Ba、^{137}La、^{140}La、^{134}Ce、^{135}Ce、^{137m}Ce、^{139}Ce、^{141}Ce、^{143}Ce、^{142}Pr、^{143}Pr、^{138}Nd、^{147}Nd、^{143}Pm、^{144}Pm、^{145}Pm、^{146}Pm、^{147}Pm、^{148}Pm、^{148m}Pm、^{149}Pm、^{151}Pm、^{145}Sm、^{151}Sm、^{153}Sm、^{145}Eu、^{146}Eu、^{147}Eu、^{148}Eu、^{149}Eu、^{155}Eu、^{156}Eu、^{157}Eu、^{146}Gd、^{147}Gd、^{149}Gd、^{151}Gd、^{153}Gd、^{159}Gd、^{149}Td、^{151}Td、^{154}Td、^{156}Td、^{157}Td、^{160}Td、^{161}Td、^{159}Dy、^{166}Dy、^{166}Ho、^{169}Er、^{172}Er、^{167}Tm、^{170}Tm、^{171}Tm、^{172}Tm、^{166}Yb、^{169}Yb、^{175}Yb、^{169}Lu、^{170}Lu、^{171}Lu、^{172}Lu、^{173}Lu、^{174}Lu、^{174m}Lu、^{177}Lu、^{177m}Lu、^{170}Hf、^{175}Hf、^{179m}Hf、^{181}Hf、^{184}Hf、^{179}Ta、^{182}Ta、^{183}Ta、^{184}Ta、^{188}W、^{181}Re、^{182}Re(T_1=2.67d)、^{184}Re、^{184m}Re、^{186}Re、^{188}Re、^{189}Re、^{182}Os、^{185}Os、^{191}Os、^{193}Os、^{186}Ir(T_1=15.8h)、^{188}Ir、^{189}Ir、^{190}Ir、^{192}Ir、^{193m}Ir、^{194}Ir、^{194m}Ir、^{188}Pt、^{200}Pt、^{194}Au、^{195}Au、^{198}Au、^{198m}Au、^{199}Au、^{200m}Au、^{193m}Hg(无机)、^{194}Hg、^{195m}Hg(无机)、^{197}Hg(无机)、^{197m}Hg(无机)、^{203}Hg、^{204}Tl、^{211}Pb、^{212}Pb、^{214}Pb、^{203}Bi、^{205}Bi、^{206}Bi、^{207}Bi、^{214}Bi、^{207}At、^{222}Fr、^{223}Fr、^{227}Ra、^{231}Th、^{234}Th、Th天然、^{232}Pa、^{233}Pa、^{234}Pa、^{231}U、^{237}U、^{240}U、U天然、^{234}Np、^{235}Np、^{236}Np(T_2=22.5h)、^{238}Np、^{239}Np、^{234}Pu、^{237}Pu、^{245}Pu、^{246}Pu、^{240}Am、^{242}Am、^{244}Am、^{238}Cm、^{245}Bk、^{246}Bk、^{250}Bk、^{244}Cf、^{250}Es、^{251}Es。

说明：属于这一毒性组的还有如下气态或蒸汽态放射性核素：^{14}C、C^{35}S$_2$、^{56}Ni(羰基)、^{57}Ni(羰基)、^{63}Ni(羰基)、^{65}Ni(羰基)、^{66}Ni(羰基)、^{103}RuO$_4$、^{106}RuO$_4$、^{121}Te、^{121m}Te、^{123m}Te、^{125m}Te、^{127m}Te、^{129m}Te、^{131m}Te、^{132}Te、^{120}I、^{124}I、^{124}I(甲基)、^{125}I、^{125}I(甲基)、^{126}I、^{130}I、^{130}I(甲基)、^{131}I、^{131}I(甲基)、^{132}I、^{132m}I、^{133}I、^{133}I(甲基)、^{135}I、^{135}I(甲基)、^{193}Hg、

^{195}Hg、^{195m}Hg、^{197}Hg、^{197m}Hg、^{203}Hg。

4. 低毒组的核素

^{7}Be、^{18}F、^{31}Si、^{38}Cl、^{39}Cl、^{40}K、^{42}K、^{43}K、^{44}K、^{45}K、^{41}Ca、^{43}Sc、^{44}Sc、^{49}Sc、^{45}Ti、^{47}V、^{49}V、^{48}Cr、^{49}Cr、^{51}Cr、^{51}Mn、^{52}Mn、^{53}Mn、^{56}Mn、^{58m}Co、^{60m}Co、^{61}Co、^{62m}Co、^{59}Ni、^{65}Ni、^{60}Cu、^{61}Cu、^{64}Cu、^{63}Zn、^{69}Zn、^{71m}Zn、^{65}Ga、^{68}Ga、^{70}Ga、^{73}Ga、^{66}Ge、^{67}Ge、^{71}Ge、^{75}Ge、^{78}Ge、^{69}As、^{70}As、^{78}As、^{70}Se、^{73}Se、^{73m}Se、^{79}Se、^{81}Se、^{81m}Se、^{83}Se、^{74}Br、^{74m}Br、^{75}Br、^{77}Br、^{80}Br、^{80m}Br、^{83}Br、^{84}Br、^{79}Rb、^{81}Rb、^{81m}Rb、^{82m}Rb、^{87}Rb、^{88}Rb、^{89}Rb、^{80}Sr、^{81}Sr、^{85m}Sr、^{87m}Sr、^{86}Y、^{90}Y、^{91m}Y、^{92}Y、^{94}Y、^{95}Y、^{93}Zr、^{88}Nb、^{89}Nb$(T_1=2.03\text{h})$、^{89}Nb$(T_2=1.10\text{h})$、^{97}Nb、^{98}Nb、^{93m}Mo、^{101}Mo、^{93}Tc、^{93m}Tc、^{94}Tc、^{94m}Tc、^{95}Tc、^{96m}Tc、^{97}Tc、^{98}Tc、^{99}Tc、^{99m}Tc、^{101}Tc、^{104}Tc、^{94}Ru、^{97}Ru、^{105}Ru、^{99m}Rh、^{101m}Rh、^{103m}Rh、^{106m}Rh、^{107}Rh、^{101}Pd、^{107}Pd、^{102}Ag、^{103}Ag、^{104}Ag、^{104m}Ag、^{106}Ag、^{112}Ag、^{115}Ag、^{104}Cd、^{107}Cd、^{113}Cd、^{117}Cd、^{117m}Cd、^{109}In、^{110}In$(T_1=4.90\text{h})$、^{110}In$(T_2=1.15\text{h})$、^{112}In、^{113m}In、^{115}In、^{115m}In、^{116m}In、^{117}In、^{117m}In、^{119m}In、^{110}Sn、^{111}Sn、^{121}Sn、^{123m}Sn、^{127}Sn、^{128}Sn、^{115}Sb、^{116}Sb、^{116m}Sb、^{117}Sb、^{118m}Sb、^{119}Sb、^{120}Sb$(T_2=0.265\text{h})$、^{124m}Sb、^{126m}Sb、^{128}Sb$(T_2=0.173\text{h})$、^{130}Sb、^{131}Sb、^{116}Te、^{123}Te、^{127}Te、^{129}Te、^{131}Te、^{133}Te、^{133m}Te、^{134}Te、^{120}I、^{120m}I、^{121}I、^{123}I、^{128}I、^{129}I、^{132}I、^{132m}I、^{134}I、^{125}Cs、^{127}Cs、^{129}Cs、^{130}Cs、^{131}Cs、^{134m}Cs、^{135}Cs、^{135m}Cs、^{138}Cs、^{126}Ba、^{131m}Ba、^{133m}Ba、^{135m}Ba、^{139}Ba、^{141}Ba、^{142}Ba、^{131}La、^{132}La、^{135}La、^{138}La、^{141}La、^{142}La、^{143}La、^{137}Ce、^{136}Pr、^{137}Pr、^{138m}Pr、^{139}Pr、^{142m}Pr、^{144}Pr、^{145}Pr、^{147}Pr、^{136}Nd、^{139}Nd、^{139m}Nd、^{141}Nd、^{149}Nd、^{151}Nd、^{141}Pm、^{150}Pm、^{141}Sm、^{141m}Sm、^{142}Sm、^{147}Sm、^{155}Sm、^{156}Sm、^{150}Eu$(T_2=12.6\text{h})$、^{152m}Eu、^{158}Eu、^{145}Gd、^{152}Gd、^{147}Tb、^{150}Tb、^{153}Tb、^{155}Tb、^{156m}Tb$(T_1=1.02\text{d})$、^{156m}Tb$(T_2=5.00\text{h})$、^{155}Dy、^{157}Dy、^{165}Dy、^{155}Ho、^{157}Ho、^{159}Ho、^{161}Ho、^{162}Ho、^{162m}Ho、^{164}Ho、^{164m}Ho、^{167}Ho、^{161}Er、^{165}Er、^{171}Er、^{162}Tm、^{166}Tm、^{173}Tm、^{175}Tm、^{162}Yb、^{167}Yb、^{177}Yb、^{178}Yb、^{176}Lu、^{176m}Lu、^{178}Lu、^{178m}Lu、^{179}Lu、^{173}Hf、^{177m}Hf、^{180}Hf、^{182}Hf、^{182m}Hf、^{183}Hf、^{172}Ta、^{173}Ta、^{174}Ta、^{175}Ta、^{176}Ta、^{177}Ta、^{178}Ta、^{180}Ta、^{180m}Ta、^{182m}Ta、^{185}Ta、^{186}Ta、^{176}W、^{177}W、^{178}W、^{179}W、^{181}W、^{185}W、^{187}W、^{177}Re、^{178}Re、^{182}Re$(T_2=12.7\text{h})$、^{186m}Re、^{187}Re、^{188m}Re、^{180}Os、^{181}Os、^{189m}Os、^{191m}Os、^{182}Ir、^{184}Ir、^{185}Ir、^{186}Ir$(T_2=1.75\text{h})$、^{187}Ir、^{190m}Ir$(T_2=3.10\text{h})$、^{190m}Ir$(T_2=1.20\text{h})$、^{195}Ir、^{195m}Ir、^{186}Pt、^{189}Pt、^{191}Pt、^{193}Pt、^{193m}Pt、^{195m}Pt、^{197}Pt、^{197m}Pt、^{199}Pt、^{193}Au、^{200}Au、^{201}Au、^{193}Hg、^{193m}Hg(有机)、^{195}Hg、^{195m}Hg(有机)、^{197}Hg(有机)、^{197m}Hg(有机)、^{199m}Hg、^{194}Tl、^{194m}Tl、^{195}Tl、^{197}Tl、^{198}Tl、^{198m}Tl、^{199}Tl、^{200}Tl、^{201}Tl、^{202}Tl、^{195m}Pb、^{198}Pb、^{199}Pb、^{200}Pb、^{201}Pb、^{202}Pb、^{202m}Pb、^{203}Pb、^{205}Pb、^{209}Pb、^{200}Bi、^{201}Bi、^{202}Bi、^{203}Po、^{205}Po、^{207}Po、^{232}Th、^{235}U、^{238}U、^{239}U、^{232}Np、^{233}Np、^{240}Np、^{235}Pu、^{243}Pu、^{237}Am、^{238}Am、^{239}Am、^{244m}Am、^{245}Am、^{246}Am、^{246m}Am、^{249}Cm。

说明：属于这一毒性组的还有如下气态或蒸汽态放射性核素：^{3}H(元素)、^{3}H(氚水)、^{3}H(有机结合氚)、^{3}H(甲烷氚)、^{11}C、^{11}CO$_2$、^{14}CO$_2$、^{11}CO、^{14}CO、^{35}SO$_2$、^{37}Ar、^{39}Ar、^{41}Ar、^{59}Ni、^{74}Kr、^{76}Kr、^{77}Kr、^{79}Kr、^{81}Kr、^{83m}Kr、^{85}Kr、^{85m}Kr、^{87}Kr、^{88}Kr、^{94}RuO$_4$、^{97}RuO$_4$、^{105}RuO$_4$、^{116}Te、^{123}Te、^{127}Te、^{129}Te、^{131}Te、^{133}Te、^{133m}Te、^{134}Te、^{120}I(甲基)、^{120m}I、^{120m}I(甲基)、^{121}I、^{121}I(甲基)、^{123}I、^{123}I(甲基)、^{128}I、^{128}I(甲基)、^{129}I、^{129}I(甲基)、^{132}I(甲基)、

^{132m}I(甲基)、^{134}I、^{134}I(甲基)、^{120}Xe、^{121}Xe、^{122}Xe、^{123}Xe、^{125}Xe、^{127}Xe、^{129m}Xe、^{131m}Xe、^{133m}Xe、^{133}Xe、^{135m}Xe、^{135}Xe、^{138}Xe、^{199m}Hg。

在上述核素毒性分组清单中，有 10 个核素具有 2 个半衰期，其中 6 个因其 2 个半衰期(T_1、T_2)相差悬殊而被分列入不同的毒性组别；另有 4 个具有 2 个半衰期的核素，因其半衰期相差不大而被列在同一毒性组别。它们是 ^{89}Nb、^{110}In、^{156m}Tb、^{190m}Ir。对于汞，将其分无机汞和有机汞，共有 9 个核素，其中 5 个(^{193}Hg、^{194}Hg、^{195}Hg、^{199m}Hg、^{203}Hg)，其无机和有机形态属同一毒性组别；另外 4 个(^{193m}Hg、^{195m}Hg、^{197}Hg、^{197m}Hg)则不同。

1.4.2 放射性核素的日等效操作量

对于放射性核素而言，不仅具有放射性活度的问题，还具有放射性毒性的问题。实验人员进入实验室不仅要面对辐射，还会面临接触有毒性的放射性核素以及操作时间长短等问题。在这种情况下，为了衡量实验人员使用不同放射性核素的操作负担，实验中引入了放射性核素日等效操作量的概念。所谓放射性核素的日等效操作量，就是放射性核素的实际日操作量(Bq)与该核素毒性组别修正因子的乘积除以与操作方式有关的修正因子所得的商。放射性核素的毒性组别修正因子及操作方式有关的修正因子分别见表 1.3 和表 1.4。

表 1.3 放射性核素毒性组别修正因子

毒性组别	毒性组别修正因子
极毒	10
高毒	1
中毒	0.1
低毒	0.01

表 1.4 操作方式与放射源状态修正因子

操作方式	放射源状态			
	表面污染水平较低的固体	液体、溶液、悬浮液	表面有污染的固体	气体、蒸汽、粉末、压力很高的液体、固体
源的贮存	1000	100	10	1
很简单的操作	100	10	1	0.1
简单的操作	10	1	0.1	0.01
特别危险的操作	1	0.1	0.01	0.001

1.5 核辐射测量中的常见物理量和常用单位

本节对放射生态学科相关物理量进行描述。放射性活度 A 是处于特定能态下的一定量的放射性核素的核转变率，可表示为 $A = \mathrm{d}N / \mathrm{d}t$。在实际计算时，处于特定能态的一定量放射性核素的活度等于处在该能态的放射性核素的衰变常数 λ 与它的核数目 N 的乘积，即 $A = \lambda N$。放射性活度除采用单位 Bq 外，曾用单位为 Ci，$1\mathrm{Ci}=3.7\times10^{10}\mathrm{Bq}$（约等价于 1g 镭的活度）。

1.5.1 描述辐射场的物理量和常用单位

电离辐射存在的空间（含介质空间）称为辐射场，辐射场是由辐射源产生的。按辐射的种类，辐射源可分为 α 源、β 源、γ 源、中子源等。与它们相对应的辐射场称为 α 辐射场、β 辐射场、γ 辐射场、中子辐射场等。存在两种或两种以上的电离辐射的辐射场称为混合辐射场，例如中子-γ 混合辐射场、β-γ 混合辐射场等。通常将描述辐射场基本特性的物理量称为辐射量，常用的该类物理量有粒子注量和粒子注量率、能注量和能注量率等。

1）粒子注量和粒子注量率

粒子注量是根据入射粒子的数量多少来描述辐射场性质的物理量，是描述辐射场性质的一种比较简单的方法。一般可分为定向辐射场与非定向辐射场两种情况来讨论粒子注量。

定向辐射场的示例如图 1.33（a）所示，其粒子注量可采用垂直于粒子运动方向的单位面积上所通过的粒子数来表示。如果平面 da 的法线与射线束不平行，则单位面积所截的粒子数与夹角 θ（射线束方向和该平面法线的夹角）余弦的绝对值成正比。

如果粒子运动方向是杂乱无章的，称其为非定向辐射场，如图 1.33（b）所示。国际辐射单位和测量委员会（International Commission on Radiation Units and Measurements，ICRU）引入了一般性概念：辐射场中某一点的粒子注量 Φ 是以进入该点为球心、截面积为 da 的小球体内的粒子数 dN 与该截面积 da 之商，即

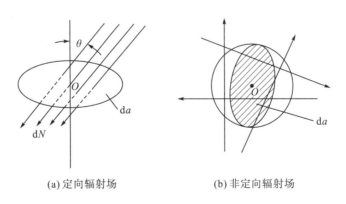

(a) 定向辐射场   (b) 非定向辐射场

图 1.33 表述粒子注量概念的示意图

$$\Phi = \mathrm{d}N / \mathrm{d}a \tag{1.102}$$

式中，Φ 表示粒子注量，m^{-2}；$\mathrm{d}a$ 表示小球体内的截面积，m^2。

ICRU 定义的粒子注量既适于定向辐射场，也适于非定向辐射场，并与粒子入射方向无关。应注意，一般情况下，通过单位截面积的粒子数不等于粒子注量，而是等于或小于粒子注量；仅当粒子平行垂直单向入射时，才等于粒子注量。

通常，在辐射防护中并不考虑入射粒子方向，而重视辐射作用于某一点所产生的效应。可见，粒子注量是辐射防护中的一个重要的物理量。

若粒子能量 E 具有谱分布（$0 \sim E_{\max}$），相应的粒子注量分布采用 $\Phi(E)$ 表示。如果将粒子能量为 E 的粒子注量记为 Φ_E，能量从 E 到 $E+\mathrm{d}E$ 之间的粒子注量记为 $\Phi_{E,\Delta E}$，则

$$\Phi_E = \frac{\mathrm{d}\Phi(E)}{\mathrm{d}E}, \quad \Phi_{E,\Delta E} = \Phi_E \mathrm{d}E = \frac{\mathrm{d}\Phi(E)}{\mathrm{d}E}\mathrm{d}E \tag{1.103}$$

当对全部粒子能谱积分时，便得能量在 $0 \sim E_{\max}$ 内的粒子注量 Φ，即

$$\Phi = \int_0^{E_{\max}} \Phi_E \mathrm{d}E = \int_0^{E_{\max}} \frac{\mathrm{d}\Phi(E)}{\mathrm{d}E}\mathrm{d}E \tag{1.104}$$

式中，E 表示粒子能量，单位为 J 或 eV。

粒子注量率 ξ 是单位时间内的粒子注量，简称注量率，其定义式为

$$\xi = \frac{\mathrm{d}\Phi}{\mathrm{d}t} = \frac{\mathrm{d}(\mathrm{d}N / \mathrm{d}a)}{\mathrm{d}t} = \frac{\mathrm{d}^2 N}{\mathrm{d}t\mathrm{d}a} \tag{1.105}$$

式中，$\mathrm{d}\Phi$ 表示在时间间隔 $\mathrm{d}t$ 内的粒子注量的增量；注量率 ξ 表示单位时间进入单位截面积的小球体内的粒子数，$\mathrm{m}^{-2} \cdot \mathrm{s}^{-1}$。

显然，对粒子注量率的时间积分等于粒子注量。若粒子能量 E 具有谱分布（$0 \sim E_{\max}$），则对全部粒子能谱进行积分，便可得到能量在 $0 \sim E_{\max}$ 内的粒子注量率。

2）能注量和能注量率

能注量是根据入射粒子的能量大小来描述辐射场性质的物理量，即表示进入单位截面积的小球体内的所有粒子能量之和（扣除静止能量），用 Ψ 表示，其定义式为

$$\Psi = \mathrm{d}E_\Sigma / \mathrm{d}a \tag{1.106}$$

式中，$\mathrm{d}E_\Sigma$ 表示进入截面积为 $\mathrm{d}a$ 的小球体内的所有粒子能量之和（扣除静止能量），J；Ψ 表示能注量，$\mathrm{J} \cdot \mathrm{cm}^{-2}$。

对于能量为 E 的粒子，Ψ 与 Φ 的关系为 $\Psi = \Phi E$。则当粒子能量具有谱分布 $\Phi(E)$ 时，对全部粒子能谱进行积分，便可得到能量在 $0 \sim E_{\max}$ 内的粒子的能注量：

$$\Psi = \int_0^{E_{\max}} \Phi_E E \mathrm{d}E = \int_0^{E_{\max}} \frac{\mathrm{d}\Phi(E)}{\mathrm{d}E} E \mathrm{d}E \tag{1.107}$$

能注量率 ψ 是描述单位时间进入单位截面积的小球体内所有粒子能量之和，其定义式为

$$\psi = \mathrm{d}\Psi / \mathrm{d}t \tag{1.108}$$

式中，$\mathrm{d}\Psi$ 表示在时间间隔 $\mathrm{d}t$ 内进入截面积为 $\mathrm{d}a$ 的小球体内的所有粒子能量之和，即在时间间隔 $\mathrm{d}t$ 内的能注量的增量；ψ 表示能注量率，$\mathrm{J} \cdot \mathrm{cm}^{-2} \cdot \mathrm{s}^{-1}$。

显然，当粒子能量为单一能量 E 时，能注量率 ψ 与注量率 ξ 的关系为

$$\psi = \xi E \tag{1.109}$$

如果对粒子能注量率进行时间积分,便得到粒子的能注量。若粒子能量 E 具有 $0 \sim E_{\max}$ 的谱分布,对全部粒子能谱进行积分,便得能量在 $0 \sim E_{\max}$ 范围内的粒子的能注量率。

1.5.2　相互作用系数和常用单位

在辐射场中,相互作用系数是描述各类射线(粒子)与辐射场物质(介质)发生相互作用程度的物理量。由于带电粒子和不带电粒子的作用机制不同,其相互作用系数也有所区别。

1. 衰减系数、能量转移系数和能量吸收系数

当一束不带电粒子穿过辐射场物质时,与该物质发生相互作用,从而使粒子数或粒子能量发生变化。衰减系数、能量转移系数和能量吸收系数就是描述这些变化的物理量。

不带电粒子与物质相互作用(例如 X 射线或γ射线发生的光电效应、康普顿效应和电子对效应等)必然使粒子数减少。线衰减系数 μ 是描述粒子在其前进方向穿过单位厚度的物质时,所减少的不带电粒子数份额,而质量衰减系数 μ_m 为线衰减系数 μ 与所穿过物质的密度 ρ 之商,即

$$\mu = \frac{\mathrm{d}N/N}{\mathrm{d}l} , \quad \mu_m = \frac{\mu}{\rho} = \frac{\mathrm{d}N/N}{\rho \mathrm{d}l} \tag{1.110}$$

式中,$\mathrm{d}N/N$ 为减少的不带电粒子数份额;$\mathrm{d}l$ 为粒子前进方向所穿过的物质厚度,m;ρ 为物质密度,kg·m^{-3};μ 为线衰减系数,m^{-1};μ_m 为质量衰减系数,m^2·kg^{-1}。

对于 X 射线或γ射线而言,它们穿过物质时主要发生光电效应、康普顿效应、电子对效应等相互作用,各自的线衰减系数分别记为 τ、σ、κ,μ 是三者之和,即 $\mu = \tau + \sigma + \kappa$。除氢之外,绝大多数物质内的电子数按其单位质量分布是大致相等的,当康普顿效应占优势时,主要产生自由电子,故其质量衰减系数 μ_m 主要考虑物质密度差异而不考虑物质成分变化。

在不带电粒子(尤指 X 射线或γ射线)与辐射场物质相互作用过程中,一部分射线能量转变为电子能量(如光电子,反冲电子,电子对的正、负电子)(记作 μ_{tr}),而另一部分能量被较低能光子(如特征 X 射线、散射光子和湮没辐射)(记作 μ_{p})带走,故其线衰减系数 μ 由上述两者的结果之和表示,即

$$\mu = \mu_{\mathrm{tr}} + \mu_{\mathrm{p}}$$

线能量转移系数 μ_{tr} 是描述其入射粒子能量转移的物理量(不涉及能量是否被物质直接吸收),质量能量转移系数 $\mu_{m-\mathrm{tr}}$ 为线能量转移系数与该物质的密度 ρ 之比,即

$$\mu_{\mathrm{tr}} = \frac{\mathrm{d}E/(N \cdot E)}{\mathrm{d}l}$$

$$\mu_{m-\mathrm{tr}} = \frac{\mu_{\mathrm{tr}}}{\rho} = \frac{\mathrm{d}E/(N \cdot E)}{\rho \mathrm{d}l} \tag{1.111}$$

式中,E 为入射粒子能量(不含静止能量);$\mathrm{d}E/(N \cdot E)$ 是射线在其前进方向穿过厚度为 $\mathrm{d}l$ 的物质后,使其能量转移给带电粒子的份额;μ_{tr} 和 μ 的单位相同;$\mu_{m-\mathrm{tr}}$ 和 μ_m 的单位相同。

在辐射场物质中，入射的不带电粒子（尤指 X 射线或γ射线）将能量传递给电子后，这些电子又使物质发生电离和激发，以及韧致辐射。假若 g 表示能量转变为韧致辐射的份额，则

$$\mu_{ca} = \mu_{tr}(1-g) \text{ 和 } \mu_{m-ca} = \mu_{ca}/\rho = \mu_{tr}(1-g)/\rho \qquad (1.112)$$

式中，μ_{ca} 为线能量吸收系数，表示入射粒子在其前进方向穿过单位厚度的物质后，其能量被物质所吸收的份额；μ_{tr} 和 μ 的单位相同；μ_{m-ca} 为质量能量吸收系数；μ_{m-tr} 和 μ_m 的单位相同。

2. 碰撞阻止本领、辐射阻止本领和总质量阻止本领

当一束带电粒子穿过辐射场物质时，将发生电离和激发。其损耗能量的过程称为碰撞损失，用物质对带电粒子的碰撞阻止本领进行描述。线碰撞阻止本领 S_{col} 是一定能量的带电粒子在物质中穿过单位长度路径后，因电离和激发所损失的能量；质量碰撞阻止本领 S_{m-col} 为一定能量的带电粒子在物质中穿过单位质量厚度后，因电离和激发所损失的能量，即

$$S_{col} = dE_{col}/dl, \quad S_{m-col} = S_{col}/\rho = \frac{dE_{col}}{\rho dl} \qquad (1.113)$$

式中，dl 为粒子前进方向所穿过物质的单位厚度，单位为 m；ρ 为物质密度，单位为 $kg \cdot m^{-3}$；dE_{col} 为带电粒子穿过厚度为 dl 的物质后，因电离和激发所损失的能量；线碰撞阻止本领 S_{col} 的单位为 $J \cdot m^{-1}$；质量碰撞阻止本领 S_{m-col} 的单位为 $J \cdot m^2 \cdot kg^{-1}$。

带电粒子在物质中发生韧致辐射而损耗能量的过程称为辐射损失，用物质对带电粒子的辐射阻止本领进行描述。线辐射阻止本领 S_{rad} 及质量辐射阻止本领 S_{m-rad} 为

$$S_{rad} = dE_{rad}/dl, \quad S_{m-rad} = S_{rad}/\rho = \frac{dE_{rad}}{\rho dl} \qquad (1.114)$$

式中，线辐射阻止本领 S_{rad} 与线碰撞阻止本领 S_{col} 的定义类似，单位也相同；质量辐射阻止本领 S_{m-rad} 与质量碰撞阻止本领 S_{m-col} 的定义也类似，单位也相同；其他参数含义也类似。

通常，带电粒子穿过物质时存在三部分能量的损失过程，即一部分入射粒子能量因电离和激发而损失，另一部分能量被转变为韧致辐射的能量，还有一部分能量因弹性碰撞而转变为热能。这三部分能量的分配比例取决于带电粒子种类、物质类型和能量大小等因素。总线阻止本领 S 或总质量阻止本领 S_m 可描述上述三部分能量损失效应。例如，总质量阻止本领 S_m 为

$$S_m = S/\rho = \frac{dE}{\rho dl} \qquad (1.115)$$

对于电子而言，主要通过电离、激发和韧致辐射而损失能量，故总质量阻止本领 S_m 为质量碰撞阻止本领 S_{m-col} 与质量辐射阻止本领 S_{m-rad} 之和，即

$$S_m = \frac{S}{\rho} = \frac{S_{col}}{\rho} + \frac{S_{rad}}{\rho} = S_{m-col} + S_{m-rad} \qquad (1.116)$$

对于确定的电子能量 E 和确定的物质（原子序数为 Z），电子能量的损失满足如下关系：

$$\frac{S_{m-rad}}{S_{m-col}} = \frac{S_{rad}/\rho}{S_{col}/\rho} \approx \frac{EZ}{800} \qquad (1.117)$$

如果质量碰撞阻止本领 S_{m-col} 和质量辐射阻止本领 S_{m-rad} 相等，则称入射电子能量为临

界能 $S_{m-\text{cri}}$。当 $E < 10\text{MeV}$ 时，电子能量主要损耗在电离和激发过程中，仅在 $E \geqslant 10\text{MeV}$ 后，轫致辐射损失才占优势。已测定水、空气、铝和铅的临界能量分别为 150MeV、150MeV、60MeV 和 10MeV。

1.5.3　描述辐射剂量的物理量和常用单位

辐射剂量是度量辐射与物质相互作用所产生的真实效应或潜在影响的物理量，其值既依赖于辐射场，也依赖于相互作用程度。有时，也将辐射剂量存在的空间称为辐射剂量场。

1. 带电粒子平衡

带电粒子平衡是辐射剂量学中的一个重要概念。假设不带电粒子所照射物质的体积为 V，在体积 V 中任取一个小体积元 ΔV，如果由不带电粒子传递给该小体积元 ΔV 的能量等于它在该小体积元 ΔV 内所产生的次级带电粒子动能的总和，就称该小体积元 ΔV 内存在带电粒子平衡。如果涉及的次级带电粒子特指电子，则称其为电子平衡。

显然，由入射的不带电粒子产生的次级带电粒子有些在 ΔV 内，也有些在 ΔV 外，即产生在 ΔV 内的次级带电粒子有些可能离开，而产生在 ΔV 外的次级带电粒子有些可能进入。要使该小体积元 ΔV 内出现带电粒子平衡，还需另一个同类型、同能量的带电粒子进入该小体积元 ΔV 内，以实现带电粒子的相互补偿。可见，要出现带电粒子平衡必须与辐射场内的特定位置相联系，且还需具有以下条件：①从小体积元的边界向各方向伸展的距离 d 至少应大于初级入射粒子(不带电粒子)在该物质中所产生的次级带电粒子的最大射程 $R_{\max}$，且在 $d \geqslant R_{\max}$ 区域内辐射场还应是恒定的，即入射粒子注量和谱分布为恒定不变；②在上述 $d \geqslant R_{\max}$ 区域内，物质对次级带电粒子的阻止本领，以及对初级入射粒子的质量能量吸收系数也应是恒定不变的。

上述条件难以满足，但在某些情况下能够达到相当好的近似。例如 ^{137}Cs、^{60}Co 产生的入射γ射线的衰减为 1%左右，如果认为该衰减可以忽略不计，那么在它受照某些物质(如水)时，可存在很好的电子平衡。对于中子，由于建立带电粒子平衡比较容易，因此，即使中子能量高达 30MeV，在某些物质(如水)中仍然有较好的近似带电粒子平衡。

2. 吸收剂量和吸收剂量率

吸收剂量 D 描述了物质吸收辐射能量及其可能引发的辐射效应，其定义为单位质量的受照物质所吸收的平均辐射能量；而吸收剂量率 $\dot{D}$ 是单位时间内的吸收剂量。则有

$$D = \mathrm{d}\overline{\varepsilon} / \mathrm{d}m , \quad \dot{D} = \mathrm{d}D / \mathrm{d}t = \left(\frac{\mathrm{d}\overline{\varepsilon}}{\mathrm{d}m}\right) / \mathrm{d}t \tag{1.118}$$

式中，吸收剂量 D 表示电离辐射授予质量为 $\mathrm{d}m$ 的物质的平均能量 $\mathrm{d}\overline{\varepsilon}$，单位为 Gy(戈瑞)，$1\text{Gy} = 1\text{J}\cdot\text{kg}^{-1}$，曾用单位为 rad(拉德)，$1\text{rad} = 10^{-2}\text{Gy}$；吸收剂量率 $\dot{D}$ 表示时间间隔 $\mathrm{d}t$ 内的吸收剂量增量 $\mathrm{d}D$，单位为 $\text{J}\cdot\text{kg}^{-1}$，专有单位为 $\text{Gy}\cdot\text{s}^{-1}$。

吸收剂量(或吸收剂量率)适于任何类型的辐射和受照物质，且与受照物质中各点(小体积域)相联系，即每点的吸收剂量并不相同，必须指明它的辐射种类、介质种类和所在位置。

3. 比释动能和比释动能率

不带电粒子(如 X 粒子、γ 粒子和中子等)与物质相互作用时,可把能量转移给它所产生的次级带电粒子。比释动能 K 是衡量在受照的单位质量物质中,转移给次级带电粒子初始动能总和的一个物理量。与吸收剂量 D 不同,比释动能适用于任何物质,但只适用于间接电离辐射。比释动能率 $\dot{K}$ 描述了单位时间 $\mathrm{d}t$ 内的比释动能,它们的定义式为

$$K = \mathrm{d}E_{\mathrm{tr}} / \mathrm{d}m, \quad \dot{K} = \mathrm{d}K / \mathrm{d}t = \frac{\mathrm{d}E_{\mathrm{tr}}}{\mathrm{d}m} / \mathrm{d}t \tag{1.119}$$

式中, $\mathrm{d}E_{\mathrm{tr}}$ 是不带电粒子在质量为 $\mathrm{d}m$ 的某一物质内,所释放出的能量转移给次级带电粒子形成的电离粒子的全部初始动能的总和;比释动能 K 与吸收剂量的单位相同,比释动能率 $\dot{K}$ 的专有单位为 $\mathrm{Gy \cdot s^{-1}}$。

4. 照射量和照射量率

在辐射测量中,可采用辐射仪探测 X 射线或 γ 射线,最早的辐射仪是载有自由空气的空腔电离室,其测量原理为:一束 X 射线或 γ 射线穿过自由空气,并与空气发生相互作用而产生次级电子,这些次级电子又使空气电离而产生离子对,在该过程中射线自身的能量全部损失。收集电离所产生的离子对的电量,便可定义出照射量,即照射量 X 是表示这束 X 射线或 γ 射线在空气中产生电离电量的物理量,也是辐射测量中沿用最久的一个物理量;照射量率 $\dot{X}$ 是单位时间内的照射量,简称照射率。照射量 X 和照射量率 $\dot{X}$ 的定义式为

$$X = \mathrm{d}Q / \mathrm{d}m, \quad \dot{X} = \mathrm{d}X / \mathrm{d}t = \frac{\mathrm{d}Q}{\mathrm{d}m} / \mathrm{d}t \tag{1.120}$$

式中, $\mathrm{d}m$ 为一个小体积元的空气质量,kg; $\mathrm{d}Q$ 为照射光子在空气中引发的次级电子被空气阻留后所形成的正(或负)离子的总电荷值,C; X 表示照射量, $\mathrm{C \cdot kg^{-1}}$;照射率 $\dot{X}$ 表示在时间间隔 $\mathrm{d}t$ 内产生的照射量的增量 $\mathrm{d}X$, $\mathrm{C \cdot kg^{-1} \cdot s^{-1}}$ 。

照射量 X 的曾用单位 R(伦琴,目前还常使用,现用单位是 $\mathrm{C \cdot kg^{-1}}$),它通过 X 射线或 γ 射线照射空气来度量,即"1R 的 X 射线作用于(照射)标准状况下的 $1\mathrm{cm^3}$ 空气(约 $1.293 \times 10^{-6}\mathrm{kg}$)所释放的次级电子使空气电离,电离产生的正(或负)离子的电量为 1 静电单位",因 X 射线或 γ 射线作用于标准空气并产生一个离子对所需的平均电离能为 $33.73\mathrm{eV}(=33.73 \times 1.602 \times 10^{-19}\mathrm{J} \approx 5.404 \times 10^{-18}\mathrm{J})$,而一个离子对所具有的电量为 1 电子电量,此时 1 电子电量与 $1.125 \times 10^{-8}\mathrm{J}[=5.404 \times 10^{-18}/(4.803 \times 10^{-10})]$ 的能量等效;故 $1\mathrm{R}=1.125 \times 10^{-8}\mathrm{J}/(1.293 \times 10^{-6})\mathrm{kg} \approx 8.701 \times 10^{-3}\mathrm{J \cdot kg^{-1}}$ 。

必须注意:①照射量的定义仅适用于空气介质中的 X 射线或 γ 射线的辐射,不能用于其他类型介质和其他辐射;②定义式中的 $\mathrm{d}Q$ 并不包括所在体积元的空气中释放出来的次级电子产生的韧致辐射被吸收后而产生的电离,实际测量中,仅当光子能量很高(大于3MeV)时,由此方式产生的电离对的贡献才显得重要;③按定义来测量照射量 X 时,还须满足电子平衡条件。

鉴于目前的测量技术及精度要求,所能测量的光子能量一般为几千电子伏特到3MeV,在该情况下,由次级电子产生的韧致辐射对测量值 $\mathrm{d}Q$ 的贡献可忽略不计。

5. 吸收剂量、比释动能、照射量之间的关系

吸收剂量与照射量都是射线与物质相互作用结果的度量，前者适用于任意物质，后者仅适用于空气；前者描述物质吸收辐射能以及可引发的辐射效应，后者描述射线在空气中耗尽辐射能以及由次级电子电离空气产生的电量。可见，它们从不同角度描述了单位质量的物质所产生的能量效应，两者之间必然存在一定联系。即不同能量的 X 射线或 γ 射线对不同物质所造成的吸收剂量与该 X 射线或 γ 射线的照射量之间存在如下关系，即

$$D = fX \tag{1.121}$$

式中，f 为照射量换算为吸收剂量的换算因子，$J \cdot C^{-1}$；X 的含义同前所述。

根据伦琴定义可知：$1R=2.58 \times 10^{-4} C \cdot kg^{-1} \approx 8.701 \times 10^{-3} J \cdot kg^{-1}$。对于空气而言，换算因子 $f = 33.73 J \cdot C^{-1}$（最新资料为 $33.97 J \cdot C^{-1}$，也有资料为 $33.85 J \cdot C^{-1}$）。如果将不同能量的 X 射线或 γ 射线的照射量换算为人体软组织、肌肉和骨骼的吸收剂量，f 的取值范围分别为 $31.67 \sim 37.29 J \cdot C^{-1}$，$35.58 \sim 37.29 J \cdot C^{-1}$，$35.93 \sim 164.34 J \cdot C^{-1}$；对于其他物质 f 取值见相关文献。

同样，吸收剂量与比释动能 K 之间也存在一定关系，即

$$D = d\bar{\varepsilon} / dm = (1-g)d\bar{\varepsilon}_{tr} / dm = (1-g)K \tag{1.122}$$

式中，g 为次级电子在慢化过程中，能量转变为轫致辐射的份额。

还要注意：比释动能、吸收剂量、照射量之间既有联系又有区别，它们之间的主要区别见表 1.5。

表 1.5　吸收剂量、比释动能、照射量的区别

	吸收剂量 D	比释动能 K	照射量 X
适用范围	适于任何带电粒子与不带电粒子，以及任何类型物质	适于 X 射线或 γ 射线、中子等任何不带电粒子，以及任何类型物质	仅适于 X 射线或 γ 射线，并限于空气介质
剂量学中含义	表征辐射在体积 V 内所沉积的能量，这些能量可来自 V 内，也可来自 V 外	表征不带电粒子在体积 V 内交给带电粒子的能量，与在何处以何种方式损失这些能量无关	表征 X 射线或 γ 射线在空气中的体积 V 内交给次级电子用于电离、激发的那些能量

通常，描述辐射剂量的物理量(照射量率尤为突出)在空间的分布值称为辐射场的场强，以此研究射线形成的空间辐射场(或空间剂量场)。例如，空间 γ 场就是采用照射量率的分布值表达场强的辐射场，其 γ 射线穿过介质后的照射量率变化值始终等效到空气介质的基准中。

6. 比释动能、粒子注量、能注量之间的关系

对于仅有一种单能 E 的不带电粒子的辐射场，某点处物质的比释动能 K 与同一点处的能注量或粒子注量存在如下关系：

$$K = \mu_{m-tr}\Psi = (\mu_{tr} / \rho)\Psi = f_k\Phi \tag{1.123}$$

式中，f_k 称为粒子的比释动能因子，$Gy \cdot m^2$；其他参数同前所述。对于具有谱分布的不带电粒子的辐射，则物质的比释动能 K 可采用如下关系表示，即

$$K = \int \Psi_E \left(\mu_{tr} / \rho \right) \mathrm{d}E \tag{1.124}$$

式中，Ψ_E 是能注量 Ψ 粒子能量的微分分布；其他参数同前所述。

在实际工作中，当能注量 Ψ 确定不变时，如果已知物质一的比释动能 K_1，物质二的比释动能为 K_2，可求得 K_1 与 K_2 的关系为

$$K_2 = \frac{\left(\mu_{tr} / \rho \right)_2}{\left(\mu_{tr} / \rho \right)_1} K_1 \tag{1.125}$$

7. 放射性核素浓度、质量和活度之间的关系

设放射性核素的质量为 m(单位 kg)，摩尔质量为 M(单位 g·mol^{-1})，阿伏伽德罗常数为 N_A，根据放射性半衰期公式：

$$N = N_0 \left(\frac{1}{2} \right)^{\frac{t}{T_{1/2}}} \tag{1.126}$$

式中，N 为 t 时刻所对应的原子核数；N_0 指初始时刻($t=0$)的原子核数；t 为衰变时间；$T_{1/2}$ 为半衰期。

$$T_{1/2} = \frac{0.693}{\lambda} \tag{1.127}$$

$$N = N_0 \left(\frac{1}{2} \right)^{\frac{t\lambda}{0.693}} \tag{1.128}$$

因为 $N_0 = \frac{m}{M} N_A$，则有

$$N = \frac{m N_A}{M} \left(\frac{1}{2} \right)^{\frac{t\lambda}{0.693}} \tag{1.129}$$

对式(1.129)进行时间求导，可得

$$\frac{\mathrm{d}N}{\mathrm{d}t} = \frac{m N_A \lambda \ln \left(\frac{1}{2} \right)}{0.693 M} \left(\frac{1}{2} \right)^{\frac{t\lambda}{0.693}} = \frac{m N_A \lambda}{M} 2^{\frac{-t\lambda}{0.693}} \tag{1.130}$$

这里的 $\frac{\mathrm{d}N}{\mathrm{d}t}$ 就是放射性活度。放射性核素的浓度：

$$Q_\xi = \frac{\mathrm{d}N}{V\mathrm{d}t} = \frac{m N_A \lambda}{MV} 2^{\frac{-t\lambda}{0.693}} \tag{1.131}$$

$$m = \frac{Q_\xi MV}{\lambda N_A} 2^{\frac{t\lambda}{0.693}} \tag{1.132}$$

式(1.132)就是放射性核素的浓度及其质量之间的关系表达式。

8. 环境介质中放射性核素活度浓度及其计算公式

1) 大气中放射性核素的活度浓度

大气中放射性核素的活度浓度，按下式计算：

$$C_{a,i} = \frac{p_p \cdot F \cdot Q_i}{U_a} = \frac{\chi Q_i}{Q} \tag{1.133}$$

式中，$C_{a,i}$ 为大气中放射性核素 i 的年平均活度浓度，$Bq \cdot m^{-3}$；F 为年平均高斯扩散因子，m^{-2}；P_p 为风向为扇形 p 方向的年时间份额，量纲一；Q_i 为放射性核素 i 的年平均排放速率，$Bq \cdot s^{-1}$；U_a 为烟囱出口处的年平均风速，$m \cdot s^{-1}$；χ/Q 为年平均大气弥散因子，$s \cdot m^{-3}$。

2）地面沉积放射性核素的活度浓度

地面沉积放射性核素的活度浓度，按下式计算：

$$C_{gr,i} = \frac{d_{gr,i} \left\{ 1 - \exp\left[-\left(\lambda_i + \lambda_s \right) t_{gr} \right] \right\}}{\lambda_i + \lambda_s} \tag{1.134}$$

$$d_{gr,i} = C_{a,i} \left(V_{d,i} + V_{w,i} \right) \tag{1.135}$$

式中，$C_{gr,i}$ 为地面沉积放射性核素 i 的活度浓度，Bq/m^2；$d_{gr,i}$ 为大气中放射性核素 i 向地面的年平均沉积速率，$Bq \cdot m^{-2} \cdot d^{-1}$；$\lambda_i$ 为放射性核素 i 的衰变常数，d^{-1}；λ_s 为放射性核素 i 在土壤中的年平均损耗率常数，d^{-1}，可取 IAEA 安全标准丛书第 19 号中的值；t_{gr} 为年中放射性核素从大气向地面沉积的累积时间，d，可取核设施的运行寿命；$V_{d,i}$ 为放射性核素 i 的年平均干沉积系数，$m \cdot d^{-1}$；$V_{w,i}$ 为放射性核素 i 的年平均湿沉积系数，$m \cdot d^{-1}$。

3）土壤中放射性核素的活度浓度

土壤中放射性核素的活度浓度，按下式计算：

$$C_{s,i} = \frac{C_{gr,i}}{\rho_s} \tag{1.136}$$

式中，$C_{s,i}$ 为土壤中放射性核素 i 的活度浓度，$Bq \cdot kg^{-1}$；ρ_s 为农作物（牧草）根部有效表面土壤密度，$kg \cdot m^{-2}$ 土壤干重，可取 IAEA 安全标准丛书第 19 号中的值。

4）农作物（牧草）中放射性核素的活度浓度

（1）除 ^3H、^{14}C 外其他放射性核素。

农作物（牧草）中除 ^3H、^{14}C 外其他放射性核素的活度浓度，按下式计算：

$$C_{v,i} = \left(\frac{d_{gr,i} \alpha \left\{ 1 - \exp\left[-\left(\lambda_i + \lambda_w \right) t_e \right] \right\}}{\lambda_i + \lambda_w} + F_{v,i} C_{s,i} \right) \cdot \exp(-\lambda_i t_h) \tag{1.137}$$

式中，$C_{v,i}$ 为农作物（牧草）中放射性核素 i 的活度浓度，$Bq \cdot kg^{-1}$；α 为农作物（牧草）的质量拦截份额，$m^2 \cdot kg^{-1}$，可取 IAEA 安全标准丛书第 19 号中的值；λ_w 为放射性核素 i 在农作物（牧草）表面的年平均损耗率常数，d^{-1}，可取 $0.051 \cdot d^{-1}$；t_e 为农作物（牧草）生长季受放射性核素沉积污染的累积时间，d^{-1}；$F_{v,i}$ 为土壤中放射性核素 i 转移到农作物（牧草）可食部分的浓度转移因子，$(Bq \cdot kg^{-1}$ 农作物（牧草）$)/(Bq \cdot kg^{-1}$ 土壤$)$，可取 IAEA 安全标准丛书第 19 号中的值；t_h 为农作物（牧草）从收割到被消费的间隔时间，d，通过场址环境调查获取。

(2) ^{3}H。

由于 ^{3}H 在农作物(牧草)中的活度浓度与大气水蒸气中的活度浓度具有平衡关系,农作物(牧草)中 ^{3}H 的活度浓度,按下式计算:

$$C_{v,^3H} = \frac{C_{a,^3H} f_{v,w} f_{v,a}}{\phi} \tag{1.138}$$

式中,$C_{v,^3H}$ 为农作物(牧草)中 ^{3}H 的活度浓度,Bq·kg^{-1};$C_{a,^3H}$ 为大气中 ^{3}H 的年平均活度浓度,Bq·kg^{-3};ϕ 为大气的绝对湿度,kg·kg^{-3};$f_{v,w}$ 为农作物(牧草)的含水率,量纲一;$f_{v,a}$ 为农作物(牧草)中的水分来自大气水蒸气的份额,量纲一。

(3) ^{14}C。

由于大气中的 ^{14}C 能够通过光合作用进入农作物(牧草),农作物(牧草)中 ^{14}C 的活度浓度,按下式计算:

$$C_{v,^{14}C} = \frac{C_{a,^{14}C} f_{v,C}}{C_{a,C}} \tag{1.139}$$

式中,$C_{v,^{14}C}$ 为农作物(牧草)中 ^{14}C 的活度浓度,Bq·kg^{-1};$C_{a,^{14}C}$ 为大气中 ^{14}C 的年平均活度浓度,Bq·m^{-3};$f_{v,C}$ 为农作物(牧草)中的碳含量,量纲一;$C_{a,C}$ 为大气中 C 的年平均浓度,kg·m^{-3}。

5)奶类(肉类)中放射性核素的活度浓度

奶类(肉类)中放射性核素的活度浓度,按下式计算:

$$C_{m,i} = F_{m,i} \sum_{v=1}^{2} (C_{v,i} Q_v) \exp(-\lambda_i t_m) \tag{1.140}$$

式中,$C_{m,i}$ 为奶类(肉类)中放射性核素 i 的活度浓度,Bq·L^{-1} 或 Bq·kg^{-1};$F_{m,i}$ 为动物食入牧草中放射性核素 i 转移到奶类(肉类)中的转移因子,d·L^{-1} 或 d·kg^{-1},可取 IAEA 安全标准丛书第 19 号中的值;Q_v 为牧草的年平均消耗量,kg·d^{-1};t_m 为奶类(肉类)从被采集(屠杀)到被人类消费的间隔时间,d,通过场址环境调查获取。

6)海水中放射性核素的活度浓度

海水中放射性核素的活度浓度,按下式计算:

$$C_{w,i} = \frac{Q_i}{D\sqrt{\pi U \varepsilon_y \chi}} \left(-\frac{U(y-y_0)^2}{4\varepsilon_y \chi} - \frac{\chi \lambda_i}{U} \right) \tag{1.141}$$

式中,$C_{w,i}$ 为海水中放射性核素 i 的活度浓度,Bq·m^{-3};Q_i 为放射性核素 i 的年平均排放速率,Bq/s;D 为海水流动深度,m;U 为淡水的净流速,m·s^{-1};ε_y 为 y 方向的弥散系数,m^2·s^{-1};χ 为受体距排放口 x 方向的距离,m;y 为受体距排放口 y 方向的距离,m;y_0 为排放口距岸边(y 方向)的距离,m。

7)河流中放射性核素的活度浓度

河流中放射性核素的活度浓度,按下式计算:

$$C_{w,tot} = \frac{Q_i}{q_r} \exp\left(-\frac{\lambda_i \chi}{U}\right) P_r \tag{1.142}$$

式中：$C_{w,tot}$ 为河流中的放射性核素 i 的活度浓度，$Bq \cdot m^{-3}$；Q_i 为放射性核素 i 的年平均排放速率，$Bq \cdot s^{-1}$；q_r 为河流年流量，通常取河流近 30 年内最低年流量，$m^3 \cdot s^{-1}$；λ_i 为放射性核素 i 的衰变常数，s^{-1}；χ 为河流下游受体距排放口的距离，m；U 为淡水的净流速，$U = \dfrac{q_r}{BD}$，$m \cdot s^{-1}$（B 为河流宽度，通常取河流近 30 年内最低年流量对应的河流宽度，m；D 为河流深度，通常取河流近 30 年内最低年流量对应的河流深度，m）；P_r 为河流的混合系数，量纲一；随着排放口与下游受体距离 x 的增大，其值趋于 1（当 $x > 3B^2/D$，$P_r \approx 1$）。

8）入海口放射性核素的活度浓度

入海口放射性核素的活度浓度，按下式计算：

$$C_{s,tot} = \frac{Q_i}{q_w} \exp\left(-\frac{\lambda_i \chi}{U}\right) P_e \tag{1.143}$$

式中：$C_{s,tot}$ 为入海口放射性核素 i 的活度浓度，$Bq \cdot m^{-3}$；Q_i 为放射性核素 i 的年平均排放速率，$Bq \cdot s^{-1}$；q_w 为入海口上游河流年平均流量，可假设近 30 年内河流最低年流量为河流平均流量的 1/3，$m^3 \cdot s^{-1}$；λ_i 为放射性核素 i 的衰变常数，s^{-1}；χ 为入海口下游受体距排放口的距离，m；U 为淡水的净流速，$U = \dfrac{q_r}{B_s D_s}$，$m \cdot s^{-1}$（B_s 为入海口宽度，通常取入海口上游河流年平均流量对应的河口宽度，m；D_s 为入海口深度，通常取入海口上游河流年平均流量对应的河口深度，m）；P_e 为混合系数，量纲一；随着排放口与下游受体距离 x 的增大，其值趋于 1（当 $x > 0.6B_s^2/D_s$，$P_e \approx 1$）。

9）水产品中放射性核素的活度浓度

水产品中除 ^3H、^{14}C 外其他放射性核素的活度浓度，按下式计算：

$$C_{p,i} = B_{p,i} C_{w,i} \tag{1.144}$$

式中，$C_{p,i}$ 为水产品中放射性核素 i 的活度浓度，$Bq \cdot kg^{-1}$；$B_{p,i}$ 为放射性核素 i 在水产品 p 中的生物富集因子，即水产品 p 中放射性核素 i 的活度浓度与水产品 p 生存的水体中放射性核素 i 的活度浓度的比值，$(Bq \cdot kg^{-1})/(Bq \cdot m^{-3})$ 或 $m^3 \cdot kg^{-1}$，可取 IAEA 安全标准丛书第 19 号中的值。

10）水中溶解（过滤）的放射性核素的活度浓度

水中溶解（过滤）的放射性核素的活度浓度，按下式计算：

$$C_{w,s} = \frac{C_{w,tot}}{1 + 0.001 K_d S_s} \tag{1.145}$$

式中：$C_{w,s}$ 为水中溶解（过滤）的放射性核素 i 的活度浓度，$Bq \cdot m^{-3}$；K_d 为溶解相和沉积物吸附相之间的放射性核素 i 的交换系数，$L \cdot kg^{-1}$；

$$K_d = \frac{单位质量沉积物吸附放射性核素的浓度(Bq \cdot kg^{-1})}{单位水体积溶解放射性核素浓度(Bq \cdot L^{-1})}$$

式中，S_s 为悬浮泥沙浓度，$kg \cdot m^{-3}$ 或 $g \cdot L^{-1}$。

11) 悬浮泥沙中的放射性核素浓度

悬浮泥沙中的放射性核素浓度，按下式计算：

$$C_{s,w} = \frac{0.001K_d C_{w,tot}}{1 + 0.001K_d S_s} \tag{1.146}$$

式中，$C_{s,w}$ 为悬浮泥沙中的放射性核素 i 的活度浓度，$Bq \cdot m^{-3}$；K_d 为溶解相和沉积物吸附相之间的放射性核素 i 的交换系数，$L \cdot kg^{-1}$；S_s 为悬浮泥沙浓度，$kg \cdot m^{-3}$ 或 $g \cdot L^{-1}$。

12) 底泥中的放射性核素浓度

底泥中的放射性核素浓度，按下式计算：

$$C_{s,b} = \frac{0.0001K_d C_{w,tot}}{1 + 0.001K_d S_s} \times \frac{1 - e^{-\lambda_i T_e}}{\lambda_i T_e} \tag{1.147}$$

式中，$C_{s,b}$ 为底泥中的放射性核素 i 的活度浓度，$Bq \cdot m^{-3}$；K_d 为溶解相和沉积物吸附相之间的放射性核素 i 的交换系数，$L \cdot kg^{-1}$；S_s 为悬浮泥沙浓度，$kg \cdot m^{-3}$ 或 $g \cdot L^{-1}$；λ_i 为放射性核素 i 的衰变常数，S^{-1}；T_e 为有效累积时间，s。

习题：

1. 辐射主要有哪些类型？
2. 放射性衰变满足什么规律？
3. 能损包括几种类型？
4. 什么是阻止本领，它和带电粒子的种类、初始能量及吸收物质的原子序数关系如何？
5. 核反应中包括弹性散射吗？
6. 简述衰变常数、半衰期、平均寿命的关系。
7. 光电效应和康普顿效应的联系及差别是什么？
8. 射线强度和放射性活度有何联系？
9. 吸收剂量和照射量之间的关系如何？
10. 核素的物理半衰期和生物半衰期有何不同？
11. 举例说明哪些核素导致内照射显著，哪些核素导致外照射显著。

第2章 放射性的来源

本章将从天然放射性和人工放射性两个方面介绍放射性的来源,便于研究放射性核素在环境中的迁移、转化规律以及环境中放射性的监测方法与评价。

2.1 天然放射性

在贯穿地球生命体的整个历史中,生物体每时每刻都在接受来自天然放射性物质产生的辐射照射,这不仅是持续且不可避免的,也是生物体所受辐射照射的主要来源,其剂量大小由它们的活动和所处的地域所决定。经过漫长历史演替和进化的现存生物种群已经或者正在适应环境生态系统中天然本底辐射的照射。

我们周围的环境中,天然放射性来源于宇宙辐射和陆地天然放射性物质。陆地天然放射性物质中的氡(Rn)会释放到环境中,对生物体产生内照射,Rn 的吸入内照射剂量约为人类所接受天然放射性射线照射总剂量的一半。同时,矿物的开采和应用等人类活动也增加了天然放射性对人类的辐射照射剂量。

2.1.1 宇宙辐射

1. 初级宇宙射线与次级宇宙射线

宇宙射线是人们在探测天然放射性本底时发现的,是从外部空间到达地球的高能初级粒子以及它们与大气层空气相互作用产生的次级粒子所组成的辐射,由初级宇宙射线和次级宇宙射线组成。

初级宇宙射线是指从宇宙空间射到地球大气层的高能辐射,主要由各种元素的裸核组成,包括质子(83%~89%)、α粒子(10%~15%)、原子序数大于 3 的核及高能电子(1%~2%)等,粒子能量从 1keV 到 10^{17}keV 及以上。初级宇宙射线从空间进入地球大气层后,其中的高能粒子可与空气中的氮、氧、氩等原子核发生反应,产生中子、质子、μ介子、π介子和κ介子等一系列次级粒子,以及 ^{3}H、^{7}Be、^{14}C、^{22}Na 等放射性核素。

次级宇宙射线是高能宇宙射线与大气中原子核相互作用的产物。在上层大气中,初级宇宙射线通过高能反应(散裂反应)而产生次级质子,次级中子则是通过散裂反应和低能(p, n)反应所造成的中子蒸发而产生的。次级中子因弹性碰撞而失去能量,在热能化后被空气中的 ^{14}N 捕获而形成 ^{14}C。质子和中子因电离或核碰撞而很快失去能量,在低层大气中其通量密度已大为衰减,仅占海平面处空气吸收剂量率的百分之几。在海平面上所观察到的次级宇宙射线,可分为软、硬两种成分,软成分主要是电子和光子等较易被物质吸收的低能粒子,经过 10cm 厚的铅,几乎全部被吸收;硬成分主要是 μ 介子及高能量的质子,其贯穿能力很强,能穿透厚度大于 15cm 的铅,它的显著特点是能量高而强度低,其强度在不同纬度和高度有所不同。因此,宇宙射线对生物体造成的剂量估计必须考虑高度、纬度和屏蔽的影响。

在考虑宇宙辐射对生物体的照射时,还必须区分宇宙辐射的电离成分(主要是 μ 介子)和中子成分,在海平面处中子剂量率比电离成分的剂量率低得多,两者随高度的增加而增加,但中子成分剂量率随高度增加而增加得更快。

2. 宇生放射性核素

初级宇宙射线通过各种不同的核反应,在大气层、生物圈和岩石层中产生的一系列放射性核素称为宇生放射性核素。在人体、海水、海底沉积物、极地冰等所有与大气进行直接和间接交换的地方都能发现宇生放射性核素,其中绝大部分是在大气层发生的散裂效应过程中产生的。除了散裂反应,在大气层中还有一些核素是中子俘获反应的产物。它们通过云、雨等形式进入陆地或水体中,^{10}Be 主要分布在深海沉积物中;^{7}Be 主要分布在雨水和空气中;^{36}Cl 主要分布在岩石、雨水中;^{14}C 主要分布在有机物和二氧化碳中;^{32}S 主要分布在海水中;^{22}Na 主要分布在水和空气中;^{35}S 主要分布在雨水、空气和有机物中;^{32}P 主要分布在雨水、空气和有机物中;^{27}Na 主要分布在雨水中。宇生放射性核素中除了 ^{3}H、^{14}C 和 ^{7}Be 以外,其余放射性核素的浓度都是非常低的,只有应用极灵敏的探测仪器才能检测到,它们对环境辐射的实际贡献不大。

生态系统中的 ^{3}H 与天然水中的氢以及生命组织中的氢可以进行同位素交换,同时随天然氢一起在生态系统中进行循环与迁移。因此,生命体中含有一定量的 ^{3}H。^{14}C 与大气中的氧结合成 ^{14}CO$_2$ 并与普通的 CO$_2$ 混合通过光合作用而被绿色植物吸收。由于 ^{14}C 的半衰期较长,约为 5730a,因此常与天然碳一起在生态系统中循环。在工业革命之前,生命体中每克碳内约含 15dpm[①]的 ^{14}C。

应该强调的是,某些宇生放射性核素,诸如 ^{3}H、^{7}Be、^{22}Na、^{14}C、^{32}P 等,在核武器试验中也可能形成。

2.1.2　陆地天然辐射

除宇生放射性核素之外,地壳中还存在着自地球形成以来就有的天然放射性核素,称为天然放射性核素。它们在自然界中分布广泛,岩石、土壤、水、大气及动植物体内都含有原生放射性核素,其中在煤、石油、泥炭、天然气、地热水(或蒸汽)和某些矿砂中的原生放射性核素的含量也比较高,在其开采、冶炼和应用过程中一定程度上也会释放放射性物质到环境中,燃煤及燃煤发电过程中也会造成环境中天然放射性核素含量的增加。由于地质化学的特性,原生放射性核素在地质岩层中的分布并不均匀,如在沉积型磷酸盐岩中

---

① dpm 指每分钟的衰变数。

就浓集了较多的 U, 稀土矿床则与 Th 共生, 伴生放射性矿物。

与地球同时形成的放射性核素可能有很多, 其中, 仅有少数具有足够长半衰期的放射性核素才有可能残存至今, 其半衰期与地球年龄可有一比。据估计, 地球的年龄约为 4.6×10^9a, 那么, 目前尚能在地壳中检测到的原生放射性核素, 其半衰期至少也应该在 10^8a 以上。按照它们性质的差异, 可以分为铀系、钍系和锕铀系三个天然放射性衰变系列和不成系列的天然放射性核素。

1. 天然放射性衰变系列

自然界中有些放射性核素是共生的, 研究发现这些放射性核素按一定顺序相继衰变而成, 构成一个放射性系列。系列中的起始核素称为母体或母核素, 它衰变后产生的新的核素称为子体或子核素, 新的核素又继续衰变, 这样一代一代衰变下去, 直到形成稳定的核素为止, 这些核素的衰变大多为α衰变, 少数为β衰变, 一般都伴随产生γ衰变。由天然放射性核素组成的放射性系列叫作天然放射性系列, 自然界中有三个天然放射性系列: 铀系、钍系和锕铀系。

1) 铀系 (4n+2 系)

铀系又称铀-镭系, 其母体核素为 ^{238}U, 半衰期为 4.468×10^9a, 经过一系列放射性衰变, 最终止于稳定核素 ^{206}Pb, 中间形成众多的放射性子代产物。铀系中主要有 19 种核素, 子体半衰期最长的是 ^{234}U, 其半衰期为 2.45×10^5a, 所以铀系建立起长期平衡 (子体中最长半衰期的十倍) 需要近三百万年的时间。该系列中放射性核素成员的质量数为 4 的整数倍加 2, 即 $4n+2$ ($n=59 \sim 51$), 衰变系列图示见图 2.1。图中, 带箭头的斜线和横线均表示相继衰变的顺序, 横线为α衰变, 斜线为β衰变。通常在α衰变和β衰变的同时, 常常伴随有γ衰变。为方便了解衰变链中各核素的衰变关系, 每个核素的半衰期标注在相应核素的下方。

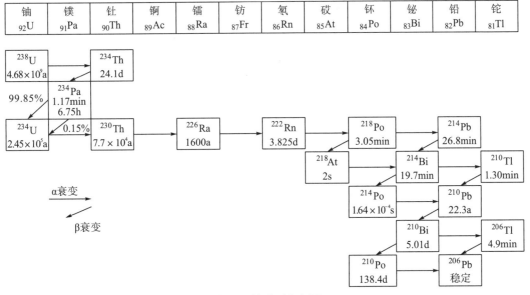

图 2.1　铀系列衰变图

有些核素既有α衰变又有β衰变(即存在分支衰变)，如图2.1中^{234}Pa则有两种衰变方式，其中大部分(99.85%)原子核经β衰变形成^{234}U，一小部分(0.15%)原子核先放出γ射线转变成同质异能素^{234}Pa，再经β衰变形成^{234}U。铀系中主要核素的半衰期及衰变常数见表2.1。

表 2.1　铀系衰变表

核素符号	惯用名称	半衰期	衰变常数/s^{-1}	衰变方式	与^{238}U处于平衡时核素质量/g
^{238}U	铀 I(UI)	4.468×10^9a	4.91×10^{-18}	α，γ	0.9927
^{234}Th	铀 X_1(UX$_1$)	24.1d	3.33×10^{-7}	β，γ	1.44×10^{-11}
^{234}Pa	铀(UX$_2$)	1.17min	9.87×10^{-3}	β，γ	1.44×10^{-11}
^{234}Pa	铀 Z(UZ)	6.75h	2.85×10^{-6}	β，γ	2.52×10^{-16}
^{234}U	铀 II(U II)	2.45×10^5a	9.01×10^{-14}	α	5.32×10^{-5}
^{230}Th	锾(Io)	7.7×10^4a	2.85×10^{-13}	α，γ	1.65×10^{-5}
^{226}Ra	镭 Ra	1600a	1.37×10^{-11}	α，γ	3.40×10^{-7}
^{222}Rn	氡 Rn	3.825d	2.10×10^{-6}	α	2.16×10^{-12}
^{218}Po	镭 A(RaA)	3.05min	3.85×10^{-3}	α(99.96%)，β(0.04%)	1.16×10^{-13}
^{214}Pb	镭 B(RaB)	26.8min	4.31×10^{-4}	β，γ	1.02×10^{-14}
^{218}At	砹(^{218}At)	2s	0.347	α	3.99×10^{-21}
^{214}Bi	镭 C	19.7min	5.86×10^{-4}	α(0.02%)，β(99.98%)	7.49×10^{-15}
^{214}Po	镭 C'	1.64×10^{-4}s	4.23×10^3	α，γ	1.03×10^{-21}
^{210}Tl	镭 C''	1.30min	8.75×10^{-3}	β	1.96×10^{-19}
^{210}Pb	镭 D(RaD)	22.3a	9.87×10^{-5}	β，γ	4.36×10^{-9}
^{210}Bi	镭 E(RaE)	5.01d	1.60×10^{-6}	β	2.69×10^{-12}
^{210}Po	镭 F(RaF)	138.4d	5.79×10^{-8}	α，β，γ	7.42×10^{-14}
^{206}Tl	铊 E'(RaE')	4.9min	2.75×10^{-3}	β	7.65×10^{-22}
^{206}Pb	镭 G(RaG)	稳定	—	—	—

2) 钍系(4n系)

钍系的母体核素是^{232}Th，该系经过一系列衰变止于稳定核素^{208}Pb。钍系主要有 13个核素，其中半衰期最长的是母体核素^{232}Th，其半衰期为1.41×10^{10}a，子体核素的寿命与铀系相比一般比较短，子体半衰期最长的是^{228}Ra，其半衰期为5.76a，所以钍系建立起长期平衡需要 50~60a 的时间。这个系列中放射性核素成员的质量数为 4 的整数倍，即$4n(n=58\sim52)$，钍系的衰变系列图示见图2.2，各核素的衰变常数及半衰期见表2.2。

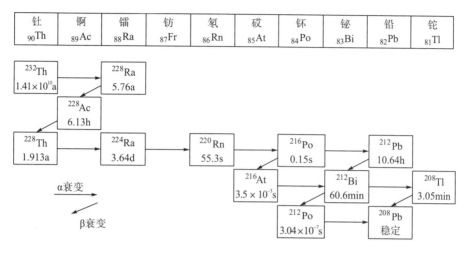

钍	锕	镭	钫	氡	砹	钋	铋	铅	铊
90Th	89Ac	88Ra	87Fr	86Rn	85At	84Po	83Bi	82Pb	81Tl

图 2.2 钍系列衰变图

表 2.2 钍系衰变表

核素符号	惯用名称	半衰期	衰变常数/s^{-1}	衰变方式	与 ^{232}Th 处于平衡时核素质量/g
^{232}Th	钍 (Th)	$1.41 \times 10^{10}a$	1.57×10^{-8}	α, γ	1
^{228}Ra	新钍 1 (MsTh$_1$)	5.76a	3.83×10^{-9}	β, γ	4.03×10^{-10}
^{228}Ac	新钍 2 (MsTh$_2$)	6.13h	3.14×10^{-9}	β, γ	4.94×10^{-14}
^{228}Th	射钍 (RsTh)	1.913a	1.15×10^{-8}	α, γ	1.34×10^{-10}
^{224}Ra	钍 X (ThX)	3.64d	2.21×10^{-6}	α, γ	6.86×10^{-13}
^{220}Rn	钍射气 (Tn)	55.3s	1.27×10^{-2}	α	1.17×10^{-16}
^{216}Po	钍 A (ThA)	0.15s	4.62	α	3.16×10^{-19}
^{212}Pb	钍 B (ThB)	10.64h	1.81×10^{-5}	β, γ	7.93×10^{-14}
^{216}At	砹 ^{216}At	$3.5 \times 10^{-3}s$	1.98×10^{3}	α	9.61×10^{-26}
^{212}Bi	钍 C (ThC)	60.6min	1.91×10^{-4}	α(36.0%) β(64.0%)	7.75×10^{-15}
^{212}Po	钍 C' (ThC')	$3.04 \times 10^{-7}s$	2.27×10^{6}	α	4.19×10^{-25}
^{208}Tl	钍 C'' (ThC'')	3.05min	3.37×10^{-3}	β, γ	1.27×10^{-26}
^{208}Pb	钍 D (ThD)	稳定	—	—	—

3) 锕铀系 (4n+3 系)

锕铀系的母体核素是 ^{235}U，该系经过一系列衰变，末代产物为稳定核素 ^{207}Pb。该系列主要有 15 个核素，其中半衰期最长的是母体核素 ^{235}U，其半衰期为 $7.038 \times 10^{8}a$，子体半衰期最长的是 ^{231}Pa，其半衰期为 $3.28 \times 10^{4}a$，所以锕铀系建立起长期平衡需要 10 万年的时间。该系列子代放射性核素成员的质量数为 4 的整数倍加 3，即 4n+3，其衰变图示见图 2.3，各核素的衰变常数及半衰期见表 2.3。

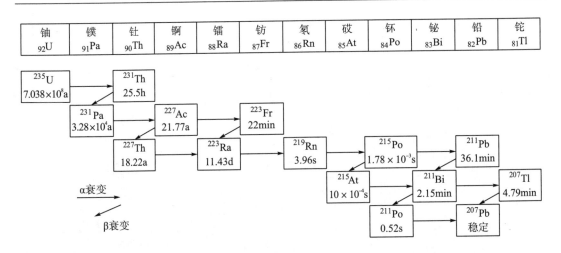

图 2.3　锕铀系列衰变图

表 2.3　锕铀系衰变表

核素符号	惯用名称	半衰期	衰变常数/s^{-1}	衰变方式	与 ^{238}U 处于平衡时核素质量/g
^{235}U	锕铀(AcU)	7.038×10^8a	3.12×10^{-17}	α, γ	7.3×10^{-3}
^{231}Th	铀 Y(UY)	25.5h	7.54×10^{-6}	β, γ	2.97×10^{-14}
^{231}Pa	镤(Pa)	3.28×10^4a	6.79×10^{-13}	α, γ	2.30×10^{-7}
^{227}Ac	锕(Ac)	21.77a	1.01×10^{-9}	α(1.25%) β(98.75%)	2.18×10^{-10}
^{227}Th	射锕(Rd Ac)	18.22d	4.41×10^{-7}	α, γ	4.93×10^{-13}
^{223}Fr	锕 K(Ac K)	22min	5.25×10^{-4}	β	4.90×10^{-16}
^{223}Ra	锕 X(AcX)	11.43d	7.01×10^{-7}	α, γ	3.09×10^{-13}
^{219}Rn	锕射气(An)	3.96s	1.75×10^{-1}	α, γ	1.21×10^{-18}
^{215}Po	锕 A(AcA)	1.78×10^{-3}s	3.85×10^2	α	5.42×10^{-22}
^{211}Pb	锕 B(AcB)	36.1min	3.19×10^{-4}	β, γ	6.42×10^{-16}
^{215}At	砹(^{215}At)	10×10^{-4}s	6.93×10^3	α	1.51×10^{-28}
^{211}Bi	锕 C(AcC)	2.15min	5.41×10^{-3}	α(99.73%) β(0.27%)	3.79×10^{-17}
^{211}Po	锕 C'(Ac C')	0.52s	1.2400	α	5.28×10^{-22}
^{207}Tl	锕 C''(Ac C'')	4.79min	2.41×10^{-3}	β, γ	8.33×10^{-17}
^{207}Pb	锕 D(AcD)	稳定	—	—	—

　　三个天然放射性系列形成的放射性核素众多，它们的核性质和化学性质也各不相同。由于这些核素广泛分布于环境生态系统之中，从而成为环境辐射的主要来源。三个天然放射性系列具有以下几个共同的特点：①每个系列的起始核素（母核）都是长寿命的，半衰期在 $10^8\sim10^{10}$a，因此三个系列才能在自然界中长期存在。值得注意的是，^{238}U 和 ^{235}U 总是共生的，所以两个系列的放射性核素也是共生的，自然界中 ^{238}U 和 ^{235}U 的数量比例约 140∶1；②每

一个系列中都有一个气态放射性核素 Rn 的同位素，铀系中是 ^{222}Rn，钍系中是 ^{220}Rn，锕铀系中是 ^{219}Rn，通常称它们为射气；③三个系列中射气的衰变产物均为固态，它们往往附着在物体表面，称为放射性沉淀物，铀系中有射气的短寿命沉淀物和长寿命沉淀物，钍系和锕铀系的射气衰变子体都是短寿命的；④每个系列的最终产物均为铅的稳定同位素。

2. 不成系列的天然放射性核素

与地球同时形成的天然放射性核素中，除了三个放射性系列外，还存在一些不成系列的放射性核素，它们经一次衰变后即成为稳定核素。目前已知的这类核素有 200 种左右，它们的半衰期在数秒到若干亿年之间变化，常见的不成系列的天然放射性核素见表 2.4。自然界中这些放射性核素的量极少，但较有意义的是钾、铷、铟、锡、镧等元素的放射性同位素，这些同位素几乎都是 β 衰变体，只有少数核素是经 β 衰变以及 K 壳层电子俘获的两种途径衰变。

表 2.4　不成系列的天然放射性核素

核素名称	核素符号	丰度/%	半衰期/a	衰变方式	能量/MeV		衰变产物
					粒子	γ 射线	
钾	^{40}K	0.012	$1.248×10^9$	β(88%)，K 壳层电子俘获(12%)	1.325	1.46	^{40}Ca ^{40}Ar
钙	^{48}Ca	0.185	$>×10^{21}$	$β^-$	—	—	^{48}Sc
铷	^{87}Rb	27.85	$4.7×10^{10}$	$β^-$	0.272	—	^{87}Si
锆	^{96}Zr	2.8	$>5×10^{17}$	$β^-$	—	—	^{96}Nb
铟	^{113}In	4.23	$>×10^{14}$	$β^-$	—	—	—
铟	^{115}In	95.77	$5.1×10^{14}$	$β^-$	0.480	—	^{115}Sn
锡	^{124}Sn	6.11	$>1.5×10^{17}$	$β^-$	—	—	^{124}Sb
碲	^{130}Te	34.48	$8.2×10^{20}$	$β^-$	—	—	^{130}I
镧	^{138}La	0.089	$1.04×10^{11}$	$β^-$，K 壳层电子俘获	0.205, 1.000	1.436, 0.788	^{138}Ce, ^{138}Ba
钐	^{147}Sm	15.07	$1.05×10^4$	α	2.1	—	^{143}Nd
镥	^{176}Lu	2.588	$5.0×10^{10}$	$β^-$	0.425	0.306, 0.202, 0.088	^{176}Hf
钨	^{180}W	0.126	$>9×10^{14}$	α	—	—	^{176}Hf
铼	^{187}Re	62.93	$4.3×10^{10}$	$β^-$	0.03	—	^{187}Os
铋	^{209}Bi	100	$>2×10^{18}$	α	—	—	^{205}Tl

目前研究最多的是 ^{40}K 的放射性核素，钾在自然界中广泛分布于生命或者无生命物质中，是动植物必需的营养元素，很容易通过食物链在人体积累，它主要有三种同位素，即 ^{39}K、^{40}K 和 ^{41}K，其中只有 ^{40}K 具有放射性，它在自然界中约占 K 总量的 0.012%，^{39}K 占 93.31%，^{41}K 占 6.678%。^{40}K 的半衰期为 $1.248×10^9$a，同时为 γ 和 β 发射体，1g 天然钾一秒钟内约放出 28 个 $β^-$ 粒子，其中最大能量为 1.31MeV，另外还放出 3 个能量为 1.46MeV

的 γ 光子。^{40}K 在人体内的比活度一般较为稳定,约为 60Bq·kg^{-1},但是在不同器官中的分布却有很大的差异。^{40}K 衰变后形成 ^{40}Ar 和 ^{40}Ca,它们都是稳定的核素,因此自然界中含 K 的地方均存在 ^{40}Ar 和 ^{40}Ca。

此外,^{87}Rb 在环境中的含量也是值得注意的,它在天然 Rb 中的同位素丰度为 27.85%。除了 ^{40}K 和 ^{87}Rb 这两个核素以外,其余原生独立放射性核素的含量都很微小,所以它们对环境辐射的贡献并不大。

3. 主要天然放射性核素的环境分布

只有半衰期或其母体半衰期与地球年龄可相比的核素存在于陆地物质中,如前所述,主要的原生放射性核素有 ^{238}U 及其子体、^{232}Th 及其子体、^{235}U 及其子体、^{40}K、^{87}Rb。由于 ^{235}U 和 ^{238}U 的数量比为 1∶140,因此从剂量学的角度来看,锕铀系(^{235}U 系列)中的放射性核素不太重要。土壤中的天然放射性核素 ^{238}U、^{232}Th、^{226}Ra 和 ^{40}K 是环境辐射的主要贡献者。我国土壤中放射性核素 ^{238}U、^{226}Ra、^{232}Th 和 ^{40}K 的含量按面积加权平均值分别为 39.5Bq·kg^{-1}、36.5Bq·kg^{-1}、49.1Bq·kg^{-1} 和 580Bq·kg^{-1}。除 ^{40}K 以外,土壤中这些元素的含量随地域的变化情况基本一致。土壤中的天然放射性核素含量与成土母岩和铀资源分布有着明显的相关性。

1)地球地壳中天然放射性核素的含量分布

地球及其壳层的天然放射性主要取决于岩石和矿物中的天然放射性核素,其在地球及其圈层中的含量见表 2.5。

表 2.5　天然放射性元素在地球各圈层中的含量

地球各圈层	Ra/10^{-10}%	U/10^{-4}%	Th/10^{-4}%	Th/U
花岗岩圈	1.40	4.00	13.50	3.4
玄武岩圈	0.34	1.00	4.00	4.0
橄榄岩圈	0.0046	0.014	0.056	4.0
中心层	0.0040	0.012	0.048	4.0
中心核	0.0010	0.003	0.013	4.3

天然放射性核素主要分布在花岗岩圈和玄武岩圈,其中含量最高的是 Th,其次是 U,它们的含量比在花岗岩圈为 3.4,在玄武岩圈为 4.0。地球中 U 的平均含量为 $4.42×10^{-8}$～$5.85×10^{-8}$g·g^{-1},Th 的平均含量为 $17.66×10^{-8}$～$28.55×10^{-8}$g·g^{-1}。含量差异明显,但是由于 ^{232}Th 与 ^{238}U 的半衰期之比为 3.15,所以地圈中 ^{232}Th 与 ^{238}U 的放射性含量大体是接近的。

地壳岩石的 α、β 和 γ 辐射主要来自三个放射性系列核素的衰变,以及 ^{40}K 的放射性衰变。地球内部产生的 99% 以上的"放射性成因热"也来源于这些核素。

2)放射性核素在岩石中的平均含量

自然界中各种岩石都含有一定数量的放射性核素,因而所有岩石都具有放射性。根据罗诺夫和雅罗谢洛夫斯基 1969 年公布的资料，各类岩石体积占地壳岩石总体积的百分比分别为：岩浆岩为 64.5%，变质岩为 26.5%，沉积岩为 9%。这些放射性核素在岩石中的分布服从总的地球化学分布规律，主要有以下特征。

(1)岩浆岩中，不同种类岩石中的 U、Th、K 含量相差很大。由表 2.6 所示可知，酸性岩中的 U、Th 含量比中性岩中的约高 1 倍，比基性岩中的约高 6 倍，比超基性岩中的约高 1000 倍以上。所以酸性岩中 U、Th 的含量是岩浆岩中最高的；酸性岩和中性岩中 K 的含量比基性岩和超基性岩高。

表 2.6　各种岩石中 U、Th、K 的含量及钍铀比值

岩石类别		岩石名称	U/ppm	Th/ppm	K/%	Th/U
岩浆岩	酸性岩	花岗岩、花岗闪长岩、流纹岩	3.5	18.0	3.34	5.1
	中性岩	闪长岩、安山岩、正长岩	1.8	7.0	2.31	3.9
	基性岩	玄武岩、辉长岩、辉绿岩	0.5	3.0	0.83	6.0
	超基性岩	纯橄榄岩、橄榄岩、辉岩	0.03	0.05	0.03	1.7
沉积岩		页岩、黏土岩	4.0	11.0	3.2	2.8
		砂岩	3.0	10.0	1.2	3.3
		石灰岩	1.4	1.8	0.3	1.3
		石灰石、石膏、岩盐	0.1	0.4	0.1	4

注：$1ppm = 1mg \cdot kg^{-1}$。

(2)沉积岩中 U、Th、K 的含量比酸性岩中的要低一些。但是，不同的沉积岩中 U、Th、K 的含量相差也很大，其中页岩、黏土岩中 U、Th、K 的含量较高，与酸性岩接近。砂岩中 U、Th、K 的含量也比较高，但低于页岩、黏土石，而石灰岩、石膏、岩盐中 U、Th、K 的含量都比较低。

(3)变质岩中 U、Th、K 的含量与变质前原岩中的含量及其变质程度有关。由于变质过程中 U、Th 等放射性元素容易逸散，所以变质岩中的含量往往比原岩中的要低，但是，也有富集的情况。

(4)蚀变岩石与未蚀变岩石相比，往往近矿蚀变围岩中的 U 含量普遍增高，见表 2.7。表中钠化黑云母花岗岩中 U 含量比未蚀变的黑云母花岗岩中的 U 含量要高几倍。还有一种情况，蚀变花岗岩比未蚀变花岗岩中活动 U 的含量要高。例如，某岩体中未蚀变花岗岩中活动 U 占 70.8%，蚀变后的电气石白云石化花岗岩中的活动 U 占 80%。

表 2.7　蚀变和未蚀变花岗岩中 U、Th 含量

岩石名称	U/ppm	Th/ppm
粗粒黑云母花岗岩(未蚀变)	6.1	23
钠化黑云母花岗岩(蚀变)	21.8~34.1	17
中粒黑云母花岗岩(未蚀变)	8.6	2.7

(5) 不同时代的同一种岩性的岩石及不同地区的同一种岩性的岩石，它们中的 U、Th、K 含量也有所差异。U 含量变化的一般规律是，时代越新的岩石，其 U 含量越高。例如，华南花岗岩中，燕山晚期花岗岩中 U 含量(13.3ppm)比燕山早期花岗岩中的 U 含量(11.6ppm)高；燕山早期花岗岩中 U 含量比印支期花岗岩中 U 含量(9.9ppm)高，也比加里东期花岗岩中 U 含量(5.9ppm)以及雪峰期花岗岩中 U 含量(4.7ppm)都高。

3) 放射性核素在天然水中的含量

分布在地壳表面上的海洋、湖泊、沼泽和河流内的水，以及地下水统称天然水。这些天然水组成了地球的水圈，在水圈的总平衡中，海水和洋水约占 99%，大约有 97.3% 的水分布于大洋中，而大陆水只占水圈的 0.3%。天然水总量约 1.4×10^{21} kg，占地球总重量的 0.2%。

在海水和洋水中，Ra 的含量变化范围在 $(3.0 \times 10^{-15} \sim 3.0 \times 10^{-12})$ g·L^{-1}，其平均值为 1.0×10^{-13} g·L^{-1}，并随着深度的增加而显著增加。Rn 的活度浓度小于 3.7Bq·L^{-1}，Th 的平均含量为 4×10^{-7} g·L^{-1}。

河水是向海中注入可溶性盐类和包括放射性元素的多种微量元素的主要来源，河水中 U 含量为 $(2.0 \times 10^{-8} \sim 5.0 \times 10^{-5})$ g·L^{-1}，平均值为 6.0×10^{-6} g·L^{-1}，Ra 含量为 $(2.0 \times 10^{-13} \sim 4.0 \times 10^{-12})$ g·L^{-1}。

在与 U 矿化有关的水(如 U 水、Ra 水等)中，U、Ra 含量及 Rn 浓度往往偏高。因此，在有利的地质条件下，水中 U、Ra 含量及 Rn 浓度相对增高，可作为一种找矿标志。

由于地下水的运移条件和速度及其成分不同，放射性元素在地下水中的含量变化范围很大，地下水中的平均 Ra 含量为 2×10^{-12} g·L^{-1}，U 含量为 4×10^{-6} g·L^{-1}。

由上述可知，放射性核素在水中的含量通常比在岩石中低得多，基于放射性核素在水中的含量远低于在岩石中的含量这一事实，辐射仪器在宽阔水面上测得的 γ 照射率，可以视为是宇宙射线和仪器本底产生的。

4) 放射性核素在土壤及植物中的分布

土壤是岩石风化以后，在气候、生物及地形等因素影响下，经过成壤作用而逐渐发育形成的，它由矿物质、有机质、土壤溶液和土壤空气等组成。在成壤过程中，物质的淋滤和沉积促使放射性核素进行再分配。由于放射性核素自身的化学性质及赋存条件更换，它们有的在表层富集，有的在土壤的下部层位沉积，还有的被带出表层，进入地表水流或地下水流。这种地球化学过程进展的程度和速度受到气候因素的制约。这样，对某一地区而言，放射性核素在土壤中的分布往往有季节性变化，特别是在雨季变化更大。

另外，植物中放射性核素的含量与土壤的化学成分密切相关，表 2.8 给出了放射性核素在土壤和植物中分布的一般情况。

表 2.8　放射性核素在土壤和植物中的含量　　　　　　　　(单位：g/g)

	^{40}K	^{87}Rb	^{124}Sm	^{226}Ra	^{232}Th	^{238}U
土壤	1.6×10^{-6}	1.7×10^{-5}	6.1×10^{-7}	8×10^{-13}	6×10^{-6}	1×10^{-6}
植物(灰)	3.6×10^{-6}	2.8×10^{-5}	3.1×10^{-7}	2×10^{-13}	—	5×10^{-5}

2.1.3　氡

地球上三个原生的天然放射系列中，各有一个气体核素，它们分别是 ^{222}Rn(常称为氡气)、^{220}Rn(常称为钍射气)、^{219}Rn(常称为锕射气)。由于 ^{219}Rn 的半衰期极短，且其母体核素 ^{235}U 在岩石和土壤中的含量也很低，它对生物体的照射没有实际意义。^{222}Rn 的半衰期为 3.825d，^{222}Rn 的照射是生物体受天然辐射照射最重要的来源。^{220}Rn 的半衰期为 55.6s，只有在岩石和土壤 ^{232}Th 含量高的地区，以及 Rn 含量高的地下水和石油中，其对生物体的照射才有必要加以考虑。

1. 氡的基本性质

氡的原子序数是 86，属惰性气体族。氡衰变时放出 α 射线，氡的短寿命子体衰变时放出能量注量率大的 β、γ 射线。气态氡的密度为 $9.73\text{g}\cdot\text{L}^{-1}$(0℃，101325Pa)，是空气密度的 7.5 倍多。液态氡起初无色透明，然后由于衰变产物逐渐变浑浊，它能使容器的玻璃壁发出绿色荧光。固态氡不透明，能发出明亮的浅蓝色光。

氡能溶解于水和其他液体中，溶解在液体中的氡气浓度与空气中的浓度成正比，其比例系数称为溶解度系数。溶解度系数与温度有关，温度升高，溶解度系数急剧降低。在常温下，氡在某些液体中的溶解度系数如表 2.9 所示。

表 2.9　氡在某些液体中的溶解度系数

液体	溶解度系数	
	^{222}Rn	^{220}Rn
水	0.27	1.0
石油	10.0	5.0
煤油	10.0	—
橄榄油	28	—

所有固体物质都会不同程度地吸附氡，其中以活性炭、煤、橡胶、蜡最为突出，2.5g 的活性炭能吸附 10～100Bq 的氡。物质对氡的吸附能力大小主要取决于其本身微孔的多少。值得注意的是，在常规的氡气采样中会使用到橡皮管，橡皮管吸附氡的能力与其长度和直径有关，长度越长、直径越粗，对氡的吸附也越多。

2. 氡在空气中的分布

这里指的空气包括土壤中的空气(亦称壤中气)、近地表空气和距地表几十米以上的空气(亦称大气)。空气中的氡主要是从岩石、土壤和水中放出的 ^{222}Rn、^{220}Rn 和 ^{219}Rn。岩石和矿石中的氡有一部分逸散到岩石的空隙或裂隙中，或进入土壤空气中变成自由的气体原子，称为自由氡，并在扩散作用、对流作用、化学作用和地下水的搬运等作用下迁移。还有一部分氡是受束缚的，不能向周围逸散，这部分氡被称为束缚氡。

壤中气中氡活度浓度随深度变化而变化，在均匀介质中随着深度的增加逐步升高，在深度 1～3m 处可达到基本饱和。大气中 ^{222}Rn、^{220}Rn 的活度浓度随着环境、气候、高度等条件的变化而变化，^{222}Rn 半衰期相对较长，其活度浓度随高度衰减较慢，而 ^{220}Rn 半衰期短，其活度浓度随高度衰减较快。表 2.10 列出了 ^{222}Rn 和 ^{220}Rn 在壤中气和大气中的活度浓度，由此可知壤中气中的氡活度浓度比陆地大气中氡活度浓度高约 1000 倍，陆地上空和海洋上空的氡活度浓度也不同，相差近 10～100 倍。

表 2.10　^{222}Rn 和 ^{220}Rn 在壤中气和大气中的活度浓度　　　　　（单位：$Bq \cdot L^{-1}$）

测量对象	^{222}Rn	^{220}Rn
壤中气	3.7～7.4	7.4～37
陆地大气(近地表)	4.4×10^{-3}	2.6×10^{-3}
近岸海洋上的大气	3.7×10^{-4}	—
远岸海洋上的大气	3.7×10^{-5}	—

3. 天然水中的氡含量

天然水中的氡主要来源于地壳岩石，并与岩石中放射性元素活度浓度呈正相关关系，天然水中氡含量见表 2.11。在铀矿勘查中氡活度浓度大于 $180 Bq \cdot L^{-1}$ 的水，视为水异常。

表 2.11　天然水中氡的活度浓度　　　　　　　　　（单位：$Bq \cdot L^{-1}$）

	沉积岩地下水		酸性岩浆岩地下水		铀矿床地下水	
	水交着强烈带	水交着迟缓带	水交着强烈带	水交着迟缓带	水交着强烈带	水交着迟缓带
最大值	50	20	400	400	$>5 \times 10^4$	3000
最小值	1	1	10	8	50	50
平均值	15	6	100	100	1000	500

2.1.4　人为活动

人类的活动改变了许多天然辐射源的照射，如含铀矿物、化石燃料、磷酸盐矿物、矿砂、地热水(或蒸汽)等的开采和利用，在一定程度上均会造成环境中天然放射性的增加。

1. 铀矿开采和水冶

根据铀矿区地形条件和矿床赋存特点，铀矿物采用露天开采法、地下开采法和浸渍法三种方式。开采出来的矿石经放射性分选后，经破磨、浸出、离子交换、萃取、沉淀和结晶等水冶工艺，制备出铀化学浓缩物和核纯产品。

铀矿石开采过程中崩落的围岩、覆盖岩石和表外矿石，分选过程中产生的尾矿统称为废石，其产生量因开采方式不同而异(地下开采为矿石产量的 0.9～1.5 倍，露天开采为矿石产量的 5～8 倍)，水冶过程中每处理 1t 矿石约产生 1.2t 尾矿。在铀矿开采过程中，会不断地排出一定量的矿尘、衰变产物以及其子体和放射性气溶胶，它们是大气的主要污染源。每开采 1t 矿石会产生 0.5～3.0t 废水(坑道废水及凿岩工艺废水),废水中含有 U、Th 及其放射性子代产物等放射性物质,同时还有共生的其他有害化学物质,经离子交换回收 U 后排放。水冶厂每处理 1t 矿石会产生 8～10t 废水,除部分返回复用外,与尾矿矿浆合并中和后泵入尾矿库,尾矿库废水经除 Ra 处理后排放。废石除部分回填外,均堆存于专用的露天堆场内作永久贮存,水冶尾矿矿浆经石灰乳中和后,泵入专用的尾矿库内永久贮存。铀矿地浸开采虽然免除了矿石外露,但最大的缺点是长期向地下注入溶浸液,使含矿含水层的地球化学环境及水质发生变化,可能造成地下水的污染。地浸结束后,应不断抽取污染的地下水,在污染区形成负压,用周围清洁的地下水取代,使污染区地下水水质逐渐恢复,将抽出的污染地下水经反渗透装置净化处理后,重新注入污染区中,使之不断稀释,则可进一步提高对地下水的净化效果。

氡是铀矿开采和水冶设施释放的最主要的气态放射性核素,当铀矿石被开采和破碎时,氡气就被释放到大气中,并在环境中进行较远的迁移,造成环境中氡及其衰变子体含量的增加。水冶尾矿中残留的铀矿石中原含的 ^{234}U 以下的衰变产物全部残留于尾矿中,因此,露天堆放的水冶尾矿是大气中氡的长期释放源。

在铀矿采冶的整个工作期间,采矿方法、尾矿和径流管理以及土地复垦等过程均应受政府监管和检查。

2. 煤的开采和利用

煤在矿化过程中,其周围介质中的放射性物质沉积在煤炭中,因此煤中也含有微量的天然放射性核素,主要是 ^{238}U、^{232}Th 及其子体以及 ^{40}K。由于煤的性质和来源不同,其中天然放射性核素的含量差别很大。个别煤矿中 U 的丰度高到可以用煤作为原料提取生产核燃料所用的 U。我国新疆、浙江、广西等地的煤矿中天然放射性核素含量明显高于全国平均值,而甘肃和福建的煤矿中天然放射性核素含量则明显低于全国平均值。

煤矿的开采将引起氡向环境的释放,而 ^{238}U、^{232}Th 及其子体也会通过大气或水等途径释放到环境中,对湖北等五省市煤矿矿区及附近地区气溶胶、土壤、水体等的测量表明,^{238}U 和 ^{226}Ra 的浓度均明显高于对照点。

燃煤发电中煤的燃烧会导致天然放射性物质向环境释放。煤燃烧后放射性核素迁移和富集到炉渣、底灰和飞灰(统称为"煤灰渣")中,大部分飞灰被除尘设施捕获,小部分飞灰随烟气排放到大气中。由于煤中大部分有机物质烧尽,炉渣和飞灰中天然放射性核素的比活度提高了一个数量级,其中 ^{40}K 为 265Bq·kg^{-1},^{238}U 为 200Bq·kg^{-1},^{226}Ra 为 240Bq·kg^{-1},^{210}Pb 为 930Bq·kg^{-1},^{210}Po 为 1700Bq·kg^{-1},^{232}Th 为 70Bq·kg^{-1},^{228}Th 为 110Bq·kg^{-1},^{228}Ra 为 130Bq·kg^{-1}。燃煤电厂排入大气环境中的放射性核素的数量通常可以根据飞灰的质量乘以飞灰中放射性核素的浓度来估算。然而,个别电厂飞灰的释放量与燃煤中核素的比活度、煤的灰分、燃烧温度、炉底灰与飞灰之间的分隔及除尘净化装置的效率等多种因素有关。随着技术的进步和环境治理措施的不断完善,从燃煤电厂烟囱排出的飞灰中放射性核素的比活度将进一步降低。

由于粉煤灰中含有一定量的营养成分和多种微量元素,20 世纪 60 年代以来,我国曾开展将粉煤灰应用于农业的试验与推广工作。施用粉煤灰对生荒地可起到熟化作用,对黏土地可起到疏松土壤的作用，可使盐碱地土壤疏松后起到抑盐和压盐作用，对酸性红壤土能起到中和作用。随着粉煤灰的施用，伴生天然放射性核素也向农田转移，因而带来农业生态环境的放射性污染。

此外，煤用于家庭烹饪和取暖及燃煤电厂煤灰(飞灰和渣灰)用于制造水泥、混凝土和煤渣砖等材料，都会造成环境放射性水平的升高。

3. 磷酸盐矿物的应用

磷酸盐矿物是生产磷酸盐产品和磷肥的主要原材料，美国地质调查局 2015 年公布的磷矿报告显示，全球磷矿石资源量逾 3 万亿吨，主要集中在中国、美国、摩洛哥、南非和约旦五个国家。磷酸盐矿中的天然放射性基本上为 ^{238}U 及其子体所贡献，^{232}Th 和 ^{40}K 的放射性远低于 ^{238}U。各类磷酸盐矿物中 ^{232}Th 和 ^{40}K 的比活度与土壤基本相似，沉积成因的磷酸盐矿物中的比活度高达 $1500Bq\cdot kg^{-1}$，并与其衰变子体基本达到放射性平衡。

磷酸盐矿石的开采和加工处理过程中，把 ^{238}U 及其子体重新分配到磷酸盐工业产生的产品、副产物和废物中。排放到环境中的磷酸盐工业三废、农业用磷肥、建筑工业的副产品都是会对环境造成辐照的辐射源。有资料表明，每加工 1t 磷酸盐岩相应从废气中排入大气环境的 ^{238}U 活度为 90Bq，^{222}Rn 活度为 1.5×10^6Bq。

磷肥的施用是粮食增产的重要措施，但它却含有可观的天然放射性核素。磷肥中 U 的含量与矿石中 U 的多少密切相关，特别是海生磷酸盐矿石中的 U 含量颇高。磷肥厂产生的磷石膏大多排入地面水体中，其产生的公众集体有效剂量比大气释放物要大得多，成为环境中可迁移的 ^{226}Ra 最重要的来源之一。

4. 伴生矿的开采和选冶

相对密度大于 $2.9g/cm^3$ 的砂称为矿砂或重矿砂，具有商业价值的重矿砂有钛铁矿、白钛石、金红石、锆石、独居石和磷钇矿，重矿砂中 ^{232}Th 和 ^{238}U 的比活度比普通岩石和土壤中的高得多。

某些地区的铁矿，如我国内蒙古白云鄂博铁矿石中除富含铁以外，还伴生钒、稀土等多种金属、非金属矿，其中的天然放射性 Th 含量就比较高。部分稀土矿中除含有稀土元素外，也常常含有较多的 ^{232}Th 和 ^{238}U 等天然放射性核素，某些有色金属(如铝、铜、铅、锌、金等)中也常伴生较多的天然放射性核素。

伴生矿的开采和选冶所致公众成员照射量的报道尚未多见，其对关键人群组的年有效剂量当量约为 1mSv。

5. 其他能源生产

石油和天然气广泛用于车辆运输、发电和家庭取暖，其开采、加工过程中有可能造成环境中天然放射性核素累积而超出正常水平，主要放射性核素有 ^{238}U 和 ^{232}Th 的衰变产物 ^{226}Ra 及 ^{228}Ra，这是由于 ^{226}Ra 和 ^{228}Ra 更容易溶解，可在地层的液相中流动。石油提取过程中，Ra 可能沉积于管壁的结垢中，具体沉积情况取决于地层水岩性、pH、温度和压力等。一般来说，油井使用的时间越长，天然放射性核素的沉积越严重。我国航测工作中就曾发现胜利油井天然放射性水平增高。

地热能作为一种新的能源已日益引起人们的兴趣。在开发地热能时，通常是从地球内部深处高温岩层中引出热水或热蒸气，而地热流体中常常含有明显的 ^{222}Rn，它将随地热蒸气而释入大气环境。据对意大利三个功率分别为 400MW、15MW 和 3MW 的地热发电厂调查，它们的 ^{222}Rn 年释放量相应为 1.1×10^{14}Bq、7×10^{12} Bq 和 1.5×10^{12}Bq。这些数据表明，年归一化 ^{222}Rn 排放量为 4×10^{14}Bq·GW^{-1}。由此可见，地热能开发过程中对环境有潜在污染的放射性核素是有限的。由于地热资源有明显的地区性，因此 ^{222}Rn 的影响也有限。

2.2　人工放射性

在核科学技术的发展过程中，人们不断探索核能的开发和核技术的应用以及核武器的研制与试验，已经能运用多种方法从天然的原材料中生产和制备出品种繁多、相当数量的放射性核素。这些由人类核活动而产生的人工放射性核素，无论是有益的还是有害的，都有可能在其制备与应用中，通过各自的途径，不同程度地进入生物圈或局部生态系统。人工放射性核素可通过以下途径进入环境。

(1)民用核设施，核电厂、医用、科研和工农业等放射源的影响，特别是核能利用中因不同原因诱发的核事故。

(2)核试验和其他军用核设施通过大气、水体使核废料等在环境中扩散，特别是地面核试验造成大面积沾污或污染。

(3)核燃料的加工过程和核废料的处置。

(4)其他产生放射性核素的方式或途径。

2.2.1　人工放射性同位素的生产和应用

在已发现的 2800 多种同位素中，有 2500 多种同位素是具有放射性的，其中只有 60 余种放射性同位素是天然存在的，其他都是人工放射性同位素。放射性同位素的应用涉及工业、农业、国防、科研、文教、医疗卫生、环境保护、资源勘探和公众安全等众多领域。

表 2.12 列出了常用的放射性核素参数，主要包括放射性核素的名称、半衰期、衰变类型及其占比、主要粒子能量与强度以及主要光子能量与强度等信息。

表 2.12　常用放射性核素参数表

核素	半衰期	衰变类型及其占比/%	主要粒子能量与强度/keV(%)	主要光子能量与强度/keV(%)
^{3}H	12.33a	β^-(100)	18.5866(100)	
^{14}C	5730a	β^-(100)	156.467(100)	
^{18}F	109.77min	EC(3.27)β^+(96.73)	633.5(96.73)	511(193.46)

核素	半衰期	衰变类型及其占比/%	主要粒子能量与强度/keV(%)	主要光子能量与强度/keV(%)
^{22}Na	2.6019a	EC(10.1) β$^+$(89.9)	545.4(89.84) 1820.0(0.056)	511(179.79) 1274.53(99.944)
^{32}P	14.262d	β$^-$(100)	1710.3(100.0)	
^{46}Sc	83.79d	β$^-$(100)	356.6(99.9964) 1477.2(0.0036)	889.277(99.984) 545(99.987)
^{54}Mn	312.11d	EC(约100) β$^+$(3×10^{-7})	355.1(3×10^{-7})	834.848(99.98)
^{55}Fe	2.73a	EC(100)		XK β: 6.49(3.29) XK α$_1$: 5.89875(16.28) XK α$_2$: 5.88765(8.24)
^{57}Co	271.74d	EC(100)		14.491(9.16) 122.06065(85.6) 136.4736(10.68) 692(0.16)
^{60}Co	5.271a	β$^-$(100)	317.87(99.925) 664.81(0.011) 1491.11(0.057)	1173.228(99.25) 1332.492(99.9826)
^{63}Ni	100.1a	β$^-$(100)	66.945(100.0)	
^{65}Zn	244.26d	EC(98.5) β$^+$(1.5)	328.8(1.403)	511(2.81) 1115.46(50.6)
^{85}Kr	10.71a	β$^-$(100)	173.4(0.434) 687.4(99.563)	513.997(0.434)
^{88}Y	106.6d	EC(99.8) β$^+$(0.2)	764(~0.2)	511(0.42) 898.036(93.9) 836.52(99.32) 734.0(0.71) XK(0.014~0.016)(60.7)
^{90}Sr	28.79a	β$^-$(100)	546(100.0)	1
^{99}Mo	65.94h	β$^-$	436.6(16.4) 848.1(1.14) 1214.5(82.4)	140.511(89.6) 181.068(6.01) 739.5(12.12) 777.92(4.26)
^{99m}Tc	6.01h	T(100)		140.511(89.06) 142.63(0.0187)
^{103}Pd	16.991d	EC(100)		39.748(0.0683) 357.45(0.0221) XK α$_1$: 20.216(41.93)
^{109}Cd	461.4d	EC(100)		88.0336(3.7) XL: 2.98(11.2) XK β: 24.9(17.8) XK α$_1$: 22.1629(55.16) XK α$_2$: 21.9903(29.13)
^{111}In	2.8047d	EC(100)		171.28(90.2) 245.4(94.0)
^{125}I	59.400d	EC(100)		35.4922(6.68) XL: 3.77(15.5) XK β: 31.0(25.9) XK α$_1$: 27.4723(74.5) XK α$_2$: 27.2017(39.9)

续表

核素	半衰期	衰变类型及其占比/%	主要粒子能量与强度/keV(%)	主要光子能量与强度/keV(%)
^{129}I	1.57×10^7a	β^-(100)	154(100.0)	39.578(7.51) XK α_2: 29.458(19.9)
^{131}I	8.02070d	β^-(100)	247.9(2.12) 333.8(7.27) 606.3(89.9)	80.185(2.62) 284.305(6.14) 364.489(81.7) 636.989(7.17) 722.911(1.77)
^{131}Ba	11.5d	EC(100)		216.078(19.66) 373.246(14.04) 496.326(46.8)
^{133}Ba	10.544a	EC(100)		80.9971(34.1) 302.851(18.33) 356.0134(62.05)
^{137}Cs	30.07a	β^-(100)	513.97(94.4) 1175.63(5.6)	661.657(85.1)
^{147}Pm	2.6234a	β^-(100)	224.6(99.994)	121.28(0.00285)
^{152}Eu	13.516a	EC(72.086) β^+(0.014) β^-(27.9)	730.5(0.011) 384.8(2.427) 695.6(13.779) 1474.5(8.1)	121.1817(28.58) 344.2785(26.5) 778.90(12.94) 964.079(14.6) 1112.069(13.64) 1408.006(21.0)
^{153}Sm	46.284h	β^-(100)	635.3(32.2) 705.0(49.6) 808.2(17.5)	69.673(4.85) 103.180(29.8)
^{153}Gd	240.4d	EC(100)		69.673 2.42 97.431(29.0) 103.180(21.1)
^{154}Eu	8.592a	β^-(99.98)	248.8(28.6) 570.9(36.3) 840.6(16.8) 1845.3(10.0)	123.071(40.6) 723.305(20.11) 873.19(12.2) 996.262(10.53) 1004.728(17.1) 1274.436(35.0)
^{170}Tm	128.6d	EC(0.13) β^-(99.87)	883.7(18.3) 968.0(81.6)	84.25474(2.48) XL: 7.42(3.1)
^{188}Re	17.005h	β^-(100)	1487.4(1.65) 1965.4(25.6) 2210.4(71.1)	155.04(15.1) 477.99(1.02) 632.983(1.27)
^{192}Ir	73.827d	EC(4.87)β^-(95.13)	258.7(5.6) 538.8(41.43) 675.1(48.0)	295.9564(28.72) 308.45508(29.68) 316.50616(82.71) 468.0688(47.81) 604.41101(8.2)
^{198}Au	2.69517d	β^-(100)	284.7(0.985) 960.6(98.99)	411.8023(95.58)
^{201}Tl	72.912h	EC(100)		135.34(2.565) 167.43(10.0)
^{210}Po	138.376d	α(100)	5304(100)	803.1(0.00121)

核素	半衰期	衰变类型及其占比/%	主要粒子能量与强度/keV(%)	主要光子能量与强度/keV(%)
^{238}Pu	87.7a	α(100)	5456(28.98) 5499.037(71.6)	43.498(0.0395) 99.853(0.00735) XL：13.6(11.7)
^{239}Pu	24110a	α(100)	5105(11.5) 5144.3(15.1) 5156.59(73.3)	12.965(0.0184) 38.661(0.0105) 51.624(0.0271) XL：13.6(4.9)
^{241}Am	432.2a	α(100)	5388(1.6) 5442.90(13.0) 5485.60(84.5)	26.3448(2.4) 59.5412(35.9) XL：13.9(42)
^{252}Cf	2.645a	α(96.91) SF(中子衰变)(3.09)	6075.64(15.2) 6118.210(81.6)	43.4(0.01148) 100.2(0.013) XL：15.0(7.1)

这些放射性核素主要通过加速器产生、反应堆产生、核裂变产生、核反应产生和放射性核素发生器产生获得。

1. 加速器产生方式

加速器能加速质子、氘核、α 粒子等带电粒子。这些粒子轰击各种靶核，引起不同核反应，生成多种放射性核素。医学与生物学实验中由加速器生产的放射性核素主要有 ^{11}C、^{13}N、^{15}O、^{18}F、^{67}Ga、^{111}In、^{123}I、^{201}Tl 等。

2. 反应堆产生方式

反应堆是最强的中子源。利用核反应堆强大的中子流轰击各种靶核，可以生产大量用于放射医学实验和放射生物学实验所需的放射性核素。由反应堆生产的放射性核素主要有 ^{3}H、^{14}C、^{32}P、^{60}Co、^{89}Sr、^{99}Mo、^{113}Sn、^{125}I、^{131}I、^{133}Xe、^{153}Sm、^{186}Re 等。

3. 核裂变产生方式

核燃料辐照后能产生 400 多种裂变产物，有实际提取价值的仅十余种。在医学实验中可利用的有意义的裂变核素有 ^{99}Mo、^{131}I、^{133}Xe 等。

4. 核反应产生方式

通过核反应也能产生放射性核素，其中在医学上通过核反应所产生的常用的放射性核素主要有 ^{11}C、^{13}N、^{15}O、^{18}F，这些在生物体内能够发射出正电子，它们产生的核反应过程如表 2.13 所示。

5. 放射性核素发生器产生方式

放射性核素发生器是从长半衰期的核素中分离短半衰期的核素的装置。放射性核素发生器使用方便，在医学上应用广泛。医学实验室中常用的发生器有 ^{99}Mo-^{99m}Tc 发生器、^{188}W-^{188}Re 发生器、^{82}Sr-^{82}Rb 发生器、^{81}Rb-^{81m}Kr 发生器等。

表 2.13 常用正电子放射性核素的核反应

核素	半衰期	核反应式
^{11}C	20.34min	$^{14}N(p, \alpha)^{11}C$
^{13}N	9.96min	$^{16}O(p, \alpha)^{13}N$
^{15}O	2.05min	$^{14}N(d, n)^{15}O$；$^{15}N(p, n)^{15}O$
^{18}F	110min	$^{18}O(p, n)^{18}F$；$^{20}Ne(d, \alpha)^{18}F$

放射性同位素的生产及其在工业、医疗、教学、研究等领域日益广泛的应用和相关的废物处置，一定程度会有部分放射性核素释放到环境中。密封源中的放射性同位素一般不会被释放，但放射性药盒中的同位素、^{14}C 和 ^{3}H 最终会向环境释放，其释放总量与生产总量大致相当。接受放疗的患者在治疗过程中口服 ^{131}I 后，第一天随尿液排出量即达 2/3，但经医院贮罐贮存衰变处理之后，最终排放的液体流出物中 ^{131}I 的数量仅为服用量的0.05%。

2.2.2 核试验

1. 大气层核试验

大气层核试验产生的放射性尘埃是目前环境的主要放射性污染源。大气层核试验爆炸过程中产生的裂变产物、剩余的裂变物质和结构材料在高温火球中迅速气化，并全部进入大气环境。活化产物则可被蘑菇状火球吸入，并一起升入高空，随后与裂变产物一起污染环境。颗粒较大的气溶胶粒子因重力作用而沉降于爆心周围几百公里的范围内（称为局地性沉降）；较小的气溶胶粒子则在高空存留较长时间后降落到大面积范围的地面上，其中进入对流层的较小颗粒主要在同一半球同一纬度区内围绕地球沉降（称为对流层沉降），进入平流层的微小颗粒则造成世界范围的沉降（称为全球沉降或平流层沉降）。放射性沉降物中大多是短寿命放射性核素，空中核试验被禁止后，短寿命放射性核素的平均沉积密度快速下降。截至 2000 年，这些短寿命放射性核素已经衰减到可以忽略不计的水平。对于长寿命放射性子体而言，具有较大生物意义的核素有 ^{3}H、^{14}C、^{24}Na、^{90}Sr、^{95}Zr、^{95}Nb、^{99}Mo、^{106}Ru、^{131}I、^{132}Te、^{137}Cs、^{140}Ba、^{144}Pr、^{144}Ce 和 ^{239}Pu等，其中占比最大的是 ^{14}C，其次是 ^{90}Sr 和 ^{137}Cs，其余大多数放射性核素将在未来两个世纪内完全衰变为非放射性核素。

1945 年 7 月 16 日至 1980 年 10 月 16 日，在全球范围内共发生了 520 次大气层核爆炸，其中 2 次为核袭击，其余为核试验，总威力为 546Mt，其中来自裂变的有 217Mt，来自聚变的有 329Mt，它们在五个国家的分布见表 2.14。

在 217Mt 裂变当量中，沉降于局部地区的有 27Mt，进入对流层的有 21Mt，进入平流层的有 164Mt，进入高层空间的有 5Mt。每兆吨裂变当量产生 $4×10^{20}Bq$ 活性物质。

表 2.14 各国大气层核爆炸次数及威力

国家	爆炸场所数	爆炸次数	威力/Mt		
			总计	裂变	聚变
美国	9	217	139	72	67
苏联	3	215	358	111	247
英国	5	21	16	10	6
法国	2	45	12	11	1
中国	1	22	21	13	8

2. 地下核试验

1951 年的美国和 1961 年的苏联都开始了地下核武器试验。在 1963 年《部分禁止核试验条约》生效之后,美国和苏联都禁止了空中核试验,转而进行了广泛的地下试验。

地下核试验可以把核装置埋设在较浅的水平坑道里进行,也可以埋设在较深的竖井底部进行。前者称"成坑爆炸",后者叫"封闭爆炸"。地下核试验产生的氚、裂变产物、聚变产物、锕系元素等会造成浅表层的污染。在美国主要的核武器试验基地——内华达州试验基地进行的 828 次试验,共造成约 $1×10^7$TBq 放射性物质排入了浅表层。截至 1992 年,衰变后的放射性核素残余量为 $4.86×10^6$TBq,其中绝大部分放射性是由 ^{3}H、^{137}Cs、^{90}Sr、$^{240+239}$Pu、^{85}Kr、$^{152+154}$Eu 和 ^{151}Sm 贡献的。当然,随着短半衰期放射性核素衰变以及子代放射性核素的出现,残余量会发生改变;浅表层中残余放射性核素将主要是长半衰期放射性核素(如 U、Pu、Np 和 Am 等)。

封闭较好的地下核试验释放到环境中的放射性物质量都很少,但偶然情况下的泄漏和气体扩散会使放射性物质从地下泄出,造成局部范围的污染。美国内华达试验基地进行的地下核试验中有 32 次发生了泄漏,共向大气释放了 $5×10^{15}$Bq 的 ^{131}I。

此外,用于开挖作业的浅层地下核爆炸和采矿操作中的较深层地下核爆炸也都会导致放射性物质向环境释放。

1)成坑爆炸

成坑爆炸的核装置埋在较浅的地层中,爆炸时,大量的碎石和泥土冲出地面,随之掀起柱状的尘埃,即所谓的"尘柱云"。尘柱云中一些较大的石块迅速降落到地面,又在周围迅速激起弥漫的细微尘土,这就是"基浪"。浅层成坑核爆炸产生的放射性物质,一部分残留在地下,存在于熔融后凝成玻璃体的坑壁及其周围介质中;另一部分则与尘柱云和基浪一起进入大气环境,而后逐渐沉降到地面,结果给试验区周围环境造成了较严重的污染。进行地下核爆炸时,近区局部性沉降的放射性份额有时可达总放射性的 90%以上,其余部分留在地下或形成全球性沉降。由此可见,在很浅层的地下核试验并不安全,它对生态环境仍然可能造成较严重的污染。

2) 封闭爆炸

若把整个核爆炸严格地限制在地下进行，爆炸产生的放射性物质将完全被封闭在爆炸形成的球形空腔中，或者在因空腔顶部发生崩塌而形成的碎石区内。这种爆炸一般不会出现放射性物质冲出地面的现象，因此叫封闭爆炸。尽管封闭爆炸对大气环境产生放射性污染可能性较小，但是它对地下水的放射性污染很严重。因为在核爆炸产生的空腔和碎石区中，经常有地下水流过，放射性物质溶入其中的可能性很大。溶入地下水的放射性核素，随水流一起流往下游地区，从而造成附近水域环境的放射性污染。在普通地质条件下，地下水的流速比较缓慢，每昼夜为 1～2m。玻璃体在地下水中的溶解度也很低，同时，各类岩石对放射性核素还有不同程度的吸附作用。这些因素决定了放射性核素在地下的迁移速率是相当低的。即使经过非常长时间的迁移，其输送的距离也是有限的，不会有很强的迁移能力。另一方面，地质材料的吸附结果，致使地下水中的放射性核素有很大的损失，当其流出爆炸区不远后，水中的放射性浓度可能已经下降到接近容许水平。据美国一次代号为“Gasbuggy”的地下核试验的调查，地下水中的 ^{3}H 经过 300 余年的迁移，其最大迁移的距离为 2km 左右，此时，水中 ^{3}H 活度浓度可能已下降到 $3.7 \times 10^4 \text{Bq} \cdot \text{L}^{-1}$，而 ^{90}Sr 和 ^{137}Cs 分别迁移了 320m 和 3.5m，它们的活度浓度就可下降到容许水平以下，但它们所需的迁移时间长达 1000a。

应该指出的是，地下核试验存在的技术难题还不少，试验过程中发生意外事故并不罕见。因此即使是封闭爆炸，也会出现一些失误。1970 年 12 月 18 日，美国在内华达州试验基地进行了一次代号为“Baneberry”的地下核试验，核装置埋设在离地面 275m 的深处，爆炸的威力为 2×10^4t TNT 当量。在核试验中，放射性物质从地缝、坑道和管道中泄漏出来，辐射尘柱云飞出地面近 2500m。在场工作的约 600 名研究人员被迫撤离，其中约有 300 名人员明显遭受了辐射。试验场周围环境受到了较严重的放射性污染，污染范围波及许多州。据事后监测调查，这次地下核试验的泄漏事故，使美国西部 13 个州和加拿大边境大气中的放射性水平有明显的增加。另据报道，1965 年 1 月 15 日，苏联在塞米巴拉金斯克试验场进行过一次地下核试验，因为发生意外的“冒顶”事件，结果导致严重的环境放射性污染，我国新疆地区亦受到明显污染，中国原子能科学研究院科技人员在北京地区上空检测到了这次事故泄漏的放射性核素，可见影响范围极大。

2.2.3 核武器制造

军用放射性物质生产和核武器制造环节以及可能发生的事故均会向环境中释放放射性核素，造成局部地区和区域性环境污染。核武器生产制造过程中涉及的放射性核素主要有 ^{239}Pu、^{235}U、^{238}U、^{3}H 和 ^{210}Po 等。其生产过程包括铀矿开采、水冶、^{235}U 的浓缩、^{239}Pu 和 ^{3}H 的生产、武器的制造、组装、维修、运输及核材料的循环再使用，都会因核素的释放而造成环境放射性水平的增加。表 2.15 列出了美国核武器材料生产制造厂的放射性核素排放情况。

表 2.15   美国核武器材料生产制造厂的放射性核素环境排放量

机构位置	排放时段/年	气载流出物放射性活度/GBq	液体流出物放射性活度/GBq
弗纳德(Fernald)	1954~1980	50~150(U)	
橡树岭(Oak Ridge)	1942~1984	1000000(^{131}I)	25400(^{137}Cs)
罗基弗拉茨(Rocky Flats)	1953~1983(例行)	8.8(U)/1.7(Pu)	
	1957(大火失控)	1.9(Pu)	
	1965~1969(存储区)	260(Pu)	
汉福德(Hanford)	1944~1987	27300000(^{131}I)	481000000(^{24}Na)
萨凡纳河(Savannah River)	1954~1989	140(Pu)	23(U)

联合国对核武器的调查表明，全球共有 4 万件核武器，总爆炸当量为 13Gt，如果这些核武器的第一裂变阶段都是 ^{239}Pu 裂变，则每件核武器平均使用 ^{239}Pu 约 5kg。

氚也是核武器生产的主要原料之一。氚的半衰期相对较短(12.33a)，这意味着要维持核武器储存量，必须连续地生产氚。据估计，美国每年需生产约 3kg 氚才能维持衰变平衡，因此可以估算美国氚的总库存量达 55kg。

2.2.4   核能生产

核能生产涉及整个核燃料循环，其中包括的主要环节有铀矿开采、水冶、纯化、转换、浓缩、燃料元件的加工制造、核反应堆发电、乏燃料贮存或后处理及放射性废物的贮存和处置等，放射性物质在整个核燃料循环的各环节间循环，其中铀矿冶在整个核燃料循环体系中是产生环境污染的主要环节，在本章 2.1.4 节中已有介绍，这里不再赘述。

1. ^{235}U 的浓缩及铀燃料元件制造

水冶厂的铀浓缩物产品经进一步纯化后转化为四氟化铀(UF$_4$)或六氟化铀(UF$_6$)，采用气体扩散或超速离心工艺使天然铀中 ^{235}U 的含量由 0.7%提高到 2%~4%，再转化为铀氧化物或金属铀，制成反应堆燃料元件。

铀的转化、浓缩和燃料元件制造过程中放射性核素的释放量一般较小，主要包括长寿命铀同位素 ^{234}U、^{235}U 和 ^{238}U，以及 ^{238}U 的短寿命衰变子体 ^{234}Th 和 ^{234m}Pa。^{230}Th 的半衰期很长，使得 ^{238}U 衰变系列的其他放射性核素的活度累积很慢，与铀矿的采冶过程相比，反应堆燃料元件制造过程中的固体废物的产量很少。

2. 反应堆运行

铀燃料元件装入反应堆中，天然铀中的 ^{235}U 吸收中子而发生裂变反应，产生大量的裂变产物，放出中子，并释放大量的能量，经一回路及二回路系统将水转化为蒸汽，驱动汽轮发电机运行而生产电能。裂变过程中产生的中子一部分维持 ^{235}U 的链式反应，另一部分则被天然铀中的 ^{238}U 吸收，使之转化为 ^{239}Pu。燃料元件中 ^{235}U 达到一定的燃耗时(称为乏燃料元件），即从堆中卸出，在冷却水池中冷却到一定的时间后，乏燃料元件即作为高放射性废物贮存、处置，或送到后处理厂进行处理。

核电厂通常采用热中子反应堆生产电能，裂变产生的快中子经慢化剂慢化为热中子，最常用的慢化剂是轻水（压水堆和沸水堆）、重水（重水堆）和石墨（石墨气冷堆和轻水冷却石墨慢化堆），最常用的冷却剂有轻水、重水和 CO_2。在反应堆正常运行的情况下，燃料元件中 ^{235}U 裂变而产生的各种气态及颗粒态裂变产物都包容在元件包壳内，但个别元件包壳的破损使其向大气释放或进入冷却剂中。此外，堆结构材料和包壳材料的腐蚀产物在堆芯区也会被中子活化，由此导致冷却剂的污染。因此，各类反应堆都装有净化装置去除气载及液态放射性核素。

核电站常规排放的放射性和放射性核素混合体含量和成分取决于反应堆的类型（BWR 为沸水反应堆；PWR 为压水反应堆）（表 2.16）。

表 2.16　中轻水反应堆的标准化平均液体释放量　　　　　　　（单位：GBq）

反应堆类型	^3H	^{51}Cr	^{54}Mn	^{55}Fe	^{59}Fe	^{58}Co	^{60}Co	^{65}Zn	^{110m}Ag	^{134}Cs	^{137}Cs
PWR	2310	2.8	1.9	5.6	0.22	27	7.6	0.016	2.4	2.3	4.6
BWR	620	21	5	1.9	1.7	2.8	11	1.3	0.06	1.3	2.9

3. 乏燃料后处理

为了从辐照过的核燃料中提取 ^{239}Pu 和 ^{235}U 可裂变材料，同时回收未"燃尽"的 U 和 Th 原料的过程称为乏燃料后处理。自 1944 年 2 月美国克林顿核电厂首先从辐照核燃料中提取 190mg 的 ^{239}Pu 以来，世界上不少发展核工业的国家都建立了乏燃料后处理工业体系，并积累了比较丰富的运行经验。

乏燃料后处理是一个极为复杂的工艺过程。在化学处理之前，先把卸出的燃料元件置于冷却水池中"冷却"120 天以上，旨在让大部分短寿命放射性核素衰变掉。然后卸入溶解器中进行湿法去壳，将内芯切割成小碎片，并且将其溶解于硝酸中，以此成为萃取流程的料液。接着，溶解后的料液经过去污后，采用萃取分离方法，先使 U、Pu 和裂变产物分离。提取的 U 和 Pu 用化学方法分别转化成 UF_6 和 PuO_2 的形式，前者送往铀同位素浓缩工厂进行 ^{235}U 浓集，在核反应堆中重新利用，PuO_2 则可以直接送去制造燃料元件。在乏燃料后处理工艺的各个环节中，均会产生一定量的放射性废气和废水等放射性废物释放到环境中。乏燃料后处理流程中产生的废气和废水是一个复杂的问题，它们的放射性核素成分和排放量与多种因素有关，诸如燃料类型、辐照条件、冷却时间、工艺条件、废物处理方法等。

乏燃料后处理产生的气载废物中主要含有反应堆运行过程中燃料元件内因活化和裂变反应而产生的惰性气体、^3H、^{14}C、^{129}I 和 ^{90}Sr、^{137}Cs、^{239}Pu 气溶胶，分别经贮存衰变、除碘和高效过滤装置净化处理，最后经高烟囱排入大气。乏燃料后处理厂排入环境的废水量很大，放射性核素的成分也非常复杂。乏燃料后处理工艺废液经蒸发、脱硝、降低酸度和减容后，高放浓缩液送地下贮罐贮存，中、低放浓缩液经中和后贮存，冷凝液经多级处理合格后排放。非工艺废液经砂滤、蒸发、离子交换处理,在任何一级处理后检测合格即可排放,蒸残液亦送地下贮罐贮存。

1990 年以来,位于英国和法国的两座欧洲核燃料后处理厂分别向爱尔兰海和英吉利海峡排放了大量 ^{129}I。由于 ^{129}I 在海水中的高溶解度和极长的滞留时间,研究者们将 ^{129}I 用作示踪剂开展了海水在北大西洋和北极的运动及不同海域海水的交换规律的研究,如北海和波罗的海、北极与格陵兰海等海域海水的交换研究,以及海洋环流示踪研究。

4. 固体废物的处置

通常情况下,将在反应堆运行及乏燃料后处理、整备和处置中所产生的中、低放射性固体废物在近地表设施内埋藏处置,将高放固体废物进行深地层地质处置。退役后的反应堆也将成为固体废物管理的一个组成部分。废物体中所含的放射性核素通过被地下水浸出而导致核素迁移,是固体废物处置后放射性核素释放到环境中的主要途径之一。

2.2.5 核事故

民用和军用核设施及核材料运输都发生过事故,其中有些事故对环境造成了严重污染,产生了相当大的公众照射剂量。

1. 民用核反应堆事故

从核设施或其他设施(如工业或医学)事故性排放的放射性核素是一个比较重要的放射性污染来源,其中以美国三哩岛核事故、苏联的切尔诺贝利核事故和日本的福岛核事故造成的放射性排放量及其影响为最大。

1979 年 3 月的美国三哩岛核事故的直接原因是未能关闭减压阀,使没有冷却的燃料遭到严重破坏。损坏的燃料元件向反应堆安全壳内释放大量的放射性物质,由于安全壳仍保持完好,放射性核素向环境的释放量相对较小,惰性气体释放量约为 370PBq,其中主要是 ^{133}Xe,其释放量约为 550GBq。

1986 年 4 月的苏联切尔诺贝利核事故是人类历史上最惨重的核事故,反应堆在事故中被毁,大量放射性物质被释放到环境中。据估计,除惰性气体外的各种放射性核素的释放总量为 5300PBq,主要放射性核素的释放总量分别是: ^{131}I 为 1760PBq、^{137}Cs 为 85PBq、^{134}Cs 为 54PBq、^{90}Sr 为 10PBq,其中弥散到苏联境外的放射性核素有大量的 ^{131}I 和 ^{137}Cs。事故造成苏联境内约 1000km^2 地区内 ^{137}Cs 的地面污染强度大于 560kBq·m^{-2},21000km^2 地区内大于 190kBq·m^{-2}。

2011 年 3 月 11 号日本东部海域发生 9 级大地震,随后引发的海啸浪高超过 14m,破坏福岛第一核电站的冷却系统,并随即引发堆芯融化、氢气爆炸,大量放射性物质泄漏进入大气、海洋和陆地环境。国际原子能机构(IAEA)将其定为 7 级核事故,其泄漏放射性物质总量为切尔诺贝利核事故的 10%~15%,除惰性气体外的各种放射性核素的释放总量为 520PBq,释放到大气中的主要放射性核素及其总量分别是: ^{131}I 为 160PBq、^{137}Cs 为 15PBq、^{133}Xe 为 12000~15000PBq、^{90}Sr 为 0.14PBq、$^{239+240}$Pu 为 1~2.4GBq。与切尔诺贝利事故不同的是，福岛核事故泄漏的大量放射性物质直接进入海洋，冷却水与堆芯直接接触，除 ^{131}I、^{134}Cs 和 ^{137}Cs 等低沸点核素外，部分高沸点的 ^{90}Sr 和 $^{239+240}Pu$ 核素也可能泄漏进入海洋环境，直接释放到海洋中的主要放射性核素的总量分别是：^{131}I 为 11PBq、^{137}Cs 为 4PBq，^{90}Sr 为 1PBq，福岛核事故是至今为止最为严重的海洋放射性污染的核事故，其排放的放射性物质会影响整个北半球，甚至部分南半球地区。

核反应堆事故的后续处理不当，也会造成环境中放射性核素的增加，如将反应堆事故后处理过程产生的核污水直接排放到环境中，将对环境造成不可估量的影响。

2. 军用核设施事故

迄今已公布的造成可测得公众照射的军用核设施事故是 1957 年 9 月发生的苏联车里雅宾斯克州钚生产中心事故和同年 10 月发生的英国温茨凯尔反应堆事故。

车里雅宾斯克州钚生产中心一个容量为 300m³ 的贮存罐中存放着 70～80t 的硝酸盐形态的高放废液，腐蚀及程序监测系统失效导致冷却系统损坏，罐内温度升高，水分蒸发，沉渣干燥后温度高达 300～350℃，随即发生爆炸，其当量达 70～100t TNT。罐中主要放射性核素是裂变产物和 ^{239}Pu、^{240}Pu，约 90% 为局地性沉降，有 10%（约为 100PBq）因爆炸弥散而释入环境，其中主要是 $^{144}Ce+^{144}Pr$（66%）、$^{95}Zr+^{95}Nb$（24.9%）、$^{90}Sr+^{90}Y$（5.4%）和 $^{106}Ru+^{106}Rh$（3.7%），此外还有 ^{137}Cs、^{89}Sr、^{147}Pm、^{155}Eu 和 $^{239+240}Pu$ 等。

事故发生时放射性烟云上升到约 1000m 的高空，11h 内在厂区周围约 300km 范围内形成了一个椭圆形的放射性沉积区，其边界上 ^{90}Sr 的地面沉降密度为 4kBq·m^{-2}（为全球落下灰水平的 2 倍）。此后，已沉积的核素在一定程度上又出现了再分布，1 年后污染区面积达到 15000～23000km²，涉及人口约 27 万。

事故的核素释放造成了大范围牧区被污染，对公众造成照射的主要核素是 ^{131}I，主要途径是经牧草—奶牛—牛奶途径的摄入，场址附近公众中，成人甲状腺剂量约 10mGy，儿童可能高达 100mGy。事故对英国及其他欧洲国家造成的放射性污染主要来自 ^{131}I（37%）、^{210}Po（37%）和 ^{137}Cs（15%）。

3. 其他核事故

另外还有核武器运输事故、卫星重返大气层事故和辐射源丢失事故等，都涉及放射性核素向环境的大量释放。

1966 年 1 月，在西班牙地中海岸曾发生装运核武器的飞机坠毁事故，未能及时打开降落伞的核武器击地引起爆炸，易裂变物质释放导致 2.26km² 的城乡地区受 ^{239}Pu 和 ^{240}Pu 的污染。事故发生后，α 放射性核素沉积密度大于 1.2MBq·m^{-2} 的区域内，污染的蔬菜及表层 10cm 的土壤作为放射性废物收集、分类和处置，污染水平较低的区域内，耕地进行灌溉、深耕和混匀，或人工做必要的清除。1968 年 1 月发生于格陵兰岛的一起飞机坠毁事故造成约 0.2km² 的区域受到污染。此外，还发生过多起海上运输事故。

世界范围内，还曾发生过几起卫星重返地面事故。1964 年，以 ^{238}Pu 为动力的 SNAP-9A 卫星重返大气层时燃烧，约 600TBq 的放射性核素释入平流层。

国内外还曾发生过多次工业和医用小密封源丢失事故,对涉及的公众成员造成相当大的外照射剂量,甚至发生放射病以致死亡,破碎的辐射源还会造成一定范围的环境污染。

习题

1. 天然放射性的主要来源有哪些?
2. 三个天然放射性系列中最后的稳定子体核素分别是什么?
3. 不成系列的放射性核素 ^{40}K 衰变后的稳定子体核素是什么?
4. 什么是自由氡? 什么是束缚氡? 影响自由氡的迁移的主要因素有哪些?
5. 人工放射性核素进入环境的主要途径有哪些?
6. 核试验造成环境中放射性核素增加的主要途径是什么?

第3章 放射性核素在环境中的行为特性

地球是一个由大气圈、水圈、土壤圈、岩石圈和生物圈构成的巨大系统。各圈层既是相对独立的子系统，又组成一个相互联系、相互作用的有机整体。进入环境中的放射性核素经由大气、土壤、江河、地下水之间相当复杂的途径，最终到达海洋，如图3.1所示。

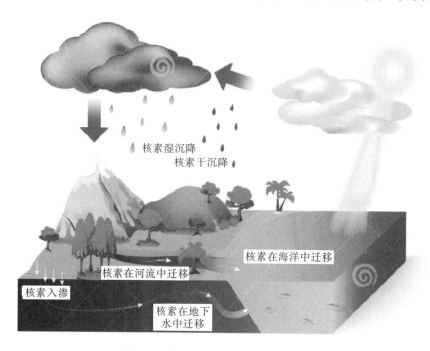

图 3.1 放射性核素在环境中的循环过程

根据气态释放途径和液态释放途径的差异，核素进入环境后的迁移、转化过程也大不相同，见图3.2。

气态途径释放的核素主要来源于大气核试验、核电站的气态流出物。一旦放射性气体或气溶胶进入大气，它的迁移与扩散将受其自身物理特性和大气环境的物理特性控制。通常流出物进入大气具有一定的速度和温度，且与周围的大气不同，这种差异导致核素的运动具有垂直分量，称为羽状上升。核素在经历羽状上升、迁移和扩散的同时，还伴有放射性衰变并产生子体、气溶胶的形成和聚结、干湿沉降、再悬浮等过程。回落到地表的核素存在以下四种归趋：①沉降到海洋；②沉降到江河、湖泊，再汇入海洋；③沉降到陆地表面，通过土壤侵蚀和径流汇入江河、湖泊，再回到海洋；④沉降到陆地表面，入渗土壤和地下水，通过壤中流和地下径流汇入江河，再回到海洋。

　　液态途径释放的核素主要来源于滨海、内陆核设施或核电站的液态流出物，其中的核素存在以下四种归趋：①直接排放入海洋；②排放到江河、湖泊，再汇入海洋；③排放到陆地表面，通过土壤侵蚀和径流汇入江河、湖泊，再回到海洋；④排放到陆地表面，入渗土壤和地下水，通过壤中流和地下径流汇入江河，再回到海洋。核素进入土壤、地表水和地下水环境后，其行为特性是一系列物理、化学过程综合作用的结果。物理过程主要是水流的对流—弥散，反映了水流运动方式对核素迁移的载带过程；化学过程是核素在迁移途径上与水体、土壤、沉积物和地层介质之间的离子交换、氧化还原、吸附与解吸、络合与解离、沉淀与溶解作用。

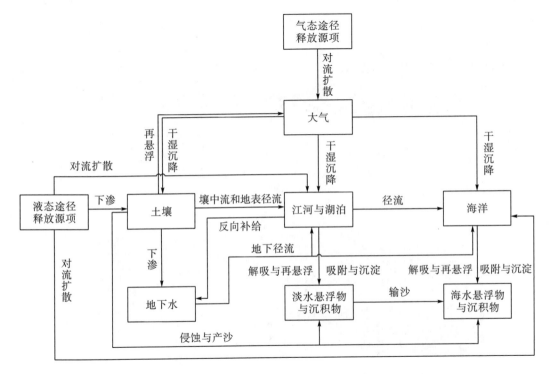

图 3.2　放射性核素在环境中的迁移过程

核素在环境中的循环涉及以下物理、化学过程。

1. 对流

　　对流描述了核素随地下水和孔隙水流的运动。在多孔含水层中，非湍流遵循达西定律，流量定义为水力传导系数和水力梯度的乘积。

2. 弥散

　　由于多孔介质中的不均匀性，核素以不同的速度和不同的方向沿流动路径输送，描述了一种分散的宏观现象。这种分散是因核素以不同速度和不同方向穿过孔隙运动，导致被输送在核素在纵向、横向和垂直方向分散。在流动方向(纵向)的分散性通常高于垂直于流动方向(横向和垂直)的分散性，随着流动长度的增加而增加。

3. 扩散

核素的分布经历分子扩散，即遵循浓度梯度。通量由菲克第一定律描述。

4. 土壤侵蚀和冲刷

地表径流是造成核素近地表迁移的主要过程之一。地表径流影响两个过程：溶解形式的核素的冲刷和沉积物颗粒的冲刷。冲刷是各种侵蚀过程的结果，与核素的迁移相关，因为核素可以通过吸附作用附着在颗粒表面，或者以其他方式结合或锁定在颗粒上。表面径流的大小以及因此产生的冲刷受多种因素和过程的控制：

(1)径流，包括地表径流、壤中流和地下径流。

(2)渗透，即到达地面的降水量减去各种径流。渗透量取决于土壤的排水特性，而排水特性又取决于土壤的含水饱和度、粒度分布、腐殖质含量等。

5. 沉积和侵蚀

沉积和侵蚀是地表水中普遍存在的过程。结合在颗粒上或颗粒内的核素的迁移、扩散，除了与周围的水相发生化学作用外，还受到控制颗粒自身运动的过程的控制。底部沉积物输送和悬浮沉积物浓度都随着水流速度呈指数增长。因此，沉淀和再悬浮成为需要考虑的重要运输过程。沉积物的积累会导致核素浓度的增加，在某些水动力条件下，当沉积物因底部侵蚀而重新悬浮时，可能成为二次污染源。

6. 过滤

核素与结合的沉积颗粒或胶体颗粒在通过孔介质时，可能会扩散到坚硬岩石中的“死角”孔隙或晶间孔隙中，并在物理上受到阻碍，这种影响将取决于颗粒的相对大小和多孔介质的孔隙分布。

7. 挥发

挥发是通过加热、减压、化学反应或这些过程的组合将固体或液体转化为气体。一些放射性核素(如 ^{129}I、^{36}Cl)可能以有机卤化物的形式挥发。

8. 气相运输

作为一种稀有气体，由母体镭同位素衰变产生的氡将从通风良好的土壤或残留物中逸出，导致其子体(^{210}Pb，^{210}Po)的扩散。

9. 干湿沉降与再悬浮

核素在大气中的迁移受到平流、空气动力扩散和扩散的影响。一旦核素被释放，湍流涡旋和风切变会导致核素被稀释和混合，在垂直维度上，这些涡旋的大小受到大气混合层的限制，而在水平维度上，它们扩展到大规模气象系统。

湿沉降是通过各种类型的沉淀从大气中去除核素附着颗粒物,包括气体的溶解或雨滴中颗粒的结合,以及随后雨滴在地面或植被上的沉积。通过湿沉降从大气中去除放射性粒子取决于复杂的物理和化学过程,包括成核清除、粒子扩散到云和雨滴、空气动力学和静电捕获、热泳和扩散渗透。

在大气表层中,通过干沉积从大气中去除核素是很重要的,在大气表层中,空气中的放射性可能通过各种机制与地面或植被接触,这些机制包括扩散、重力沉降、撞击、拦截、静电效应、扩散电渗和热泳。再悬浮是指先前沉积的物质被带入大气的过程。颗粒可能由于风的直接剪切作用而重新悬浮,或者由于沉积在植物叶片上而间接悬浮。

10. 离子交换

离子交换又称为非专性吸附,指核素通过与土壤和地层介质表面电荷之间的静电作用而被吸附。土壤和地层介质表面通常带一定数量的负电荷,所以带正电荷的核素可以被土壤和地层介质吸附。一般说来,阳离子交换容量较大的土壤和地层介质具有较强吸附核素的能力,而带负电荷的核素含氧基团在土壤和地层介质表面的吸附量较少。通常,非专性吸附的核素可以被高浓度的盐交换。

11. 吸附与解吸

吸附分为化学吸附和物理吸附。化学吸附又称为专性吸附,伴有价键的形成,与化学反应一样,在进行过程中有吸热或放热现象,通常不能被中性盐所交换,只能被亲和力更强和性质相似的元素解吸或部分解吸。物理吸附是吸附质和吸附剂通过弱的原子、分子间相互作用力而黏附。解吸作用总是需要一定的活化能,所以解吸作用的活化能通常较吸附作用大得多,而吸附反应速率则较解吸反应速率快得多。

12. 沉淀与溶解

核素在土壤、地表水和地下水中有可能生产沉淀而制约核素的溶解。沉淀和共沉淀是导致土壤和地层介质中核素固定的最重要过程。溶解的逆过程是确定核素迁移、转化的关键。

13. 氧化还原

土壤和地层介质的氧化性和还原性是一个重要的化学性质。电子在物质之间的传递引起氧化还原反应,土壤和地层介质氧化还原能力的大小通常用氧化还原电位(Eh)来衡量。参与氧化还原反应的元素有碳、氢、氮、氧、硫、铁、锰、砷、铬以及其他一些变价元素。氧化还原反应控制着核素的形态和有效性,制约着核素的迁移、转化。

14. 络合与解离

核素能与许多有机、无机配体形成配位化合物。无机配体有 OH^-、Cl^-、CO_3^{2-}、HCO_3^-、F^-、S^{2-} 等。有机配体包括动植物组织的天然降解产物,如氨基酸、腐殖酸、糖,以及生活废水中的洗涤剂、清洁剂、农药和大分子环状化合物等。

3.1　放射性核素在大气环境中的行为特性

大气中含有表 3.1 中列出的许多气体成分，但是氮、氧和氩占总重量的 99.9% 以上，这些气体的相对比例在很高的高度基本保持稳定，但在 60km 以上因分子质量的差别而产生差异。干燥大气的总质量估计约为 50×10^{17}kg，还应加上约 1.5×10^{17}kg 的水蒸气，这是大气中最有可能变化的组分且对许多热力学特性起支配作用。干燥空气的密度为 1.3mg·cm^{-3}，大气重量产生的压强约为 760mmHg[①]。海平面以上 50km，大气压强已降到海平面压强的千分之一；海平面以上 100km 高度，降到海平面压强的十万分之一，大气变得稀薄。

表 3.1　大气的组成

气体	重量占比/%
N_2	78.08
O_2	20.95
Ar	0.934
CO_2	0.0314
He	5.24×10^{-4}
Ne	1.81×10^{-3}
Kr	1.14×10^{-4}
Xe	8.7×10^{-6}
H_2	5×10^{-5}
CH_4	2×10^{-4}
CO	1×10^{-5}
SO_2	2×10^{-7}
NH_3	6×10^{-7}
N_2O	2.5×10^{-5}
NO_2	2×10^{-6}
O_3	4×10^{-6}

大气中的放射性核素主要来源于大气核试验、核电站的气态流出物，最主要的是 ^{3}H、^{14}C、^{89}Sr、^{90}Sr、^{95}Zr、^{103}Ru、^{106}Ru、^{131}I、^{137}Cs、^{131}Ce、^{144}Ce。核素释放到大气中后，顺风传输(平流)和混合(湍流扩散)是最主要的过程，随后会通过干、湿沉降沉积及衰变从大气中去除，如图 3.3 所示。为了定量描述以上过程，本节用一个简单的通用大气扩散模型来评估释放点下风向任意位置的核素浓度，并考虑附近建筑物的影响。在介绍通用模型之前，首先给出了无扩散情况下，大气中核素浓度与释放量之间的关系。

[①] 1mm Hg = 1.33322×10^2Pa。

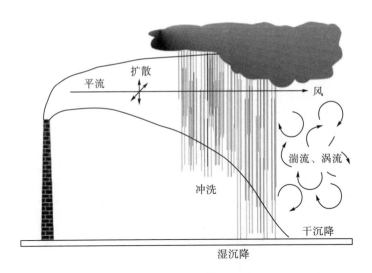

图 3.3　影响大气中的放射性核素迁移的重要过程

3.1.1　对流与扩散

全球性污染的主要来源是进入大气同温层的核素。空气进入赤道区域的同温层被加热后，升高到 30km 左右的高空，并开始向两极运动。对流层顶在极地比赤道低，在适度范围内对流层顶面的不连续有利于同温层向对流层迁移。对于同温层核素的对流与扩散是通过收集 115000ft(1ft=3.048×10⁻¹m) 以上高空的气体和尘粒样品而获得的。从 1956 年开始，美国原子能委员会承担了一项工程，在美国明尼苏达州的明尼阿波利斯、得克萨斯州的圣安格罗，巴拿马，巴西的圣保罗，用气球升空的过滤器对同温层大气取样。这些观察站每个月在 50000～90000ft 的 4 个高度上采集大气样品，测量过滤材料中核素 ^{140}Ba、^{95}Zr、^{144}Ce、^{137}Cs、^{89}Sr 和 ^{90}Sr 的含量，查明裂变产物碎片的年龄和起源。

通过对 1958 年苏联核武器试验产生的沉降灰落下速率的观察，以及试验之前所测量的 ^{90}Sr 同温层盘存量，得出结论：核试验产生的裂变碎片的一半以上在 6 个月之内由同温层沉降，而美国和英国在 1958 年期间试验注入的裂变碎片至少也有一半在 12 个月内沉降。在高纬度注入的裂变碎片，其平均滞留时间为 8 个月，而赤道附近注入同温层的裂变碎片平均滞留时间为 18 个月。

3.1.2　沉降与再悬浮

通过干、湿沉降从大气中去除核素附着颗粒物是很重要的过程。干沉降产生于自重力以及在湍流性大气中的表面碰撞。当在成雨条件下发生沉降时，核素会与雨滴结合后沉积在地面或植被上。用沉积速度(V_g)定量描述表面转移速率，其物理意义是单位时间沉积在地面上的量与地面空气中核素浓度的比率。

$$d_p = (V_d + V_w)C_A \tag{3.1}$$

$$V_T = (V_d + V_w) \tag{3.2}$$

式中，d_p 是核素 i 在干湿过程中在地面上的总日平均沉积速率，$Bq \cdot m^{-2} \cdot d^{-1}$；$V_d$ 是核素的干沉降系数，$m \cdot d^{-1}$；V_w 是核素的湿沉降系数，$m \cdot d^{-1}$；V_T 是核素的总沉降系数，$m \cdot d^{-1}$。

核素的 V_d 和 V_w 测量值变化很大，与核素的物理和化学性质、沉积表面的性质、气象条件以及湿沉降情况下的降水率等因素有关。通常认为气溶胶和反应性气体的总沉降系数 V_T 为 $1000 m \cdot d^{-1}$，该值与切尔诺贝利核事故的 ^{131}I 和 ^{137}Cs 一致。然而，值得注意的是，在进行测量时，切尔诺贝利沉降的气溶胶在大气中已经得到了充分的混合。对于 ^3H、^{14}C 和非反应性气体(如氪)，总沉降系数 V_T 应该为 0。

已沉积在地面的核素可以通过风和其他干扰的作用重新悬浮到空气中，再悬浮机制可大致分为人为干扰和风驱动。由车辆交通、挖掘和农业活动等人为干扰引起的重新悬浮通常是局部的，风力驱动的再悬浮更普遍。这是难以用分析方法解决的放射性气溶胶问题。影响再悬浮的因子包括土壤、植被、地貌的性质以及主要的气象学因素。

1) ^{90}Sr

在禁止核武器试验之前，注入大气中的 ^{90}Sr 已大体上全部沉降到地球表面，在 1967 年后期达到峰值 12.5MCi($1Ci = 3.7 \times 10^{10}Bq$)，南半球的沉积量为北半球沉积量的 1/3。由南纬 $20° \sim 30°$ 带收集的土壤样品分析表明，^{90}Sr 的含量由智利安托法加斯塔的 $0.4 mCi \cdot mi^{-2}$($1mi^2 = 2.589988 km^2$)变化至澳大利亚布利斯班的 $11.6 mCi \cdot mi^{-2}$。

2) ^{137}Cs

^{137}Cs 在同温层中的分布与陆地沉积同 ^{90}Sr 相似。许多研究者已经证明 ^{137}Cs 不会发生 ^{90}Sr 的分级现象。$1965 \sim 1966$ 年，美国绝大部分 ^{137}Cs 的累积量变化范围在 $60 mCi \cdot km^{-2} \sim 100 mCi \cdot km^{-2}$。

3) ^{14}C

上层大气宇宙射线的反应导致大气中的碳有一些变为 ^{14}C，在生物圈以(7.6 ± 2.7) $pCi \cdot g^{-1}C$ 的浓度处于长期平衡。这一平衡浓度被认为在 1954 年以前至少已有 15000 年没有变化，之后大规模的核爆炸产生的 ^{14}C 干扰了这一天然平衡。大气中 ^{14}C 的成分被认为是以 CO_2 的形式存在。1967 年末，北半球的对流层 ^{14}C 含量已在天然水平上增加了约 60%，南半球稍微少一些。由沉降灰中 ^{14}C 产生的剂量当量估计在 1965 年已达 $0.96 mrem \cdot a^{-1}$ ($1rem = 10^{-2}Sv$)的峰值，到 1984 年已减少为 $0.37 mrem \cdot a^{-1}$。

4) $^{239}Pu/^{238}Pu$

由核爆炸向大气中注入的钚，包括 ^{238}Pu、^{239}Pu、^{240}Pu 和 ^{241}Pu。据估计已有大约 390kCi 的钚在全球分布，它们主要来自 1963 年前发生的兆吨量级武器爆炸。在同温层还保留了另外的 4kCi，由同温层的转移与对流层向地球表面的沉积以与 ^{90}Sr 相同的速率进行。

从 1963 年大规模核武器试验停止以来，^{238}Pu 同 ^{90}Sr 的比值已是一个常数。

5) ^{131}I

^{131}I 的产生量约为每兆吨核爆炸裂变 64Ci。截至 1980 年，在大气中进行的所有核武器试验其裂变产额总量约 217Mt。已有 140 亿 Ci 的 ^{131}I 释放到大气中，其中绝大多数是由兆吨量级的爆炸产生的。大量的 ^{131}I 被注入同温层，其主要部分在向对流层转移并沉积到地球表面之前就发生了衰变。然而，由产额小于 100kt 的核爆炸产生的 ^{131}I 与小部分由兆吨产额核武器产生的裂变产物碎片在一起依然存留在对流层中，大量的放射性碘就是以这种方式在全球分布。美国爱达荷州的国立反应堆测试站对实验释放碘的平均沉降速度为 0.6cm/s。

6) ^{3}H

^{3}H 是通过自然和人为过程形成的。自核装置武器试验以来，其自然本底水平已从 1～10 个氚单位上升到 20 世纪 60 年代末的几百个氚单位，由于大气核试验中止，^{3}H 水平已恢复到接近本底水平。^{3}H 的人为来源是核材料的生产、使用和再加工，或来自将 ^{3}H 作为功能组成部分的商业产品的土地处置。美国能源部的 18 个设施中，除了铀，氚是最常见的放射性污染物。氚的半衰期为 12.3 年，通过发射 β 粒子分解为稳定的 ^{3}He。氚可迅速氧化形成氚化水，其在自然界中的分布受水文循环的控制。

3.1.3 建筑物的影响

确定合适的高斯烟流模式取决于流出物的释放高度 H(m)与附近影响气流的建筑物高度 H_B(m)的关系。建筑物和其他结构(例如冷却塔)的存在会干扰空气的流动。图 3.4 显示了建筑物附近的气流走向存在三个明显地带，即位移带、涡区(尾流区)和空穴区。位移带是建筑物四周空气被偏流的区域；紧靠建筑物的下风处是一个环型循环区域，称为空穴区，核素易累积；空穴外沿是真实的旋涡，核素在其中可以完全扩散混合。

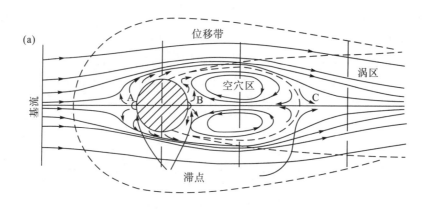

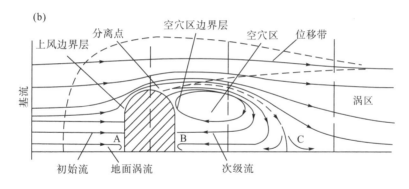

图 3.4　圆形建筑物四周的流向示意图

通常，排放流出物的建筑物对核素烟羽的扩散影响最大，然而并非总是如此。如果释放点附近有大得多的建筑物，则会对核素烟流的扩散影响更大。核素在大气中的迁移模式取决于释放高度和附近建筑物的几何形状，如果释放高度(H)大于建筑物高度(H_B)的 2.5 倍，即

$$H > 2.5H_B \tag{3.3}$$

扩散可以被认为未受干扰，即在位移带。但是，如果

$$H \leqslant 2.5H_B, \quad x > 2.5\sqrt{A_B} \tag{3.4}$$

式中，A_B 是对烟流影响最大的建筑物的投影面积，m^2。空穴区内的扩散由下式定义：

$$0 \leqslant H \leqslant 2.5H_B, \quad 0 \leqslant x \leqslant 2.5\sqrt{A_B} \tag{3.5}$$

图 3.5 示意性地说明了以上区域，存在三种情况。位移带内的扩散，如高烟囱释放(位移带)；建筑物的背风面并远离建筑物的扩散，但仍受尾流区的影响，如从较短的烟囱(尾流区)释放；空穴区内的扩散。

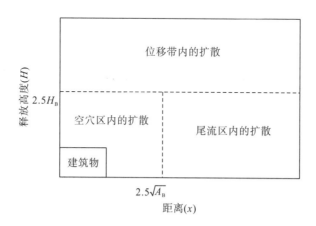

图 3.5　释放高度和距离之间的关系

1. 单一点源背风面的扩散

本方法适用于满足以下条件的情况：

$$H > 2.5H_\text{B} \tag{3.6}$$

可以不考虑建筑物的尾流效应(图3.6)。假设单一风向,单一平均风速,大气稳定性中等[帕斯奎尔-吉福德(Pasquill-Gifford)稳定性 D 级]时,核素的大气扩散模型可以表示为

$$C_\text{A} = \frac{P_\text{p} F Q_i}{u_\text{a}} \tag{3.7}$$

式中,C_A 是下风向距离 x 处地面空气中的核素话度浓度,Bq·m^{-3};P_p 是一年中风吹向计算点的时间比例;u_a 是一年中释放高度处的平均风速,m·s^{-1};F 是释放高度 H 和顺风距离 x 下的高斯扩散因子,m^{-2};Q_i 是核素 i 的释放速率,Bq·s^{-1}。

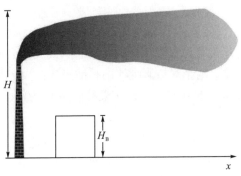

图 3.6　位移带的扩散

表 3.2 给出了不同释放高度 H 和顺风距离 x 下的高斯扩散因子 F,这些值是使用 30° 扇形平均的高斯烟流模式得出的,如下:

$$F = \frac{12}{\sqrt{2\pi^3}} \times \frac{\exp(H^2/2\sigma_z^2)}{x\sigma_z} \tag{3.8}$$

式中,σ_z 是垂直扩散参数,m,适用于没有明显丘陵或山谷的相对平坦地形上的核素扩散(Briggs,1974;Wilson and Britter,1982)。

表 3.2　高斯扩散因子 　　　　　　　　　　　　　　　　　　　　　　(单位:m^{-2})

顺风距离 /m	释放高度 H/m						
	$0\sim5^a$	$6\sim15^a$	$16\sim25^a$	$26\sim35^a$	$36\sim45^a$	$46\sim80^b$	$>80^b$
100	3×10^{-3}	2×10^{-3}	2×10^{-4}	8×10^{-5}	3×10^{-5}	2×10^{-5}	1×10^{-5}
200	7×10^{-4}	6×10^{-4}	2×10^{-4}	8×10^{-5}	3×10^{-5}	2×10^{-5}	1×10^{-5}
400	2×10^{-4}	2×10^{-4}	1×10^{-4}	8×10^{-5}	3×10^{-5}	2×10^{-5}	1×10^{-5}
800	6×10^{-5}	6×10^{-5}	5×10^{-5}	4×10^{-5}	3×10^{-5}	2×10^{-5}	1×10^{-5}
1000	4×10^{-5}	4×10^{-5}	4×10^{-5}	3×10^{-5}	3×10^{-5}	1×10^{-5}	1×10^{-5}
2000	1×10^{-5}	1×10^{-5}	1×10^{-5}	1×10^{-5}	1×10^{-5}	4×10^{-6}	5×10^{-6}
4000	4×10^{-6}	4×10^{-6}	4×10^{-6}	4×10^{-6}	4×10^{-6}	1×10^{-6}	2×10^{-6}
8000	1×10^{-6}	1×10^{-6}	1×10^{-6}	1×10^{-6}	1×10^{-6}	3×10^{-7}	5×10^{-7}
10000	1×10^{-6}	1×10^{-6}	1×10^{-6}	1×10^{-6}	1×10^{-6}	2×10^{-7}	3×10^{-7}
15000	5×10^{-7}	5×10^{-7}	5×10^{-7}	5×10^{-7}	5×10^{-7}	1×10^{-7}	1×10^{-7}
20000	4×10^{-7}	4×10^{-7}	4×10^{-7}	4×10^{-7}	4×10^{-7}	6×10^{-8}	9×10^{-8}

表 3.2 中 a 用以下公式计算：

$$a = \frac{0.06x}{\sqrt{1 + 0.0015x}} \tag{3.9}$$

b 用以下公式计算：

$$b = Ex^{G} \tag{3.10}$$

式中，当释放高度 H=46～80m 时，E=0.215，G=0.885。当释放高度 H>80m 时，E=0.265，G=0.818。

2. 建筑物背风面尾流区的扩散

本方法适用于满足以下条件的情况：

$$H \leqslant 2.5H_{\mathrm{B}}, \quad x > 2.5\sqrt{A_{\mathrm{B}}} \tag{3.11}$$

图 3.7 显示了核素在尾流区的扩散。空气中核素的浓度估算使用下式：

$$C_{\mathrm{A}} = \frac{P_{\mathrm{p}}BQ_i}{u_{\mathrm{a}}} \tag{3.12}$$

$$B = \frac{12}{\sqrt{2\pi^3}} \times \frac{1}{x\sum z} \tag{3.13}$$

$$\sum z = \left(\sigma_{\mathrm{z}}^2 + \frac{A_{\mathrm{B}}}{\pi} \right)^{0.5}, x \geqslant 2.5\sqrt{A_{\mathrm{B}}} \tag{3.14}$$

式中，A_{B} 是建筑物的投影面积，m^2；σ_{z} 是垂直扩散参数，m；B 是扩散因子，m^{-2}。

假设释放高度 H=0，地面空气中的核素活度浓度可以由式(3.12)计算。建筑物不同横截面积的 B 值见表 3.3，这些值仅代表释放高度 H=0 的湍流混合情况。

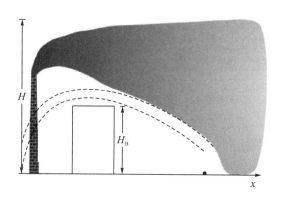

图 3.7　核素在尾流区的扩散

表 3.3   尾流区内的扩散因子 B (单位: m^{-2})

顺风距离 /m	建筑物面积/m^2									
	0~100	101~400	401~800	801~1200	1201~1600	1601~2000	2001~3000	3001~4000	4001~6000	>6000
100	3×10^{-3}	2×10^{-3}	1×10^{-3}	9×10^{-4}	8×10^{-4}	7×10^{-4}	6×10^{-4}	5×10^{-4}	4×10^{-4}	3×10^{-4}
200	7×10^{-4}	6×10^{-4}	5×10^{-4}	4×10^{-4}	3×10^{-4}	3×10^{-4}	3×10^{-4}	2×10^{-4}	2×10^{-4}	2×10^{-4}
400	2×10^{-4}	2×10^{-4}	2×10^{-4}	2×10^{-4}	1×10^{-4}	1×10^{-4}	1×10^{-4}	1×10^{-4}	9×10^{-5}	8×10^{-5}
800	6×10^{-5}	6×10^{-5}	6×10^{-5}	5×10^{-5}	5×10^{-5}	5×10^{-5}	5×10^{-5}	4×10^{-5}	4×10^{-5}	4×10^{-5}
1000	4×10^{-5}	4×10^{-5}	4×10^{-5}	4×10^{-5}	4×10^{-5}	3×10^{-5}	3×10^{-5}	3×10^{-5}	3×10^{-5}	3×10^{-5}
2000	1×10^{-5}	1×10^{-5}	1×10^{-5}	1×10^{-5}	1×10^{-5}	1×10^{-5}	1×10^{-5}	1×10^{-5}	1×10^{-5}	1×10^{-5}
4000	4×10^{-6}	4×10^{-6}	4×10^{-6}	4×10^{-6}	4×10^{-6}	4×10^{-6}	4×10^{-6}	4×10^{-6}	4×10^{-6}	4×10^{-6}
8000	1×10^{-6}	1×10^{-6}	1×10^{-6}	1×10^{-6}	1×10^{-6}	1×10^{-6}	1×10^{-6}	1×10^{-6}	1×10^{-6}	1×10^{-6}
10000	1×10^{-6}	1×10^{-6}	1×10^{-6}	1×10^{-6}	1×10^{-6}	1×10^{-6}	1×10^{-6}	1×10^{-6}	1×10^{-6}	1×10^{-6}
15000	5×10^{-7}	5×10^{-7}	5×10^{-7}	5×10^{-7}	5×10^{-7}	5×10^{-7}	5×10^{-7}	5×10^{-7}	5×10^{-7}	5×10^{-7}
20000	4×10^{-7}	4×10^{-7}	4×10^{-7}	4×10^{-7}	4×10^{-7}	4×10^{-7}	4×10^{-7}	4×10^{-7}	4×10^{-7}	4×10^{-7}

3. 建筑物背风面空穴区的扩散

本方法适用于满足以下条件的情况:

$$0 \leqslant H \leqslant 2.5H_B, \quad 0 \leqslant x \leqslant 2.5\sqrt{A_B} \tag{3.15}$$

图 3.8 显示了核素在空穴区的扩散。A_B 是对烟流影响最大的建筑物的投影面积,通常认为是释放点的建筑物。但是,附近存在更加复杂的结构,其他建筑物也可能会更大程度地影响烟流(Wilson and Britter,1982)。因此,选择计算模型时,考虑建筑物非常重要。

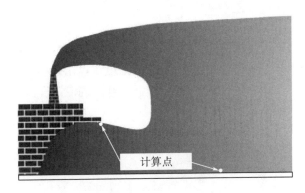

计算点

图 3.8   核素在空穴区的扩散

释放点和计算点在建筑物的同一侧,如果下游计算点的距离 x 小于或等于释放核素的烟囱或通风口直径的 3 倍,可以假设没有发生稀释扩散,计算点处空气中的核素浓度与释放点处相等。如果 x 大于烟囱或通风口直径的 3 倍,可以用式(3.16)计算空气中的核素浓度,$B_0=30$,常数,量纲一(Wilson and Britter,1982)。

$$C_A = \frac{B_0 Q_i}{u_a x^2} \tag{3.16}$$

释放点和计算点不在建筑物的同一侧，使用式(3.17)计算空气中的核素浓度。$K=1m$，常数。该模型是一个经验公式，通过核反应堆周边约 40 组现场示踪实验数据得到。如果建筑物的宽度小于高度，需要用建筑物的宽度代替式(3.17)中的 H_B(Miller and Yildiran，1984)。

$$C_A = \frac{P_p Q_i}{\pi u_a H_B K} \tag{3.17}$$

3.1.4 核素在大气环境中的迁移、扩散模型

在距离源项数公里范围内，高斯烟流模式适用于描述放射性核素连续释放或长期间歇性释放的扩散行为。但是，计算核素短期释放的扩散行为，高斯烟流模式不适用。

假设距地面 h 高度处有一连续排放点源，以其在地面的垂直投影为原点，x 轴指向平均风向，y 轴在水平面上垂直于 x 轴，z 轴垂直于 xOy 平面向上延伸，建立坐标系。此时，烟羽中心线在 xOy 面上的投影与 x 轴重合。则对于在恒定风速和高架连续点源持续释放的情况下，高斯烟流模式可以表示为

$$\rho(x,y,z,H) = \frac{Q}{2\pi\overline{u}\sigma_y\sigma_z}\exp\left(-\frac{y^2}{2\sigma_y^2}\right)\left\{\exp\left[-\frac{(z-H)^2}{2\sigma_z^2}\right] + \exp\left[-\frac{(z+H)^2}{2\sigma_z^2}\right]\right\} \tag{3.18}$$

式中，ρ 是下风点(x, y, z)的空气中核素活度浓度，$Bq \cdot m^{-3}$；Q 是核素的释放速率，$Bq \cdot s^{-1}$；σ_y、σ_z 是 y 及 z 轴向的扩散参数，是顺风距离 x 和大气稳定性的函数；$\overline{u}$ 是平均风速，$m \cdot s^{-1}$；H 是烟流中心距地面高度，也称烟囱有效高度，H 为烟囱高度 h 与烟羽抬升高度 ΔH 之和，$H = h + \Delta H$。

(1)高架连续点源地面质量浓度，即当 $z=0$ 时，

$$\rho(x,y,0,H) = \frac{Q}{\pi\overline{u}\sigma_y\sigma_z}\exp\left(-\frac{y^2}{2\sigma_y^2}\right)\exp\left(-\frac{H^2}{2\sigma_z^2}\right) \tag{3.19}$$

(2)高架连续点源地面轴线质量浓度，即当 $y=0$，$z=0$ 时，

$$\rho(x,0,0,H) = \frac{Q}{\pi\overline{u}\sigma_y\sigma_z}\exp\left(-\frac{H^2}{2\sigma_z^2}\right) \tag{3.20}$$

(3)高架连续点源地面最大质量浓度，即当 $y=0$，$z=0$，并设 $\sigma_y/\sigma_z=a$，a 为常数时，对 σ_z 求导，并令其等于零，即

$$\frac{d}{d\sigma_z}\left[\frac{Q}{\pi\overline{u}\partial\sigma_z^2}\exp\left(-\frac{H^2}{2\sigma_z^2}\right)\right] = 0 \tag{3.21}$$

$$\rho_{max} = \frac{2Q}{\pi e\overline{u}H^2}\frac{\sigma_z}{\sigma_y} \tag{3.22}$$

$$\sigma_z\big|_{x-x_{max}} = \frac{H}{\sqrt{2}} \tag{3.23}$$

(4)地面连续点源扩散模式，即当 $H=0$ 时，

$$\rho(x,y,z,0)=\frac{Q}{\pi \bar{u}\sigma_y\sigma_z}\exp\left(-\frac{y^2}{2\sigma_y^2}\right)\exp\left(-\frac{z^2}{2\sigma_z^2}\right) \qquad (3.24)$$

(5)地面连续点源轴线质量浓度，即当 $y=0$，$z=0$，$H=0$ 时，

$$\rho(x,0,0,0)=\frac{Q}{\pi \bar{u}\sigma_y\sigma_z} \qquad (3.25)$$

3.1.5　福岛核事故释放核素在大气环境中的行为特征

日本福岛核事故发生后，法国辐射防护和核安全研究所(IRSN)立即开始评估事故向大气释放的放射性物质，同时利用最新的数据更新评估结果。估计 2011 年 3 月 12 日～25日，总共有近 15 次泄漏事件，最大的泄漏事件可能发生在 3 月 17 日之前(三座受损反应堆安全壳的排气)，共计释放了 73 种放射性核素，最主要的是放射性惰性气体、碘的放射性同位素、铯的放射性同位素，世界各国的研究机构和科研人员基于不同方法估计了上述三个主要类别核素排放量(表 3.4)。

表 3.4　福岛核事故期间释放的主要放射性核素种类和活度　　　　(单位：10^{15}Bq)

		放射性惰性气体	^{133}Xe	I	^{131}I	Cs	^{137}Cs
IRSN(2011 年)	反应堆 1	1920	1530	42	13	3	1
	反应堆 2	2270	2180	114	57	17	6
	反应堆 3	2350	2240	253	126	38	14
	总共	6540	5950	409	196	58	21
NISA(2011 年)	反应堆 1	—	3400	—	12	—	0.6
	反应堆 2	—	3500	—	140	—	14
	反应堆 3	—	4400	—	7	—	0.7
	总共	—	11300	—	159	—	15.3
NSC(2011 年)	总共	—	—	—	630	150	12
Chino 等(2011 年)	总共	—	—	—	150	—	13
Stohl 等(2011 年)	总共	—	13400～20000	—	—	—	23.3～50.1
Morino 等(2011 年)	总共	—	—	—	142	—	9.94

除了上述三个主要类别的核素外，福岛核事故还释放了 145PBq 碲的放射性同位素，其中 ^{132}Te(108PBq)、^{129m}Te(12PBq)、^{129}Te(8PBq)。而其他放射性核素的释放总量为28PBq，其中 Ba(1.12PBq)、^{89}Sr(0.043PBq)、^{90}Sr(0.003PBq)。由于缺乏足够的测量数据和反应堆受损的信息，以上对放射性核素释放量的估计仍然很粗略。钚和其他超铀元素的情况也是如此，由于与 20 世纪 60 年代进行的大气核试验中残留的钚混合，福岛核事故释放到环境中的钚不容易被发现。在 2011 年 4 月 10 日，在福岛核电站周边的土壤和植物样本中检测到 ^{239}Np，由于半衰期短，之前大气核试验的残留量完全消失，现检测到的 ^{239}Np

证明了福岛核事故释放了超铀放射性核素。^{239}Np 的衰变产物是 ^{239}Pu(半衰期为 24000 年),由于其比活度远低于 ^{239}Np,因此不可能被检测到并将其与大气核试验留下的钚区分开来。

为了重建福岛核事故对大气的污染程度,2011 年 3 月 16 日,核事故仍在发生时,IRSN 便使用三维数值模型从区域尺度(几百到几千公里)上模拟了核素在大气中的扩散情况,并根据空气监测测量结果定期更新模型。将东京上空 ^{137}Cs、^{131}I 的空气污染测量结果与模型的计算结果进行比对,两者都表现出良好的一致性,见图 3.9。

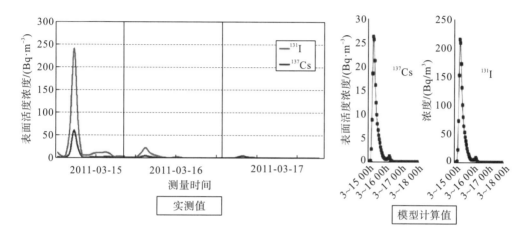

图 3.9 东京空气中 ^{137}Cs 和 ^{131}I 的表面活度浓度计算结果对比

第一次释放发生在 2011 年 3 月 12 日至 14 日之间,主要沿本州岛东海岸向北传播,然后向东北和东部迁移,越过太平洋。3 月 15 日至 16 日,2 号反应堆释放的放射性核素遍布日本,由于天气状况的迅速变化,3 月 16 日及随后几天,转向东传播,在太平洋上空移动,日本大部分地区幸免于难。在 3 月 20 日下午至 3 月 23 日之间,放射性核素再次蔓延到日本。3 月 23 日之后,受污染的气团向太平洋移动。随后的释放量太低,不足以导致日本陆地环境中的放射性显著增加。

一部分以气溶胶或可溶性气体形式释放到空气中的放射性核素会沉积到地面上。截至 2011 年 4 月下旬,^{134}Cs 和 ^{137}Cs 成为福岛核事故放射性沉降物中的两种主要核素,随着短寿命核素的逐渐消失,它们在总沉降物中的比例增加,12 月 1 日以后这两种核素的活度占剩余沉降物总活度的近 99%。

主沉降带分布在福岛核电站 80km 范围内,沿主沉降带方向更远的地方也有大量的低水平沉降物。在福岛县以外,^{134}Cs 和 ^{137}Cs 的表面活度浓度一般在 100kBq/m^2 以下,少数地区可高达 300kBq/m^2,与切尔诺贝利事故后在瑞典、奥地利和欧洲其他国家观察到的水平相当。

总体而言,福岛核事故 ^{137}Cs 表面活度浓度超过 10kBq/m^2 的沉降面积为 24000km^2,其中有 420km^2 的区域主要位于距离核电站 250~300km 处。^{137}Cs 表面活度浓度超过 1000kBq·m^{-2} 的沉降面积为 262km^2,位于核电站的西北部。^{137}Cs 表面活度浓度超过 300kBq·m^{-2} 的所有区域距离核电站不到 50km。因此,^{137}Cs 沉降物在 225km^2 的区域内为 600~1000kBq·m^{-2};379km^2 的区域内为 300~600kBq·m^{-2}。

3.2 放射性核素在土壤环境中的行为特性

　　土壤是自然环境要素的重要组成之一，是处于岩石圈最外面的一层疏松物质，具有支持植物和微生物生长繁殖的能力，处于大气圈、岩石圈、水圈和生物圈之间的过渡地带，是联系有机界和无机界的中心环节。土壤中的核素主要来源于大气沉降、内陆核设施或核电站的液态流出物泄漏。长期影响很大程度上取决于核素在土壤剖面中的行为特性，是核素与土壤环境相互作用的结果。

　　土壤是由固相、液相和气相组成的三相体系。固相包括土壤矿物质和土壤有机质，其中土壤矿物质占固体总质量的 90% 以上，土壤有机质占 1%～10%。土壤液相是土壤的水分及水溶物。土壤气相是土壤孔隙充满的空气，约占土壤体积的 35%。

　　土壤水在土壤的形成过程中发挥着极其重要的作用，在很大程度上参与了许多物质的转化过程，如矿物质的风化、有机化合物的合成与分解等。土壤剖面内核素的迁移主要是以溶液的形式进行的，随液态土壤水一起运动。土壤水按照物理形态划分见图 3.10，可分为气态水（土壤空气中的水汽）；固态水（化学结合水、土壤水冻结）；液态水（又分为吸湿水、膜状水、毛管水、重力水）。

　　土壤水具有势能，称为土水势，分为重力势、静水压力势和基质势。重力势是把一定数量的土壤水举起所需要克服的重力做功，这个"功"就以重力势形式"储存"在被举起的土壤水分中，重力势取决于水分在重力场中的位置，可为正，也可为负。静水压力势是受到水压力的作用而具有的势能。基质势是由分子力和毛管力引起的，总是低于大气压下纯自由水面的势能，故基质势一般是一个负值，最大值为零。

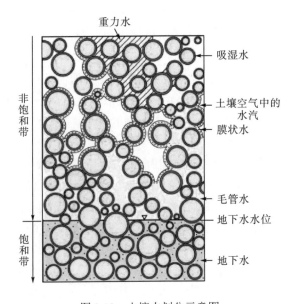

图 3.10　土壤水划分示意图

核素进入土壤环境后，物理过程主要是对流—弥散，反映了土壤水分运动方式对核素迁移的载带过程；化学过程主要是离子交换、氧化还原、吸附与解吸、沉淀与溶解、络合与解离。

3.2.1　对流与弥散

放射性核素进入土壤环境后，以溶液的形式被土壤水载带，土壤水分的运动对核素迁移显得尤为重要，遵循对流与弥散的物理过程。

1) 对流

对流一词描述了核素随土壤水的运动过程，在土壤孔隙中渗流遵循达西定律。反映单位时间内，流入与流出土壤单位横截面积的核素质量，称为核素通量 J_c。以一维情形为例，其基本方程为

$$J_c = qC \tag{3.26}$$

式中，J_c 是对流的核素通量，$Bq \cdot m^{-2} \cdot d^{-1}$；$q$ 是土壤水流速，$m \cdot d^{-1}$；C 是土壤水中的核素活度浓度，$Bq \cdot m^{-3}$。

2) 弥散

当核素在土壤中迁移时，会不断占据流动区域，并且该区域会越来越大，超出按平均流动所预计的区域，见图 3.11。这种传播现象称为水动力弥散。造成这种现象的原因有：①作用于流体的外力；②孔隙系统复杂的结构；③核素浓度梯度引起的分子扩散；④流体性质的改变，如密度和黏度等；⑤核素与液相、固相之间的相互作用。但是，最主要的是机械弥散和分子扩散。

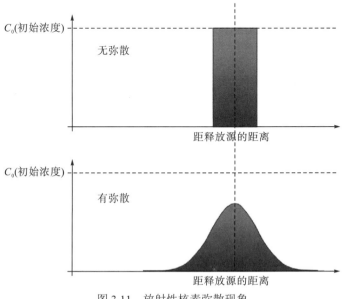

图 3.11　放射性核素弥散现象

机械弥散是土壤水在穿过土壤孔隙时,由于孔隙的非均质性,导致携带核素发生混合。由机械弥散引起的核素通量 J_h 由下列方程表示:

$$J_h = -D_h(\theta)\frac{\partial C}{\partial z} \tag{3.27}$$

式中,J_h 是机械弥散的核素通量,$Bq \cdot m^{-2} \cdot d^{-1}$; $D_h(\theta)$ 是机械弥散系数,$m^2 \cdot d^{-1}$。

分子扩散是由土壤水中核素浓度梯度的存在而引起的一种迁移现象,由分子扩散引起的核素通量 J_d 由下式表示:

$$J_d = -D_z(\theta)\frac{\partial C}{\partial z} \tag{3.28}$$

式中,J_d 是分子扩散的核素通量,$Bq \cdot m^{-2} \cdot d^{-1}$; $D_z(\theta)$ 是分子扩散系数,$m^2 \cdot d^{-1}$。

水动力弥散是机械弥散和分子扩散之和:

$$J_D = J_h + J_d = -D_s(\theta)\frac{\partial C}{\partial z} \tag{3.29}$$

式中,J_D 是水动力弥散的核素通量,$Bq \cdot m^{-2} \cdot d^{-1}$; $D_s(\theta)$ 是水动力弥散系数,$m^2 \cdot d^{-1}$。

3.2.2 离子交换

土壤表面通常带有一定数量的负电荷,所以带正电荷的核素可以通过离子交换被土壤吸附。离子交换吸附又称非专性吸附,是核素与土壤表面电荷之间的静电作用被吸附。一般阳离子交换容量大的土壤对带正电荷的核素有较强的吸附能力,而对于带负电荷的核素,在土壤表面的吸附量较小。土壤表面正负电荷的多少与溶液的 pH 有关,当 pH 降低时,其吸附负电荷核素的能力将增强。

^{90}Sr 主要来自大气核试验沉降、核事故以及核电站排放,土壤中 ^{90}Sr 的平均活度为 $100mCi \cdot m^{-2}$,以二价氧化态 $Sr(II)$ 存在,在土壤中的行为与元素钙相似。^{90}Sr 在土壤中的迁移性很强,主要以离子交换态存在,所以会先被表层土壤吸附,然后通过解吸进入土壤溶液,而后又重新被下一层土壤吸附,再解吸下来,这种吸附—解吸—再吸附,使得 ^{90}Sr 沿土壤剖面分布比较均匀,土壤中交换态的 ^{90}Sr 占总量的 55%以上(朱君等,2017)。因此,这在很大程度上与土壤的阳离子交换容量、盐基饱和度及阳离子组成有关(朱君等,2018)。

3.2.3 吸附与解吸

吸附反应是放射性核素在土壤上的表面富集或者渗入内部的过程,包括物理吸附和化学吸附。物理吸附是核素与土壤颗粒通过分子间的相互作用力而黏附,是一种界面上迅速而非活化的过程,其速度取决于核素向界面扩散的快慢,核素的化学性质在吸附和解吸过程中基本保持不变。化学吸附又称专性吸附,含有化学键的形成,过程中伴有吸热或放热现象,其本质不同于离子交换。核素会与土壤中金属氧化物表面的—OH、—OH₂—等配位基结合,或者与土壤的有机质配位结合。这种结合方式倾向于发生在专性吸附点位上,通常不能被中性盐所交换，只能被亲和力更强或性质相似的元素解吸。解吸作用需要的活化能比吸附作用大得多，反应速率也比吸附反应慢得多。影响吸附反应的因素有土壤表面电荷特征、阳离子交换容量、pH、有机质和土壤质地等，IAEA 给出了核素在土壤中分配系数的推荐值，见表 3.5。

表 3.5　放射性核素在土壤中的分配系数 (K_d) 推荐值　　（单位：$L \cdot kg^{-1}$）

核素	土壤质地	均值	最小	最大
Sr	所有土壤	5.2×10^1	4.0×10^{-1}	6.5×10^3
	砂	2.2×10^1	4.0×10^{-1}	2.4×10^3
	壤土+黏土+有机质	6.9×10^1	2.0×10^0	6.5×10^3
Cs	所有土壤	1.2×10^3	4.3×10^0	3.8×10^5
	砂	5.3×10^2	9.6×10^0	3.5×10^4
	壤土+黏土	3.7×10^2	3.9×10^1	3.8×10^5
	有机质	2.7×10^2	4.3×10^0	9.5×10^4
U	所有土壤	2.0×10^2	7.0×10^{-1}	6.7×10^4
	矿物	1.8×10^2	7.0×10^{-1}	6.7×10^4
	有机质	1.2×10^3	3.3×10^2	7.6×10^3
Th	所有土壤	1.9×10^3	1.8×10^1	2.5×10^5
	矿物	2.6×10^3	3.5×10^1	2.5×10^5
	有机质	7.3×10^2	1.8×10^1	8.0×10^4
I	所有土壤	6.9×10^0	1.0×10^{-2}	5.8×10^2
	矿物	7.0×10^0	1.0×10^{-2}	5.4×10^2
	有机质	3.2×10^1	8.5×10^0	5.8×10^2
Co	所有土壤	4.8×10^2	2.0×10^0	1.0×10^5
	砂+壤土	6.4×10^2	2.0×10^0	1.0×10^5
	黏土	3.8×10^3	5.4×10^2	9.9×10^4
	有机质	8.7×10^1	4.0×10^0	5.8×10^2
Ni	所有土壤	2.8×10^2	3.0×10^0	7.2×10^3
	砂+壤土	1.4×10^2	3.0×10^0	7.2×10^3
	黏土+有机质	9.8×10^2	2.5×10^2	5.0×10^3
Am	所有土壤	2.6×10^3	5.0×10^1	1.1×10^5
	砂	1.0×10^3	6.7×10^1	3.7×10^4
	壤土+黏土	4.3×10^3	5.0×10^1	4.8×10^4
	有机质	2.5×10^3	2.1×10^2	1.1×10^5
Pu	所有土壤	7.4×10^2	3.2×10^1	9.6×10^3
	砂	4.0×10^2	3.3×10^1	6.9×10^3
	壤土+黏土	1.1×10^3	1.0×10^2	9.6×10^3
	有机质	7.6×10^2	9.0×10^1	3.0×10^3

核素	土壤质地	均值	最小	最大
Ra	所有土壤	2.5×10^3	1.2×10^1	9.5×10^5
	砂+壤土	1.9×10^3	1.2×10^1	1.2×10^5
	黏土	3.8×10^4	7.0×10^2	9.5×10^5
	有机质	1.3×10^3	2.0×10^2	2.4×10^3
Ru	所有土壤	2.7×10^2	5.0×10^0	6.6×10^4
	砂	3.6×10^1	5.0×10^0	1.7×10^2
	壤土+黏土	4.0×10^2	8.2×10^1	9.9×10^2
	有机质	6.6×10^4	—	—
Se	所有土壤	2.0×10^2	4.0×10^0	2.1×10^3
	砂	5.6×10^1	4.0×10^0	1.6×10^3
	壤土+黏土	2.2×10^2	1.2×10^1	2.1×10^3
	有机质	1.0×10^3	2.3×10^2	1.8×10^3
Tc	所有土壤	2.3×10^{-1}	1.0×10^{-2}	1.1×10^1
	矿物	6.3×10^{-2}	1.0×10^{-2}	1.2×10^0
	有机质	3.1×10^0	9.2×10^{-1}	1.1×10^1

^{137}Cs 以单电荷阳离子 Cs(I)存在，溶解度非常高，容易被非膨胀层状硅酸盐吸附，如伊利石和云母，因为 2∶1 型黏粒矿物的破损边缘有较强的专性吸附能力。土壤对 ^{137}Cs 的固定能力不仅取决于非膨胀层状硅酸盐含量，还与元素 K 有关，原因是 K 可以诱导矿物层间塌陷，而将 ^{137}Cs 固定在黏粒矿物中(Qin et al.，2012；Hirose et al.，2015；Yamada et al.，2015)。另外，黏粒矿物的类型对吸附反应也十分重要，一般 2∶1 型的矿物(如伊利石、蒙脱石等)具有较高的阳离子交换容量，比 1∶1 型的矿物(高岭石)能吸附更多的 ^{137}Cs，且难以解吸(Kogure et al.，2012；Fuller et al.，2015)。大气沉降的 ^{137}Cs 往往通过离子交换、配位作用而被土壤吸附，主要集中在土壤表层，移动性很小。切尔诺贝利核事故沉降在乌克兰和俄罗斯砂质土及砂壤土中的 ^{137}Cs，6~7 年后仍停留在最上部 5cm。^{137}Cs 的迁移性比 ^{90}Sr 小得多，土壤中交换性 ^{137}Cs 所占比例也比 ^{90}Sr 小得多，仅占土壤中 ^{137}Cs 总量的 2.8%。

^{60}Co 是压水堆核电站主要的液态流出物，毒性较大。通过 ^{60}Co 在粉土、黄红壤、青紫泥和海泥中的吸附与解吸特性研究表明，^{60}Co 进入土壤中后，被迅速吸附而达到平衡，不易解吸。吸附分配系数大小为海泥＞青紫泥＞黄红壤＞粉土，解吸分配系数大小为黄红壤＞粉土＞青紫泥＞海泥(邵敏等，2006)。另外，采用动态柱法及示踪试验研究 ^{60}Co 在粉土、黄红壤中的淋溶和垂直迁移时发现，^{60}Co 绝大部分分布在土壤表层 0~1cm 范围，土壤中 ^{60}Co 比活度与距土壤表层深度分布呈单项指数关系(赵希岳，2010)。

3.2.4   氧化还原

氧化还原反应对核素在土壤环境中的迁移、转化行为具有重要意义。通常假定它们处于热力学平衡状态,实际上这种平衡在天然环境中几乎不可能达到,因为许多氧化还原反应非常缓慢,很少达到平衡状态,即使达到平衡,往往也是在局部区域内。还原剂和氧化剂可以定义为电子给予体和电子接受体,电子活度(pE)衡量接受或给出电子的相对趋势。pE 越小,电子浓度越高,体系给出电子的倾向就越强。反之,pE 越大,电子浓度越低,体系接受电子的倾向就越强。

氧化性和还原性是土壤的重要化学性质。电子之间的传递引起氧化还原反应,控制着等变价核素价态的变化,从而影响核素的迁移与转化。干湿交替环境下,土壤中的氧化还原反应最为频繁。氧化还原能力的大小可以用氧化还原电位(Eh)来衡量,一般旱地土壤的 Eh 为+400~+700mV;水田的 Eh 为−200~+300mV,土壤的通气性、微生物活动、易分解有机质的含量、植物根系的代谢作用和土壤 pH 等都会影响土壤环境中的氧化还原性。氧气是土壤中主要的氧化剂,通气性良好、水分含量低的土壤 Eh 较高,为氧化性环境;渍水的土壤 Eh 较低,为还原性环境。土壤环境中有多种氧化还原物质,常见的氧化还原体系如表 3.6。

表 3.6 土壤中常见的氧化还原体系

体系	E^θ/V		
	pH=0	pH=7	$Pe^0=\lg K$
氧体系 $1/4O_2+H^++e \rightleftharpoons 1/2H_2O$	1.23	0.84	20.8
锰体系 $1/2MnO_2+2H^++e \rightleftharpoons 1/2Mn^{2+}+H_2O$	1.23	0.40	20.8
铁体系 $Fe(OH)_3+3H^++e \rightleftharpoons Fe^{2+}+3H_2O$	1.06	−0.16	17.9
氮体系 $NO_3^-+2H^++e \rightleftharpoons NO_2+H_2O$	0.85	0.54	14.1
$NO_3^-+10H^++8e \rightleftharpoons NH_4^++3H_2O$	0.88	0.36	14.9
硫体 $SO_4^{2-}+10H^++6e \rightleftharpoons H_2S+4H_2O$	0.30	−0.21	5.10
有机碳体系 $1/8CO_2+H^++e \rightleftharpoons 1/8CH_4+1/4H_2O$	0.17	−0.24	2.90
氢体系 $H^++e \rightleftharpoons 1/2H_2$	0	−0.41	0

3.2.5 沉淀与溶解

沉淀与溶解是影响核素在土壤环境中迁移的重要因素。核素的迁移能力可以直观地用溶解度来衡量。溶解度小,迁移能力小;溶解度大,则迁移能力大。在溶解和沉淀现象的研究中,平衡关系和反应速率都是非常重要的,知道平衡关系就可预测核素溶解或沉淀作用的方向,并可以计算平衡时溶解或沉淀的量。主要涉及核素与土壤中氢氧化物、硫化物、碳酸盐及多种成分共存时的沉淀与溶解问题。

3.2.6 络合与解离

土壤中存在着多种多样的天然或人工合成的配位体,它们能与放射性核素形成稳定度不同的络合物或螯合物，对核素的释放、迁移和生物活性有重要意义。核素与电子给予体以配位键的方式结合而成的化合物，称为配位化合物或络合物。其中提供孤对电子的离子或分子，称为配体，提供空轨道而接受孤对电子的原子或离子，称为配合物形成体。只能提供一对孤对电子与中心原子形成配位键的，称为单齿配体。能提供 2 个或 2 个以上配位原子与中心原子形成配位键的，称为多齿配体。含有多齿配体的配合物称为螯合物。

土壤中最重要的无机配体是 OH^-、Cl^-、CO_3^{2-}、HCO_3^-、F^-、S^{2-}。土壤中天然螯合剂种类很多，可以归纳为简单有机酸和腐殖质。

简单有机酸，如柠檬酸、草酸、苹果酸等。分布广泛，稳定常数较高。

腐殖质，是土壤中最重要的天然螯合剂。腐殖质中能起配合作用的基团主要是分子侧链上的多种含氧官能团，如羧基、羟基和氨基等。当羧基的邻位有酚羟基，或两个羧基相邻时，对螯合作用特别有利。腐殖酸分子量级分不同，其络合能力不同，富里酸的螯合作用比胡敏酸强，螯合物的溶解度也较大。腐殖质与核素所形成螯合物的溶解度，对核素在土壤环境中的迁移转化有重要影响。

3.2.7 主要核素在土壤环境中的化学性质

本节主要介绍核素铀 (U)、锝 (Tc)、碘 (I)、钚 (Pu)、镎 (Np) 在土壤环境中的化学性质。

1) 铀 (U)

铀是土壤中的天然放射性核素，以 +3、+4、+5、+6 价存在，环境中以 +4、+6 价化合物为主。我国土壤中铀的背景含量为 $0.42 \sim 21.1 mg \cdot kg^{-1}$，核电厂、核废物处置和铀矿开采会导致土壤环境中铀含量增加。我国典型土壤中铀的背景含量见表 3.7。

表 3.7 土壤中铀的背景含量

类别	样本数	范围值 (mg·kg^{-1})	中位值 (mg·kg^{-1})
砖红壤	7	0.71～5.61	3.13
赤红壤	30	1.90～14.4	4.16
红壤	77	1.40～14.4	4.11
黄壤	37	1.43～11.1	3.76
黄棕壤	35	1.02～14.1	3.46
棕壤	53	0.75～5.89	2.36
褐土	45	0.79～5.02	2.38
暗棕壤	29	1.20～4.39	2.64
棕色针叶林土	10	0.64～5.03	2.17

当 Eh < 200mV 时，U(IV) 占主导地位，最常见的是浸水土壤；在空气充足的土壤中，U(VI) 占主导地位。U(IV) 为沉淀，只能与各种无机配体(如氟化物、氯化物、硫酸盐和磷酸盐)进行少量络合。U(VI) 溶解度要高得多，可以与氟化物、硫酸盐、碳酸盐和磷酸盐

络合，形成铀的络合物。不同 Eh、pH 条件下铀的化学形态见图 3.12。

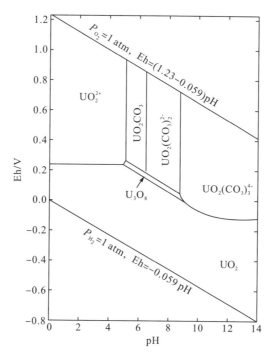

图 3.12　铀的 Eh-pH 图

铀在土壤中的迁移、转化涉及多种吸附反应，UO_2^{2+} 可以被吸附到黏土矿物、铝铁氧化物、有机化合物的表面，吸附强度受 pH、黏土矿物的零电荷点和土壤溶液中潜在络合配体的浓度控制。随着 pH 的增加，一方面矿物表面上会出现更多带负电荷的结合位点，另一方面碳酸盐浓度有增加的趋势。当 pH 大于 6 时，U(VI) 与碳酸盐络合的比例增加，形成碳酸铀络合物，使得铀在土壤中的流动性显著增强。例如，在美国科罗拉多州一个富含铀的页岩土壤中观察到，铀的浸出量随着灌溉排水量的增强而增多，原因是铀与石膏形成了可溶性铀的化合物。相比之下，铀与磷肥一起会形成一种不溶的 Ca-P-U 沉淀物（Sandino and Bruno，1992）。另外，当 Eh 小于-100mV 时，U(VI) 可被硫酸盐或铁还原细菌还原并沉淀为 U(IV)，这种情况常发生在洪水或大雨之后。

2）锝（Tc）

锝是一种人工生产的元素，多年来世界各国的民用反应堆中产生的大部分锝在后处理之后，被排放到环境中。其中的放射性同位素 ^{99}Tc 是 ^{235}U 热中子裂变和 ^{239}Pu 裂变的产物（Lieser，1993）。

锝以 0、+2、+3、+4、+7 价存在，土壤中最主要的是+4、+7 价。锝在土壤中的迁移性主要受氧化还原电位控制。在通气良好的土壤中，以高锝酸盐 TcO_4^- 的形式存在，性质类似于阴离子，如硫酸盐、硒酸盐和钼酸盐，几乎不被土壤吸附。动态土柱迁移试验显示 TcO_4^- 的迁移延迟很小，在土壤中的迁移非常快。当土壤 pH=7 时，TcO_4^- 只能在 Eh＞200mV

的环境中存在，当 Eh<200mV，TcO_4^- 将还原为 TcO_2。通常，低 Eh 环境发生在土壤积水或通气受到抑制的压实土壤中，另外有机物降解的增强也可能导致富氧环境缺氧。能够还原硫酸盐的细菌也被证明能够将高锝酸盐还原为 Tc(IV)。不同 Eh、pH 条件下锝的化学形态见图 3.13。

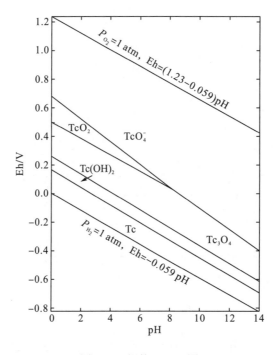

图 3.13　锝的 Eh-pH 图

3）碘（I）

碘作为一种微量元素存在于地壳中，其含量为 0.5~40mg·kg^{-1}，平均为 0.45mg·kg^{-1}，中国等三国土壤中碘的背景含量见表 3.8。放射性同位素 ^{129}I 是一种重要的裂变产物，^{235}U 的裂变产额为 0.9%，^{239}Pu 的裂变产额为 1.6%。同时。^{235}U 的裂变也产生 ^{131}I，但是由于半衰期短，通常不会产生大范围污染。

表 3.8　不同国家土壤中碘的背景含量　　　　　　　　　（单位：mg·kg^{-1}）

国家		范围值	中位值
英国		0.5~98.2	9.2
澳大利亚		1.1~5.6	3.1
中国		0.13~33.2	3.76
	砖红壤	5.71±3.793	—
	赤红壤	8.72±5.216	—
	红壤	9.28±6.783	—
	黄壤	7.87±7.096	—

自然界中，碘以–1、0、+1、+5 和+7 价存在。其中，碘化物(I^-)和碘酸盐(IO_3^-)是最丰富的化学形态，但是碘酸盐仅在高 pH、Eh 的土壤环境中稳定存在，因此最重要的是碘化物，其稳定的氧化还原电位范围为–200～+500mV(Whitehead，1984)，不同 Eh、pH 条件下碘的化学形态见图 3.14。当土壤中有较高含量的阴离子吸附矿物时，如水铝英石和高岭石，可以大量吸附碘化物。研究人员在日本采集了两种富含水铝英石的土壤样本，在实验室开展了不同 pH 对碘吸附特性影响的实验，结果发现对碘的吸附量随着 pH 的降低而增加，碘酸盐的吸附与磷酸盐相似，主要通过与铝铁氧化物的配位作用而被土壤吸附(Ames and Rai，1978)。

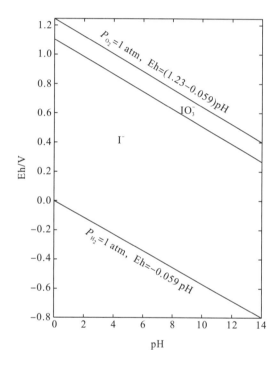

图 3.14　碘的 Eh-pH 图

碘的迁移还与土壤中的有机质密切相关，沿土壤深度剖面发现碘易在富含有机碳的层位上积累。多项研究表明，碘化物与土壤有机质掺混后，即使在排水良好的砂质土壤中，碘的流动性也非常差。静态吸附实验结果表明，碘的吸附分配系数随着土壤有机质含量的增加而增加。目前尚不清楚土壤有机物固定碘具体涉及哪些过程，但是实验发现碘在未消毒土壤上的固定要比在消过毒的土壤中快得多(Yu et al.，1996；Kaplan et al.，2000；Rädlinger and Heumann，2000)。

挥发是土壤中碘的又一重要迁移、转化行为。挥发性的碘主要是 I_2 和 CH_3I，其中90%是 CH_3I。研究发现水淹土壤中 CH_3I 的渗出量远高于通气良好的土壤。另外，水淹土壤会导致碘的吸附分配系数减小(有实验表明分配系数由 $6L \cdot kg^{-1}$ 降低为 $0.6L \cdot kg^{-1}$)，使得碘更加容易向水稻等植物转移(Sheppard and Hawkins，1995)。

4）镎（Np）

除了在核反应堆附近发现了有限的镎外，环境中不存在天然镎。镎以+3、+4、+5、+6、+7价存在，土壤中以+4、+5价为主，不同Eh、pH条件下镎的化学形态见图3.15。Np（V）在很宽的Eh和pH范围内稳定存在，是土壤中最重要的形态。当Eh低于200mV和pH=7时，镎被还原为Np（IV），其在矿物表面的吸附能力比Np（V）强得多。在各种吸附实验中发现，在有氧条件下Eh>300mV和pH>7时，镎的吸附率低于$5\mathrm{mL\cdot g^{-1}}$。而在Eh<100mV的厌氧条件下，镎的吸附率增加到1000mL/g以上（Kaszuba and Runde，1999）。

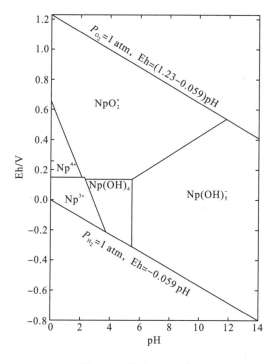

图3.15 镎的Eh-pH图

Np（IV）在土壤中易被铝、氧化铁以及黏土、淤泥和有机物质吸附。另外，镎还可以与无机、有机配体形成各种络合物。镎的无机络合物的稳定性按CO_3^{2-}、OH^-、HPO_4^{2-}、SO_4^{2-}、Cl^-、NO_3^-顺序递减，相比醇基和羟基，镎更容易被羧基络合（富里酸和腐殖酸）。腐殖质络合物的稳定性按Th（IV）、Am（III）、Eu（III）、U（VI）、Np（V）依次递减。与其他锕系元素相比，Np（V）的相对低吸附导致了更快的迁移率（Runde et al.，1996；Neck et al.，1997）。在英国塞拉菲尔德后处理厂附近发现，镎在酸性、通气良好的土壤中迁移率高于锔、钚和镅，镎可以迁移到更深的土壤中（Sellafield，2005）。

5）钚（Pu）

由于大气核试验，低水平钚的放射性同位素分布在整个地球表层土壤中，钚的放射性同位素有 15 种，最常见的三种是 ^{239}Pu、^{240}Pu、^{241}Pu。钚以+3、+4、+5、+6 价存在，一般 Pu(IV)是最常见的物质，不同 Eh、pH 条件下钚的化学形态见图 3.16。钚在还原态 Pu(III)、Pu(IV)和氧化态 Pu(V)、Pu(VI)之间的分布控制钚的迁移，Pu(V)、Pu(VI)在土壤介质中的吸附能力比 Pu(III)、Pu(IV)小 2~3 个量级，因此其迁移能力远大于 Pu(III)、Pu(IV)。Pu 可与一系列阴离子形成可溶性络合物，Pu(VI)形成络合物的程度大于其他氧化态，Pu(IV)、Pu(V)和 Pu(VI)氧化态也可以与碳酸盐形成溶解的络合物。对于有机碳浓度较高的土壤，钚还可以与腐殖质、富里酸化合物形成可溶性复合物。

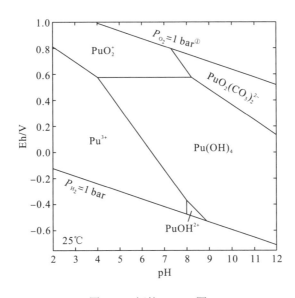

图 3.16　钚的 Eh-pH 图

在酸性条件下(pH=2.59)，MnO_2 起氧化作用，钚以 Pu(V)、Pu(VI)为主；在中性条件下(pH=8.22)，钚以 Pu(IV)为主，Pu(V)在 MnO_2 表面吸附并被还原为 Pu(IV)。通过 X 射线吸收近边结构(X-ray absorption near edge structure，XANES)表征 Pu(V)、Pu(VI)在矿物表面以外圈络合物为主，Pu(IV)以 Pu(OH)$_4$ 形成内圈络合物。Pu(V)在赤铁矿(α-Fe$_2$O$_3$)、针铁矿(α-FeOOH)、磁铁矿(Fe$_3$O$_4$)的表面吸附过程中均被还原为 Pu(IV)，且 pH 越高，还原速度越快。

钚与无机矿物、土壤沉积物等作用过程中的价态变化见表 3.9。Pu(IV)和 Pu(VI)在赤铁矿胶体上的吸附过程中，两种价态钚的吸附边界相同，说明 Pu(VI)在吸附过程中被还原为 Pu(IV)。Pu(V)在土壤上吸附，还原速率随土壤中 Fe(II)含量的增加而增大。Pu(V)在纯石英表面的吸附，经过 90 天才达到吸附平衡，吸附在固相表面的 Pu(V)被缓慢还原为 Pu(IV)。Pu(V)在含变价元素的铁锰氧化物和无氧化还原活性的中性矿物表面的吸附过程中，均可被还原为 Pu(IV)。

---

① 1bar = $10^{-28}m^2$。

表 3.9 钚与无机矿物、土壤沉积物等作用过程中的价态变化

价态变化反应	固相
被还原为 Pu(III/IV)	针铁矿、赤铁矿、磁铁矿、黑锰矿(Mn$_3$O$_4$)、水锰矿(γ-MnOOH)、软锰矿(β-MnO$_2$)、Mn 吸附在针铁矿、尤卡山凝灰岩、石英、水铝矿[Al(OH)$_3$]
Pu(IV)/Pu(V) 被氧化为 Pu(VI)	软锰矿(β-MnO$_2$)、其他 MnO$_2$ 氧化物
Pu(III) 在矿物表面稳定存在	土壤环境中 2~12 年

3.2.8 核素在土壤环境中的迁移、扩散模型

(1) 不考虑土壤固相介质对核素的吸附作用、化学反应等因素，以一维情形为例，核素在土壤环境中的迁移、扩散方程如下：

$$\frac{\partial \theta C}{\partial t} = \frac{\partial}{\partial z}\left[D(\theta)\frac{\partial C}{\partial z}\right] - \frac{\partial qC}{\partial z} - \lambda \theta C - \varphi \tag{3.30}$$

式中，C 是土壤孔隙液相中的核素活度浓度，Bq·cm^{-3}；$D(\theta)$ 是弥散系数，cm^2·s^{-1}；θ 是体积含水率，cm^3·cm^{-3}；q 是土壤水流速，cm·s^{-1}；φ 是源汇项，Bq·cm^{-3}·s^{-1}；λ 是核素的衰变常数，s^{-1}。

(2) 平衡吸附模型：假设核素在土壤固相介质上的吸附是瞬间完成时，式(3.30)变为

$$\frac{\partial \theta C}{\partial t} + \rho \frac{\partial S^k}{\partial t} = \frac{\partial}{\partial z}\left[D(\theta)\frac{\partial C}{\partial z}\right] - \frac{\partial qC}{\partial z} - \lambda \theta C - \varphi \tag{3.31}$$

$$S^k = K_d C^{\beta}$$

式中，S^k 是土壤固相吸附的核素浓度，Bq·g^{-1}；ρ 是土壤密度，g·cm^{-3}；K_d 是吸附平衡的分配系数，mL·g^{-1}；β 是平衡常数，$\beta=1$ 为线性吸附，$\beta\neq1$ 为弗罗因德利希(Freundlich)吸附。

不论是线性吸附还是 Freundlich 吸附，前提都是土壤固相介质的吸附容量无限大，因而随着液相中核素浓度的增加可以无限增大。朗缪尔(Langmuir)吸附考虑了土壤固相介质的最大吸附容量，在低浓度情况下与线性吸附相近，高浓度情况下比 Freundlich 吸附能更好地反映真实情况。Langmuir 吸附的公式如下：

$$S^k = \frac{K_s C}{1 + \eta C} \tag{3.32}$$

式中，K_s 是土壤固相对核素的最大吸附容量，Bq·g^{-1}；η 是吸附系数，量纲一。

(3) 单点吸附模型：核素与土壤固相介质接触时间短，吸附作用不够快时，吸附不会瞬时完成，存在吸附速率的问题，可以视为一级动力吸附反应，迁移方程为

$$\frac{\partial \theta C}{\partial t} + \rho \frac{\partial S^k}{\partial t} = \frac{\partial}{\partial z}\left[D(\theta)\frac{\partial C}{\partial z}\right] - \frac{\partial qC}{\partial z} - \lambda \theta C - \varphi$$

$$\frac{\partial S^k}{\partial t} = \alpha_k(S_{e,0}^k - S^k) - \lambda S^k \tag{3.33}$$

$$S_{e,0}^k = K_d C$$

式中，$S_{e,0}^k$ 是吸附平衡后土壤固相吸附的核素浓度，Bq·g^{-1}；α_k 是一级速率系数，s^{-1}。

(4)两点吸附模型:将土壤固相介质吸附核素的过程分为两个部分,一部分认为是瞬时完成,即符合平衡吸附过程。另一部分认为存在吸附速率问题,符合一级动力学吸附反应,此时核素在土壤环境中的迁移、扩散方程如下:

$$S^k = S_e^k + S_k^k \tag{3.34}$$

式中,S_e^k 是土壤的瞬时吸附部分的核素浓度,$\text{Bq} \cdot \text{g}^{-1}$;$S_k^k$ 是土壤一级动力学吸附部分的核素浓度,$\text{Bq} \cdot \text{g}^{-1}$。

$$S_e^k = f S^k \tag{3.35}$$

式中,f 是平衡吸附过程占整个吸附的比例。

$$S_k^k = (1-f) S^k \tag{3.36}$$

$$\frac{\partial S_e^k}{\partial t} = f \frac{\partial S^k}{\partial t} \tag{3.37}$$

$$\frac{\partial S_k^k}{\partial t} = \alpha_k \left[(1-f) \frac{K_{s,k} C^\beta}{1 + \eta_k C^\beta} - S_k^k \right] - \lambda S_k^k \tag{3.38}$$

式中,$K_{s,k}$ 是土壤一级动力学吸附部分的最大吸附容量,$\text{Bq} \cdot \text{g}^{-1}$;$\eta_k$ 是土壤一级动力学吸附部分的吸附系数;β 是吸附平衡常数。

(5)双孔隙模型:将土壤孔隙分为"活孔隙 θ_{mo}"和"死端孔隙 θ_{im}",水的流动仅限于"活孔隙""死端孔隙"中的水不流动,但是存在物质的交换。

$$\theta = \theta_{mo} + \theta_{im} \tag{3.39}$$

双孔隙介质模型的水流方程可以表示为

$$\frac{\partial \theta_{mo}}{\partial t} = \frac{\partial}{\partial x} \left[K(h) \left(\frac{\partial h}{\partial x} + \cos\alpha \right) \right] - S_{mo} - \Gamma_w$$
$$\frac{\partial \theta_{im}}{\partial t} = -S_{im} + \Gamma_w \tag{3.40}$$

式中,S_{mo} 和 S_{im} 分别为两个区域的源汇项,$\text{Bq} \cdot \text{cm}^{-3} \cdot \text{s}^{-1}$;$\Gamma_w$ 为两个区域交换水量,$\text{cm}^3 \cdot \text{s}^{-1}$。

$$\Gamma_w = \frac{\partial \theta_{im}}{\partial t} = \omega \left[S_e^m - S_e^{im} \right] \tag{3.41}$$

式中,ω 为交换速率,s^{-1};S_e^m 和 S_e^{im} 分别为两个区域水的饱和度。

双孔隙介质模型的核素迁移方程,将与流动区接触的吸附位划分为瞬时吸附和动力学吸附的两部分:

$$S = (1 - f_{mo}) S_{im} + f_{mo} S_{mo} = (1 - f_{mo}) S_{im} + f_{mo} \left(S_{mo}^e + S_{mo,e}^k \right)$$
$$= (1 - f_{mo}) K_d c_{mo} + f_{mo} f_{em} K_d c_{mo} + f_{mo} (1 - f_{em}) K_d c_{mo} = K_d c_{mo} \tag{3.42}$$

式中,S_{mo}^e 为流动区瞬时吸附量,$\text{Bq} \cdot \text{g}^{-1}$;$S_{mo,e}^k$ 为流动区动力学吸附量,$\text{Bq} \cdot \text{g}^{-1}$;$f_{mo}$ 为与流动水接触的吸附位的分数;f_{em} 为流动区瞬时吸附位的分数。

$$\frac{\partial \theta_{mo} C_{mo}}{\partial t} + f_{mo}\rho \frac{\partial S_{mo}^{e}}{\partial t} = \frac{\partial}{\partial z}\left[D_{mo}(\theta_{mo})\frac{\partial C_{mo}}{\partial z} \right] - \frac{\partial q_{mo} C_{mo}}{\partial z} - \varphi_{mo} - \varGamma_{s1} - \varGamma_{s2}$$

$$\frac{\partial \theta_{im} C_{im}}{\partial t} + (1 - f_{mo})\rho \frac{\partial S_{im}}{\partial t} = \varGamma_{s1} - \varphi_{im}$$

$$f_{mo}\rho \frac{\partial S_{mo}^{k}}{\partial t} = \varGamma_{s2} - \varphi_{mok}$$

$$\varGamma_{s1} = \omega_{ph}(C_{mo} - C_{im}) \tag{3.43}$$

$$\varGamma_{s2} = \alpha_{ch}\rho(S_{mo,e}^{k} - S_{mo}^{k})$$

$$S_{mo}^{e} = f_{em}K_{d}C_{mo}$$

$$S_{mo,e}^{k} = (1 - f_{em})K_{d}C_{mo}$$

式中，ω_{ph} 和 α_{ch} 分别为物理和化学速率过程的一级速率常数，s^{-1}；$\varGamma_{s1}$ 为两个区域物质交换量，$Bq\cdot cm^{-3}\cdot s^{-1}$；$\varGamma_{s2}$ 为动力学吸附量，$Bq\cdot g^{-1}$；φ_{mo}、φ_{mi} 和 φ_{mok} 为流动区、不流动区和动力学吸附部分的源汇项，$Bq\cdot cm^{-3}\cdot s^{-1}$；$K_{d}$ 为平衡时的分配系数，$mL\cdot g^{-1}$。

(6) 双渗透模型：双孔隙模型假设土壤基质中的水是停滞的，但双渗透模型允许水在土壤基质中流动。

双渗透模型的水流方程可以表示为

$$\frac{\partial \theta_{f}(h_{f})}{\partial t} = \frac{\partial}{\partial z}\left[K_{f}(h_{f})\times\left(\frac{\partial h_{f}}{\partial z}+1\right) \right] - S_{f}(h_{f}) - \frac{\varGamma_{w}}{w}$$

$$\frac{\partial \theta_{m}(h_{m})}{\partial t} = \frac{\partial}{\partial z}\left[K_{m}(h_{m})\times\left(\frac{\partial h_{m}}{\partial z}+1\right) \right] - S_{m}(h_{m}) - \frac{\varGamma_{w}}{1-w} \tag{3.44}$$

式中，θ_{f}、θ_{m} 分别是流动区和基质域的体积含水率，$cm^{3}\cdot cm^{-3}$；S_{f} 和 S_{m} 分别为流动区和基质域的源汇项，$Bq\cdot cm^{-3}\cdot s^{-1}$。

双渗透模型的核素迁移方程为

$$\frac{\partial \theta_{f} C_{f}}{\partial t} + \rho \frac{\partial S_{f}}{\partial t} = \frac{\partial}{\partial z}\left[D_{f}(\theta_{f})\frac{\partial C_{f}}{\partial z} \right] - \frac{\partial q_{f} C_{f}}{\partial z} - \phi_{f} - \frac{\varGamma_{s}}{w}$$

$$\frac{\partial \theta_{m} C_{m}}{\partial t} + \rho \frac{\partial S_{m}}{\partial t} = \frac{\partial}{\partial z}\left[D_{m}(\theta_{m})\frac{\partial C_{m}}{\partial z} \right] - \frac{\partial q_{m} C_{m}}{\partial z} - \phi_{m} - \frac{\varGamma_{s}}{1-w} \tag{3.45}$$

$$\varGamma_{s} = \omega_{dp}(1-\omega)\theta_{m}(C_{f} - C_{m}) + \varGamma_{w}C^{*}$$

式中，ϕ_{f}、ϕ_{m} 分别为流动区和基质域的源汇项，$Bq\cdot cm^{-3}\cdot s^{-1}$；$\varGamma_{s}$ 为两个区域物质交换量，$Bq\cdot cm^{-3}\cdot s^{-1}$；$\omega_{dp}$ 是物理一级速率常数，s^{-1}。

3.2.9 切尔诺贝利核事故释放核素在土壤环境中的行为特征

切尔诺贝利核事故发生后，IAEA 估计 ^{137}Cs 的总释放量为 85PBq，其中约 5%沉积在瑞典的中部和北部，表面活度浓度为 3k～200kBq$\cdot m^{-2}$。为了研究 ^{137}Cs 沉降后在土壤垂直剖面上的迁移、转化行为，2007 年 7～8 月在瑞典 Möjsjövik、Skogsvallen、Hille、Ramvik、Hammarstrand、Stora Bläsjön 六个不同地点分别采集了两种泥炭土、两种粉质壤土、一种粉质黏土和一种砾质砂壤土样本，采样点自切尔诺贝利核事故以来均未被人为扰动。

1987～2005 年曾多次在这些地点进行早期研究，采样地点都位于 1986 年核事故的高沉降地区。

土壤取样深度为 60cm，地表以下 0～10cm 用直径为 57mm 的圆柱取心器进行取样，样品运送到实验室后将其切成 1cm 的薄片；10～60cm 用岩心取样器进行取样，现场切成 2.5cm 的薄片，见图 3.17。将样品在 30℃ 下干燥一周，分析、测量之前使用 2mm 筛子去除土壤中的粗颗粒。为了与早期的研究成果对比，对所有土壤样品的活度进行了衰变校正。

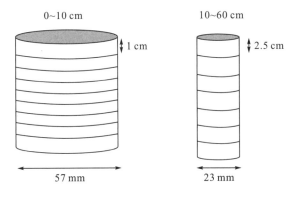

图 3.17　土壤样本的取样深度和层厚

除 Stora Bläsjön 外，其他地点的 ^{137}Cs 有从 0～5cm 向 5～25cm 迁移的趋势，在 Hille 和 Ramvik 这种现象更为明显，见表 3.10。

表 3.10　^{137}Cs 在土壤垂直剖面的相对活度　　　　　　　　（单位：%）

取样深度	Möjsjövik					Skogsvallen						
	1987 年	1994 年	2000 年	2004 年	2007 年	1987 年	1992 年	1994 年	2000 年	2003 年	2004 年	2007 年
0～5cm	91.8	81.3	69.9	57.8	62.0	97.7	96.4	92.0	83.5	69.1	65.7	57.3
5～25cm	8.2	18.7	23.1	38.9	33.0	2.3	3.6	8.0	15.3	30.2	31.4	39.7
25～60cm	—	—	7.0	3.3	5.0	—	—	—	1.2	0.7	2.9	3.0

取样深度	Hille							Ramvik				
	1987 年	1990 年	1994 年	2000 年	2002 年	2005 年	2007 年	1987 年	1994 年	2000 年	2003 年	2007 年
0～5cm	89.9	87.6	52.3	42.0	40.3	30.9	32.9	95.7	70.0	43.0	26.6	37.2
5～25cm	10.1	12.4	47.7	54.5	58.2	57.6	57.9	4.3	29.4	55.8	70.2	61.7
25～60cm	—	—	—	3.5	1.5	11.5	9.2	—	—	1.2	3.2	1.1

取样深度	Hammarstrand					Stora Bläsjön				
	1989 年	1994 年	2000 年	2003 年	2007 年	1989 年	1995 年	2000 年	2003 年	2007 年
0～5cm	88.1	75.8	70.6	65.7	76.1	90.5	82.6	84.5	85.4	85.2
5～25cm	11.9	24.2	25.3	33.6	23.8	9.5	17.4	11.5	14.6	13.2
25～60cm	—	—	4.1	0.7	0.1	—	—	4	—	1.6

表 3.11 和图 3.18 显示了 1987～2007 年间, 6 个采样点 ^{137}Cs 在土壤垂直剖面相对活度的分布情况。6 个采样点 ^{137}Cs 的浓度峰在前两次采样时呈现出急剧的向下迁移, 之后的迁移趋于平稳, 这种趋势在 2004～2007 年表现明显, 迁移性在 10cm 左右急剧下降。土壤黏土矿物中的 2:1 层状硅酸盐在风化过程中会缓慢膨胀, 晶格间的 K^+ 可以被其他正离子交换。Cs(I) 是一种低水合能的单价小离子, 与 2:1 层状硅酸盐的磨损边缘 (FES) 具有非常高的亲和力, 随着时间的推移 Cs(I) 从矿物的边缘移动并穿透晶格间, 对 Cs(I) 的固定作用增强。

表 3.11 ^{137}Cs 在土壤垂直剖面的相对活度

地点	土壤质地	地表 0～5cm ^{137}Cs 相对活度	地表 5～25cm ^{137}Cs 相对活度	^{137}Cs 的表面活度浓度
Möjsjövik	泥炭土	从 92% 下降到 62%	从 8% 增加到 33%	79kBq/m^2
Hille	泥炭土	从 90% 下降到 33%	从 10% 增加到 58%	214kBq/m^2
Skogsvallen	粉质黏土	从 98% 下降到 57%	从 2% 增加到 40%	97kBq/m^2
Hammarstrand	粉质壤土	从 88% 下降到 76%	从 12% 增加到 24%	43kBq/m^2
Ramvik	粉质壤土	从 96% 下降到 37%	从 4% 增加到 62%	62kBq/m^2
Stora Bläsjön	砾质砂壤土	从 90% 下降到 85%	从 10% 增加到 13%	38kBq/m^2

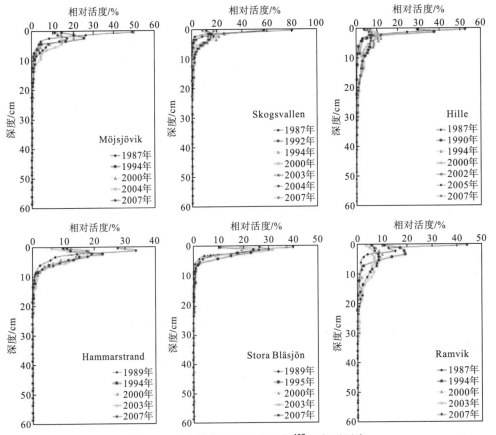

图 3.18 所有采样点垂直剖面的 ^{137}Cs 相对活度

3.3　放射性核素在地下水环境中的行为特性

广义的地下水是指蓄存并运移于地表以下土壤和岩石空隙中的自然水，而狭义的地下水特指饱和带中岩土空隙中的重力水，是地球水资源的重要组成部分。地下水的分类方法有多种，如地下水成因、地下水的含盐量、地下水力学性质等。目前应用比较广、具有代表性的是依据地下水的埋藏条件和含水层的空隙性质进行划分的，见表 3.12 和图 3.19。

表 3.12　地下水的基本类型

划分方法	地下水类型
地下水成因	凝结水、渗入水、埋藏水、原生水
地下水的含盐量	淡水、微成水、成水、盐水和卤水
地下水力学性质	结合水、毛细水和重力水
地下水的埋藏条件	上层滞水、潜水和承压水
含水层的空隙性质	孔隙水、裂隙水和岩溶水

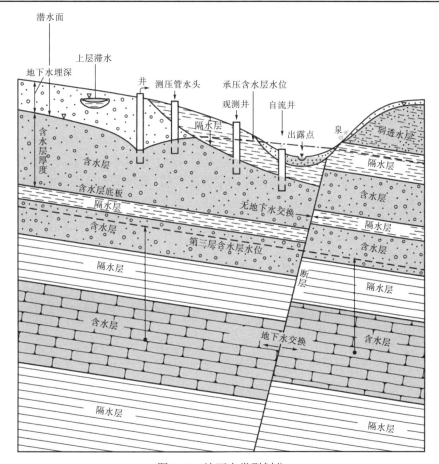

图 3.19　地下水类型划分

核素进入地下水环境后，物理过程主要是地下含水层水流的对流—弥散，反映了地下水运动方式对核素迁移的载带过程；化学过程基本上与土壤环境相似，包括离子交换、氧化还原、吸附与解吸、络合与解离、沉淀与溶解。但是，在地下水环境中络合与解离、沉淀与溶解作用更加明显。

3.3.1 对流与弥散

1）对流

放射性核素进入含水层后，被地下水水流载带，地下水的运动对核素迁移尤为重要，遵循对流与弥散的物理过程。对流一词描述了核素随地下水的运动，在多孔含水层中，这种非湍流的层流遵循达西定律，达西流速定义为水力传导系数和水力梯度的乘积。假设多孔介质的均匀性和各向同性：

$$V_f = k_f J \tag{3.46}$$

式中，V_f 是达西流速，$m \cdot d^{-1}$；k_f 是水力传导系数，$m \cdot d^{-1}$；J 是水力梯度，量纲一。

实际流速是含水层中两点之间的平均输送速度，由达西流速和有效孔隙度得出：

$$V_e = \frac{V_f}{N_e} \tag{3.47}$$

式中，V_e 是实际流速，$m \cdot d^{-1}$；N_e 是有效孔隙度，量纲一。

2）弥散

由于多孔介质的不均匀性，核素以不同的速度和不同的方向沿流动路径迁移，描述了一种分散的宏观现象。这种分散是因不同速度和不同方向穿过孔隙运动引起的，并导致被输送的核素的纵向、横向和垂直分散。在流动方向（纵向）的分散性通常高于垂直于流动方向（横向和垂直）的分散性，随着流动长度的增加而增加。在流动地下水中，将分子扩散与机械扩散结合起来定义为水动力弥散系数 D。由以下公式表示：

$$D_L = \alpha_L v_i + D^* \tag{3.48}$$
$$D_T = \alpha_T v_i + D^* \tag{3.49}$$

式中，v_i 是地下水流速，$m \cdot s^{-1}$；D^* 是分子扩散系数，$m^2 \cdot d^{-1}$；D_L 是纵向水动力弥散系数，$m^2 \cdot d^{-1}$；D_T 是横向水动力弥散系数，$m^2 \cdot d^{-1}$；α_L 是纵向弥散度，m；α_T 是横向弥散度，m。各类含水层介质的弥散系数经验值见表 3.13。

表 3.13 弥散系数经验值

介质	迁移距离/m	弥散度/m	介质	迁移距离/m	弥散度/m
冲积物	40	3	中细砂	57.3	1.5
冲积物	15	3	冰碛和细砂	4	0.06
冲积物	18000	30.5	砂	3	0.03
冲积物	13000	30.5	砂	8	0.5

续表

介质	迁移距离/m	弥散度/m	介质	迁移距离/m	弥散度/m
冲积物	6.4	15.2	砂	13	1.0
冲积物	10000	61	砂	100000	5600~40000
冲积物	3200	61	砂	2~8	0.01~0.42
冲积物(凝灰岩)	91	10~30	砂	13~32.5	0.8~2.7
冲积物(砾石)	290	41	砂	6	0.18
冲积物(砾石)	25	0.3~1.5	砂	6	0.01
角砾化玄武岩	17.1	0.6	河砂	25	1.6
玄武岩，火山岩	20000	910	河砂	40	0.06~0.16
裂隙白云岩	23	5.2	砂、粉砂和砾石	11~43	2~11
断裂白云岩	122	15	砂、粉砂和砾石	79.2	15.2
裂隙白云岩	55	38.1	砂、粉砂和砾石	16	1
裂隙白云岩	21.3	2.1	砂、粉砂和黏土	57.3	0.76
白云岩	250	7	混合砂砾石	200	7.5
裂隙花岗岩	5	0.5	砂砾	25~150	11~25
裂隙花岗岩	17	2	砂砾	43400	91.4
冰碛砂砾石	10	5	砂砾	18.3	0.26
卵砾石	9~54	1.4~11.5	砂砾	1.52	0.015
砂砾石	700	130~234	砂砾	16.4	2.13~3.35
灰岩	2000	170	冰川砂砾	20000	30.5
灰岩	91	11.6	冰川砂砾	3500	6
灰岩	41.5	20.8	冰川砂砾	4000	460
裂隙灰岩	32000	23	冰川砂	600	30~60
裂隙灰岩	490	6.7	冰川砂	90	0.43
砂岩	3~6	0.16~0.6	砂卵砾石	6	11
砂岩和冲积沉积物	50000	200	砂砾石黏土互层	800	15
砂、粉土和黏土	28	1	砂砾石黏土互层	1000	12
冰川冲积砂	90	0.5	砂砾石黏土互层	19	2~3
冰川冲积砂	11	0.08	砂砾石粉质黏土互层	10.4	0.7
冰川冲积砂	700	7.6	砂砾石粉质黏土互层	100	6.7
冰川冲积砂	600	30~60	砂砾石粉质黏土粘互层	100	10
冰川冲积砂	90	0.43	砂砾石粉质黏土互层	500	58
中粗砂	250	0.96			
中砂	38.3	4.0			

3.3.2 沉淀与溶解

地下水与含水介质中的矿物共同组成了一个含有固体相和液体相的地球化学系统，如果在初始状态下地下水中不含矿物中的任何组分，则系统中固、液两相间就处在不平衡状态，含水层中一些矿物就会溶解，从而使相关组分进入水溶液中。矿物在地下水中的溶解可分为两种类型，即全等溶解和非全等溶解。

全等溶解是指矿物与水接触发生溶解反应时，其反应产物均为溶解组分。例如，方解石($CaCO_3$)和硬石膏($CaSO_4 \cdot 2H_2O$)的溶解即为全等溶解，其溶解反应的产物 Ca^{2+}、CO_3^{2-} 和 SO_4^{2-} 均为可溶于水的组分。

非全等溶解是指矿物与水接触发生溶解反应时，其反应产物除了溶解组分外，还新生成了一种或多种矿物或非品质固体物质。例如，在钠长石和钾长石的溶解过程中，除了向水溶液释放 Na^+ 和 K^+ 等溶解组分外，还形成了次生固体矿物高岭石，因此它们的溶解是非全等溶解。

地下水系统中许多矿物的溶解都属于非全等溶解，尤其是岩浆岩和一些变质岩矿物的溶解更是如此。此外，当含水层中同时存在多种矿物时，虽然单个矿物的溶解可能均为全等溶解，但由于不同矿物的溶解度不同，可能发生一种矿物的溶解导致另一种矿物沉淀的情况，这种溶解作用也是非全等溶解。核素进入地下水环境后，涉及与氢氧化物、硫化物、碳酸盐及多种成分共存时的沉淀与溶解问题。

3.3.3　络合与解离

地下水中有许多有机、无机配体。无机配体有 OH^-、Cl^-、CO_3^{2-}、HCO_3^-、F^-、S^{2-} 等。以上离子除 S^{2-} 外，均属于硬碱，易与硬酸进行络合。如 OH^- 在水溶液中将优先与某些作为中心离子的硬酸结合(如 Fe^{3+}、Mn^{2+} 等)，形成羧基络合离子或氢氧化物沉淀，而 S^{2-} 则更易形成多硫络合离子或硫化物沉淀。有机配体情况比较复杂，包括动植物组织的天然降解产物，如氨基酸、腐殖酸、糖，以及生活废水中的洗涤剂、清洁剂、农药和大分子环状化合物等。核素大部分以络合物形态存在于地下水中，其迁移、转化及毒性等均与络合作用有密切关系。

3.3.4　主要核素在地下水环境中的化学性质

本节主要介绍核素铯(Cs)、锶(Sr)、铀(U)、锝(Tc)、碘(I)、镎(Np)、钚(Pu)、镅(Am)在地下水环境中的化学性质。

1) 铯(Cs)

铯是一种高度水溶性的碱金属，以一价阳离子 Cs(Ⅰ)的形式存在，在低温地下系统中很少形成不溶性沉淀物，被吸附到含水层介质上是控制其在地下水中分配的主要过程。天然有机物或氧化物矿物表面有带负电荷的阳离子交换点位，铯与这些点位的交换是可逆的。同时，铯是一种大阳离子，在地下水中容易失去配位的水分子，当铯离子迁移到可膨胀的 2∶1 型层状硅酸盐的夹层空间并失去这些水分子时，夹层会坍塌并限制铯的可交换性(Qin et al.，2012；Hirose et al.，2015；Yamada et al.，2015)。

2) 锶(Sr)

锶以非络合二价阳离子 Sr(II) 存在于地下水中，可以与溶解的碳酸盐或硫酸盐分别形成 $SrCO_3$ 和 $SrSO_4$ 沉淀。$SrCO_3$ 沉淀通常发生在碱性的地下水环境，在微生物降解有机物过程中，地下水碱度升高，见图 3.20。在亚铁的环境下，锶可以与钙的碳酸盐或亚铁形成共沉淀，其程度受地下水中其他更高浓度二价阳离子的竞争控制，$FeCO_3$ 或 $CaCO_3$ 会先于 $SrCO_3$ 从地下水中析出，见图 3.21。由于含锶矿物的溶解度相对较高，吸附作用在控制地下水中锶的浓度发挥着重要作用(朱君等, 2019)。锶在含水层中的迁移过程中，黏土矿物上的阳离子交换是最主要的吸附反应。

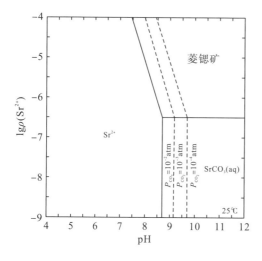

图 3.20　锶的溶解度和形态与 pH 和 CO_2 分压的关系($SrCO_3$)　　图 3.21　$SrCO_3$ 的稳定性与 $CaCO_3$ 和 $FeCO_3$ 的关系$[\rho(Sr^{2+})=0.087mg\cdot L^{-1}]$

3) 铀(U)

铀在地下水中的化学性质很大程度上取决于氧化状态，金属形式的 U(0) 不是自然形成的，一旦暴露在氧化条件下，则很容易氧化成 U(IV)，最终氧化成 U(VI)。在氧化条件和环境酸碱度下，U(VI) 占主导地位，铀酰(UO_2^{2+}) 阳离子可以与无机阴离子，如碳酸盐、氟化物和磷酸盐发生络合作用，提高其溶解度和迁移率，不同 pH 以及硅酸盐、磷酸盐、钙离子和钠离子条件下，U(VI) 的溶解度见图 3.22~图 3.24。在还原条件下，U(IV) 占优势，形成不可溶解的氧化物或硅酸盐，溶解度非常低，地下水中的最大浓度为 $2.4\mu g\cdot L^{-1}$，通常是不可移动的(Borovec et al., 1979；Shanbhag and Choppin, 1981)。

地下水的化学性质与地层岩性、大气降水、地表水补给和渗透等过程息息相关，这不仅会影响 U(VI) 的形态，还会影响氢氧化铁和含水层介质对 U(VI) 的吸附程度。铀在地下水迁移途径中，可能伴随有氧化还原条件的改变，从而导致吸附态 U(VI) 到沉淀 U(IV) 的转变。铀迁移的反应性模型需要考虑主要离子和氧化还原条件对铀化学形态的影响(Waite et al., 1994)。

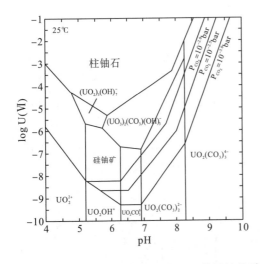

图 3.22　U(VI) 的溶解度与 pH 和 CO_2 分压的关系
($H_4SiO_4=10^{-4.0}mol \cdot L^{-1}$)

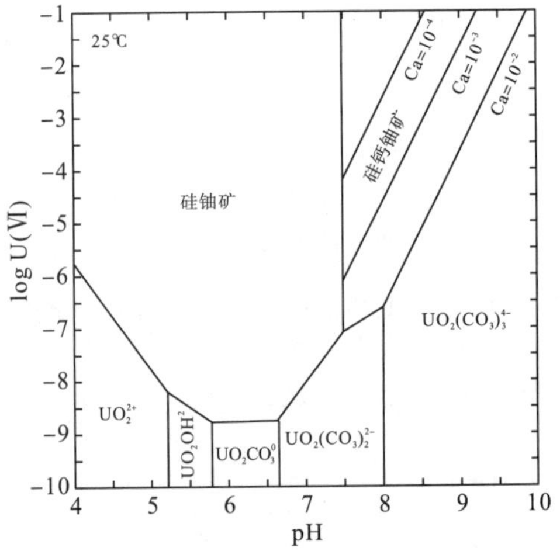

图 3.23　U(VI) 的溶解度与 pH 的关系
($H_4SiO_4=10^{-4.0}mol \cdot L^{-1}$，$Ca=10^{-4} \sim 10^{-2}mol \cdot L^{-1}$，
$Na=10^{-3}mol \cdot L^{-1}$)

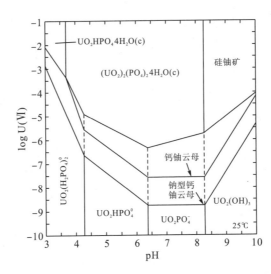

图 3.24　U(VI) 的溶解度与 pH 的关系(磷酸盐$=10^{-3.0}mol \cdot L^{-1}$，$Ca=10^{-3}mol \cdot L^{-1}$，$Na=10^{-3}mol \cdot L^{-1}$)

4) 锝(Tc)

在氧化和还原条件下，锝最常见的两种氧化态是 Tc(IV) 和 Tc(VII)。高锝酸根阴离子(TcO_4^-)是地下水中溶解的 Tc(VII) 的主要化学形态，还没有观察到这种阴离子会在地下水系统中形成络合物。但是，在碱度较高的地下水中，Tc(IV) 可与碳酸氢盐/碳酸盐形成可溶性复合物。另外，天然溶解的有机化合物(如腐殖酸)也可能与 Tc(IV) 形成相对稳定的可溶性复合物，在暴露于溶解氧和富含有机物的地下水环境中，这些络合物会增强 Tc(IV)的迁移能力。在氧化条件下，锝是可溶的，通常不会吸附在含水层地质介质上，^{99}Tc 的吸附分配系数通常假定为零。文献中报道，锝的吸附分配系数大于零通常与缺氧的地下水系

统有关(Eriksen et al.，1992；Wharton et al.，2000；Wildung et al.，2000)。

5) 碘(I)

在自然系统中，碘以-1、0、+1、+5 和+7 价氧化态存在。其中，-1(I^-) 和+5(IO_3^-) 是地下水中最丰富的无机物种。地下水中常见的 pH 值 Eh 范围内，碘都非常的稳定。碘化物可以与金属离子形成络合物，通常卤素的络合物最不稳定，但有几个明显的例外，如碘化物与银、汞在内的一些软金属形成极强的络合物，碘与天然有机物化合物分子结构中的碳共价键等。

地下水中碘的化学形态受到含铁或含锰成分的影响，如 Fe(II) 可以将 IO_3^- 还原为 I^-，反应过程中还会受到铁还原细菌活性的影响。另外，如果地下含水层中存在 Mn(IV) 的氧化物，I^- 也可能被氧化成 IO_3^-，在天然有机物存在的情况下，Mn(IV) 氧化物可能催化有机碘化合物的形成。

对于地下水中的 I^- 和 IO_3^-，一般 IO_3^- 的吸附程度更大。碘吸附的另一个重要因素是含水层中的天然有机物，可以通过共价键与有机碳结合。碘的吸附能力及稳定性，取决于其与地下水、含水层介质的有效接触时间，时间越短，更容易迁移。根据现场数据，证明了 ^{129}I、^{127}I 沿着地下水流动路径的表观分配行为发生了变化，该路径从表层砂过渡到泥炭含量较高的湿地区域，随着含水层中的泥炭含量的增加，吸附分配系数提高了 2~3 个数量级(Vovk，1988)。

6) 镎(Np)

镎的化学性质独特而复杂，它的行为在某些方面类似于三价和四价镧系元素，在其他方面类似于铀。Np(III) 比 U(III) 更稳定，Np(IV) 的水解过程与 U(IV) 相似，Np(V) 比相应的 UO_2^+ 稳定得多，且比 Np(IV) 不易水解。同时，Np^{3+}/Np^{4+}、Np^{4+}/NpO_2^+ 是可逆的，但动力学过程比较慢，速率取决于介质类型。

地下水中，Np(IV) 能与许多常见阴离子(硫酸盐、氟化物和硝酸盐)以及简单的有机配体形成稳定的络合物。Np(V) 可能只有弱络合，但是能与碳酸盐形成稳定的络合物。Np(IV) 和 Np(V) 具有不同的吸附动力学特征，Np(IV) 初始快速吸附，之后是较长时间的解吸；相比之下，Np(V) 在初始吸附之后会进一步吸附，尽管速率较慢，但不是解吸。所有研究都表明，无论是使用简单的分配系数模型还是更复杂的表面络合模型，都不能完全解释地层介质对镎的吸附过程(Rai and Ryan，1985；Rai et al.，1999)。

7) 钚(Pu)

在地下水环境中，钚以+3、+4、+5 和+6 价氧化态存在，分别对应 Pu(III)$^{3+}$、Pu(IV)O_2、Pu(V)O_2^+ 和 Pu(VI)$O_2(CO_3)_2^{2-}$，一般来说，Pu(IV) 是最常见的形态。在 pH 为 6~8 的环境下，Pu(III) 不易稳定存在，但是 Pu(IV)、Pu(V)、Pu(VI) 的氧化还原电势相似，可以同时存在。天然水体的氧化还原电位大小顺序为：雨水＞海水＞地表水＞地下水，在大部分环境水体中 Pu(IV)、Pu(V) 是主要存在价态。Pu(III) 在强还原性地下水中才能少量存在，在氧化性的天然水体中 Pu(III) 不能稳定存在，但被吸附在含还原性基团的固相表面时,可以稳定存在。例如,在特定的铁腐蚀氧化物表面,钚会被部分还原为Pu(III)。Pu(VI)在氧化性较强的地表水和高离子强度下可以稳定存在。

钚的离子键较强,易与O、F等形成络合物。天然水体中常见的各种阴离子与钚形成络合物的能力为$OH^- \approx CO_3^{2-} > F^- \approx H_2PO_4^- \approx SO_4^{2-} > Cl^- \approx NO_3^-$。不同价态钚形成络合物的能力为$Pu^{4+} > PuO_2^{2+} > Pu^{3+} > PuO_2^+$。$OH^-$和$CO_3^{2-}$是环境水体中最主要的两种无机离子,Pu(IV)能与OH^-形成稳定的$Pu(OH)_4$络合物,即使在酸性溶液中Pu(IV)也难以单离子存在。pH=1时,Pu(IV)开始发生水解;pH>4时,溶液中以$Pu(OH)_4$(aq)为主。当钚浓度增加时,水合态钚会聚合形成$Pu(OH)_4$(s)的沉淀或胶体颗粒。另外,钚还会与CO_3^{2-}形成$PuCO_3^{2+}$的络合物,相对于不含碳酸的溶液,钚的溶解度明显增大。Pu(V)、Pu(VI)形成络合物的能力较弱,一般以溶解态的PuO_2^+、PuO_2^{2+}存在。

8)镅(Am)

镅的化学性质没有钚复杂,因为主要以三价存在。镅与钚一样,在碱度较高的地下水中,会与碳酸盐形成络合物,碳酸盐络合物控制地下水中镅的形态。镅也可以和腐植酸/富里酸化合物形成可溶性的络合物,有助于Am(III)在浅层地下水中的迁移(Sanchez et al.,1985)。

Am(III)还可以形成低溶解度的水合氧化物,这些沉淀物控制Am(III)在地下水中的浓度。在接近中性和高碱度的地下水中,羟基碳酸镅的形成量可能超过水合氧化物,羟基碳酸盐是锕系(III)和镧系(III)金属的更稳定的相。此外,在方解石结构中,Am(III)很容易替代Ca(II),碳酸盐沉淀也可以控制镅在高碱度地下水中的溶解度。不同pH条件下镅的溶解度见图3.25。

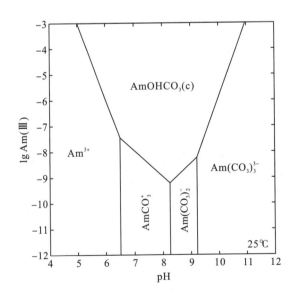

图3.25　Am(III)的溶解度与pH的关系(CO_2分压$=10^{-2.5}$atm[①],O_2分压=0.2atm)

---

① 1atm = 1.01325×10^5Pa。

吸附是控制镅在地下水系统中固液分配的主要机制。美国国家环境保护局认为，镅在含水层矿物上的吸附过程可以使用表面络合模型描述，该模型可以考虑 pH 和竞争性反应的影响。对镅来说，可溶性络合物的形成是限制含水层介质吸附镅的主要因素。然而，这种影响可能是暂时的，取决于含水层的条件。例如，虽然已经观察到与可溶性腐殖酸/富里酸化合物的络合作用抑制了对镅的吸附，但长期研究表明，迁移途径上的竞争性吸附会打破这种抑制作用(Silva and Nitsche，1995)。

3.3.5　核素在地下水环境中的迁移、扩散模型

(1)不考虑含水层介质对核素的吸附作用、化学反应等因素，以三维情形为例，核素在地下水环境中的迁移、扩散方程如下：

$$\frac{\partial C}{\partial t} = \frac{\partial}{\partial x_i}\left(D_{ij}\frac{\partial C}{\partial x_j}\right) - \frac{\partial}{\partial x_i}(V_i C) - WC_s \tag{3.50}$$

式中，C 是核素活度浓度，$Bq \cdot m^{-3}$；D_{ij} 是弥散系数，$m^2 \cdot d^{-1}$；V_i 是地下水流速，$m \cdot d^{-1}$；W 是源汇项。

在一定条件下，可以简化以上方程。二维水动力弥散问题的解吸公式如下：

①瞬时注入，平面瞬时点源：

$$C(x,y,t) = \frac{m_M / M}{4\pi n t \sqrt{D_L D_T}} e^{-\left[\frac{(x-ut)^2}{4D_L t} + \frac{y^2}{4D_T t}\right]} \tag{3.51}$$

式中，$C(x, y, t)$ 是 t 时刻点 x，y 处核素的活度浓度，$g \cdot L^{-1}$；x，y 是计算点处的位置坐标；t 是时间，d；M 是含水层厚度，m；m_M 是单位时间注入核素的质量，$g \cdot d^{-1}$；u 是水流速度，$m \cdot d^{-1}$；n 是有效孔隙度，量纲一；D_L 是纵向弥散系数，$m^2 \cdot d^{-1}$；D_T 是横向弥散系数，$m^2 \cdot d^{-1}$。

②连续注入，平面连续点源：

$$C(x,y,t) = \frac{m_t}{4\pi M n \sqrt{D_L D_T}} e^{-\frac{xu}{2D_L}}\left[2K_0(\beta) - W\left(\frac{u^2 t}{4D_L}, \beta\right)\right]$$
$$\beta = \sqrt{\frac{u^2 x^2}{4D_L^2} + \frac{u^2 y^2}{4D_L D_T}} \tag{3.52}$$

式中，$C(x, y, t)$ 是 t 时刻点 x，y 处核素的活度浓度，$g \cdot L^{-1}$；x，y 是计算点处的位置坐标；t 是时间，d；M 是含水层厚度，m；m_t 是单位时间注入核素的质量，$g \cdot d^{-1}$；u 是水流速度，$m \cdot d^{-1}$；n 是有效孔隙度，量纲一；D_L 是纵向弥散系数，$m^2 \cdot d^{-1}$；D_T 是横向弥散系数，$m^2 \cdot d^{-1}$；$K_0(\beta)$ 是第二类贝塞尔函数；$W\left(\frac{u^2 t}{4D_L}\right)$ 是第一类越流系统定流量井函数。

(2)考虑含水层介质对核素的吸附作用、化学反应等因素，核素在地下水环境中的迁移、扩散模型与土壤一致，只是含水率 θ 处于饱和状态，具体可参考 3.2.8 节。

3.3.6　我国近海核电站在地下水环境中的迁移、扩散模型

近海核电站与海岸线存在一定的距离，需要用排水管线对放射性液态流出物进行长距离的输送，排放至邻近受纳海域。定量计算排水管线泄漏，核素通过地下水途径向海洋环境的释放通量，对核电厂的选址和安全评估具有重要意义。中国辐射防护研究院的研究团队建立数值模型，计算了排水管线连续渗漏 60a 后 ^{3}H、^{90}Sr、^{137}Cs 在地下水中的放射性分布及释放(朱君等，2021)。

^{3}H、^{90}Sr、^{137}Cs 是核电站产生的特征污染物。^{3}H 不能被岩土介质吸附，属于不被吸附核素，迁移速度与地下水流速基本一致；^{90}Sr、^{137}Cs 属于被吸附核素，迁移速度与吸附特性相关，在实验室中测定 ^{90}Sr、^{137}Cs 在不同岩土介质中的分配系数 K_d 值，见表 3.14。

表 3.14　^{90}Sr、^{137}Cs 在不同岩土介质中的分配系数 K_d 　　　　(单位：L·kg^{-1})

岩性	^{90}Sr	^{137}Cs
粉砂质黏土	72	690
黏土质砂	56	520
泥质粉砂岩	61	94
石英砂岩	51	180
石英粉砂岩	32	81
粉砂质泥页岩	49	180

应用地质建模软件建立三维地形地质模型，见图 3.26。在模型中刻画地层的分布、剥蚀以及倾向等特点，应尽可能真实地反映核电站所在水文地质单元的地形地质条件。

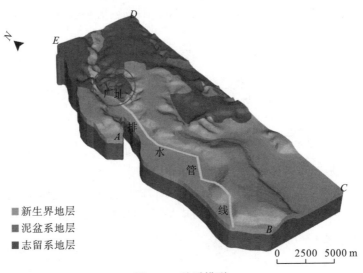

图 3.26　地质模型

将水文地质参数赋予各个地层介质，建立相应的三维水文地质模型，计算得到地下水水位等值线，见图 3.27。由计算水位线分布可知，模型以图中红色虚线为界分为 2 个水文

地质单元，虚线以西地下水总体由北东流向西南，局部由两侧丘陵向中部大坝河径流，排泄于大坝河；虚线以东地下水总体流向由北向南，局部由两侧丘陵向中部名教河径流，排泄于名教河。地下水与地表水流向基本一致，总体由北东流向南西，最后汇入大海。

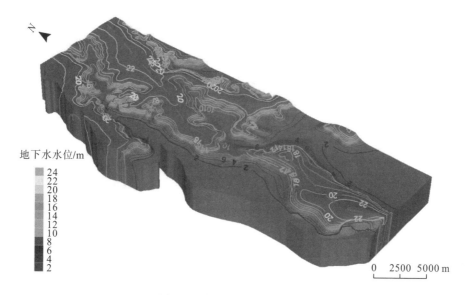

图 3.27　模型地下水计算流场

假设排水管线的渗水量计算值为 5.6L·min^{-1}·km^{-1}，^{3}H、^{90}Sr、^{137}Cs 的放射性活度浓度均按 1.0Bq·L^{-1} 考虑，计算 60a 后 ^{3}H、^{90}Sr、^{137}Cs 污染晕在空间的分布情况(图 3.28)，及向海洋环境的释放通量。

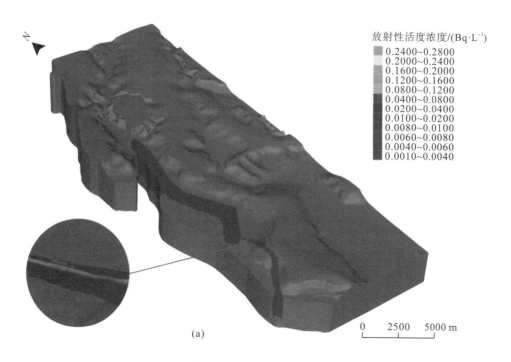

(a)

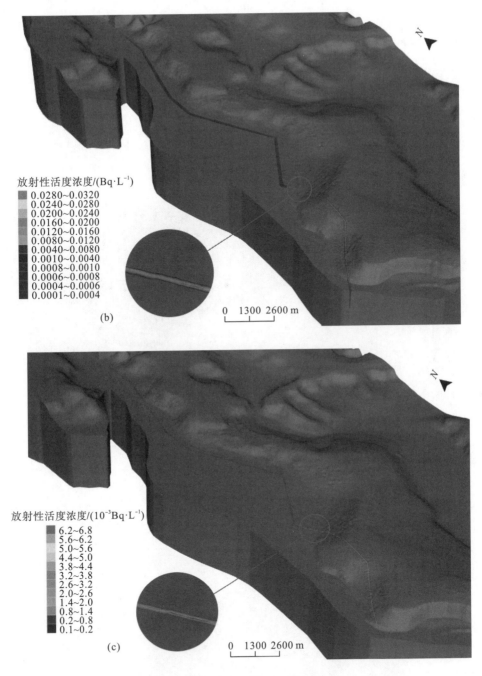

放射性活度浓度/(Bq·L^{-1})

■ 0.0280~0.0320
■ 0.0240~0.0280
■ 0.0200~0.0240
■ 0.0160~0.0200
■ 0.0120~0.0160
■ 0.0080~0.0120
■ 0.0040~0.0080
■ 0.0010~0.0040
■ 0.0008~0.0010
■ 0.0006~0.0008
■ 0.0004~0.0006
■ 0.0001~0.0004

(b)

0   1300 2600 m

放射性活度浓度/(10^{-3}Bq·L^{-1})

■ 6.2~6.8
■ 5.6~6.2
■ 5.0~5.6
■ 4.4~5.0
■ 3.8~4.4
■ 3.2~3.8
■ 2.6~3.2
■ 2.0~2.6
■ 1.4~2.0
■ 0.8~1.4
■ 0.2~0.8
■ 0.1~0.2

(c)

0   1300 2600 m

图 3.28 60a 后 ^{3}H(a)、^{90}Sr(b) 和 ^{137}Cs(c) 放射性活度浓度分布图

不被吸附的 ^{3}H，迁移速度与地下水流速基本一致。在连续泄漏的情况下，地下水中的最大放射性活度浓度为 0.285Bq·L^{-1}。大坝河入海处大约在第 10 年的时候开始监测到 ^{3}H，并随着时间的推移，向西海的释放通量逐渐增大；第 20000 天时，释放通量达到最大值，约为 526Bq·d^{-1}，释放总量为 7.63×10^{6}Bq。

^{90}Sr 吸附性能相对较弱，60a 后 0.0001Bq·L^{-1} 浓度线向西海方向最大迁移了约 80m，

地下水中的最大放射性活度浓度为 $0.0321Bq \cdot L^{-1}$。^{137}Cs 吸附能力较强，相当长的时间内被滞留在管线附近，地下水中的最大放射性活度浓度为 $6.84 \times 10^{-3}Bq \cdot L^{-1}$，向海洋环境释放通量均为 $0Bq \cdot d^{-1}$。

3.4　放射性核素在地表水环境中的行为特性

地表水环境通常是指河流、湖泊和水库、入海河口及近岸海域。核素的来源主要是大气核试验、核电站的气态流出物的沉降，泄漏进入土壤和地下水中的核素通过壤中流和地下径流汇入江河，再回到海洋。核素释放进入地表水环境后，它的迁移、转化行为会受到一系列物理和化学过程的影响，如：水体的对流与扩散；沉积物和悬浮物对核素的吸附/解吸及载带核素后沉积物的输运、沉淀和再悬浮；核素的衰变和其他降低水体中核素浓度的机制等。

3.4.1　对流与扩散

对流与扩散是地表水的主要水动力过程。对于地形复杂的水体，核素在其中的迁移通常是三维空间的，应该考虑水平方向和垂向的物质传输过程。对流是指随水体流动产生的物质迁移，而不产生混合和稀释。在河流和河口，对流通常发生在纵向，横向对流较弱。除了水平对流，水体和核素也存在垂向对流。相对于水平对流，河流、湖泊、河口和近海的垂向对流较弱。扩散是由湍流混合和分子扩散引起的水体混合。扩散降低了物质浓度梯度，这个过程不仅涉及水体的交换，还包括其中的溶解态物质的交换，如盐度、溶解态核素等。因此，除了水动力变量(温度和盐度)外，扩散过程对泥沙和营养物质的分布也很重要。平行于流速方向的扩散叫作纵向离散，垂直于流速方向的扩散叫作横向扩散。纵向离散通常远大于横向扩散。

3.4.2　沉积物和悬浮物的吸附反应

除了对流与扩散运动外，核素还会与水体中的悬浮物、沉积物发生以下三种相互作用过程(图 3.29)：①溶解在水体中的核素，以及吸附到细颗粒悬浮物(粒径<0.8μm)的核素，与底床沉积物发生吸附-解吸作用；②溶解在水体中的核素，以及吸附到细颗粒悬浮物的核素，与大颗粒悬浮物(粒径≥0.8μm)发生吸附-解吸作用；③溶解在水体中的核素吸附到大颗粒悬浮物，与底床沉积物以沉淀-再悬浮的方式互相转化。

核素的沉积是通过吸附-沉积-再悬浮效应实现的，其吸附-解吸机制包括生成沉淀物质、离子交换、络合与水解作用、形成胶体与聚合物、氧化还原反应等。通常用平衡时的分配系数 K_d 来表示核素被吸附的程度。IAEA 给出了分配系数 K_d 值的定义，分为底部沉积物 K_d 值和悬浮物 K_d 值。

$$K_d = \frac{\text{固体介质单位质量所含核素浓度}(\text{Bq}\cdot\text{kg}^{-1})}{\text{水体单位体积所含核素浓度}(\text{Bq}\cdot\text{L}^{-1})}$$

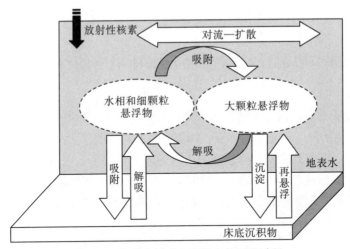

图 3.29　核素在地表水环境中的迁移过程

2011 年 3 月 11 日，地震和海啸引发日本福岛第一核电站爆炸。IRSN 协助分析核事故的发展动态和可能的放射性后果，据估计，截至 2011 年 7 月中旬总共有 2.7×10^{16}Bq 的放射性核素 ^{137}Cs 被直接释放到太平洋中，导致海水 ^{137}Cs 的本底值增加 0.002Bq·L^{-1}，是大气核试验产生的 ^{137}Cs 沉降物在海水中残留背景的两倍。海水中溶解的 ^{137}Cs 受到悬浮物吸附沉降或者直接被沉积物吸附形成累积，事故发生后 IRSN 在福岛第一核电站海岸线 186km 范围和离岸 70km 的海域采集了 184 个沉积物样品,海水深度从 20m 到 200m 不等，发现排水管线附近的沉积物中 ^{137}Cs 浓度最高，可达 100000～150000Bq·kg^{-1}，其他海域的沉积物中 ^{137}Cs 浓度在 1～1000Bq·kg^{-1}，且随时间呈增加趋势。

地表水水体中溶解的核素浓度为

$$C_{w,s} = \frac{C_{w,tot}}{1 + 0.001K_d S_s} \tag{3.53}$$

悬浮物上吸附的核素浓度为

$$C_{s,w} = \frac{0.001K_d C_{w,tot}}{1 + 0.001S_s K_d} = 0.001K_d C_{w,s} \tag{3.54}$$

式中，$C_{s,w}$ 是悬浮物中的核素浓度，Bq·kg^{-1}；$C_{w,s}$ 是水体中溶解的核素活度浓度，Bq·m^{-3}；$C_{w,tot}$ 是水体中核素的总浓度，Bq·m^{-3}；S_s 是水体中悬浮物的固体浓度，kg·m^{-3}；K_d 是悬浮物的分配系数，L·kg^{-1}。表 3.15 给出了核素在地表水-悬浮物中的分配系数 K_d 推荐值。

表 3.15　地表水-悬浮物体系分配系数推荐值　　　　　　　　　（单位：L·kg^{-1}）

核素	淡水-悬浮物	海水-悬浮物
Ac	—	2×10^6
Ag	—	1×10^3
Am	5×10^3	2×10^6

续表

核素	淡水-悬浮物	海水-悬浮物
Ba	—	5×10^3
C	5	2×10^3
Cd	—	2×10^3
Ce	1×10^4	2×10^6
Cm	5×10^3	2×10^6
Co	5×10^3	2×10^5
Cr	1×10^4	5×10^4
Cs	1×10^3	3×10^3
Eu	5×10^2	5×10^5
Fe	5×10^3	5×10^4
H	0	1
Hg	—	1×10^4
I	1×10^1	2×10^1
In	—	1×10^5
Mn	1×10^3	2×10^5
Na	—	1
Nb	—	5×10^5
Ni	—	1×10^5
Np	1×10^1	5×10^3
P	5×10^1	1×10^2
Pa	—	1×10^6
Pb	—	2×10^5
Pd	—	5×10^4
Pm	5×10^3	2×10^6
Po	—	2×10^7
Pu	1×10^5	1×10^5
Ra	5×10^2	5×10^3
Ru	5×10^2	3×10^2
Sb	5×10^1	1×10^3
Se	—	1×10^3
Sr	1×10^3	1×10^3
Tc	5	1×10^2
Te	—	1×10^3
Th	1×10^4	2×10^6
Tl	—	2×10^4
U	5×10^1	1×10^3
Y	—	1×10^7
Zn	5×10^2	2×10^4
Zr	1×10^3	1×10^6

水体中溶解的核素被悬浮物吸附后发生沉积，或者直接从上覆水体中吸附溶解的核素，这都是底部沉积物可能含有核素的原因。现场数据表明，底部沉积物的 K_d 值要比悬浮物小得多，一般假定为悬浮物 K_d 值的十分之一，部分原因是底部沉积物的粒径相对较大，且含量也较多。K_d 值受悬浮物和沉积物类型、水质和其他条件的影响可以相差几个数量级。因此，关键是选择具有场址代表性的合适值。通常，其他条件一致的情况下，悬浮物和沉积物颗粒越细，K_d 值越大。表 3.16～表 3.18 给出了核素在地表水-沉积物体系中的分配系数 K_d 推荐值。

表 3.16　地表水-沉积物体系分配系数推荐值　　　　　（单位：L·kg^{-1}）

核素	淡水-沉积物	海水-沉积物
Sr	1.0×10^3	1.0×10^3
Cs	1.0×10^3	3.0×10^3
U	5.0×10^1	1.0×10^3
Th	1.0×10^4	2.0×10^6
I	1.0×10^1	2.0×10^1
Co	5.0×10^3	2.0×10^5
Ni	—	1.0×10^5
Am	5.0×10^3	2.0×10^6
Pu	1.0×10^5	1.0×10^5
Ra	5.0×10^2	5.0×10^3
Ru	5.0×10^2	3.0×10^2
Se	—	1.0×10^3
Tc	5.0×10^0	1.0×10^2

表 3.17　海水-沉积物(开放海域)体系分配系数推荐值　　　　　（单位：L·kg^{-1}）

核素	均值	文献值
Sr	2.0×10^2	1.0×10^{-1}
Cs	2.0×10^3	$4.0 \times 10^2 \sim 2.0 \times 10^4$
U	5.0×10^2	5.0×10^2
Th	5.0×10^6	$1.0 \times 10^5 \sim 1.0 \times 10^7$
I	2.0×10^2	$1.0 \times 10^2 \sim 1.30 \times 10^4$
Co	5.0×10^7	$1.0 \times 10^6 \sim 6.0 \times 10^6$
Ni	3.0×10^5	$3.0 \times 10^5 \sim 5.0 \times 10^5$
Am	2.0×10^6	$1.0 \times 10^5 \sim 1.0 \times 10^7$
Pu	1.0×10^5	$1.0 \times 10^4 \sim 1.0 \times 10^6$
Ra	4.0×10^3	5.0×10^2
Ru	1.0×10^3	—
Se	1.0×10^3	$8.0 \times 10^2 \sim 1.0 \times 10^4$
Tc	1.0×10^2	$1.0 \times 10^0 \sim 1.0 \times 10^1$

表 3.18　海水-沉积物(海域边缘)体系分配系数推荐值　　　　　(单位：L·kg^{-1})

核素	均值	文献值
Sr	8.0×10^0	$2.0 \times 10^0 \sim 3.0 \times 10^2$
Cs	4.0×10^3	$3.0 \times 10^2 \sim 2.0 \times 10^4$
U	1.0×10^3	1.0×10^3
Th	3.0×10^6	$1.0 \times 10^4 \sim 1.0 \times 10^7$
I	7.0×10^1	—
Co	3.0×10^5	$1.0 \times 10^4 \sim 2.7 \times 10^5$
Ni	2.0×10^4	$1.0 \times 10^3 \sim 1.6 \times 10^4$
Am	2.0×10^6	2.0×10^6
Pu	1.0×10^5	4.0×10^5
Ra	2.0×10^3	—
Ru	4.0×10^4	—
Se	3.0×10^3	—
Tc	1.0×10^2	$2.0 \times 10^2 \sim 5.0 \times 10^3$

假定沉积物的 K_d 值是悬浮物的十分之一，在计算底部沉积物中的核素浓度时，考虑衰变作用的计算公式如下：

$$C_{s,b} = \frac{(0.1)(0.001)K_d C_{w,tot}}{1 + 0.001 S_s K_d} \times \frac{1 - e^{-\lambda_i T_e}}{\lambda_i T_e} \tag{3.55}$$

式中，$C_{s,b}$ 是沉积物中的核素浓度，Bq·kg^{-1}；T_e 是有效累积时间，s；λ_i 是核素的衰变常数，s^{-1}。

3.4.3　核素在地表水环境中的迁移、扩散模型

通常有以下三种基本模型可以用于计算核素在河流、湖泊和水库、入海河口、近岸海域中的迁移、扩散过程。

(1)数值模型：地表水流体的纳维-斯托克斯方程与核素的对流-扩散方程都是复杂的偏微分方程，如下：

$$\frac{\partial C_{w,tot}}{\partial t} + U \frac{\partial C_{w,tot}}{\partial x} + V \frac{\partial C_{w,tot}}{\partial y} + W \frac{\partial C_{w,tot}}{\partial z}$$
$$= \varepsilon_x \frac{\partial^2 C_{w,tot}}{\partial x^2} + \varepsilon_y \frac{\partial^2 C_{w,tot}}{\partial y^2} + \varepsilon_z \frac{\partial^2 C_{w,tot}}{\partial z^2} - \lambda_i C_{w,tot} + S \tag{3.56}$$

式中，$C_{w,tot}$ 是水体中核素总活度浓度，Bq·m^{-3}；U, V, W 分别是 x, y 和 z 方向上的流速，m·s^{-1}；S 是源汇项，Bq·m^{-3}·s^{-1}；t 是时间，s；$\varepsilon_x, \varepsilon_y, \varepsilon_z$ 分别是 x, y 和 z 方向上的扩散系数，m^2·s^{-1}；λ_i 是核素的衰变常数，s^{-1}。

一般情况下很难找到解析解或精确解。经常利用有限差分、有限体积和有限元等数值离散方法，将微分方程转化为离散点上变量的代数方程，通过数值计算得到流体的压力、流速以及核素浓度的时空分布。

(2)解析模型：通过对水体几何形状、流动条件和扩散过程进行简化，求解核素的对流-扩散方程，获得控制方程的解析解。

(3)箱型模型：将整个水体划分为若干个均匀的间隔，每个间隔视为一个箱体，箱体之间用水循环相互连接。假设核素的运输与箱体之间溶解的核素浓度成正比，且每个箱体内的核素混合都是均匀和瞬时的。该模型可以描述核素向悬浮物的转移、悬浮物的沉积以及沉积物对核素的吸附等过程。箱型模型非常适用于评估大空间和时间尺度的地表水核素迁移、扩散行为。

3.4.4 河流

河流最明显的特征是自然地从上游向下游流动，这一点与湖泊和水库、入海河口、近岸海域不同。一般上游河段距下游落差大、水流急、水蚀强，河底底质多为岩石或砾石，悬浮物和有机质含量低，水流清澈，水中溶解氧含量高。河水中的营养物质主要来自河岸的绿色植物，多为营养粗颗粒。中下游河段的落差和流速均较上游平缓，河槽趋于稳定，藻类和其他水生植物也相应增多。下游河段的底坡降平缓，水面开阔，流速减缓，水中悬浮物增多，阳光入射深度减小，水流较混浊，河流复氧能力下降。与湖泊、水库相比，河流的流速通常要大得多。核素在河流中的迁移过程见图 3.30。

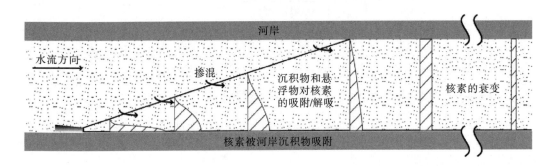

图 3.30　核素在河流中迁移的过程

核素沿岸排放，忽略沉积物与悬浮物的吸附反应，初步估计水体中核素浓度的解析模型，需要以下 6 个参数：河流宽度 B，m；从释放点到下游位置的纵向距离 x，m；核素的衰变常数 λ，s^{-1}；河流的多年平均流量 q_r，$m^3 \cdot s^{-1}$；河流深度 D，m；河流的流速 U，$m \cdot s^{-1}$。

在没有潮汐影响的情况下，可以根据观测数据或者地图上测算正常河流流量条件下的河流宽度 B。河流的多年平均流量 q_r 与河流宽度 B 及深度 D 的对应关系见表 3.19。然而，大多数河流的流量范围很广泛，导致河流的宽度、深度和流速变化很大，普遍认为宽度、深度和流速是河流流量的幂函数，由下式计算：

$$D = 0.163 q_r^{0.447}$$
$$B = 10 q_r^{0.46} \tag{3.57}$$
$$U = \frac{q_r}{BD}$$

表 3.19 河流流量、河流宽度和水深之间的关系

河流流量 q_r /(m³·s⁻¹)	河流宽度 B /m	深度 D /m	河流流量 q_r /(m³·s⁻¹)	河流宽度 B /m	深度 D /m
0.1	3.5	0.058	200	114	1.74
0.2	4.8	0.079	300	138	2.09
0.3	5.8	0.095	400	157	2.37
0.4	6.6	0.108	500	174	2.62
0.5	7.3	0.120	600	190	2.84
0.6	7.9	0.130	700	204	3.05
0.7	8.5	0.139	800	216	3.24
0.8	9.0	0.148	900	229	3.41
0.9	9.5	0.156	1000	240	3.57
1	10.0	0.16	2000	330	4.87
2	13.8	0.22	3000	398	5.84
3	16.6	0.27	4000	454	6.64
4	18.9	0.30	5000	503	7.34
5	21.0	0.34	6000	547	7.96
6	22.8	0.36	7000	587	8.53
7	24.5	0.39	8000	624	9.05
8	26.0	0.41	9000	659	9.54
9	27.5	0.44	10000	692	10
10	28.8	0.48	20000	952	13.6
20	39.7	0.63	30000	1150	16.3
30	47.8	0.75	40000	1310	18.6
40	54.6	0.85	50000	1450	20.5
50	60.5	0.94	60000	1580	22.3
60	65.8	1.02	70000	1690	23.9
70	70.6	1.09	80000	1800	25.3
80	75.1	1.16	90000	1900	26.7
90	79.2	1.22	100000	2000	28.0
100	83.2	1.28			

注：数值之间使用线性插值。

扩散系数因河流而异，甚至在同一条河流中也随河道和水流条件而变化。最常用的表达式为

$$\varepsilon_x = \frac{U^2 B^2}{30 D u_*}$$
$$\varepsilon_y = \alpha D u_*$$
$$\varepsilon_z = 0.067 u_* D$$

(3.58)

式中，ε_x，ε_y，ε_z 分别是纵向、横向和垂向的扩散系数，m²·s⁻¹；u_* 是剪切流速，m·s⁻¹；α 是比例系数。α 随宽、深比的变化而变化。据经验，小型实验室水槽和中型灌溉渠的 α 值

为 0.1～0.2，Missouri 河和 MacKenzie 河的 α 值为 0.6～2.0。

$$u_* = 0.1U \tag{3.59}$$

当最小浓度是最大浓度的一半时，可以视为完全混合。达到完全的横向和垂向混合所需的纵向距离分别是 L_y 和 L_z。

$$L_y = 0.18 \frac{UB^2}{\varepsilon_y}$$

$$L_z = 0.045 \frac{UD^2}{\varepsilon_z} \tag{3.60}$$

几乎所有河流的宽度都大于其深度，L_y 要大于 L_z。一般来说，L_z 是河流水深的 7 倍。

$$L_z = 7D \tag{3.61}$$

核素在垂向完全混合后，核素对流-扩散方程由三维简化为二维，在不考虑其他源汇项的情况下，变为以下公式：

$$U \frac{\partial C_{w,tot}}{\partial x} = \varepsilon_x \frac{\partial^2 C_{w,tot}}{\partial x^2} + \varepsilon_y \frac{\partial^2 C_{w,tot}}{\partial y^2} - \lambda_i C_{w,tot} \tag{3.62}$$

式中，$C_{w,tot}$ 是水体中核素总活度浓度，$Bq \cdot m^{-3}$；U 是 x 方向上的流速，$m \cdot s^{-1}$；ε_x，ε_y 分别是 x，y 方向上的扩散系数，$m^2 \cdot s^{-1}$；t 是时间，s；λ_i 是核素的衰变常数，s^{-1}。

假设流场无限宽，且汇入的地表水不含核素，解析解可以表达为

$$C_{w,tot}(x,y) = \frac{Q}{2\pi D \sqrt{\varepsilon_x \varepsilon_y}} \exp\left(\frac{U_x}{2\varepsilon_x} - \frac{\lambda_i x}{U} \right) \times K_0\left(\frac{U}{2\varepsilon_x} \sqrt{x^2 + \frac{\varepsilon_x}{\varepsilon_y}(y - y_0)^2} \right) \tag{3.63}$$

式中，Q 是核素的释放速率，$Bq \cdot s^{-1}$；y_0 是释放点到近岸的距离，m；$K_0(x)$ 是第二类贝塞尔函数。

核素迁移、扩散到达河岸，核素的迁移会受到限制，可以使用反射或镜像源技术计算：

$$C_{w,tot} = C_{w,tot}(x,y) + \sum_{n=1}^{\infty} \left\{ C\left[x, nB - \left(y_0 - \frac{B}{2} \right) + (-1)^n \left(y - \frac{B}{2} \right) \right] \right.$$
$$\left. + C\left[x, -nB - \left(y_0 - \frac{B}{2} \right) + (-1)^n \left(y - \frac{B}{2} \right) \right] \right\} \tag{3.64}$$

式中，B 是河流宽度，m；n 是反射周期数，n 大于 4 以后对 $C_{w,tot}$ 没有显著影响。

假设核素是从河岸释放，当 $n=1$，并忽略对岸的反射，同一侧河岸水体中的核素浓度为

$$C_{w,tot} = \frac{Q}{\pi D \sqrt{\varepsilon_x \varepsilon_y}} \times \exp\left(\frac{U_x}{2\varepsilon_x} - \frac{\lambda_i x}{U} \right) \times K_0\left(\frac{U_x}{2\varepsilon_x} \right), \quad y = 0 \tag{3.65}$$

将式 (3.58)、式 (3.59) 代入式 (3.65)，可以写成

$$C_{w,tot} = \frac{Q}{0.142\pi DUB} \times \exp\left(\frac{1.5Dx}{B^2} - \frac{\lambda_i x}{U} \right) \times K_0\left(\frac{1.5Dx}{B^2} \right), \quad y = 0 \tag{3.66}$$

上式可以转化为

$$C_{w,tot} = C_t P_r, \quad y = 0$$

$$C_t = \frac{Q}{q_r} \exp\left(-\frac{\lambda_i x}{U}\right)$$

$$q_r = DUB \tag{3.67}$$

$$P_r = \frac{Q}{0.142\pi} \times \exp\left(\frac{1.5Dx}{B^2}\right) \times K_0\left(\frac{1.5Dx}{B^2}\right), \quad y = 0$$

P_r 是河流混合校正因子，如果发生在垂向完全混合之后的位置 $(x > L_z = 7D)$，则必须对计算结果进行修正，以考虑横向混合可能不完全的情况，随着下游距离的增加，趋于一致 $(x > 3B^2/D, \ P_r \approx 1)$。表 3.20 提供了河流混合校正因子 P_r 的值，其中 A 由下式给出：

$$A = \frac{1.5Dx}{B^2} \tag{3.68}$$

表 3.20 河流混合校正因子

A	P_r	A	P_r	A	P_r	A	P_r
1×10^{-6}	31.0	1×10^{-4}	20.9	1×10^{-2}	10.7	1	2.6
2×10^{-6}	29.8	2×10^{-4}	19.4	2×10^{-2}	9.3	2	2.0
3×10^{-6}	28.9	3×10^{-4}	18.5	3×10^{-2}	8.5	3	1.7
4×10^{-6}	28.2	4×10^{-4}	17.8	4×10^{-2}	7.9	4	1.5
5×10^{-6}	27.6	5×10^{-4}	17.4	5×10^{-2}	7.5	5	1.4
6×10^{-6}	27.2	6×10^{-4}	17.1	6×10^{-2}	7.2	6	1.3
7×10^{-6}	26.9	7×10^{-4}	16.7	7×10^{-2}	6.9	7	1.3
8×10^{-6}	26.7	8×10^{-4}	16.4	8×10^{-2}	6.6	8	1.2
9×10^{-6}	26.4	9×10^{-4}	16.1	9×10^{-2}	6.3	9	1.1
1×10^{-5}	26.1	1×10^{-3}	15.9	1×10^{-1}	6.0	10	1.0
2×10^{-5}	24.8	2×10^{-3}	14.2	2×10^{-1}	4.8	20	1.0
3×10^{-5}	23.6	3×10^{-3}	13.3	3×10^{-1}	4.2	30	1.0
4×10^{-5}	22.9	4×10^{-3}	12.8	4×10^{-1}	3.7	40	1.0
5×10^{-5}	22.5	5×10^{-3}	12.2	5×10^{-1}	3.4	50	1.0
6×10^{-5}	22.1	6×10^{-3}	11.8	6×10^{-1}	3.2	60	1.0
7×10^{-5}	21.6	7×10^{-3}	11.5	7×10^{-1}	3.0	70	1.0
8×10^{-5}	21.3	8×10^{-3}	11.2	8×10^{-1}	2.8	80	1.0
9×10^{-5}	21.1	9×10^{-3}	11.0	9×10^{-1}	2.7	90 以后	1.0

注：数值之间使用线性插值。

1966 年，美国汉福德区核燃料元件发生故障，导致 ^{131}I 释放进入哥伦比亚河。以钚生产反应堆（D 反应堆）为起始点，沿哥伦比亚河下游监测了不同位置处的 ^{131}I 浓度，发现大约 250 英里[①]内 ^{131}I 的浓度减少了 80%，见图 3.31。下游观测点 ^{131}I 浓度峰值与时间的变化曲线，反映了瞬时释放条件下，^{131}I 在哥伦比亚河的迁移过程。哥伦比亚河的平均流量为 102000 立方英尺[①]/秒，^{131}I 从 D 反应堆迁移至下游 200 英里只用了约 9.5 天（Nelson et al., 1966）。

---

① 1 英里=1.609344km；1 立方英尺=0.0283168m3。

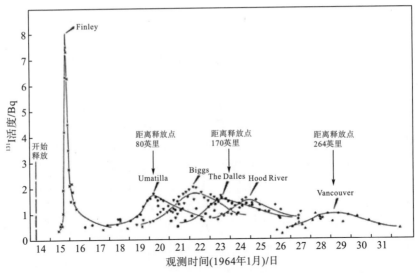

图 3.31 ^{131}I 在哥伦比亚河下游的迁移过程

美国核管理委员会（Nuclear Regulatory Commission，NRC）长期致力于研究假想严重事故下，放射性核素的迁移、转化过程。但是其研究成果主要集中在评估放射性核素释放到大气中产生的后果和影响，因为放射性核素在空气中可以大面积地快速传播。另外，一些研究假设熔化的堆芯材料破坏了反应堆建筑物的底垫，放射性核素泄漏进入后在土壤和地下水中的迁移。但是，NRC 严重事故后果分析中未涉及地表水污染情景。2011 年日本福岛核事故，导致超过 1000m³ 的高放射性污水直接泄漏进入太平洋，NRC 意识到放射性核素直接释放到地表水体的潜在后果尚不清楚，特别是对于大多数美国核电站反应堆所在的湖泊和河流环境。因此，对放射性核素直接释放到地表水中的迁移、转化行为开展了专门的研究。

研究 ^{131}I、^{90}Sr、^{137}Cs、^{144}Ce、^{134}Cs、^{125}Sb、^{106}Ru 在河流中的迁移、扩散行为时，NRC 考虑了对流—扩散、放射性衰变和吸附/解吸过程，放射性核素的分配系数与半衰期见表 3.21。数值模拟结果发现，释放点下游 10 英里的近、远岸之间，^{137}Cs 的浓度存在数量级差异，在释放点下游 50 英里处仍可辨别差异，见图 3.32。10 天后，河水中 ^{137}Cs 的浓度迅速下降，比峰值浓度低约 3 个数量级。对于 ^{144}Ce、^{106}Ru 而言，沉积物具有高亲和力，分配系数 K_d 值大，游水体浓度明显降低。

表 3.21   放射性核素的分配系数与半衰期

核素	$K_d/(L \cdot kg^{-1})$	半衰期/a
^{90}Sr	2.3×10^2	12.32
^{134}Cs	1.6×10^3	2.07
^{137}Cs	1.6×10^3	30.17
^{106}Ru	1.1×10^4	1.02
^{144}Ce	4.2×10^4	0.78
^{131}I	5.9×10^1	0.022
^{125}Sb	5.5×10^2	2.75

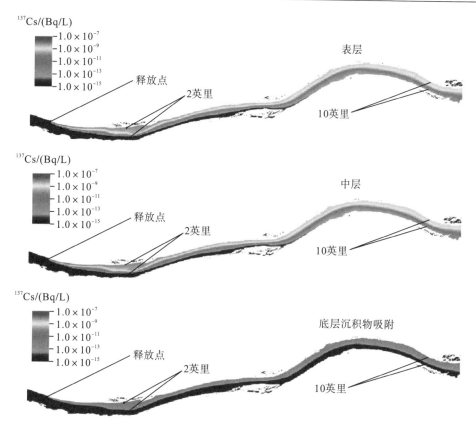

图 3.32　^{137}Cs 在河流中的迁移过程

3.4.5　入海河口

河口是一端与河流相连，另一端与大海相连的水体。河口会受到潮汐作用的影响，这是与内陆水体的重要区别。在月球及太阳的引力作用下，海面发生周期性升降和海水往复运动的现象称为潮汐作用。潮汐水流具有双向性及脉动性，潮汐引起海面水位的垂直升降称潮位，引起海水的水平移动称潮流。潮位的升降扩大了波浪对海岸作用的宽度和范围，形成潮间带沉积环境；而潮流对海底沉积物的改造、搬运、堆积起着重要作用，尤以近岸浅海地区最为显著。总体而言，入海河口在水动力、化学及生物学方面与河流、湖泊不同，其特征为潮汐是主要的驱动力，盐度及其变化通常在水动力及水质过程中起重要作用，表层水流向外海和底层水流向陆地两个定向径流通常控制核素的长期输送。

由于潮汐、密度分层、风以及复杂的河道几何形状和水深的影响，河口处的核素迁移、扩散过程相比于河流更复杂。因此，用潮周期的平均流速 U_t 代替河流流速。

$$u_* = 0.1U_t$$
$$\varepsilon_z = 0.0067U_t D \tag{3.69}$$

其中：

$$U_t = 0.32(|U_e| + |U_f|) \tag{3.70}$$

式中，假设潮汐速度随时间呈正弦变化，U_e 是最大落潮速度，m/s；U_f 是上游洪水速度，m/s。

河口的横向混合作用往往比非潮汐河流大几倍，主要是由河道不规则的几何形状和横截面、潮汐、密度分层和风引起的横向流动造成的，比例系数 α 为 3。

$$\varepsilon_y = 3Du_* \tag{3.71}$$

将式 (3.69) 代入式 (3.71)，河口的横向扩散系数为

$$\varepsilon_y = 0.3DU_t \tag{3.72}$$

河口的纵向混合受潮汐往复流的影响，河口与河流的纵向弥散系数比值 N 用潮汐周期与横截面混合时间的比值 M 表示。横截面混合时间为 B^2/ε_y，则

$$M = \frac{0.3DU_t T_p}{B^2} \tag{3.73}$$

式中，T_p 是潮汐周期，s。每天发生两次的潮汐周期为 4.5×10^4s，每天发生一次主导潮汐周期为 9×10^4s。

河口与河流的纵向扩散系数比值 N 对应的 M 值见表 3.22。河口的纵向扩散系数为

$$\varepsilon_x = \frac{NU_t B^2}{3D} \tag{3.74}$$

将式 (3.72) 代入式 (3.60)，达到完全横向混合所需的纵向距离 L_y 为

$$L_y = 0.6 \frac{B^2}{D} \tag{3.75}$$

同样，将式 (3.69) 代入式 (3.60)，达到完全垂向混合所需的纵向距离 L_z 为

$$L_z = 7D \tag{3.76}$$

表 3.22   河口与河流的纵向扩散系数之比

M	N	M	N	M	N
0.01	0.00028	0.1	0.024	1	0.705
0.02	0.00115	0.2	0.09	2	0.91
0.03	0.00237	0.3	0.167	3	0.94
0.04	0.00427	0.4	0.267	4	0.95
0.05	0.0064	0.5	0.35	5	0.97
0.06	0.0093	0.6	0.43	6	0.98
0.07	0.0122	0.7	0.544	7	0.99
0.08	0.0152	0.8	0.61	8	0.995
0.09	0.0205	0.9	0.64	9 及以后	1

注：数值之间使用线性插值。

完全垂向混合区域之外的控制方程与河流模型相同，代入河口的纵向和横向扩散系数后：

$$C_{w,tot} = \frac{Q}{0.632\pi DU_t B\sqrt{N}} \times \exp\left(\frac{1.5DxU}{NB^2 U_t}\right)$$

$$\times K_0\left[\frac{1.5D}{NB^2} \times \frac{U}{U_t}\sqrt{x^2 + \frac{NB^2}{0.9D^2}}(y-y_0)\right] \times \exp\left(-\frac{\lambda_i x}{U}\right) \tag{3.77}$$

上式是完全混合后释放点$(y=y_0)$下游的核素浓度，如果未达到完全混合，需对计算结果进行修正：

$$C_{w,tot} = C_{te}P_e$$
$$C_{te} = \frac{Q}{q_w}\exp\left(\frac{\lambda_i x}{U}\right) \tag{3.78}$$

式中，C_{te} 是河口横截面上完全混合的核素浓度；P_e 是混合系数，随着下游距离 x 的增加而增加，并趋于一致。

$$P_e = \frac{1}{0.32\pi\sqrt{N}} \times \exp\left(\frac{1.5DxU}{NB^2U_t}\right) \times K_0\left(\frac{1.5DxU}{NB^2U_t}\right) \tag{3.79}$$

混合指数 A 为

$$A = \frac{1.5Dx}{NB^2} \times \frac{U}{U_t} \tag{3.80}$$

混合系数 P_e 与 A 的对应关系可以通过查图 3.33 获得。

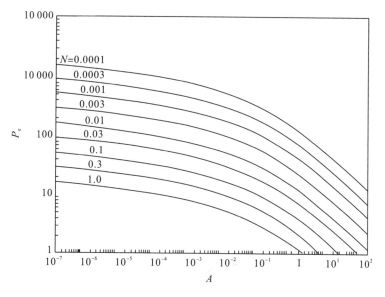

图 3.33　河口混合系数 P_e 与混合指数 A 的关系

以上的河口模型没有区分核素的上游混合与下游混合，可以根据式 (3.77) 和式 (3.78) 进行修正，以计算释放点上游水体中的核素浓度。为了获得校正因子，用一维稳态对流-扩散方程来推导。

$$U\frac{\partial C_{w,tot}}{\partial x} = \varepsilon_x \frac{\partial^2 C_{w,tot}}{\partial x^2} - \lambda_i C_{w,tot} \tag{3.81}$$

$$C_{w,tot} = \frac{Q}{BDU\sqrt{1+\frac{4\lambda_i\varepsilon_x}{U^2}}} \times \exp\left[\frac{Ux}{2\varepsilon_x}\left(1\pm\sqrt{1+\frac{4\lambda_i\varepsilon_x}{U^2}}\right)\right] \tag{3.82}$$

式中的加减号分别代表上游和下游，因此定义了 UCF 的含义：

$$\text{UCF} = \exp\left(\frac{Ux}{\varepsilon_x}\sqrt{1+\frac{4\lambda_i\varepsilon_x}{U^2}}\right) \tag{3.83}$$

将式 (3.74) 代入式 (3.83) 得到

$$\text{UCF} = \exp\left(\frac{3xDU}{NB^2U_t}\right) \tag{3.84}$$

因此，在完全混合之前，上游区域水体中的核素浓度为

$$C_{\text{wu}}(x,y) = \text{UCF} \times C_{\text{w,tot}} \tag{3.85}$$

上游距离 x 必须小于涨潮期间核素可以到达的实际距离。

3.4.6　近岸海域

近岸海域核素释放及迁移、扩散的概念模型见图 3.34。

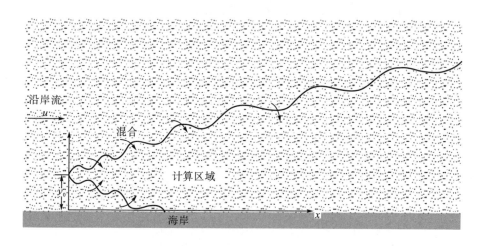

图 3.34　近岸海域核素迁移、扩散计算方法

近岸海域的数学模型是基于稳定流、垂向平均的对流—扩散方程，其二维方程见下式：

$$U\frac{\partial C_{\text{w,tot}}}{\partial x} = \varepsilon_y\frac{\partial^2 C_{\text{w,tot}}}{\partial y^2} - \lambda_i C_{\text{w,tot}} \tag{3.86}$$

由于核素羽流在沿海水域中进一步扩散，混合长度的比例逐渐增加，扩散系数随着顺流距离而变化。假定横向扩散系数是纵向距离的函数，可以表示为

$$\varepsilon_y = 3.44\times10^{-7}\left(\frac{x}{U}\right)^{1.34} \tag{3.87}$$

在这些条件下，从排放点持续释放 ($x=0$，$y=y_0$) 的式 (3.86) 的解为

$$C_{\text{w,tot}} = \frac{Q}{D\sqrt{\pi U\varepsilon_y x}} \times\left[\exp\left(-\frac{U(y-y_0)^2}{4\varepsilon_y x} - \frac{\lambda_i x}{U}\right)\right] \tag{3.88}$$

式中，U 是海流的流速，m/s，可以根据实际的地点测量。如果无法获得现场速度，则可

以使用 U=0.1m/s 作为默认值。

式(3.86)和式(3.88)可以从更一般的方程中获得。式(3.62)假设纵向扩散不重要,将以下条件代入式(3.63):

$$\frac{\varepsilon_y}{\varepsilon_x}\left(\frac{y-y_0}{x}\right)^2 << 1$$

$$\frac{xU}{2\varepsilon_x} >> 1 \tag{3.89}$$

$$\varepsilon_x = 4.66\times10^{-6}\left(\frac{x}{U}\right)^{1.34}$$

将式(3.87)和 U=0.1m/s 代入式(3.89)得到以下公式:

$$7D < x < 8\times10^7\,\mathrm{m} \tag{3.90}$$

$$\left|\frac{y-y_0}{x}\right| << 3.7 \tag{3.91}$$

将式(3.87)代入式(3.88)可以得到

$$C_{w,tot} = \frac{962U^{0.17}Q_i}{D_x^{1.17}}\exp\left[\frac{(7.28\times10^5)U^{2.34}y_0^2}{x^{2.34}}\right]\exp\left(\frac{\lambda_i x}{U}\right) \tag{3.92}$$

式中,$C_{w,tot}$ 是水体中核素浓度,$\mathrm{Bq\cdot m^{-3}}$;Q_i 是核素 i 的释放速率,$\mathrm{Bq\cdot s^{-1}}$;U 是海流的流速,$\mathrm{m\cdot s^{-1}}$;D_x 是纵向扩散系数,$\mathrm{m^2\cdot s^{-1}}$;λ_i 是核素 i 的衰变常数,$\mathrm{s^{-1}}$;x 是释放点到下游位置的纵向距离,m;y_0 是释放点到近岸的距离,m。

对于复杂海域,数值模型更加适用。日本福岛核电站位于亚热带和亚极地环流之间的海洋活跃区,周边海域分布有多种形态的潮流,如黑潮暖流、亲潮、北太平洋暖流。黑潮暖流是亚热带总环流系统中的西部边界流,热带和亚热带的暖水沿大陆架边缘北上,在约北纬35°处转向东。亲潮是西亚北极环流的西部边界流,将温度和盐度较低的海水向南输送,在北纬约40°处转向东。北太平洋暖流是黑潮的延续,介于北纬35°~42°,向东自日本本州岛东部外海延伸到北美大陆西部近海后,分为向北流动的阿拉斯加暖流和向南流动的加利福尼亚寒流。这一特殊的位置意味着,福岛核电站释放的核素一旦超过大陆架,就进入黑潮和亲潮汇合区,然后在这三股潮流的影响下向东运输,随着黑潮减弱并流入北太平洋中部,南北迁移扩散趋势增强,核素会向北、南扩散至整个北太平洋。

据 IRSN 估计,截至 2011 年 7 月中旬,总共有 2.7×10^{16}Bq 的放射性核素 ^{137}Cs 被直接释放到太平洋。福岛核事故发生后 3 年里,多个研究小组通过海洋考察采集了不同地点的水样,确定放射性 Cs 在北太平洋的传播和空间分布。样品中有两种 Cs 的放射性同位素,分别为 ^{134}Cs 和 ^{137}Cs。由于 20 世纪核武器试验,^{137}Cs 就已经存在于全球海洋中,截至 2011 年,整个北太平洋 ^{137}Cs 的活度浓度几乎已均匀分布,为 1.5~2.0Bq·m^{-3}。福岛核事故之前 ^{134}Cs 由于半衰期较短,已衰变完全,所以海洋中的 ^{134}Cs 都是来自福岛核事故,释放源项中的 ^{134}Cs/^{137}Cs 接近 1.0。

从 2012 年到 2014 年,^{134}Cs 的活度浓度范围为 0.5~10Bq·m^{-3}。2012 年,可以检测到 ^{134}Cs 的最东端位置为 174.3°W,在 31.1°N 处活度浓度为 3.8Bq·m^{-3}。2013 年,^{134}Cs 向东推进至 160.6°W、30.0°N,活度浓度为 2.8Bq·m^{-3},所有 160.6°W 以东的海水样品均未检

测到 ^{134}Cs。根据 2012～2013 年的观测结果，太平洋中部沿 30°N 纬线的 ^{134}Cs 东进速度约
为 15°E·a^{-1}(5cm·s^{-1})，太平洋中部(160°E～160°W)^{134}Cs 的浓度高于西太平洋(160°E 以
西)，意味着 2011 年 4 月初排放的大部分 ^{134}Cs 已迁移至 160°E～160°W。

福岛核事故后，中国辐射防护研究院研究团队采用拉格朗日粒子随机游走扩散模式计
算了 ^{137}Cs 在北太平洋中的迁移、扩散规律。结果表明，在最初几周至几个月内，主要受
黑潮北缘的单个海流和涡流的控制，形成细长条状的高浓度带。受北太平洋暖流的影响，
最初的 ^{137}Cs 高浓度带向东迁移至北太平洋中部，360 天后几乎覆盖了半个北太平洋地区。

图 3.35 是 37.4°N 纬线和 150°E 经线上，第 120 天、240 天、360 天后太平洋中 ^{137}Cs
的活度浓度曲线。120 天后 ^{137}Cs 的最东端位置到达 178.5°E，东进速度约为 30 公里/天
(35cm·s^{-1})。但是，^{137}Cs 迁移至 178.5°E 以东后，输运速度变慢，240 天后最东端位置到
达 169.6°W；360 天后最东端位置到达 160.5°W，东进速度约为 7.3 公里/天(8.5cm·s^{-1})。
150°E 经线上(30°N～40°N)，^{137}Cs 没有明显的南北浓度梯度，与现场取样观测的结果基
本一致。

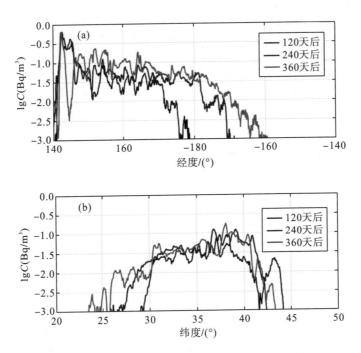

图 3.35　37.4°N 纬线和 150°E 经线上，不同时刻太平洋中 ^{137}Cs 活度浓度曲线

注：C 为 ^{137}Cs 活度浓度。

3.4.7　湖泊和水库

湖泊根据湖流形成的动力机理，通常分为风生流、吞吐流(倾斜流)及密度流。风生流
是由湖面上的风力所引起的湖水运动，是一种最常见的湖流运动形式。吞吐流则是由与湖
泊相连的各个河道的出流、入流所引起的水流运动。密度流是由于水体受水温分层等因素

作用，水体密度不均匀所引起的水体流动。水温、光照强度和营养物质是湖泊的环境要素。由于水流缓慢，大多数湖泊存在水温分层的现象，特别是在夏季呈现表层水温明显高于底层水温的特点。与河流及河口相比，湖泊具有以下特征：相对缓慢的流速；相对较低的入流量和出流量；垂向分层；作为来自点源和非点源的沉积物、放射性核素的汇。相比河流的较大流速，受湖泊形状、垂向分层、水动力、气象条件的影响，湖泊有更为复杂的环流形式和混合过程。水体长时间的停留使得湖水及沉积床内部核素的物理、化学、生物过程显著，但是这些过程在流速较快的河流中可以忽略。

　　水库是在河道上建坝或堤堰创造蓄水条件而形成的人工湖泊，根据形态特征可分为河道型和湖泊型。河道型水库的水动力学特征介于湖泊与河流之间，具有明显的纵向梯度变化规律，坝前库首区水深较大，库尾以及支流回水区水深较浅。湖泊型水库的水流缓慢，水体运动及各种物理化学的运动过程与天然湖泊基本相似，但是，水库多设有底孔、溢洪道、给水管道等泄流建筑物，使相当部分水流沿一定方向流动。水库的分层结构和大坝的泄流方式会对核素的迁移产生一定影响。水体中核素浓度一般呈现表层低于底层的特点，故水库如果采用表层泄流方式，核素则容易在水库内聚集；如果采用底层泄流方式，核素则流出水库，库内的核素会逐渐减少。

　　IAEA 将湖泊和水库分为大型和小型两种。其中，大型定义为风生流明显，且水面面积至少为 $400km^2$。

　　对于一个小型湖泊或水库，假设核素浓度在整个蓄水池内是均匀的，见图 3.36。在这种情况下，湖泊或水库中核素浓度的控制方程为

$$\frac{dC_{w,tot}}{dt} = -\frac{(q_r + \lambda_i V)C_{w,tot}}{V} + \frac{Q}{V} \tag{3.93}$$

式中，V 是湖泊或水库体积，m^3；q_r 是入流量和出流量，m^3/s。

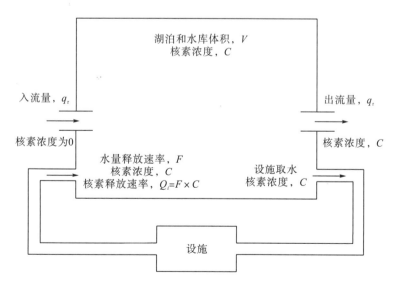

图 3.36　排放到小型湖泊或水库中的概念模型

假设在时间 $t = 0$ 时，$C_{w,tot} = 0$，式 (3.93) 的解是

$$C_{w,tot} = \frac{Q}{q_r + \lambda_i V} \left\{ 1 - \exp\left[-\left(\frac{q_r}{V} + \lambda_i \right) t \right] \right\} \tag{3.94}$$

式中，Q 是核素释放速率，$Bq \cdot s^{-1}$；t 是核素排放时间，s；λ 是核素的衰变常数，s^{-1}。

除了直接释放进入湖泊或水库的核素外，如果存在核素大气沉降的情况，还应考虑这一贡献。IAEA 假设流域面积是湖泊或水库水域面积的 100 倍，沉降在流域上 2% 的核素会通过地表径流、地表土壤侵蚀和地下水渗流到达湖泊或水库。此时，核素的释放速率 Q' 是

$$Q' = Q + \frac{3\varphi A_l}{86400} \tag{3.95}$$

式中，φ 是大气沉降速率，$Bq \cdot m^{-2} \cdot d^{-1}$；$A_l$ 是水域面积，m^2。

$$\left(\frac{q_r}{V} + \lambda_i \right) > 10^{-8} s^{-1} \tag{3.96}$$

则

$$\exp\left[-\left(\frac{q_r}{V} + \lambda_i \right) t \right] << 1 \tag{3.97}$$

此时，核素浓度趋于稳定，变为

$$C_{w,tot} = \frac{Q}{q_r + \lambda_i V} \tag{3.98}$$

大型湖泊和水库的停留时间长 (V/q_r)，放射性核素的迁移主要受风生流、温度或盐度分层、季节性周转以及混合尺度控制，计算方法类似于近岸海域。然而，即使在大型湖泊或水库中，由于扩散系数非常大，可以在相对较短的时间内完全混合(少于 1 年)。但是，在释放点附近达到完全混合的可能性不大。因此，使用第 3.4.6 节中描述的部分混合方法计算长期放射性核素浓度。

1996 年，切尔诺贝利地区洪水泛滥，淹没了受污染的土壤，导致 [90]Sr 释放进入第聂泊河(Dnieper River)，并沿下游迁移、扩散。IAEA 在下游多个监测点采集了环境样品，发现 [90]Sr 的浓度峰值 6 个多月的时间只迁移了约 560 英里，浓度降低至 30%。[90]Sr 迁移速度很慢，是因为受 Dnieper River 上水库的影响，尤其是 Kakhovka 水库，其容量为 1300 万立方英尺。[90]Sr 在 Dnieper River 上的 Kiev 水库、Zaporozhe 水库、Kakhovka 水库中的浓度变化过程见图 3.37。

与此同时，NRC 也开展了 [131]I、[90]Sr、[137]Cs、[144]Ce、[134]Cs、[125]Sb、[106]Ru 在湖泊中的迁移、扩散行为研究。与以对流为主的河流不同，湖泊与水库中的核素以扩散为主，这比对流慢得多。由于对流流很小，核素从释放点以近乎圆形的方式扩散，直到到达近岸。通过数值模拟发现，与河流情况相比，靠近释放点的 [137]Cs 浓度一直非常高，69 天后浓度峰值出现在近岸下游 1.0 英里处，见图 3.38。[131]I 由于半衰期短，其在水体中的浓度相比于其他核素下降得更快。尽管湖泊与水库的对流很小，但对核素传输有显著影响，上游位置的浓度比下游位置低 2~4 个数量级。

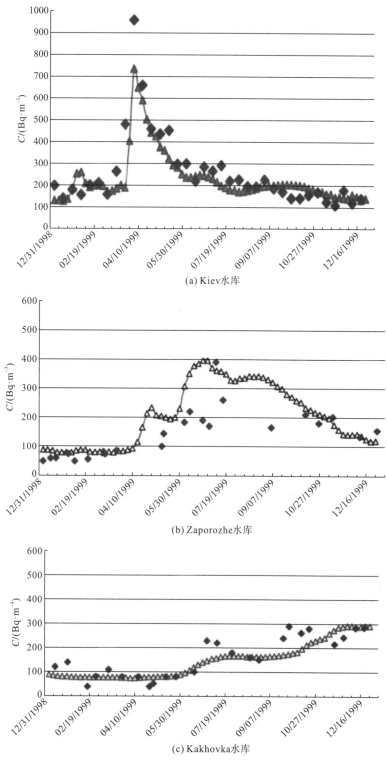

(a) Kiev水库

(b) Zaporozhe水库

(c) Kakhovka水库

图 3.37　Dnieper River 上三座水库的 ^{90}Sr 浓度变化

注：横坐标为"月/日/年"。

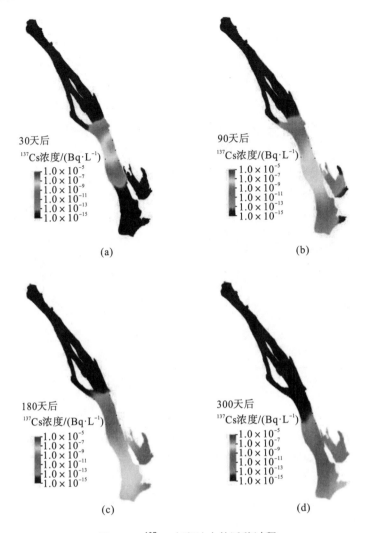

图 3.38　^{137}Cs 在湖泊中的迁移过程

思考题

1.放射性核素释放途径有哪几种方式？请描述放射性核素在环境中的循环过程。

2.分别论述放射性核素在大气环境、土壤环境、地下水环境和地表水环境中的物理、化学过程。

3.放射性核素在建筑物背风面尾流区和空穴区扩散方程的适用条件是什么？

4.论述放射性核素在土壤环境和地下水环境中的行为特性的区别。

5.放射性核素在土壤以及地下水环境中的迁移与扩散模型有哪几种？分别讨论每一种模型的适用条件以及优缺点。

6.土壤和地下水中钚的主要化学行为有哪些特点？

7.论述放射性核素在地表水环境中与水体、沉积物、悬浮物的相互作用过程。

8.论述放射性核素在河流、湖泊和水库、入海河口、近岸海域迁移与扩散的区别。

第4章 放射性核素的生态转移

本章主要涉及放射性核素在生态环境的转移过程和参数。人类活动产生了大量的放射性物质，通过各种途径进入环境中。自 1945 年 7 月 16 日美国在新墨西哥州进行了第一次核爆炸实验后，截至 1980 年底，全球范围共进行了 423 次大气层核爆炸实验，致使大量放射性物质进入环境，造成全球性的放射性污染。

随着原子能和平利用的发展，大量的核设施例如核电厂、核材料生产厂、放射性废物处置场等投入运行。技术、人为和严重自然灾害等因素，可能导致核事故的发生。当核设施发生事故时，有不可控制的大量放射性物质释放到大气、水体和土壤中，造成严重的环境放射性污染。迄今为止，共发生了四次严重的核事故，分别是 1957 年 10 月 7 日英国温茨凯尔(Windscale)军用反应堆事故，1979 年 5 月 28 日美国三哩岛(Three Mile Island)核事故，1986 年 4 月 26 日苏联切尔诺贝利(Chernobyl)核事故，2011 年 3 月 11 日日本福岛(Fukushima)核事故。其中以切尔诺贝利核电站燃烧爆炸事故和日本福岛核电站堆芯熔化损毁事故最为严重，事故等级均为核事故最高分级 7 级(特大事故)，切尔诺贝利核事故共有 1860PBq 放射性物质释放到大气中，严重污染了附近地区，以及欧洲大部分地区，也影响了整个北半球；其次是日本福岛核事故，福岛核事故放射性释放总量约为 520PBq，产生的放射性物质在 20 天内扩散到整个北半球，研究表明放射性铯抵达北冰洋后回流至日本，并且目前还有上百万吨核废水计划排入海洋。

除此之外，核技术利用和核工业生产活动每年都产生大量的放射性废气、废液和固体废物(放射性"三废")，如果处置不当，会造成放射性污染，对人类健康和生态环境安全造成不利影响。核活动产生的放射性核素排放到环境中，将参与生态系统的物质循环。放射性核素在环境介质和生物之间可能发生一系列物理化学反应、生物浓集和迁移变化，这些过程将影响放射性核素在环境空间中的分布、生物对这些放射性物质的累积，并导致生态环境、生物以及人体遭受辐射危害。在核设施辐射环境影响评价中，核素生态转移参数是评估人类食物链摄入途径导致公众辐射剂量升高的重要参数。对放射性核素在生态系统的转移过程及参数的研究，是评估放射性污染对人类健康和非人类物种(除人以外的其他物种)辐射影响的重要基础。

4.1 放射性核素在生态系统转移的主要过程及概念

4.1.1 生态系统概述

生态系统(ecosystem)这一名词最早是由英国生态学家坦斯利(Tansley)在 1935 年提出

来的，"生态"指生物之间和生物与环境间的相互关系；"系统"指一些相互关联、相互作用的变量或成分所构成的一个功能整体。生态系统指在一定空间内，由生物和非生物成分组成的一个功能整体。

生态系统由生产者、消费者、分解者和非生物部分组成。

生产者主要是绿色植物，绿色植物通过光合作用合成生物组织所必需的复杂的有机化合物，按照营养类型，它们被称为自养生物，是构成生态系统的基石。辐射到地球上的太阳能只有 1%被植物所利用。

消费者主要是动物，动物依靠消费生产者合成的有机物来维持生存，所以被称为异养生物。消费者按照营养级还可以划分为一级消费者、二级消费者、三级消费者等。

分解者指各种具有分解能力的微生物，它们破坏、分解来自生产者和消费者的废物及死亡残体，使其转化为简单化合物，再供给植物利用。分解者包括一部分细菌和真菌。

非生物部分是生态系统中的各种无生命的无机物、有机物和各种自然因素，包括土壤、水、光、热、空气等。

生态系统主要有三类：陆地生态系统、水生生态系统(淡水和海水)。此外，还有河口生态系统(咸水)等，它同时具备淡水和海洋生态系统的特点。

生态系统的基本功能包括能量流动和物质循环。

能量流动：元素从一个生物转移到另一个生物或转移到生态系统的非生命部分，在转移过程中需要大量的能量。绿色植物利用光合作用将太阳能转化为化学能进行能量储存，能量通过食物链从一个营养级流动到另一个营养级，在这个过程中，能量不断释放和减少，能量沿着太阳→生产者→消费者→分解者的途径流动。能量在生态系统中沿着食物链(网)由一个机体转移到另一个机体中去，食物链上每一个环节(营养级)都把前面一个环节获得的能量中的一部分，用于维持自己的生存和繁殖，然后把剩余的能量传递到食物链的下一环。能量只能顺着营养级序向后递减，前一级的能量只能维持后一级少数生物的需要，愈向后，生物数量愈少，这样便形成了一种金字塔的营养级关系，称为金字塔式能量流动。

物质循环：生态系统的物质循环就是生物地球化学循环(biogeochemical cycle)，包括水循环、气态循环和沉积循环。不同于能量的单向流动，物质流动是循环的，各种有机物最终经过还原者分解或可被生产者吸收的形式重返环境，进行再循环。

生态系统平衡：如果自然界生态系统已达到演替顶级，在生物群落结构上，系统内的能量流动和物质循环就可能呈现动态的相对平衡。具体表现是在一个相当长的时间内(几十年到几百年)，生物群落结构、种类组成以及各个主要种群的相互关系处于相对稳定状态，而很少出现大的波动。

如果生态系统受到外界压力或冲击，生态平衡就会受到影响，当这种压力或冲击超出生态系统的耐受力时，可导致整个生态系统的破坏，引起生态系统的崩溃。首先出现系统结构的破坏，食物链关系消失，金字塔营养级紊乱，生物个体数骤减，生物量下降和生产力衰减，从而引起逆行演替，结构和功能失调，系统内物质循环和能量流动中断，最后导致整个生态系统瓦解。

生态系统的核心是生物种群，生态平衡就是由各种生物群落的自动调节和自我修复能力来维持的。因此，只要认识和掌握生物调节机理，积极创造生物种群自我修复的合适条件，在大多数情况下，原来已经失调或破坏了的生态系统平衡仍然是可以重新建立起来的。

4.1.2 核设施流出物的生态转移途径

流出物监测或环境监测的结果不能直接推导出代表性个人所受到的公众个人有效剂量水平，需要通过数学模型将监测结果转为剂量估算值。所选择的模式应满足模拟代表性个人主要照射途径的要求。

如果流出物监测数据或者环境监测数据不足，则需要选择迁移模型对放射性核素在环境介质和食物链中的迁移进行模拟，获得核素生态转移参数值，再进行剂量评价。

照射途径指辐射或释放的放射性核素经环境介质至受照个人或人群的途径。放射性核素可能通过各种不同途径对人产生照射。

用于描述通过大气沉降或沉积以及水体污染途径到人类食物(农产品、动物产品、水产品等)的通用剂量估算模式涉及的核素生态转移过程如图 4.1 所示。

由图 4.1 可见，核设施产生的放射性核素进入生物圈的主要途径可以归纳为大气沉降及液态流出物排放两种途径，进入食物链的主要途径包括大气沉降→土壤→陆生植物，水、饲料→陆生动物及其产品，水(沉积物)→水生植物、水生动物(包括水→淡水生物，海水→海洋生物)等。

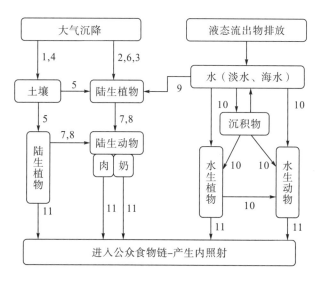

图 4.1 核设施流出物的生态转移途径

注：1-干、湿沉积过程；2-植物表面最初的截获或滞留；3-易位到植物可食组织；4-沉积后在土壤中的滞留；5-植物根部摄入；6-土壤颗粒在植物表面的黏附；7-放牧动物对表面土壤的直接摄入；8-放射性核素从土壤、空气、水体转移到植物进而转移到动物产品(肉和奶)；9-地表水中的放射性核素通过灌溉转移到陆地系统；10-放射性核素由地表水(沉积物)到水生生物的转移；11-食品加工过程中核素的转移。

4.1.3　放射性核素生态转移参数的类型及统计方法

在参考食物链转移模式(参见《电离辐射环境监测与评价》),食物链涉及的主要生态转移参数见表4.1。

表 4.1　辐射环境评价中食物链转移模式涉及的主要生态转移参数

转移途径	生态转移参数	参数定义	单位	备注
陆地生态转移途径	f(截获因子)	作物可食部分截获并持留沉积放射性活度的份额	量纲一	分为干沉积 f_d 和湿沉积截获因子 f_w
	α(易位因子)	在收获时单位面积土壤上农作物可食部分中的放射性活度与沉积时单位面积土壤上农作物叶部截获的放射性活度之比	基于叶面积的单位: $(Bq\cdot m^{-2})/(Bq\cdot m^{-2})$ 基于产量的单位: $(Bq\cdot kg^{-1})/(Bq\cdot m^{-2})$	
	F_v(核素土壤-植物转移系数)	在平衡条件下,核素由土壤向农作物的转移参数	$Bq\cdot kg^{-1}$植物或 $Bq\cdot kg^{-1}$土壤	可以区分为 F_v 和 F_{vs}(考虑了食入带土)
	B_m(核素向动物产品的转移系数)	动物每日食入含核素的食物后转移到动物产品(肉、奶等)中的份额	牛奶:$B_m(d\cdot L^{-1})$ 牛肉:$B_i(d\cdot kg^{-1})$	
水生生态转移途径	B_p(核素向水生生物转移的浓集因子)	平衡条件下,水生生物通过摄入水中核素转移到生物体的份额	$Bg\cdot kg^{-1}$鲜重或 $Bq\cdot L^{-1}$	连续排放情况:分别涉及淡水生物和海洋生物,包括鱼类、甲壳类、其他海产品等
	K_d(分配系数)	平衡状态下,放射性核素在沉积物—水体中活度浓度之比	$Bg\cdot kg^{-1}$干重或 $Bq\cdot L^{-1}$	涉及淡水和海洋环境
食品加工过程	F_r(食品加工滞留因子)	加工后保留在食品中的核素活度占加工前该核素总活度的份额	量纲一	

其他与核素无关但辐射环境评价必需的参数见表4.2。

表 4.2　辐射环境评价中食物链模式涉及的其他参数(与核素无关)

转移途径	参数类型	参数定义	单位	备注
陆地动物转移途径	Q_f(动物日饲料消耗量)	动物每天的饲料消耗量按干物质计	$kg\cdot d^{-1}$	
	Q_w(动物饮水量)	动物每天的饮水量	$L\cdot d^{-1}$	
	F_w	动物产品含水量	$kg\cdot kg^{-1}$	OBT 在陆生动物的转移途径
	Q_{wi}	动物每天单位体重的饮水量	$L\cdot kg^{-1}$	OBT 在陆生动物的转移途径
	Q_f	动物每天饲料食入量	$kg\cdot d^{-1}$	OBT 在陆生动物的转移途径
	F_{wf}	f类饲料的含水量	$kg\cdot kg^{-1}$	OBT 在陆生动物的转移途径
	F_{dm}	动物产品中平均干物质含量	$kg\cdot kg^{-1}$	OBT 在陆生动物的转移途径
食品加工过程	P_e(食品加工过程质量比)	已加工食品质量与食品原材料质量之比	量纲一	
	t_f	动物产品由屠宰到为人类消费的时间	a	
	t_h	农作物由收获到消费的时间	a	

注:OBT 表示生物有机氚。

4.2　放射性核素在陆域生态系统的转移规律

4.2.1　放射性核素在植物体的截获

放射性核素通过干、湿沉积、植物截获、易位等途径进入人类食物链，从而对公众产生照射。当大气中的物质沉积到地面时，不论是干沉积还是湿沉积，其中一部分都将被植物截获，其余部分会到达地面。在植物截获的那部分物质中，一部分会因反弹、滚动、风吹或被降雨冲刷到达地面，剩余的部分滞留在植物表面。沉积的物质最初被植物截获的部分(在没有被风吹落或降雨冲刷之前)，称为截获份额(截获因子)f，到达地面的份额 F 可表达为

$$F = 1 - f = \exp(\mu B) \tag{4.1}$$

式中，F 为由大气沉积的核素到达地面的份额，量纲一；f 为沉积核素最初保留在植物上的份额，量纲一；μ 为沉积物质假设为指数截获时，沉积核素的截留系数，$m^2 \cdot kg^{-1}$_干重_；B 为每单位面积土壤上植物地上部分的生物量，$kg_{干重} \cdot m^{-2}$。

为了反映 f 值随 B 值不同而变化的情况，一般采用截留系数 μ 来分析结果，也有采用质量截获因子 $(f|B)$ 的。当 f 小于 0.3 时，两者的值相差无几，当 f 值接近 1 时，生物量 B 较大时，采用 μ 值更为合适。其中 $f|B$ 称为质量截获因子，其表达式为

$$f|B = \frac{1 - e^{-\mu B}}{B} \tag{4.2}$$

湿沉积的质量截获因子 $(f|B)$ 与元素的形态有关，阳离子态元素的 $f|B$ 明显高于阴离子态元素的。当降水量增加时，阳离子态的元素 $f|B$ 会随之稍稍降低，而阴离子态的元素 $f|B$ 与降水量的增加成反比。

IAEA TRS 472 报告给出了干、湿沉积的截获因子、湿沉积截获参数、谷物类籽粒对 Cs 和其他元素的截获因子。由于国内缺乏相关的参数资料，在没有厂址数据的条件下可参考使用。

4.2.2　放射性核素在干、湿沉积过程的易位

在植物生长期间，因事故释放到大气中的放射性核素沉积于农田后，农作物通过叶子吸收放射性核素是导致食物与饲料污染的主要途径。叶子上截获的核素将被吸收转移到植物的其他部位。放射性核素沉积到植物体，被植物叶面吸收，并转移到植物的其他器官中，这个过程用易位因子描述。通常我们将易位因子定义为：在收获时单位面积土壤上农作物的可食部分中的放射性活度与沉降时同一面积土壤上农作物叶片截获的放射性活度的比值。其表达式有两种：

基于叶面积的表达式：

$$TLF_a = A_{hs} / A_l \tag{4.3}$$

基于产量的表达式：

$$TLF_y = A_h / A_1 \tag{4.4}$$

式中，TLF_a 为基于叶面积的易位因子，$(Bq \cdot m^{-2}) / (Bq \cdot m^{-2})$；$TLF_y$ 为基于产量的易位因子，$m^2 \cdot kg^{-1}$；A_{hs} 为收获时，在 $1m^2$ 土壤上植物可食部分中核素的活度深度，$Bq \cdot m^{-2}$；A_1 为沉积时，在 $1m^2$ 土壤上植物叶面滞留的放射性活度浓度，$Bq \cdot m^{-2}$；A_h 为收获时植物可食部分中的放射性浓度，$Bq \cdot kg^{-1}$。

Cs 和 Sr 在谷物籽粒的易位因子参见表 4.3 和表 4.4。

易位因子受到多重因素的影响（包括实验期间的气候条件、实验植物的种类、植株上的初始滞留量、核素的化学形态、沉积放射性粒子的直径等），所以在剂量评价时，当地测量得到的数据应作为第一考虑的选项。

表 4.3　Cs 在谷物籽粒的易位因子 (f_{tr}) (%)

	植物生长阶段	籽粒计数 N	平均值	最小值	最大值
小麦，大麦，燕麦	叶部生长/分蘖期	21	0.6	0.06	7.9
	茎部生长	21	4.6	0.45	24.3
	开花期	15	6.1	1.1	27
	籽粒生长	11	5.5	1.1	27.1
	成熟期	11	2.7	1.1	7.7
大米	叶部生长/分蘖期	2	2.3	1.2	3.4
	茎部生长	1	4.3		
	开花期	1	8.4		
	籽粒生长	1	11		
	成熟期	1	2.2		

表 4.4　Sr 在谷物籽粒的易位因子 (f_{tr}) (%)

	植物生长阶段	籽粒计数 N	平均值	最小值	最大值
小麦，大麦，燕麦	叶部生长/分蘖期	2	0	0	0
	茎部生长	13	0.1	0.008	1.6
	开花期	5	0.4	0.1	1.3
	籽粒生长	6	2	0.6	8.5
	成熟期	8	1.2	0.3	5.1
大米	叶部生长/分蘖期	2	0.02	0.021	0.024
	茎部生长	1	0.02		
	开花期	1	0.6		
	籽粒生长	1	1.3		
	成熟期	1	1		

4.2.3　放射性核素由土壤到植物的转移

在常规气载流出物释放所致生态转移的估算模式中，核素在土壤-植物系统的转移系数 TF 定义为：土壤中的核素通过作物根部吸收转移到作物可食部分的份额。即

$$TF = \frac{\text{作物可食部分核素浓度}(Bq \cdot kg^{-1}_{\text{鲜样}})}{\text{根部土壤中核素浓度}(Bq \cdot kg^{-1}_{\text{干土}})} \tag{4.5}$$

《放射生态学转移参数手册》提出了天然放射性核素(U、Ra-226、Th 等)，以及人工放射性核素(Sr-90、Cs-137、I-131、Co-60 等)在陆地/淡水和海洋生态系统的转移参数推荐值，其中核素土壤-植物转移系数给出了国内大多数粮食和蔬菜作物的 TF 值，并提供了土壤类型等资料。在核设施流出物环境影响评价中，当没有厂址特征的转移参数时，结合作物和土壤类型，推荐使用这些参数值。

《放射生态学转移参数手册》提供了按照我国现行土壤分类系统划分的主要土壤类型、分布及土壤理化性质普查结果，以供使用陆地生态转移参数时参考。IAEA 推荐的 TF值，主要来自国际放射生态学联合会(International Union of Radioecology，IUR)提供的参数资料，多来源于欧洲国家。在使用时，对于《放射生态学转移参数手册》没有的推荐值，在没有厂址特征和国内来源的参数时，可使用 IAEA 安全标准丛书第 472 号的推荐值。

植物从土壤中摄取放射性核素主要随土壤类型及其性质(包括土壤质地、离子代换量、可代换 K、Ca、Mn、土壤 pH、有机质含量等)、植物种类的不同而变化。此外，耕作方式、施肥和撒石灰、灌溉等管理也是重要的影响因素。将植物在不同生长时期、不同器官对核素的摄入量进行比较可以发现，核素转移参数随生长阶段、植物器官的不同而变化。由于 ^{90}Sr 和 ^{137}Cs 是大气层核试验释放的关键污染核素，同时鉴于其重要的生物学意义，国内外的研究成果主要与这两种核素有关。

《放射生态学转移参数手册》提供了基于土壤类型的土壤-植物转移系数，并提供了参数调查地区、参考文献等，可作为国内相关参数的推荐。

IAEA 安全标准丛书第 472 号给出了温带地区 4 种典型土壤[砂土、壤土、黏土、全部(不区分土壤类型)]的元素在土壤-植物系统、土壤-水果植物等的转移参数，在没有厂址特征和国内来源的参数时，可依据植物类型(叶菜类、根类、谷物类、豆类、块茎类、乔木、灌木、草本植物等)和土壤类型参考使用。

4.2.4　放射性核素在土壤中的分配系数

放射性核素在土壤中的分配系数是指放射性核素在土壤固相中的活度浓度与液相中的活度浓度之比，用 K_d 来表示。K_d 用来描述某种放射性核素在土壤溶液和固相上吸附的相互关系，K_d 的大小反映了放射性核素在特定土壤条件下的分配规律，其表达式为

$$K_d = [M]_{as}/[M]_{aq} \tag{4.6}$$

式中，$[M]_{as}$ 为固相上交换态放射性核素的活度浓度，$Bq \cdot g^{-1}_{\text{土}}$；$[M]_{aq}$ 为液相中放射性核素

的活度浓度，$Bq\cdot mL^{-1}$。

从上式可以看出，固液相分配系数不需要测定许多复杂的参数，但其缺点是在实际运用中它不是一个定值。实验室 K_d 的简单计算方法是测定土壤固相上放射性核素的活度浓度和水溶液中放射性核素的活度浓度。这样测得的值通常会高于真实的 K_d 值，因为土壤固相上的核素并不是全部可交换的，即有相当一部分是处于所谓的固定态。因此运用这种方法测定的 K_d 值通常被称为总 K_d 值，该值随时间的推移而不断增加。

K_d 常常被用来估算核素在土壤中的滞留能力。K_d 越大，表示土壤对核素的吸附滞留能力越强，核素相对于水的运动速度越慢。

4.3 放射性核素在水生生态系统的转移规律

水生生态系统是一个由水、溶解物质、悬浮物质、底质和水生生物组成的非常复杂的庞大体系。水生生态系统又由淡水生态系统和海洋生态系统所组成。淡水生态系统按地质条件可划分为流动水体、湖泊等。具体划分标准如表 4.5 所示。不同的水系具有不同的生态系统，其生物资源种类和水文地质条件不同，放射性核素进入系统后的地球物理和化学行为规律也有所不同。

表 4.5 IAEA 安全标准丛书第 479 号中水生生态环境的划分依据

生态环境		定义
淡水环境	流动水体	江河，溪流
	湖泊	湖泊及其他稳定水体
海水环境	沿海(近岸)	海岸线 3 公里范围内海域(不包含河口)
	开放海域	海岸线 3 公里以外海域
	河口	包括河口及其他低盐度水体

放射性核素经气载和液态途径进入水生生态系统，在水体中稀释和弥散。一部分放射性核素被水生生物摄取、吸收和积累，并随食物链在生态系统中迁移，另一部分则沉积在底质中，被底质所吸附。

4.3.1 放射性核素在海洋生态系统的转移规律

在海洋环境中，海水、悬浮物、沉积物以及海洋生物是四个主要介质，核素在海洋环境中的运动与各种介质密切相关。

核试验产生的大气沉降的放射性核素，首先集中在表层海水中。核素的分布和迁移与核爆炸的次数和当量、海流、风浪、地形、混合时间等许多因素有关。一般而言，被大陆包围的内海和近岸海区核素含量较高，大洋中的含量较低。首先集中于表层海水的放射性核素逐渐向下移动，在风浪、海流等各种动力因素的作用下，最深可达几千米。由于表层海水强烈的垂直运动，从表面至 100～300m 水深区域放射性物质的分布大致是均匀的。中层水放射性物质的分布因各海域的特点不同而有所差异，其主要影响因素为温跃层的特点以及水团的差异。在深层水中，放射性物质一般含量极少。

水中放射性核素若为颗粒态或为胶体，则容易被悬浮物微粒吸附而下沉。生活在海洋表层的浮游生物由于昼夜垂直运动极易浓集放射性核素，在其死亡后的分解过程中，都会将放射性核素带到 100m 深处的海水下层。

在海水中，锌的存在形态以 Zn^{2+} 为主，$ZnCl^+$ 次之，$Zn(OH)^+$ 最少，此外还有溶解的有机络合物和有机悬浮物形式。在天然海水中锌有三种形式：离子形式、微粒形式和络合物形式。这三种形式的占比多少将随着海水 pH 的变化而改变，例如 pH 为 6 时，只有溶解态的离子形式和络合物形式，pH 为 2 时，只有 Zn^{2+} 形式。

钴在海水中主要是颗粒形式，在核潜艇活动的港湾，经常发现沉积物中有 ^{60}Co 存在。在墨西哥湾的海水中 50% 以上的钴是溶解的无机化合物状态，其三分之一与溶解的有机化合物有关。钴在海水中的离子种类较少，主要以 Co^{2+} 存在。

$^{55,59}Fe$ 进入海水后，容易和海水中的铁一起形成 $Fe(OH)^{2+}$、$Fe(OH)^{3+}$ 一类离子和 $Fe(OH)_2$、$Fe(OH)_3$ 的中性粒子，当胶粒很小时，能较长时间地滞留在海水表面，当胶体被破坏后，可以逐渐凝聚而下沉。

海水中的锰有可溶的离子形式、悬浮形式以及胶体形式，究竟哪一种形式占优势，视条件而异。例如，在墨西哥湾的近岸水域中，50% 的锰是悬浮形式，而湾外海水，几乎所有的锰都是离子形式。在黑海中悬浮形式占优势，二价锰的形式主要在硫化氢地带，锰从河流进入黑海时，主要成为 $MnO(OH)_2$ 形式，它可以在硫化氢区被还原，此时 MnO_2 的氢氧化物转为二价溶解状态。

一般认为海水中的铬具有 Cr^{3+} 和 Cr^{6+} 两种形式。Cr^{3+} 和颗粒物质结合在一起，但铬的浓度很低（$5×10^{-5}mg·L^{-1}$）时，就不能浓集在海底沉积物中。

所谓悬浮物是指直径为 $0.01\mu m$～1mm 的一切粒子。世界大洋的悬浮物还包括陆源和火山爆发形成的无机粒子及碎屑-细小的无机物和生物尸体的有机残骸。

海洋悬浮物的比表面积特别大，为 $10～40m^2/g$，所以悬浮物是海洋中各种成分的有效吸附体。每年进入海洋表面的非生物悬浮物的单位面积质量约为 $1.3×10^3g/cm^2$，其来源主要是由风从大陆表面输送出去；河流的冲积物也占有很大数量。悬浮物的成分随深度变化而变化，大粒子的数量逐渐减少。海洋中悬浮物浓度及粒子成分随深度变化的情况如表 4.6 所示。

表 4.6　一般悬浮物的浓度和粒子成分

深度/m	悬浮物浓度/($mg·L^{-1}$)	粒子含量/%				
		粒径>$25\mu m$	粒径 $10～25\mu m$	粒径 $5～10\mu m$	粒径 $2～5\mu m$	粒径<$2.5\mu m$
0	0.57	0.3	2.2	2.6	2.7	92
100	0.55	0.3	0.9	2.0	3.4	93
500	0.34	0.0	2.2	2.2	3.1	92
4000	0.33	0.0	0.3	2.0	3.4	94

海洋中悬浮物对海水中主要裂变产物的吸附规律如表 4.7 中数据所示。在海水中锶和铯以阳离子形态(Sr^{2+} 和 Cs^+)为主,不易被悬浮物吸附,其原因可能是 ^{90}Sr 和 ^{137}Cs 被它们相应的稳定同位素以及化学性质相近的钙、钠、钾强烈稀释。^{144}Ce、^{106}Ru、^{95}Zr 和 ^{95}Nb 等则不同,它们有效地被悬浮物吸附。

表 4.7   悬浮物对海水中裂变产物的吸附

核素	浓集系数(湿重)	悬浮物占比/%
^{90}Sr	<100	0.0
^{137}Cs	≤500	0.0
^{144}Ce	700	0.7
^{106}Ru-^{106}Rh	1×10^4	1.0
^{95}Zr-^{95}Nb	1.3×10^4	1.3

如果悬浮物的主要成分是浮游生物,实验证明,放射性核素被悬浮物吸附的程度为 $^{144}Ce>^{91}Y>^{95}Nb$,即离子半径越大的核素吸附能力就越强。在海洋里,不同深度的悬浮物成分不一样,对放射性核素的吸附能力也存在差异。在表层由于溶解有机物比较多,从而使任何类型吸附剂的活性区中毒,降低了对放射性核素的吸附能力;在深海的悬浮物中多半是粒子很小的无机组分,对核素的吸附能力强。可见悬浮物中的无机组分对吸附微量元素起着决定性的作用,故在大洋里,悬浮物对放射性核素的吸附程度与所处深度呈正相关关系。

^{90}Sr、^{137}Cs 和 ^{99}Tc 由于悬浮物对它们的吸附能力较差,它们在海水的扩散主要取决于水团作用以及共晶作用的吸附;对 $^{144,141}Ce$、^{95}Zr、^{95}Nb、$^{90,91}Y$、^{106}Ru 等核素而言,悬浮物的吸附作用是影响核素在海洋中行为的主要因素,也是使它们沉积到海底的主要机制;而镍、钴、锌、锰、铁和钇等生源要素则是在生物循环和吸附过程的双重控制下,实现它们在海洋中的迁移,随着不同海域的情况不同,有时以生物循环为主,有时以吸附过程为主,有时则二者兼有。

福岛核事故泄漏大量放射性物质直接进入海洋,是至今为止最为严重的海洋放射性污染的核事故。冷却水与堆芯直接接触,除 ^{131}I、^{134}Cs 和 ^{137}Cs 等低沸点核素外,部分高沸点的 ^{90}Sr 和 $^{239+240}Pu$ 核素也可能泄漏进入海洋环境(Povinec et al.,2012;Bu et al.,2013;Casacuberta et al.,2013;Zheng et al.,2013),核素泄漏总量与成分取决于冷却水酸度与液体排放量。据统计,^{131}I、^{134}Cs 和 ^{137}Cs 海洋排放量分别为 10~61PBq、2~20PBq 和 1~30PBq。^{137}Cs 作为一个长半衰期的重要人工放射性核素,其研究结果最为丰富,Buesseler 等(2012)的结果表明,通过调查西北太平洋海域的 ^{137}Cs 储量,2PBq 排放量是非常保守的估计;东京电力公司基于实测,估算 2 号反应堆高放射性冷却水中 ^{137}Cs 的泄漏量为 4.7PBq,该结果尚未考虑 1~4 号反应堆的泄漏、地下水排放、人为低放射性废水排放等过程,因此该结果也较为保守;Charette 等(2013)根据 Buesseler 等(2012)的实测结果,结合镭同位素数据估算海洋途径 ^{137}Cs 排放量为 11~16PBq,该结果通过镭获得物理输运过程的参数,由于数据稀缺,存在较大的不确定度;BaillyduBois 等(2012)估算的 ^{137}Cs 通过海洋途径的排放总量为 27PBq。

4.3.2　放射性核素在淡水生态系统的转移规律

放射性核素进入淡水生态系统后,应考虑的转移途径主要包括放射性核素随灌溉水进入陆地生态系统,放射性核素向沉积物转移以及水生生物对核素的吸附和富集。

放射性核素在地表水中的弥散与迁移比较复杂,它受到水环境物理和化学过程影响,也受到沉积物的影响。受到放射性污染的地表水可经过多种途径对水生生物及人类产生照射影响。因饮水和食入水生生物可以对人类产生内照射;用污染水灌溉农田,可导致放射性核素向农产品的转移,由食入途径也可以产生内照射;在某些情况下,受污染的水体还可以对人产生浸没照射,底质也可以对人产生直接外照射。在这些照射中,由于水生生物是构成人类食物链的重要组成部分,因而食入水生生物对人产生的内照射是水生生态系统中最重要的照射途径。

放射性核素随灌溉水进入陆地生态系统涉及的转移过程及规律如 4.2 节内容所述。

4.3.3　放射性核素在水生生态系统的转移参数

进入生态系统的放射性核素除在环境介质中分散转移外,还会通过生物摄食、代谢吸收、皮肤吸附、渗透以及生物呼吸等方式进入生物体内。转移参数是描述放射性核素在不同介质之间以及环境与生物之间的转移程度的参数。

1)水生生态系统的 K_d 值

K_d 是指平衡状态下,放射性核素在固、液相中的比值,即吸附到固体颗粒上的核素浓度与水中核素活度浓度的比值,单位是 $L \cdot kg^{-1}$,也称分配系数,放射性核素被水中固相物质吸附的量通常用 K_d 来衡量。

核素分配系数包括两类,即底质沉积物吸附核素的分配系数以及水中悬浮颗粒物吸附核素的吸附系数。一般地,沉积物吸附核素的分配系数是水中悬浮物的十分之一。但由于水中悬浮物吸附核素的不确定因素很大,在进行放射性核素浓度估算时,一般只考虑沉积物中核素的分配系数。

IAEA 安全标准丛书第 44 号在比较了发表在各种出版物上的 K_d 值数据的基础上,给出了大洋和近海沉积物的 K_d 值(表 4.8)。IAEA 认为,实验条件与海洋环境真实的条件相差甚远,实验室数据在数值模拟中应用还有困难,因此在大多数情况下,K_d 值多数使用海洋环境中的监测结果,海洋环境中数据不足或者缺少的情况下,才使用实验室数据。

表 4.8   IAEA 推荐的大洋和近海沉积物 K_d 值

序号	元素	大洋	近海	序号	元素	大洋	近海
1	H	1×10^0	1×10^0	32	Ba	9×10^3	2×10^3
2	C	2×10^3	1×10^3	33	Ce	7×10^7	3×10^6
3	Na	1×10^0	1×10^{-1}	34	Pm	1×10^6	2×10^6
4	S	1×10^0	5×10^{-1}	35	Pr	8×10^6	5×10^6
5	Cl	1×10^0	3×10^{-2}	36	Sm	5×10^5	3×10^6
6	Ca	5×10^2	5×10^2	37	Eu	2×10^6	2×10^6
7	Sc	7×10^6	5×10^6	38	Gd	7×10^5	2×10^6
8	Cr	4×10^5	5×10^4	39	Tb	4×10^5	2×10^6
9	Mn	2×10^8	2×10^6	40	Dy	5×10^6	1×10^6
10	Fe	2×10^8	3×10^8	41	Tm	2×10^5	1×10^6
11	Co	5×10^7	3×10^5	42	Yb	2×10^5	1×10^6
12	Ni	3×10^5	2×10^4	41	Hf	6×10^6	1×10^7
13	Zn	2×10^5	7×10^4	42	Ta	5×10^4	2×10^5
14	Se	1×10^3	3×10^3	43	W	1×10^3	3×10^4
15	Kr	1×10^0	1×10^0	44	Ir	3×10^6	1×10^5
16	Sr	2×10^2	8×10^0	45	Hg	3×10^4	4×10^3
17	Y	7×10^6	9×10^5	46	Tl	9×10^4	2×10^4
18	Zr	7×10^6	2×10^6	47	Pb	1×10^7	1×10^5
19	Nb	3×10^5	8×10^5	48	Po	2×10^7	2×10^7
20	Tc	1×10^2	1×10^2	49	Ra	4×10^3	2×10^3
21	Ru	1×10^3	4×10^4	50	Ac	2×10^6	2×10^6
22	Pd	5×10^3	6×10^3	51	Th	5×10^6	3×10^6
23	Ag	2×10^4	1×10^4	52	Pa	5×10^6	5×10^6
24	Cd	3×10^3	3×10^4	53	U	5×10^2	1×10^3
25	In	1×10^5	5×10^4	54	Np	1×10^3	1×10^3
26	Sn	3×10^5	4×10^6	55	Pu	1×10^5	1×10^5
27	Sb	4×10^3	2×10^3	56	Am	2×10^6	2×10^6
28	Te	1×10^3	1×10^3	57	Cm	2×10^6	2×10^6
29	I	2×10^2	7×10^1	58	Bk	2×10^6	2×10^6
30	Xe	1×10^0	1×10^0	59	Cf	2×10^6	2×10^6
31	Cs	2×10^3	4×10^3	—	—	—	—

IAEA 安全标准丛书第 472 号给出了淡水中颗粒物的 K_d 值,参见表 4.9。对于悬浮颗粒物及沉积物(表层,0～5cm)不做区分。数据中 K_d 值的测量包括野外现场测量、实验室的吸附和解吸实验测量。在所有数据统计分析的基础上,给出了参数的样本量、最大值、最小值、几何均值以及几何标准偏差。由表中数据可知,不同元素在淡水中的分配系数值因元素种类不同而存在明显差异,最大可相差两个数量级。

表 4.9　淡水生态系统的 K_d 值

元素	样本量	几何平均值	GSD	最小值	最大值	数据来源
Ag	91	9.5×10^4	2.3	2.2×10^4	3.3×10^5	实验室吸附实验
Ag	41	4.4×10^5	1.7	1.9×10^5	1.0×10^6	实验室解吸实验
Am	99	2.1×10^5	3.7	2.5×10^4	1.9×10^6	实验室吸附实验
Am	42	1.2×10^5	5.7	6.9×10^3	2.0×10^6	野外现场测量
Ce	15	2.2×10^5	2.9	4.2×10^4	1.2×10^6	多种来源
Co	534	4.3×10^4	9.5	1.1×10^3	1.7×10^6	实验室吸附实验
Co	74	4.9×10^5	4.9	3.5×10^4	6.6×10^6	实验室解吸实验
Co	29	4.4×10^4	3.9	4.9×10^3	3.9×10^5	野外现场测量
Cs	569	9.5×10^3	6.7	3.7×10^2	1.9×10^5	实验室吸附实验
Cs	119	2.9×10^4	2.4	6.9×10^3	1.2×10^5	实验室解吸实验
Cs	219	2.9×10^4	5.9	1.6×10^3	5.2×10^5	野外现场测量
I	124	4.4×10^3	14	5.9×10^1	3.4×10^5	实验室吸附实验
Pu	37	7.9×10^4	2.2	2.1×10^4	2.9×10^5	实验室吸附实验
Pu	41	3.0×10^5	4.2	2.9×10^4	3.2×10^6	实验室解吸实验
Pu	79	2.4×10^5	6.6	1.1×10^4	5.2×10^6	野外现场测量
Ra	75	7.4×10^3	3.1	1.1×10^3	5.2×10^4	多种来源
Sb	23	5.0×10^3	3.9	5.5×10^2	4.6×10^4	多种来源

注：GSD 表示几何标准偏差，geometric standard deviation。

　　K_d 值广泛地应用在海洋放射生态学评价模式中，如模拟海洋中核素在不同相位间分布与扩散的过程，控制放射性废物排放的数量等。国内对悬浮物或沉积物的 K_d 值研究相对较少，所获同类数据变化较大。

　　2) 生物浓集系数 B_p

　　生物浓集系数 (B_p) 指生物体或组织内某种核素的浓度和环境介质(海水)中该核素的活度浓度的比值。生物浓集系数是衡量生物体从海水环境中浓集核素能力的指标，可用于研究核素在海洋环境中的转移过程，评价放射性污染对海洋环境和人类健康造成的危害。

　　生物浓集系数是一个同时受环境与生物因素影响的参数值，对于不同环境条件以及生物样品种类，浓集系数值有不同的表达方式。常见的分类方式如表 4.10 所示。

表 4.10　生物浓集系数 B_p 分类方法

分类依据	分类方式	表达方式
水体内核素活度浓度单位的表达方式	水体质量	$B_p = \dfrac{\text{单位质量生物体内的核素活度浓度}(\text{Bq}\cdot\text{kg}^{-1}_{湿重})}{\text{单位质量海水(或淡水)内的核素活度浓度}(\text{Bq}\cdot\text{kg}^{-1})}$
	水体体积	$B_p = \dfrac{\text{单位质量生物体内的核素活度浓度}(\text{Bq}\cdot\text{kg}^{-1}_{湿重})}{\text{单位体积海水(或淡水)内的核素活度浓度}(\text{Bq}\cdot\text{L}^{-1})}$
生物体内核素活度浓度单位的表达方式	生物鲜重	$B_p = \dfrac{\text{单位质量生物体内的核素活度浓度}(\text{Bq}\cdot\text{kg}^{-1}_{鲜重})}{\text{单位质量海水(或淡水)内的核素活度浓度}(\text{Bq}\cdot\text{kg}^{-1})}$
	生物干重	$B_p = \dfrac{\text{单位质量生物体内的核素活度浓度}(\text{Bq}\cdot\text{kg}^{-1}_{干重})}{\text{单位质量海水(或淡水)内的核素活度浓度}(\text{Bq}\cdot\text{kg}^{-1})}$

B_p 是用来表征生物从环境中富集放射性核素能力的一个重要参数，广泛应用于环境放射性监测、核设施环境影响评价及非人类物种剂量估算工作。

IAEA 安全标准丛书第 44 号将海洋生物分为 7 个类型，分别是大型藻类、浮游植物、浮游动物、甲壳动物、软体动物(头足类另列)、头足类和鱼类。其具体生物浓集系数参数值如表 4.11 所示。植物部分，区分了底栖的大型藻类和浮游植物两个大类，这两大类生物代表了海洋的主要生产者，也是海洋食物链的基础和始端。动物部分，区分了甲壳动物、软体动物和鱼类三大类型，它们是海洋生物中最主要的类群，也是生态系统的消费者。这些生物具有不同的生活习性，分布于海洋上中下水层和底层，成为海洋中核素转移和再分布的主要参与者，它们基本上是海洋鸟类、哺乳动物和人类消费的对象，代表了食物链上物流(包括核素)传递的中间环节，是模型构建中的必要部分。

在同一类群中生态习性极不一样的生物，如软体动物中的贝类、头足类分别营底栖和游泳生活，它们食用部位也不同，IAEA 把它们分为两个不同的类群。甲壳动物和鱼类中的物种，也有专营底栖和游泳生活两类，相关参数可参考 IAEA 安全标准丛书第 472 号内详细数据表格，也可查阅《放射生态学转移参数手册》的相关内容。

表 4.11 内所列数据为 IAEA 安全标准丛书第 472 号推荐的生物浓集系数。从现有数据看，生物类群的浓集系数最大波动范围达 4 个数量级，但绝大多数生物类群的浓集系数通常在 1～2 个数量级之间波动。

表 4.11 IAEA 推荐的生物浓集系数

元素	大型藻类	浮游植物	浮游动物	甲壳动物	软体动物	头足类	鱼类
H	1×10^0	1×10^0	1×10^0	1×10^0	1×10^0	—	1×10^0
C	1×10^4	9×10^3	2×10^4	2×10^4	2×10^4	—	2×10^4
Co	—	—	7×10^3	7×10^3	—	3×10^2	—
Sr	—	—	2×10^0	—	1×10^1	—	—
Y	1×10^3	1×10^2	1×10^2	1×10^3	1×10^3	—	2×10^1
Ag	5×10^3	5×10^4	2×10^4	2×10^5	6×10^4	—	—
I	1×10^4	8×10^2	3×10^2	3×10^0	1×10^1	—	9×10^0
Ce	5×10^3	9×10^4	6×10^3	4×10^3	7×10^3	—	3×10^2
Po	1×10^3	7×10^4	3×10^4	2×10^4	2×10^4	2×10^4	2×10^3
Ra	—	2×10^3	1×10^2	—	—	—	1×10^2
Th	—	4×10^5	1×10^4	—	—	6×10^4	6×10^2
U	1×10^2	2×10^1	3×10^1	1×10^1	—	—	1×10^0
Np	5×10^1	1×10^2	4×10^2	1×10^2	4×10^2	—	1×10^0
Pu	4×10^3	2×10^5	4×10^3	2×10^2	3×10^3	5×10^1	1×10^0
Am	8×10^3	2×10^5	4×10^3	4×10^2	1×10^3	1×10^2	1×10^2

注：头足类为游泳动物，习性上区别于软体动物中的贝类，故将头足类单列一类推荐。

3）参数来源

国外对于放射性核素生态转移参数的收集与研究工作开展较早，数据来源除实验室进行模拟获得的实验数据外，核设施的环境监测数据也是另一主要来源。此外，核事故厂址及其周边生态环境是天然的开放性实验室，具有极其重要的研究价值。IAEA 将这些研究成果汇编成为参数手册供各国核行业从业人员使用，并定期更新手册以保证收录最新、有效的数据。

我国放射性核素生态转移参数的研究工作自 20 世纪 60 年代初开始，通过放射性核素生态转移实验研究、辐射环境监测与调查等工作积累了大量的数据，取得了一些研究成果，并且汇编成了《放射生态学转移参数手册》。水生生态领域研究核素主要包括天然放射性核素（U、^{226}Ra、Th、^{210}Po、^{210}Pb 等），人工放射性核素（^{60}Co、^{90}Sr、^{110m}Ag、^{137}Cs、^{131}I 等）；研究生物多为海洋生物（动物包括鱼类、贝类、两栖类等），淡水生态相关转移参数严重缺乏。

我国相关研究人员针对我国某些厂址的环境监测数据配对计算了部分海洋生物的核素浓集系数，可作为厂址特征参数使用。在没有厂址特征的海洋生物浓集系数时，可以使用《放射生态转移参数手册》中整理的转移参数值。该手册中的海洋生态转移系数、沉积物 K_d 值及生物浓集系数推荐值主要参考了 IAEA 安全标准丛书第 472 号和部分国内实验结果。手册中同时汇总了国内历年来的海洋生物核素浓集系数实验室研究和不同海域的实地调查成果。

K_d 值主要通过两个途径取得，即实验室吸附和解析、实验以及野外现场测量数据。通过实验，向实验水体中直接添加放射性核素可获得人工放射性核素 K_d 值，天然放射性核素的 K_d 值则必须用替代的方法获得，即利用稳定同位素的地球化学分布数据，并通过适当的假设获得 K_d 值。

IAEA 在比较了各种出版物上的 K_d 值数据的基础上，给出了大洋和近海沉积物的 K_d 值。IAEA 认为，实验条件与海洋环境真实的条件相差甚远，实验室数据在数值模拟中应用还有困难，因此在大多数情况下，推荐的 K_d 值多数使用海洋环境中的监测结果，海洋环境中数据不足或者缺少的情况下，才使用实验室数据。

4）生物放射性核素浓集系数测定方法

测定海洋生物对放射性核素的浓集系数，通常采用以下三种方法。

（1）稳定元素测定法。采集海洋生物样品和水体样品，分别测定生物样品和水体中稳定微量元素的含量，计算浓集系数。

（2）放射性核素测定法。采集野外生物样品和水样，分别测定生物样品和水体中的放射性活度，计算浓集系数。

（3）室内试验测定法。在实验室条件下，测试培养的生物体内核素的最大活度浓度和水体的核素活度浓度，从而计算浓集系数。

4.4   放射性核素在食物链的转移规律

本节介绍食物链的基本概念及放射性核素在主要食物链的转移过程及参数。

一个生态系统中的各种生物通过食物关系彼此相互关联，一种生物以另一种生物为食，本身又是第三种生物的食物，依次类推，形成一个由多种生物联系起来的锁链，就是食物链（food chain）。由于一种消费者不止吃一种食物，而同一种食物又可能被不同消费者所食，因此各食物链相互交叉连接在一起形成复杂的食物网（food web）。

生物富集：有些物质在自然界中虽然量很少，但是通过食物链会被高度浓缩起来，这种现象称为生物富集。例如，农药滴滴涕用于防蚊喷洒进入水体中，通过不同营养级的富集，在食物链顶级的海鸟体内，滴滴涕的浓度可达水中滴滴涕的浓度的 100 万倍。

核设施排放的放射性核素进入环境介质后，通过大气沉降、降水、灌溉等方式，进入动植物体内，转移到动物和农产品中，最终进入人类食物链，对公众健康生产影响。

4.4.1   放射性核素在动物产品的转移

动物产品可分为肉、蛋、奶等，动物则可分为牛、羊、猪、鸡等。动物产品受放射性核素污染的程度取决于动物对放射性核素的吸收率、动物体内放射性核素的代谢及动物通过尿、粪、奶等对这些核素的排泄速度。

动物的品种、个体大小、年龄、生长速率、对饲料的消化率、产奶（蛋）量等决定了动物对放射性核素的吸收量。一般地，在估算来自畜产品的辐射剂量时，要考虑的主要参数是动物对饲料和水的摄入量，以及放射性核素从饲料或饮水向动物产品的转移系数。在动物采食过程中，由随机摄入土壤而食入的放射性核素量，已经考虑在从土壤向植物的转移系数中。

放射性核素向动物产品的转移可用转移系数 F_a 来描述。F_a 定义为放射性核素随饲料和饮水被动物食入后，在体内代谢平衡后或动物被屠宰时，放射性核素在动物产品中的比活度（$Bq \cdot L^{-1}$ 或 $Bq \cdot kg^{-1}$）占每日食入量（$Bq \cdot d^{-1}$）的比率（$d \cdot L^{-1}$ 或 $d \cdot kg^{-1}$）。

在运用 F_a 值时必须考虑的因素如下。

（1）平衡状态的要求。在多数情况下，动物在被屠宰时其体内的放射性核素并未达到平衡状态。同样，在转移系数实验中很少能有足够长的时间以使平衡建立。因此从短期实验获得的 F_a 值将低估平衡时的转移情况。

（2）体内平衡代谢。某些元素（例如 Na、Mg、P、K、Ca 等）以及它们的同位素受动物体内代谢平衡控制，因此，当饲料中这些元素的浓度增加时，动物组织中的浓度不一定会相应增加。

（3）核素物理化形态及动物食谱组成的影响。动物肠道对放射性核素的利用性与核素的物理、化学形态及食物的组成有很大的差别。

(4)动物年龄。幼龄动物比成年动物的转移参数高。IAEA 安全标准丛书第 472 号给出了不同元素从饲料到牛奶、牛肉、猪肉和家禽肉的转移系数，参见表 4.12～表 4.15，推荐值为偏保守的推荐值，在没有厂址特征数据时，可用于估算放射性核素在禽畜产品中的吸收和积累。

表 4.12 放射性核素从饲料到牛奶的转移系数推荐值　　　　　　（单位：$d \cdot L^{-1}$）

元素	N	平均值	GSD	最小值	最大值
Am	1	4.2×10^{-7}			
Ba	15	1.6×10^{-4}	2.7	3.8×10^{-5}	7.3×10^{-4}
Be	1	8.3×10^{-7}			
Ca	15	1.0×10^{-2}	1.7	4.0×10^{-3}	2.5×10^{-2}
Cd	8	1.9×10^{-4}	15	1.8×10^{-6}	8.4×10^{-3}
Ce	6	2.0×10^{-5}	5.8	2.0×10^{-6}	1.3×10^{-4}
Co	4	1.1×10^{-4}	2.0	6.0×10^{-5}	3.0×10^{-4}
Cr	3	4.3×10^{-4}	26	1.0×10^{-5}	4.3×10^{-3}
Cs	288	4.6×10^{-3}	2.0	6.0×10^{-4}	6.8×10^{-2}
Fe	7	3.5×10^{-5}	2.0	1.0×10^{-5}	9.7×10^{-5}
I	104	5.4×10^{-3}	2.4	4.0×10^{-4}	2.5×10^{-2}
Mn	4	4.1×10^{-5}	4.9	7.0×10^{-6}	3.3×10^{-4}
Mo	7	1.1×10^{-3}	2.3	4.3×10^{-4}	5.2×10^{-3}
Na	7	1.3×10^{-2}	2.0	5.0×10^{-3}	5.0×10^{-2}
Nb	1	4.1×10^{-7}			
Ni	2	9.5×10^{-4}		6.5×10^{-4}	1.3×10^{-3}
P		2.0×10^{-2}			
Pb	15	1.9×10^{-4}	1.0	7.3×10^{-6}	1.2×10^{-3}
Po	4	2.1×10^{-4}	1.8	8.9×10^{-5}	3.0×10^{-4}
Pu[c]		1.0×10^{-5}			
Ra	11	3.8×10^{-4}	2.3	9.0×10^{-5}	1.4×10^{-3}
Ru	6	9.4×10^{-6}	8.5	6.7×10^{-7}	1.4×10^{-4}
S	1	7.9×10^{-3}			
Sb	3	3.8×10^{-5}	2.5	2.0×10^{-5}	1.1×10^{-4}
Se	12	4.0×10^{-3}	2.1	1.5×10^{-3}	1.6×10^{-2}
Sr	154	1.3×10^{-3}	1.7	3.4×10^{-4}	4.3×10^{-3}
Te	11	3.4×10^{-4}	2.4	7.8×10^{-5}	1.0×10^{-3}
U	3	1.8×10^{-3}	3.5	5.0×10^{-4}	6.1×10^{-3}
W	7	1.9×10^{-4}	3.1	3.4×10^{-5}	6.8×10^{-4}
Zn	8	2.7×10^{-3}	3.9	1.3×10^{-4}	9.0×10^{-3}
Zr	6	3.6×10^{-6}	4.3	5.5×10^{-7}	1.7×10^{-5}

表 4.13　放射性核素从饲料到牛肉的转移系数推荐值　　　　（单位：d·kg^{-1}）

元素	N	平均值	GSD	最小值	最大值
Am	1	$5.0×10^{-4}$			
Ba	2	$1.4×10^{-4}$		$5.0×10^{-5}$	$2.3×10^{-4}$
Ca	3	$1.3×10^{-2}$	30.0	$1.0×10^{-3}$	$6.1×10^{-1}$
Cd	8	$5.8×10^{-3}$	7.8	$1.5×10^{-4}$	$6.0×10^{-2}$
Cl	1	$1.7×10^{-2}$			
Co	4	$4.3×10^{-4}$	2.3	$1.3×10^{-4}$	$8.4×10^{-4}$
Cs	58	$2.2×10^{-2}$	2.4	$4.7×10^{-3}$	$9.6×10^{-2}$
Fe	4	$1.4×10^{-2}$	1.5	$9.0×10^{-3}$	$2.5×10^{-2}$
I	5	$6.7×10^{-3}$	3.2	$2.0×10^{-3}$	$3.8×10^{-2}$
La	3	$1.3×10^{-4}$	1.2	$1.1×10^{-4}$	$1.5×10^{-4}$
Mn	2	$6.0×10^{-4}$		$6.0×10^{-4}$	$6.0×10^{-4}$
Mo	1	$1.0×10^{-3}$			
Na	2	$1.5×10^{-2}$		$1.0×10^{-2}$	$2.0×10^{-2}$
Nb	1	$2.6×10^{-7}$			
P	1	$5.5×10^{-2}$			
Pb	5	$7.0×10^{-4}$	2.5	$2.0×10^{-4}$	$1.6×10^{-3}$
Pu	5	$1.1×10^{-6}$	24.8	$8.8×10^{-8}$	$3.0×10^{-4}$
Ra	1	$1.7×10^{-3}$			
Ru	3	$3.3×10^{-3}$	1.8	$2.2×10^{-3}$	$6.4×10^{-3}$
Sr	35	$1.3×10^{-3}$	2.9	$2.0×10^{-4}$	$9.2×10^{-3}$
Te	1	$7.0×10^{-3}$			
Th	6	$2.3×10^{-4}$	2.9	$4.0×10^{-5}$	$9.6×10^{-4}$
U	3	$3.9×10^{-4}$	1.6	$2.5×10^{-4}$	$6.3×10^{-4}$
Zn	6	$1.6×10^{-1}$	3.2	$4.0×10^{-2}$	$6.3×10^{-1}$
Zr	1	$1.2×10^{-6}$			

表 4.14　放射性核素从饲料到猪肉的转移系数推荐值　　　　（单位：d·kg^{-1}）

元素	N	平均值	GSD	最小值	最大值
Ca	1	$2.0×10^{-3}$			
Cs	22	$2.0×10^{-1}$	1.5	$1.2×10^{-1}$	$4.0×10^{-1}$
Fe[a]	1	$3.0×10^{-3}$			
I	2	$4.1×10^{-2}$		$1.5×10^{-2}$	$6.6×10^{-2}$
Mn	1	$5.3×10^{-3}$			
P	1	$2.7×10^{-2}$			
Ru	1	$3.0×10^{-3}$			
Se	1	$3.2×10^{-1}$			
Sr	12	$2.5×10^{-3}$	2.7	$5.0×10^{-4}$	$8.0×10^{-3}$
U	2	$4.4×10^{-2}$		$2.6×10^{-2}$	$6.2×10^{-2}$
Zn	2	$1.7×10^{-1}$		$1.3×10^{-1}$	$2.0×10^{-1}$

注：a 表示动物幼崽（2 个月大）。

表 4.15　放射性核素从饲料到家禽肉的转移系数推荐值　　　　　（单位：$d\cdot kg^{-1}$）

元素	N	平均值	GSD	最小值	最大值
Ba	2	1.9×10^{-2}		9.2×10^{-3}	2.9×10^{-2}
Ca	2	4.4×10^{-2}		4.4×10^{-2}	4.4×10^{-2}
Cd[a]	2	1.7		1.7	1.8
Co[a]	2	9.7×10^{-1}		3.0×10^{-2}	1.9
Cs[a]	13	2.7	1.6	1.2	5.6
I	3	8.7×10^{-3}	2.0	4.0×10^{-3}	1.5×10^{-2}
Mn	2	1.9×10^{-3}		1.0×10^{-3}	2.8×10^{-3}
Mo	1	1.8×10^{-1}			
Na[a]	1	7.0			
Nb	1	3.0×10^{-4}			
Po	1	2.4			
Se	4	9.7	2.3	4.1	2.8×10^{1}
Sr[a]	7	2.0×10^{-2}	1.8	7.0×10^{-3}	4.1×10^{-2}
Te	1	6.0×10^{-1}			
U	2	7.5×10^{-1}		3.0×10^{-1}	1.2
Zn	3	4.7×10^{-1}	1.2	3.8×10^{-1}	5.3×10^{-1}
Zr	1	6.0×10^{-5}			

注：a 表示包括鸭子的相关数值。

4.4.2　放射性核素在食品加工过程的转移

在食品的制备、烹饪及各种加工过程中，食品放射性水平通常会明显降低，然而制备脱水食物可能会增加食物中的放射性比活度。

食品加工保留因子 F_r，指加工后保留在食品中的核素活度占加工前该核素总活度的份额；食品加工效率因子 P_e，指已加工食品质量与食品原材料的质量比。食品加工总效率为用食品中某种放射性核素的 F_r 值除以该食品的 P_e 值。

为便于理解，这两个定义可参考放射性铯和放射性锶加以说明，例如煮熟的肉中放射性铯的 F_r 值为 0.4，意味着加工前的生肉中存在的放射性铯有 40% 留在熟肉中，另外 60% 的放射性铯进入了煮肉的水中；在加工奶制品时需要考虑加工效率因子 P_e，例如山羊奶粉放射性锶的 F_r 值是 0.61，意味着 39% 的放射性锶在山羊奶变成乳酪的过程中被去除了，又由于乳酪产量占山羊奶的 12%，即 P_e 值为 0.12。因此，山羊乳酪总的加工效率，用山羊乳酪中的放射性锶的浓度除以山羊奶中的放射性锶的浓度，即 0.61/0.12≈5。因此，要得到加工过程总的效率，就是将每一种放射性核素的 F_r 值除以相应的 P_e 值。

动物性食品的 F_r 值都是根据动物内部受到的放射性污染情况得到的。一些蔬菜的 F_r 值是根据植物受到的外部放射性污染算出的。当这些植物的外层表面直接受到放射性落下灰的污染或悬浮的土壤的污染，而且在收割过程中这些放射性污染物没有被消除时，就有必要考虑植物受到的外部放射性污染。

减少食品中放射性污染的加工办法分为三类：①清洗食物表面，例如，清洗、漂洗和刷洗；②有选择地去除食物中受放射性污染最严重的部分，例如，去皮、去除外层叶子和脱骨；③加工，例如，漂白、浸泡、制乳酪和榨油。当然在家庭条件和工业条件允许时，采用罐装、冷冻或脱水的办法处理，对受了短寿命的放射性核素污染的食品再加以贮存，可使这些被贮存的食品中放射性核素通过放射性衰变逐步降低危害。

1) 水果、蔬菜和作物

对受到外部放射性污染的水果和蔬菜(包括根和块茎)进行清洗、擦洗、去皮或去壳，以清除这些食品表面受到的放射性污染是简单、常用和有效的可减少放射性污染的办法。在许多情况下，这些加工办法都是食物烹饪制备中的一个常规步骤。

对水果和蔬菜、谷物类进行加工处理的效果明显相同，表 4.16 和表 4.17 列出了不同的加工方法使水果、蔬菜、谷物类受到的总体放射性污染减少的情况(食品加工保留因子 F_r 和加工效率因子 P_e 值)。在使用表中数据时，分清植物受放射性污染是放射性落下灰沉积直接产生的还是通过植物根部吸收的很重要。

表 4.16　蔬菜和水果的加工保留因子 F_r 和加工效率因子 P_e

| 植物类型 | 加工方式 | F_r | | | | P_e |
		Sr	Cs	I	其他放射性核素	
菠菜	洗	0.2	0.2~0.9	0.07~0.8	Ru: 0.4~0.8	1.0
	洗加漂洗	0.4~0.7	0.2~0.9	0.6~0.7	Ru: 0.5~0.8	0.8
	烹饪加漂洗			0.4		
莴苣	洗				Ru: 0.2	1.0
	去除不可食用的部分		0.1~0.4	0.1~0.4	Ru: 0.01~0.3	0.7
圆白菜	去除不可食用的部分		0.9	0.5	Ru: 0.7~1.0	0.8
	洗	0.07	0.09	0.4		1.0
	洗加漂洗	0.3	0.2~0.7			0.7
	烹饪加漂洗			0.2~0.5		0.7
花椰菜	去皮		0.05~0.2	0.03	Ru: 0.02	0.7
豆类	漂洗					1.0
	漂白	0.3	0.3	0.7		0.9
	水浸选取	0.4	0.4	0.2		
	海水分级	0.4	0.4			
番茄	洗			0.5		1.0
	煮			0.2		0.7
洋葱	去除不可食用的部分		0.2	0.2	Ru: 0.2	0.9
	洗		0.3	0.2		1.0
蘑菇	用2%的氯化钠水煮		0.3			
浆果	漂洗		0.8~0.9		Ru: 0.8~1.0	
	制作果泥				Ru: 0.7	0.6~0.8
	煮		0.3~0.5	0.2	Te: 0.3~0.7 Ba: 0.6~0.9	

表 4.17　谷物的加工保留因子 F_r 和加工效率因子 P_e

原料	加工方法	F_r			P_e
		Sr	Cs	Pu，Am	
小麦粒	磨成白面粉	0.09~0.5	0.2~0.6	0.1~0.2	0.7
	磨成标准粉	0.1~0.2	0.05~0.1		0.05~0.1
	磨成粗面粉		0.15~0.5		0.2~0.3
	磨成糠	0.6~0.9	0.5~0.6		0.1~0.2
	煮小麦芽		0.9		1.8
	面条或膨化		0.1~0.15		0.9~0.95
硬质小麦粒	磨成面粉		0.1~0.6		0.08~0.8
	磨成去壳麦粒或去壳麦粉		0.3~0.4		0.6~0.7
	磨成糠		0.4~0.5		0.2
裸麦粒	磨成白面粉	0.6	0.3~0.6	0.2	0.6~0.8
	磨成黑面粉		0.2		0.1
	磨成糠		0.35~0.7		0.15~0.4
	煮裸麦芽		0.8~0.9		1.9~2.4
大麦粒	磨成白面粉	0.5	0.2~0.6	0.1~0.2	0.6~0.8
	磨成粗面粉		0.35		0.1
	磨成糠		0.4		0.4
燕麦粒	磨成白面粉	0.3	0.4	0.4	0.4
意式面食	煮		0.8~0.9		2.2

对于除了甜菜外的根茎类作物，使用上述办法除去放射性核素的效果通常较差。去皮可能是消除附着在植物表皮的土壤颗粒中含有的放射性核素很有效的办法。

在某些类型的蘑菇中放射性铯的活度在放射性落下灰沉积后可能特别高而且持续很长时间。然而，通过对干蘑菇进行煮熟、煮半熟或浸泡的办法可清除大部分的放射性铯。

被磨制的谷类的 F_r 值一般小于 0.5，然而，就像奶制品一样，谷物加工的总体效果取决于产品的收率。

同样的，在食物加工过程清除的放射性核素可能进入其他产品，例如动物饲料。因此，衡量食品加工的有效性要考虑对副产品和核废物的处理。

对受放射性污染食品加工的效率取决于放射性核素的种类、食品种类和加工方法。食品加工能使许多食品中含有的放射性核素的活度减少一半，因此，这也是一个重要而简单的办法。这个办法在工业加工过程中很容易规范化，与此同时，有关选取和烹饪食品的劝告可能很有用。

2) 奶制品

放射性核素在不同食品中的分配情况受每种产品收率的影响，例如，提高乳酪收率不会影响奶油中放射性核素的活度，可使奶油的 F_r 值成比例增加。核素趋向于保留在牛奶中的水相里。然而，在牛奶的脂肪部分中放射性碘相对较多。锶和碘也有一定量趋向于迁移至奶酪中。除非牛奶受到的放射性污染物的半衰期很短，并且储存时这些核物质可衰变。

放射性铯盐趋于保留在水相中，因此，它在黄油、奶油和乳酪中的活度较低，在乳酪中的放射性活度取决于乳酪的类型。改变乳酪的类型，即去生产某些已知的含有放射性铯较少的乳酪，这是处理牛奶放射性污染最有效的措施之一。但山羊乳酪是一个值得注意的例外，山羊乳酪乳清中放射性铯的含量较高，使用除去矿物质的乳清制乳酪可避免上述现象，这是因为去矿化作用可清除其中的放射性铯。

凝结处理对进入乳酪中的放射性锶有相当大的影响。在用凝乳酶凝结制乳酪时放射性锶的 F_r 值是很难预测的，但通常会有很多的放射性锶进入乳酪中，用酸化处理凝结制乳酪时进入乳酪中的放射性锶的量相对低得多。对于全部的放射性核素而言，用加酸凝结方式生产的乳酪中这些放射性核素各自的 F_r 值比使用凝乳酶凝结的方式生产乳酪中的小。

表 4.18 给出了不同的加工方法使奶制品中放射性污染减少的情况（食品加工保留因子 F_r 和加工效率因子 P_e 值）。

表 4.18 奶制品的食品加工保留因子 F_r 和加工效率因子 P_e

产品	F_r						P_e	
	Sr		Cs		I			
奶油	<u>0.07</u>	0.04～0.25	<u>0.05</u>	0.03～0.25		0.06～0.19	<u>0.08</u>	0.03～0.24
脱脂牛奶	<u>0.93</u>	0.75～0.96	<u>0.95</u>	0.85～0.99		0.81～0.94	<u>0.92</u>	0.76～0.97
黄油	<u>0.006</u>	0.0025～0.012	<u>0.01</u>	0.0003～0.16		0.035～0.01	<u>0.04</u>	0.03～0.05
全脂牛奶	<u>0.06</u>	0.03～0.07	<u>0.05</u>	0.02～0.13		0.05～013	<u>0.04</u>	0.03～0.14
黄油脂		0.001～0.002	<u>0.00</u>	0.00～0.00		0.02	<u>0.04</u>	0.04～0.04
奶粉		1.00		1.00		1.00	0.12	
乳酪[①]								
山羊		0.61		0.07～0.15		0.08～0.14	<u>0.12</u>	0.08～0.17
母牛凝乳酶		0.025～0.80	<u>0.07</u>	0.05～0.23	<u>0.20</u>	0.11～0.53	<u>0.12</u>	0.08～0.18
母牛酸		0.04～0.08		0.11～0.12		0.22～0.27	<u>0.10</u>	0.08～0.12
农村奶酪凝乳酶		0.07～0.17		0.01～0.05				
农村奶酪酸		0.22						
酸奶酪				0.34				
乳清[①]		0.20～0.80		0.73～0.96		0.47～0.89	<u>0.90</u>	0.70～0.94
乳清凝乳酶		0.70～0.90		0.75～0.90		0.60～0.73		0.82
酪蛋白[①]		0.10～0.85		0.01～0.08		0.02～0.12	0.03～0.06	
酪蛋白凝乳酶		0.05～0.08		0.01～0.04		0.03～0.04	0.01～0.06	
酪蛋白乳清[①]		0.08～0.16		0.77～0.83		0.69～0.82	<u>0.76</u>	0.73～0.79
凝乳酶		0.67～0.86		0.83～0.84		0.78～0.80	<u>0.78</u>	0.75～0.79
牛奶[②]离子交换		<u>0.1</u>		<u>0.01</u>		<u>0.1</u>		

注：下划线数据代表最佳估值；①用凝乳酶和酸分别凝聚的值；②商业规模用离子交换法去除牛奶中的放射性污染。

3) 肉和鱼

通过肉类加工处理对去除放射性核素的效果几乎不受动物类型的影响。煎、烤、干腌等加工方法对肉类中放射性铯的含量没有多少影响，而煮、腌和浸泡可有效减少肉类中放射性铯的含量。另外，对受放射性锶污染的畜体，要避免用机器去骨的办法，因为这样做将增加肉类受到的放射性污染。

在切尔诺贝利核事故后，直接对动物采取的一些措施也取得了清除食品中放射性污染核素的理想效果。如挪威等广泛使用普鲁士蓝。每加入剂量为 $1mg \cdot kg^{-1}_{动物体重}$ 的普鲁士蓝，动物对放射性铯的吸收大约减少 50%，若普鲁士蓝剂量达到 $5 \sim 10mg \cdot kg^{-1}_{动物体重}$ 时，进入肉和牛奶中的铯可减少 90% 以上。普鲁士蓝对任何牲畜(包括反刍动物和猪)都适用。在巴西戈亚尼亚(Goiânia)核事故后也曾使用过普鲁士蓝。没有发现按以上剂量使用普鲁士蓝具有毒性，为了使普鲁士蓝达到最佳效果，要每天供给动物普鲁士蓝，还要吃钙盐或富含钙的饲料。动物饲料中钙的含量增加 2~4 倍可使牛奶中的放射性锶的含量减少 15%~30%，其中具体减少的量取决于最初的钙养分的水平，钙资源多种多样且很便宜，据 IUR 的研究，添加不同的钙化合物产生的影响大小如下：$Ca_3(PO_4)_4 > CaO > Ca(COO)_2 > CaCO_3 > Ca(C_3H_5O_3)$。蔬菜中的钙比矿物中存在的钙更有效。使用这个方法时需要注意：当 Ca/P 在饲料中的比例过高时可能影响被饲养动物的健康。

表 4.19 给出了不同的加工方法使肉类和鱼类中放射性污染减少的情况(食品加工保留因子 F_r 和加工效率因子 P_e 值)。

表 4.19　肉类和鱼类的食品加工保留因子 F_r 和加工效率因子 P_e

原料	加工方法	F_r				P_e
		Sr	Cs	I	Ru	
哺乳动物肉	煮肉	0.5	0.4~0.9	0.4	0.3	0.7
(母牛、猪、	煮骨头		0.999	0.2~0.3	0.7	1.0
绵羊、鹿、野	煎，烤		0.8	0.5~0.8		0.4~0.7
兔)	微波炉烤			0.4~0.5		
	湿浸渍			0.1~0.7		0.4~0.7
	干浸渍			0.8		0.9
	去边			0.1~0.6		
	制香肠			0.4~1.0		
鸟类	煮肉		0.5			
鱼类	煮肉		0.9	0.2~0.9	0.5~0.9	
	煎肉			0.8~0.9	0.7~0.8	

我国幅员辽阔，各地自然条件、人们生活习惯、经济文化发展状况的不同，在饮食烹调和菜肴品类方面，形成了不同的地方特色。研究放射性核素在烹调过程中的转移情况，

对核事故应急计划制定和环境恢复都具有重要的指导作用。

4.5 放射性核素在生态系统转移的不确定性

不同种类核素与不同生态系统和环境介质的组合千变万化,这就造就了核素生态转移过程充满着来自各方面的不确定性因素,包括核素在空气、淡水、海水、土壤等不同环境介质中的扩散、迁移等物理和化学过程,也包括生物对环境中各种放射性核素的吸收与代谢等过程。生态学转移参数是表征核素在生态环境中迁移规律的最直观数据,生态学转移参数及其不确定性的研究对于环境影响评价与环境保护工作都具有重要意义。

引起参数不确定性的原因很多,其中导致测量不确定性的原因主要有对被测量的定义不完整或不完善,实现被测定义的方法不理想,取样的代表性不够,对测量过程受环境影响的认识不周全或对环境条件的测量与控制不完善等。

4.5.1 各类转移参数变化范围

在自然界中放射性核素以各种物理、化学形态存在,不同形态与生物可存在不同的作用方式。根据稳定元素的浓度值得到的生物浓集因子值与根据放射性核素浓度所得到的生物浓集因子值是不同的,前者通常是常量元素,后者通常是微量元素,其环境迁移行为和生物代谢方式有所差别。确定生物浓集因子、各种环境参数、放射性核素的化学形式以及各种属的特征的方法学对放射性核素在环境中的转移参数值影响较大。

生物对放射性核素的吸收是一个复杂的过程,特别是在那些直接从水里吸收放射性核素以及从肠胃里吸收放射性核素的机体更是这样。在机体或组织里吸收的放射性核素的平衡浓度与照射期间该核素在环境中的平均浓度的比值是真正的生物累积因子,然而环境因素可以影响生物对放射性核素的吸收,进而影响水生生物对放射性核素的生物累积因子。

生物浓集过程是生物体吸收和排出核素的动态平衡过程,这意味着所提供的系数不是一个常数。室内实验通常使用比海洋环境中高出很多的核素活度浓度进行生物浓集实验,同时实验条件保持相对稳定,结果大多数实验生物难以在实验室环境下正常生活,生物受到人工培养环境的压迫,存活率已经与野生条件下有很大的差距,频繁的破坏性取样需要养殖大量的生物,这也导致在实验条件下难以进行长期的养殖,达不到动态平衡。在这种情况下实验室获得的浓集系数与野外获得的必然有所差别。

许多用于计算转移参数的数据并非从专门为此目的而设计的研究中得到,因此缺乏充足的判断转移参数准确性的必要数据。综上,由于所有这些不确定因素的影响,核素在环境与生物圈的转移参数值具有较大的波动范围,几种主要的转移参数信息如表 4.20所示。

表 4.20　几种主要转移参数的波动范围

生态转移参数	单位	备注	参数范围
f (截获因子)	量纲一	分为干沉积 f_d 和湿沉积截获因子 f_w	f_d: 0.23～9.6 f_w: 0.3～8.7
α (易位因子)	基于叶面积的单位：$(Bq \cdot m^{-2})/(Bq \cdot m^{-2})$ 基于产量的单位：$(Bq/kg)/(Bq \cdot m^{-2})$		$8 \times 10^{-7} \sim 3 \times 10^{-1}$
F_v (核素土壤-植物转移系数)	$Bq \cdot kg^{-1}$ 植物或 $Bq \cdot kg^{-1}$ 土壤	可以区分为 F_v 和 F_{vs} (考虑了食入带土)	$8.6 \times 10^{-6} \sim 9.4 \times 10^{0}$
B_m (核素向动物产品的转移系数)	牛奶：$B_m(d \cdot L^{-1})$ 或牛肉 $B_i(d \cdot kg^{-1})$		$0 \sim 8 \times 10^{-1}$
B_p (核素向水生生物转移的浓集因子)	$Bq \cdot kg^{-1}$ 鲜重或 $Bq \cdot L^{-1}$	连续排放情况；分别涉及淡水生物和海洋生物，包括鱼类、甲壳类、其他海产品等	$0 \sim 1 \times 10^{4}$
K_d (分配系数)	$Bq \cdot kg^{-1}$ 干重或 $Bq \cdot L^{-1}$	涉及淡水和海洋环境	$3 \times 10^{-2} \sim 3 \times 10^{8}$
F_r (食品加工保留因子)	量纲一		$0.03 \sim 1$

4.5.2　不确定性影响因子

1. 放射性核素土壤-植物转移参数的影响因素

放射性核素会通过气溶胶沉降、相邻污染场地的核素迁移以及含放射性核素的污水灌溉和施用含放射性核素的化肥进入土壤中，放射性核素从土壤进入农作物体内，进而进入农作物的可食部分是进入食物链的开端，与最终人类放射性核素的摄入量关系密切。

放射性核素从土壤到植物的转移需要经过两个过程：放射性核素在土壤中的转移—放射性核素的根际吸收。这些过程中主要是放射性核素与土壤和植物之间的相关作用，因此决定放射性核素从土壤到植物的转移因素主要来自四个方面：土壤、植物类型、放射性核素以及其他一些因素，如气候和耕作管理。

1) 土壤

土壤对于放射性核素土壤-植物的转移参数起着至关重要的作用。目前应用最广的是将土壤按照矿物质和有机质含量分为矿物土及有机土，其中矿物土按照沙土和黏土的含量又可以分为三种：沙土、黏土和壤土。目前转移参数的描述中通常将土壤分为四类：沙土、壤土、黏土、有机土。其中对于四种土壤分别给出了土壤的 pH、有机质含量、阳离子交换量。

土壤性质对于土壤-植物转移参数的影响主要表现在两方面：①影响土壤中放射性核素的可利用量；②影响土壤中放射性核素的迁移。

土壤中放射性核素一部分结合在土壤固相表面，另一部分存在于土壤溶液中，可以在土壤内部迁移，被植物吸收利用。通常用土壤固液相分配系数 K_d (指土壤固相中放射性核素的活度浓度与土壤液相中的放射性核素的浓度比值)来描述二者之间的关系。土壤中的黏土粒和有机质对放射性核素有很强的吸附作用，可用通过吸附、络合等作用将核素固定在土壤固相表面。对于大多数的放射性核素，不同土壤类型中的 K_d 值存在如下关系：沙土＜壤土＜黏土＜有机土，沙土和有机土之间一般相差 1 个数量级，对于个别放射性核素，如 Ru，相差 3 个数量级。土壤 pH 主要通过影响放射性核素的存在形式而影响植物的可利用量，受 pH 影响比较大的放射性核素主要包括 U、Th、Cd、Co、Ni、Zn、Am、Cm 等。对于 U，当 pH＜5 时和 pH≥7 时，K_d 值相差 10%；pH＜5 时和 pH≥6.5 时，Cd 和 Ni 相差 1 个数量级，Co 相差 2 个数量级。土壤中阳离子交换量(cation exchange capacity，CEC)对放射性核素的影响是由于元素周期表中同一族的元素具有相似的化学性质，因此在土壤环境中存在竞争关系，其他元素的存在会降低放射性核素的浓度。例如，Ca、Mg 与 Sr，K、NH_4^+ 和 Cs 之间均存在竞争关系。对于一些核素，不同的阳离子交换量条件下，K_d 值差异显著，如 Sr 在 CEC＜10 和 CEC＞50 条件下，K_d 值相差 3 倍之多。

当土壤中放射性核素存在于溶液中时，更容易在土壤内部迁移。因此土壤特性可以影响土壤溶液中放射性核素的溶解量，从而间接地影响土壤中放射性核素的迁移。IAEA 安全标准丛书第 472 号总结了核事故条件下和核试验条件下无扰动环境中放射性核素 ^{137}Cs 的迁移速率，发现不同土壤类型中 ^{137}Cs 的迁移速率相差 2～3 倍，李祯堂等(2004)通过研究腐殖酸对石英砂柱中 ^{237}Np 的迁移速率的影响，发现一定量的腐殖酸会加快迁移速率，但是随着酸度持续增加，其不再变化；还有人研究发现土壤中有机质含量的增加对 ^{137}Cs 的迁移速率有减弱作用。

此外，土壤肥力和土壤中的微生物也会通过吸附、络合等作用降低土壤中放射性核素可利用量和流动性，放射性核素在肥沃的土壤中迁移速率较慢，土壤中微生物会通过吸收、吸附、氧化还原反应降低放射性核素在环境中的溶解度和迁移性。

2) 植物类型

植物的固有特性对于放射性核素转移参数也是重要的影响因素，包括植物新陈代谢和植物吸收放射性核素的生物化学机制、植物对特定核素的根际特性。因此不同的植物对不同的放射性核素表现出了不同的转移能力，例如，豆科植物比禾本科植物对 ^{90}Sr 和锕系元素的吸收能力强，藜科植物和葫芦科植物对 ^{90}Sr 的吸收比豆科植物强。植物对 ^{137}Cs 的吸收量大小顺序为：莴苣属、甘蓝＞胡萝卜、马铃薯＞谷物和葱属。对于 ^{90}Sr 的吸收量大小顺序为：莴苣属、甘蓝＞胡萝卜、葱属＞马铃薯。通过采集污染场地植物，分析其中的 ^{90}Sr 和 ^{239}Pu 含量，结果表明不同植物 ^{90}Sr 的含量顺序为：河西苣＞芦苇＞盐生草＞盐穗木＞骆驼刺＞红柳＞沙拐枣，^{239}Pu 的含量顺序为：盐生草＞河西苣＞骆驼刺＞红柳＞芦苇＞沙拐枣＞盐穗木。一些植物对于特定核素的超强转移系数目前常常用来作为超积累植物进行植物修复。

3) 放射性核素

放射性核素对于土壤-植物转移参数的影响主要由其存在形式和粒径大小决定。一般放射性核素的粒径越小，溶解度越高，越容易被植物吸收。

IAEA 安全标准丛书第 472 号将放射性核素按照土壤-植物转移性质的不同分为以下五大类。

①轻天然核素(^{3}H、^{14}C、^{40}K），这类核素是植物生长的必需核素，最容易被植物吸收。但是由于 ^{3}H、^{14}C 主要呈现气态，所以从土壤部分吸收很少。^{40}K 根据植物需要从土壤中吸收。

②重天然核素(^{232}Th、^{238}U、^{226}Ra、^{210}Pb、^{210}Po），这类核素转移参数都比较低，其中 Th、Po 的要比 U、Ra 和 Pb 的低 1 个数量级。U 和 Th 的转移参数受土壤 pH 的影响很大，比土壤结构的影响大，二价的 ^{226}Ra 主要受土壤阳离子交换量的控制，^{210}Pb 和 ^{210}Po 受土壤某点的成分影响。重天然核素的转移参数值对于不同的植物差别很大，差别最大至 100 倍，不同土壤类型最大相差 10 倍。

③超 U 元素(Am、Cm、Pu、Np），这类核素表现出很复杂的土壤化学行为，因为不同的氧化程度，缺乏稳定的边界，高的抗络合和水解作用，超 U 元素的转移参数从 10^{-6} 到 1 不等。这些元素在果实和籽粒中的浓度比在叶片部分的低 1～3 个数量级。生物浓集系数大小顺序为：Np＞Am＞Cm＞Pu。在锕系元素中，Np 的环境迁移性和植物可利用性最高。水解是影响土壤中 Am 和 Cm 元素行为的主要因素。Pu 的迁移性由其存在形式决定，降低顺序分别是：Pu(V)＞Pu(VI)＞Pu(III)＞Pu(IV)。

④裂变碎片(^{89,90}Sr、^{134,137}Cs、^{129,131}I、^{91}Y、^{95}Zr、^{95}Nb、^{103,106}Ru、^{141,144}Ce），这组中的核素迁移特性变化多样。^{91}Y、^{95}Zr、^{95}Nb、^{103,106}Ru、^{141,144}Ce 由于其在土壤中强烈的吸附作用，很难被植物吸收。土壤的酸度和有机质的含量对土壤中核素的行为影响很大。高达 99% 的植物吸收的核素保留在根系，只有很少的一部分转移到植物的地上部分。^{95}Zr 和 ^{141,144}Ce 是植物最不易吸收的核素。不同土壤的转移参数相差 10～30 倍。

⑤活化产物(^{51}Cr、^{54}Mn、^{55,59}Fe、^{60}Co、^{65}Zn、^{115}Cd），这组都是植物必需的微量元素。通常来说，在土壤与植物间有很高的流动性。

4）其他影响因素

土壤的管理实践和气候因素也会影响放射性核素土壤-植物的转移参数。比如，灌溉条件下，放射性核素在植物中的积累会提高 1.2～2.0 倍。耕作会降低 1/2 的转移参数，对一些核素(Sr 和 Cs)撒石灰会降低植物的吸收 1/2～2/3，施肥会降低 1/2～4/5。化肥和化学添加剂以及耕作也会对转移参数产生影响，因此在实际参数应用中应将其考虑在内。

2. 放射性核素水生生态环境转移参数的影响因素

1）K_d 值影响因素

K_d 值受监测海区物理和化学过程、沉积物、颗粒物粒径、核素类型和颗粒物吸附核素平衡时间等因素影响。放射性核素在淡水生态系统中的吸附与季节有关，比如 Co、Mn，不同季节氧化细菌不同，导致核素的吸附呈现季节性。此外，一些实验过程也影响 K_d 值，放射性核素在环境迁移的过程中可能发生氧化、阳离子迁移等动力学过程，这些过程不仅与离子价态等放射性核素本身的性质有关，还与环境因素有关。典型的环境因素有悬浮颗粒物浓度、离子强度、酸碱度等。此外，在实验室的测量过程中，参数的取值还与水体与固态物的比例、示踪元素的起始浓度、吸附平衡前后水体的 pH、实验进行的时间、分离方法(过滤或者沉淀)、样品是否振荡摇动、监测的相态(通常仅监测一种)、容器壁上核素的吸附、其他离子的干扰等因素密切相关。

2) 浓集系数影响因素

水生生物对放射性核素的吸收和浓集受到环境及生物因素的双重影响。环境因素主要包括温度、盐度、对藻类的光照、pH、核素理化特征、核素活度浓度等。生物因素有生物种类、生理活性、食性、生活区域等(Iibuchi et al.，2002)。

某些放射性核素可以参与生物生理作用，例如，钴是维生素 B_{12} 的组成成分，这类放射性核素具有很强的沿食物链转移的能力。某些放射性核素在生物的组织器官中会表现为特异性浓集特征，例如，锶表现为亲骨性，碘主要累积在甲状腺中，其他组织器官对这些核素的累积量很少。有研究表明不同比活度的 ^{110m}Ag 在鲤鱼体内的浓集与排除规律，在三种不同活度浓度的水体条件下培养大小体型基本一致的鲤鱼，实验结果发现，实验水体中 ^{110m}Ag 比活度越大，鲤鱼吸收量越多，吸收越快，但是其对应的平衡时的浓集系数却随比活度的增大而减小。

水环境中的盐组分在鱼类对放射性核素的浓集过程中具有重要影响作用，如果环境中同族元素丰富，生物对放射性核素的积累减少；反之，同族元素的缺乏会导致放射性核素在生物中的积累增加。铯在鱼类体内代谢途径与钾类似，并可通过钾盐代谢途径排出，因此海洋鱼类在调节渗透压的同时也会排出体内的铯。

浓集系数也受生物自身生理因素的影响，生物的种类、生长发育阶段、不同的组织部位以及不同的核素摄取方式等因素均能影响生物对放射性核素的浓集作用。研究发现，在同等污染水平下，鱼通过吸附和鳃滤水进入组织的放射性核素一般比随食物进入的多。

按照鱼在水体中的生活区域可分为游泳鱼类与底栖鱼类，底栖鱼类的受照射途径较游泳鱼类多了沉积物一项，沉积物放射性活度浓度要高于水体的。放射性核素进入食物链使得污染得以持续，并在未来一段时间内得以保持，使得底栖鱼类体内的核素浓度下降速度小于游泳鱼类。按照鱼的食性可分为肉食性鱼类、草食性鱼类与杂食性鱼类，Hosseini 等(2008)对不同鱼类以及不同的饲养模式进行观察，总结出肉食性鱼类较草食性鱼类更易累积重金属。

核素在生物体内的浓集具有组织特异性，不同核素在不同的组织部位中具有不同的浓集规律，如 Sr 为亲骨元素，更容易浓集在鱼类的骨骼、鳞片等部位。Feng 等(1998)研究发现，^{137}Cs 在水生生物各组织部位的积累量有所差别，累积最多的是鱼鳃、内脏、鱼皮等，其次是鱼骨和鱼肉。

蔡福龙等(1992)使用连续跟踪测量方法研究大弹涂鱼对核素的吸收方式，实验选取五种吸收途径，包括游泳吸收、鳃部呼吸、皮肤渗透、胃肠吸收以及两栖吸收。结果表明，在五种途径中，游泳吸收和鳃部呼吸这两个组合的浓集系数最高，这说明鳃部的吸收作用是大弹涂鱼浓集核素的主要途径之一，其次是通过皮肤的渗透作用。此外，蔡福龙等(1992)还探究了生物个体差异对其吸收核素能力的影响，结果表明个体越小对于核素的吸收能力越强。

影响鱼类浓集核素的因素包括环境因素和生物因素，如表 4.21 所示。

表 4.21　鱼类浓集核素能力影响因素表

影响因素		影响效果
环境因素	温度	在鱼类正常生存条件下，温度越高，鱼类浓集放射性核素能力越强
	盐度	同主族元素之间存在竞争关系
	核素活度浓度	核素活度浓度越高，鱼体内浓集的放射性核素总量越高，浓集系数越低
	核素理化特性	某些核素，例如锶、铯存在组织特异性浓集现象
	核素沿食物链转移能力	具有生物活性或参与生物生理代谢的核素沿食物链转移的能力更强
生物因素	生物种类	不同种鱼类存在差异
	生理活性	鱼龄小＞鱼龄大
	食性	肉食性＞杂食性＞草食性
	生活区域	底栖鱼类＞游泳鱼类

4.5.3　不确定性计算方法

对于参数观测值为连续集的情况，可通过计算算数平均值以及其置信区间对参数的不确定性进行表征。国外发表的转移系数通常给出期望值、95%置信区间和标准差，期望值被看作是"典型的"或最大可能发生的一个值，而其不确定性按照 95%置信区间的上限和下限给出，或者按照原文献的上限和下限范围给出。在数据样本量足够大的情况下，期望值可认为是参数分布的 50%分位数，在参数数据量有限但具有足够代表性的情形下，期望值及其置信区间的计算方法见表 4.22。

表 4.22　期望值及其置信区间计算方法

统计算法	期望值	95%置信区间下限	95%置信区间上限
算数平均	$\bar{X} = \dfrac{1}{n}\sum_{i}^{n} i$	$\bar{X} - 2\sigma$	$\bar{X} + 2\sigma$
几何平均	$\tilde{X} = [\prod_{i}^{n} x_i]^{1/n}$	$\tilde{X}[\exp(2\zeta)]^{-1}$	$\tilde{X}[\exp(2\zeta)]$

注：σ 是标准差，即 $\sigma = \left[\dfrac{1}{n-1}\sum_{i}^{n}(x_i - \bar{X})^2\right]^{1/2}$；$\zeta$ 为观测值自然对数的标准差；n 为观测次数。

如果按照特定食物种类、土壤理化性质和环境条件分别针对性给出核素生态转移参数值，通常可以减少参数期望计算过程中的不确定性，但是由于以往转移参数获取途径的局限性，这些背景条件往往是缺失的。此外，在某些情况下，由于数据有限，且未说明其不确定性，也未给出期望值的变化范围，这种情况下使用参数时需特别谨慎。

4.5.4　参数使用时减少不确定性的方法与实例

建议优先使用厂址特征的转移参数值，在没有厂址数据的情况下，推荐使用国内和国际权威机构出版的参数资料，包括《放射生态学转移参数手册》等。

对任何参数值的推荐是基于已知它们的变化范围进行综合考虑的一种判断，因此本书所列转移系数只是一个参考值。在针对某个具体场址进行评价时，最好使用特定厂址的实际测量数据。当缺少厂址特征的转移参数而需要使用本书的推荐值时，应考虑推荐值的背景资料，例如土壤类型及其理化性质、作物种类、参数来源（来源于实验室、野外实验或环境监测数据的配对计算值等）、所处地区等，可以减少参数引用的盲目性，具体建议如下。

(1) 选用在当地有代表性的植物和土壤类型得出的数据；

(2) 使用土壤与植物样品配套采样（同地点、同时期）的数据；

(3) 尽可能提供土壤类型、理化性质、气候条件等资料；

(4) 使用统一的数据统计方法。

在未来核设施环境介质的放射性监测中，建议在采样布点和采样时间上考虑转移参数的要求，可以长期、稳定地获得厂址特征的核素生态转移参数，对核环境评价无疑具有重要意义。

不同种类的植物在不同条件下对核素的转移过程并不是固定的，以浙江某核电厂为例，其辐射环境监测部门开展了核电厂周围连续 10 年的辐射环境监测，涉及核电厂周围 50km 范围内 70 个采样点的环境和生物样品中 ^3H、^{14}C、^{137}Cs、^{90}Sr 的辐射测量，对植物、水生生物、动物和环境介质（土壤、水体）等进行了配套核素转移参数计算，并分析监测期间当地气象条件年降水量、年平均气温等的相关性，结论如下。

核电厂周围环境中的植物、水生生物、动物的浓集系数随时间的变化总体上并没有较大的差异，但个别时间段内有激增的现象，而根据核电厂气象站相关降水量数据显示，该时间段内，并没有降水量突变的情况，可能是因为核电厂的扩建及其他原因引起，随着降水量的增多，植物的 ^{90}Sr 浓集系数总体上是升高的，^{137}Cs 浓集系数总体上是降低的，分析结果显示，随着降水量的增加，水生生物的浓集系数是降低的。随着降水量的增多，扩散到空气中的核素被更多地带到了土壤中，所以水生生物的浓集系数略微降低。

桑叶的 ^{137}Cs 浓集系数与温度呈负相关，随着温度的升高，该系数呈下降趋势，茶叶、萝卜、青菜、大米、牧草的 ^{137}Cs 浓集系数与温度则没有明显的相关性，可能是因为这些经济作物经过长期的驯化后，对于温度变化产生了一定的耐受性，在温度变化不大的条件下，其对 ^{137}Cs 的浓集没有明显的变化。桑叶和牧草的 ^{137}Cs 浓集系数与降水量呈正相关，随着降水量的增多，其对 ^{137}Cs 的浓集越明显，这可能是因为这些植物依靠自然降水生存，所以其与降水量的变化有明显的正相关关系。对于 ^{90}Sr 的浓集系数而言，茶叶、青菜、萝卜、大米、牧草对 ^{90}Sr 的浓集与温度没有明显的相关性，其原因可能和前述相同，茶叶和牧草对 ^{90}Sr 的浓集与降水量有明显的正相关关系，这可能是因为对于 ^{90}Sr 的吸收，天然降水占了绝大多数的成分。

第5章　放射性核素的生物学效应

放射性核素对生物的生物学效应，包括由外照射和内照射引起的生物机体、组织、细胞和分子水平在瞬间或后期出现物理学、物理化学、化学和生物学变化，所产生的一系列的变化、损伤、损害、危害，其程度与放射性核素种类、剂量和剂量率作用方式相关，直接或间接影响生物的生长、发育、繁殖继而遗传等生命过程。

放射性核素本身的毒性以及释放的射线产生的电离辐射都会对生物的造成影响。以活度导出空气浓度(derived air concentration，DAC)和质量导出的空气浓度作为界限值，将放射性核素分成极毒、高毒、中毒和低毒四个组别。尤其是半衰期较长的长寿命放射性核素，与生态环境污染相关的主要核素包括锶-90(高毒)、铯-137(中毒)、铀-238(低毒)和氚-3(低毒)等。它们所发出的射线为电离辐射，简言之，电离辐射将能量传递给生物体而引起的改变统称为电离辐射生物效应。电离辐射主要靶点是 DNA，可引起 DNA 双链断裂、染色体畸变等一系列改变。人类的辐射敏感性是最高的，同时，非人类物种也存在着不同程度的辐射敏感性。

人类和非人类物种的受照射方式、辐射敏感性、受到照射的器官或组织都有很大的差别。对哺乳动物的某些组织(如中枢神经系统)，甚至可能包括所有脊椎动物及其辐射响应与人类相似，其他生物的辐射敏感性则区别很大。

植物的辐射敏感部位一般是分生组织，它在表面分布使得植物极易受到由于放射性核素沉积产生的内照射。人类的辐射防护关心的主要是随机性效应，即随机性躯体效应(癌症)、随机性遗传效应和确定性效应；对于非人类物种，可将辐射效应在较宽的范畴上分类，如早期死亡率、繁殖成功率下降和细胞遗传学损伤等。

本章将从植物学效应、动物效应、微生物学效应三方面论述放射性核素对生物的影响。

5.1　放射性核素的植物学效应

5.1.1　放射性核素对植物生态系统的影响

放射性核素的植物学效应包括对植物生态系统和个体的影响，生态系统主要指构成生态系统诸多要素及其在时间、空间上的分布形式，还包括生态系统内物质和能量流动的途径与传递关系。土地利用的改变也是影响物种多样性的重要驱动力，而城市化又是改变土地利用的最主要形式之一。

放射性核素进入环境，遵循物理学浓集、扩散以及生物学累积和转移的规律，其行为受到其物理与化学性质的制约。放射性核素进入植物体内主要途径包括大气干湿沉降、土壤颗粒在植物体表面的黏附和植物根系吸收。

大气干湿沉降发生在核武器或核电站爆炸事故之后较短的时间内,沉降在植物表面的放射性核素可以直接转移到放牧的动物体内,也可以被植物叶片吸收而转移到植物体内的其他部分。沉降在植物表面的放射性核素也可通过雨水和风的作用、植物生长(稀释效应)、组织衰老、叶片凋落或动物吞食而减少,这些过程被称作植物表面放射性核素的风化作用。风化作用和放射性核素衰变决定了植物表面放射性核素的实际消失量,实际消失量的动态规律已被广泛用来研究核事故发生时的放射性沾污或污染与评价(Fraley et al., 1993, Scotti et al., 1994)。可用如下方程来表达:

$$\left[\mathrm{d}A(t)\right]/\mathrm{d}t = \{1-\exp[-\mu(B(t))]\}D - \lambda eA(t) \tag{5.1}$$

式中, $A(t)$ 为时间 t 时,植物表面的放射性比活度,$\mathrm{Bq\cdot kg^{-1}}$ 或 $\mathrm{Bq\cdot m^{-2}}$;D 为沉降速率,$\mathrm{Bq\cdot m^{-2}\cdot t^{-1}}$;$B(t)$ 为时间 t 时植物的生物量,$\mathrm{kg\cdot m^{-2}}$;μ 为吸收速率,$\mathrm{m^2\cdot kg^{-1}}$;$\lambda e$ 为有效消失速率常数,$\mathrm{t^{-1}}$。有效消失速率常数是消失速率常数的总和,包括风化作用和物理衰变。

表征植物表面放射性核素风化速率的参数通常为半衰期。$^{131}\mathrm{I}$、$^{133}\mathrm{I}$ 类似于稳定 I 的运动。细枝多、毛多的植物比表面光滑、直径大的植物累积更多的放射性气溶胶。在一定时间内,表面放射性无论增加或减少,主要取决于吸附和消失的速率大小,吸附速率随着介质中浓度增加而增加,而消失速率因物理衰变、淋溶、再悬浮或分解、表面本身空间再分配而改变。放射性核素一旦进入活的生物系统,将以其营养元素类似物的物理行为运动,或留在特定组织和器官与其生命组分相结合。

放射性核素在植物体内的传输和迁移包括:一种物质的运动常和另一种物质一起,即共轭(配对)效应,如蒸腾流中的水经常与溶质一起运动,在叶肉和根皮部位,移动主要是通过胞间连丝从细胞到细胞进行,但较长距离的移动通常在韧皮部的维管系统中进行,用放射性标记物可以证实,韧皮部是有机化合物运输的主要途径。进入植物体内的矿物质随木质部液流向上传输,木质部是离子运输的主要通道,但在一定程度上可以发生向韧皮部的横向扩散。水稻对重金属离子的吸收和传输,与负电性有关。金属负电性越小,越容易迁移。负电性小的金属容易通过膜,如负电性由小到大的顺序为:$^{54}\mathrm{Mn} < ^{65}\mathrm{Zn} < ^{60}\mathrm{Co} < ^{109}\mathrm{Cd}$,向水稻地上部分传输和迁移能力大小顺序为:$^{54}\mathrm{Mn} > ^{65}\mathrm{Zn} > ^{60}\mathrm{Co} > ^{109}\mathrm{Cd}$。在同一器官中(例如叶),负电性小的金属移动性大;同一种金属,不同溶液离子浓度,也影响其进入植物体内的数量。在一定范围内属于主动吸收,当离子浓度达到某一浓度时植物生长发育达到胁迫受害,植物的排斥系统被破坏,吸收反而大增。

植物生活的空间和寿命影响放射性核素的累积,地衣和苔藓能从环境中长期吸收和累积放射性核素,并在若干年后达到较高浓度;乔木和灌木,每年叶子掉落后,放射性核素转移到树叶的消费者-分解者(微观世界)中。因此植物对累积环境中的放射性核素的作用是有限的(傅小城等,2014)。

放射性核素大量存在核事故突发后,表现为植物个体死亡、形态异常、突变率增加、树木生长障碍、植物繁殖受影响等。如切尔诺贝利核事故导致放射性核素泄漏到生态系统,放射性活度浓度高达 $37000\mathrm{Bq\cdot m^{-3}}$。受污染比较大的是蘑菇和浆果(黑果越橘、红莓苔子、越橘)。2005 年，放射性铯在新鲜蘑菇中的活度达到 156000Bq·kg^{-1}，而在干蘑菇中的活度达到 8000Bq·kg^{-1}，在黑果越橘浆果中分离出的铯-137 达到 2800Bq·kg^{-1}。石雷和丁保君(2012)发现，松树受到 80~100Gy 照射后会引起大片死亡，所有叶子变成红色(即红森林)、树冠凋零以及植物形态学异常，如茎秆的萎缩或肿胀、叶子的卷曲、植株矮小等，包括表型变异和波动性的不对称。尽管这些异常水平很小，但这种异常可能与其他生物体的生存能力降低和繁殖成功有关。

植物突变率增加：植物作为一个群体，其电离辐射效应几乎比动物高出一个数量级。辐射对突变和其他性状影响的平均效应大小(按样本大小加权)为 0.749(95%CI 置信区间 0.570~0.878)，而在动物中仅为 0.093(95%CI 置信区间 0.039~0.171)。由于辐射暴露是持续存在的，因此这种影响会在多代之间突变积累而加剧；另一方面，与动物不同的是，植物生长的定居性决定它不能暂时或永久迁移离开污染区域。效应大小在种间差异很大，种间差异可以解释为由于生理机制、DNA 修复能力和其他因素(如生活史或繁殖方式)引起的抗辐射能力的差异。

树木生长障碍：切尔诺贝利核事故发生时主要为分生组织的损伤，在发育过程中暴露于辐射是导致这些发育畸变的主要原因。事故发生后 3 年内，辐射最严重地区树木的增长率大幅下降，随后下降幅度较小，特别是在干旱年份。这是由于事故发生时树木受到高剂量的辐射，在随后的几年里，辐射量急剧下降。苏格兰松树已被证实容易受到辐射的影响。还有研究表明，其幼树特别容易受到辐射的影响，生长形态和木材质量发生了显著变化。

植物繁殖受影响：电离辐射通过影响植物生殖器官和配子，从而降低植物的繁殖能力。通过推迟物候期，从而推迟繁殖的时间。电离辐射也可能影响花粉的生活力，从而影响生殖。从切尔诺贝利 111 种植物的 675 个花粉样品中提取的 109000 个花粉表明，花粉活力与辐射量之间总体呈负相关，但相关性较弱。在一个普通的花园试验中，有研究人员研究了从切尔诺贝利核电站收集的野生胡萝卜种子和幼苗的发芽及生长情况，这些种子和幼苗的辐射水平变化跨越了三个数量级(0.08~30.2μGy·h^{-1})，发芽时间和产生子叶的时间也较长，母体世代的电离辐射暴露会遗传给后代。

植物生态系统和种群的影响：植物的再生能力很强，它可以迅速修复受损细胞。因为植物细胞都是通用的，树根树冠都是一样的细胞，所以无论是受到了什么程度的伤害，植物细胞都能自动修复。而植物的生长方式更加灵活，它们可以根据环境改变自己的结构。植物面对损伤的时候，有更强的替换受损细胞的能力。科学家还发现切尔诺贝利隔离区植物的自我修复功能变强大了。植物有这种能力，是因为早期的地球，表面辐射就很强，它们都适应了。因此，切尔诺贝利核事故发生后植物却越来越茂密了，甚至比以前还要茂盛。

5.1.2　放射性核素的植物群落效应

植物群落(plant community)是指生活在一定区域内所有植物的集合，它是植物个体通过互惠、竞争等相互作用而形成的一个巧妙组合，是适应其共同生存环境的结果。每一个相对稳定的植物群落都有一定的种类组成和结构。物种间相互作用是群落生态学研究的核心问题，正相互作用是广泛存在且非常重要的，植物群落的促进作用能影响物种共存和分布格局。另一方面，植物间的促进作用随着胁迫程度的增强而增强，促进作用的强度是随着胁迫压力变化而变化的。

植物群落的多样性是维持生态平衡的关键，通过调查研究，对植物群落进行综合分析，找出了群落本身特征和生态环境的关系，以及各类群落之间的相互联系，发现群落是连续的、没有明确的边界，是不同种群的组合(李书鼎，2005)。群落的数量特征是群落调查的重要内容，较多采用客观取样的方法，进行数量特征的测定和应用数量方法的研究。常用的客观取样法有随机取样、规则取样(系统取样)、分层取样，其中随机取样是理想的方法。

植物群落的相互作用：生态学主要研究生物与周围环境的相互作用。生物之间的相互作用分为种内相互作用和种间相互作用。1988年，Hunter和Aarssen提出了植物群落中"植物帮助植物"的概念后，正相互作用才首次在概念上得到广泛而正确的评价。植物间的正相互作用)也称作促进作用，是指生物体之间的对一方有利而对另一方无害的相互作用，包括3个方面：一是偏利共生，共生中仅对一方有利而对另一方无影响；二是互利共生，两物种长期共同生活，彼此互相依赖和共存，并且双方获利；三是原始协作，与共生类似，其主要特征为两物种相互作用，双方获利，不同于共生的地方在于协作是松散的，可以独立生存。但在真实群落中，植物在竞争光、养分、空间和水分等限制资源之外，也通过直接正相互作用的方式来提供额外的资源及改善微环境，或者利用间接的正相互作用来保护彼此。正相互作用对于生物群落而言是非常重要的，和负相互作用具有同样重要的作用。

正相互作用包括直接正相互作用和间接相互作用。直接正相互作用又包括生境改善和资源富集。生境改善：在非资源因子(温度、风、盐度、土壤结构等)胁迫的环境中，个体通过降低高温、极寒、强风、高盐度或者高辐射胁迫等改善生境，增加相邻个体的存活率、生长率或者是对环境的适应性，它们之间就发生了正相互作用。资源富集：在资源因子(水分、光照、营养等)限制的环境中，个体之间也可以通过增加水分、光、营养等资源的获取发生正相互作用。在很多情况下，个体之间会同时通过生境改善和资源富集发生正相互作用。一些植物会通过为其他植物遮阴，保护它们免遭啃食和疾病；或是通过改善微气候条件为其他植物提供更温暖潮湿的生长环境而促进后者的生长。间接相互作用包括协同防御、竞争网络、引入有益生物。

正相互作用的研究方法有实验方法和模型方法。在植物群落中，植物间的相互作用通常是通过去除邻体和保留邻体之间的个体表现(一般是生物量)差异来衡量的，有一系列指标表征生物间的相互作用强度，如相对竞争指数、对数响应比、相对邻体效应和相对相互作用强度。

放射性核素对植物群落的作用：放射性核素的存在威胁着农业生态系统，会引起土壤生物种群区系成分的改变、生物群落结构的变化。大量放射性核素还会释放到农业生态系统，导致胁迫，辐射敏感植物最先受到伤害，导致干扰、破坏或死亡。有植物群落的促进作用存在，是指发生在两个和两个以上物种之间，并能对其中至少一个物种产生正作用，且不对任何其他物种产生负作用的非营养关系。这种关系可以是直接的也可以是间接的，包括兼性和专性促进作用及互利共生作用，可以分为：物理环境的改善，即改善小气候、提供物理支撑、改良土壤、调节养分转移；生物环境的改善，即增强植物防御功能、改善根际微生物和促进授粉等(钟章成，2014)。如一些土壤微生物能促进或抑制植物吸收放射性核素，促进或抑制植物快速生长。

吴彦琼等(2010)对华中南某铀尾矿库区的植物组成及多样性进行了研究，并测定了各样地环境辐射状况。库区有高等植物 79 种，隶属 32 科 67 属。不同环境辐射强度生境上植物重要值差别较大：轻度、中度辐射强度生境的群落物种重要值相对分散，乔灌草 3 层均出现多个优势植物；而重度辐射强度群落的优势植物集中于极少数植物。

放射性核素对群落构建的影响因素：第一影响因素是环境因素，环境因素对群落内物种组成有着非常重要的作用，不同的生境可形成不同的构建机制。同样是热带森林，雨林和干旱森林在演替过程中的群落构建机制变化是完全不一样的。因为在雨林中光是群落演替的主要驱动因子，而在干旱森林中水分是主要驱动因子(柴永福和岳明，2016)。

第二影响因素是种内变异，它和遗传多样性一样，能显著影响群落的构建和稳定性(Laughlin et al.，2013)。研究发现，无论在基于生态位构建的群落中还是随机构建的群落中，促进作用都有助于物种的共存和群落生物多样性的维持，而促进作用很大程度来源于种内的变异(Xiao et al.，2009，2013)。

第三影响因素是植物性状的本征维度，它是能描述植物功能性状变异的最少性状轴(Laughlin，2014)。明确植物性状的本征维度不仅能够降低研究性状的数量，更能准确地预测植物对环境的响应，理解群落的构建机制。植物的不同器官承载着植物不同的功能，每个器官都包含植物对环境响应的潜在信息。叶片是最明显也是人们最关注的器官，它表明了植物沿着环境梯度在叶寿命和最大光合能力上的权衡。种子的扩散能力是物种扩散和繁殖的保障，种子大小和种子重量的权衡是植物适应环境的基本策略，而且种子的大小和形状的权衡是植物繁殖策略的象征。茎秆密度是植物水分利用效率和抗旱、抗冻能力的权衡，也是生长速率和存活率的权衡(Wright et al.，2004)。

植物的根性状，比如比根长、根密度也是植物的重要性状，反映了植物生长速率、生活史及增殖扩散能力。花的物候学性状也是植物的关键功能，开花时间以及花期受环境和发育调控，反映了共存物种的相互作用。植物策略表提出：比叶面积、植株高度和种子重量 3 个性状影响着植物的散布、生长和抗性，它们分别代表了独立的多元性状轴。Westoby 和 Wright(2006)随后又增加了叶面积、木质密度和根的性状作为重要的植物策略。所以，在研究的过程中应该尽可能地选择植物不同器官的性状，特别是根、茎、叶、花的性状。

陆生植物系统对辐射的敏感性：植物的辐射敏感性很宽，且通常与动物的敏感性范围重叠。一般而言，大型植物比小型植物具有更强的辐射敏感性，植物辐射敏感性的强弱顺序分别为：高等植物＞低等植物；普通品种＞杂交品种；栽培品种＞野生品种；针叶乔木＞落叶乔木＞灌木＞草本植物＞地衣和真菌。对急性辐射最不敏感的是苔藓、地衣、藻类和微生物(王丹等，2018)。

高等植物的急性致死剂量范围为 10～1000Gy(按整株植物平均的吸收剂量)；苔藓、地衣和单细胞等低等植物，都有很强的辐射耐受性，其致死剂量的上限可能要比高等植物高出一个数量级。大量的研究表明，辐射剂量率为 1000μ～3000μGy/h 时，在最敏感的植物物种中已发现慢性照射的效应。在敏感植物中，400μGy/h 以下的慢性照射就会产生效应，而在生存于天然植物群落内的更广泛植物中，却不会有明显的有害效应。

放射性核素对植物的个体效应：放射性核素对植物的影响，除了对植物生态系统和种群的影响，就是具体到每个植物本身个体的影响。对不同植物个体的影响，聚集在一起就成了对植物群落的影响，乃至扩大到对整个生态系统的影响。对植物的个体效应包括个体存活率、生长速率等一系列生理生化反应的影响，植物会通过自身的调节和适应环境调节对外来的胁迫产生抗性。在逆境中生存，还可以通过改变自身的膜系统结构、光合过程、酶代谢等方式更好地适应新环境而生长发育。

植物个体的辐射敏感性与其分类相关，敏感性大小顺序一般是：豆科＞禾本科＞十字花科。植物生长发育不同阶段敏感性大小顺序为：中幼苗＞成株、未成熟种子＞成熟种子、萌发种子＞休眠种子。发育过程中其各器官辐射敏感性大小顺序为：配子体＞枝条＞种子，叶芽生长点、薄壁组织、花芽、根尖比其他器官敏感。植物细胞的敏感性中，细胞核＞细胞质、性细胞＞体细胞、卵细胞＞花粉细胞、减数分裂细胞＞有丝分裂细胞，在有丝分裂中，单细胞＞二倍体细胞；DNA 合成期、分裂旺盛期细胞对辐射敏感性较高。

辐射敏感性评价指标包括当代植株生长的抑制、细胞学及生理生化方面的变化，辐射对植物的影响表现为生长抑制、生育期延迟、形态变异、育性及存活率下降、产量减少。生长抑制指标包括种子发芽特性与幼苗形状，常用此来快速判定辐射敏感性；细胞学指标包括根尖细胞染色体畸变率、微核细胞率、细胞有丝分裂指数。微核是衡量辐射对染色体损伤的可靠指标；生理生化指标主要包括抗氧化酶类系统(如超氧物歧化酶、过氧化物酶等)和光合生理指标(光合速率、蒸腾速率、气孔导度、细胞间隙 CO_2 浓度)等。

以下将从放射性核素对植物的根系吸收、生长发育、生理功能及生化、抗性与免疫、遗传等几方面入手，分别阐述放射性核素对植物的个体效应。

5.1.3 放射性核素对植物的根系吸收与生长发育的影响

1. 放射性核素对植物根系吸收的影响

放射性核素进入植物体内主要是通过植物的根系吸收，这是放射性核素从土壤向植物转移的最主要途径之一，也有部分核素是通过沉降至植物叶子表面而引起的吸收，在核事故的初期，大部分放射性核素都聚集在土壤表层(表层土 0～1.5cm)，植物通过根系吸收放射性核素的量是较少的，而后随着降水、作物灌溉等的淋洗，将有少量的放射性核素逐渐向下移动，渗到根系密集的土层中，此时对植物的影响也随之增大。

放射性核素对植物根系吸收的影响规律因植物种类而不同，绝大部分根系发达植物吸收富集核素较多，也有部分叶片发达植物吸收富集核素较多。受诸多因素影响，通过外源施加改变土壤性质的物质等也可以影响根部吸收，如施加土壤改良剂、施加化学肥料等，不同核素对植物根吸收富集规律也不相同。通常土壤黏粒矿物含量、有机质含量、pH、阳离子交换量和土壤水分状况是主要的影响因素，凡是能够影响土壤溶液中放射性核素浓度缓冲能力的因子都会影响到植物对核素的吸收。

锶：放射性核素 ^{90}Sr 与其稳定同位素 ^{88}Sr 具有相同的化学结构与理化特性，植物对锶的吸收没有本质区别。因此经常使用 $^{88}SrCl_2 \cdot 6H_2O$（分析纯）来模拟放射性核素 ^{90}Sr 污染。有研究表明，随外源锶污染浓度的增加，蚕豆根系对锶的吸收速率与外源锶污染浓度正相关。且蚕豆生长时间可显著影响锶的累积量。锶在蚕豆体内具有明显的累积效应，并可转移到蚕豆地上部各器官或组织中，导致其被锶污染。蚕豆体内锶的累积量显著增加，用 $^{88}SrCl_2 \cdot 6H_2O$（分析纯）来模拟放射性核素 ^{90}Sr 污染，当土壤中外源锶污染浓度为 25～100mg/kg 时，各生育时期对锶的累积量由大到小分别为：成熟期＞结荚期＞开花期＞现蕾期＞苗期，生物富集系数和转移系数（TF）呈上升趋势，锶在蚕豆各器官中的累积百分比大小为：叶＞茎＞根（苗期和现蕾期）、茎＞叶＞根＞花（开花期）、根＞豆荚＞茎＞叶（结荚期）和茎＞叶＞根＞荚壳＞种子（成熟期）（廖若星等，2017）。

向日葵的根、茎、叶均能富集金属锶，不同器官浓度大小为：根＞叶＞茎。向日葵的生物富集系数与不同器官金属锶富集浓度呈显著负相关，且根部金属锶浓度与富集系数的相关性最强。亓琳等（2017）开展了向日葵对金属锶的富集特征和耐受机制试验，施加不同浓度锶（25mg·kg⁻¹、150mg·kg⁻¹、750mg·kg⁻¹ 和 1500mg·kg⁻¹）土培处理 30d，研究了向日葵幼苗体内锶的富集和分配特征，发现向日葵的根、茎、叶均能积累锶，根部的富集能力最强。

钴：钴作为植物生长重要的微量元素之一，在低剂量时对植物有益，高剂量时则对植物有害。钴在土壤溶液中浓度为 $0.10～0.27mg·L^{-1}$、$1.00mg·L^{-1}$、$5.90mg·L^{-1}$ 时分别对番茄、亚麻、甜菜有毒害作用。钴浓度为 $10mg·L^{-1}$ 时可使农作物死亡（樊文华和刘素萍，2004）。为避免钴对农作物造成危害，美国规定灌溉用水钴的最大容许浓度为 $0.2mg·L^{-1}$。苏联提出生活供水水源中钴的最大浓度为 $1mg·L^{-1}$，渔业用水中为 $0.01mg·L^{-1}$（苏翔和白瑞，2020）。

在植物体内钴的分布浓度一般是：地下部分＞地上部分，且农作物体内分布浓度一般是：根＞茎、叶＞壳＞籽粒，植物体内钴的含量与植物种类、土壤类型和环境条件等密切相关，不同种类植物的含钴量不同。禾本科植物体内钴的含量从高到低分别是：油粕类＞谷类＞豆科＞禾本科＞饲料、牧草。Espinoza 等（1991）认为植物吸收钴是一种有选择性的主动转移过程，当植物根部表面可溶态钴以叶的蒸腾作用耗竭时，土壤溶液中不稳定吸附或结晶型的钴通过扩散作用流向并消融到根部土壤溶液中，当植物根系吸收重金属之后再向地上部分进行转移。

在植物对钴的根吸收研究中，蚕豆对钴的吸收浓度为：根＞叶＞茎，且在不同钴浓度处理下根吸收量也存在显著差异，吸收量随土壤钴浓度增加而增加（王建宝等，2015）。通过对 30 种植物在钴污染水体中的研究表明，在钴浓度为 $80mg·L^{-1}$、$120mg·L^{-1}$、$160mg·L^{-1}$ 时，倒挂金钟的根部和单株钴富集量均最高；绿萝的地上部及单株富集系数均最高，倒挂金钟的地上部富集量系数、根部富集系数、根部及单株富集量系数均最高；倒挂金钟、绿萝、羽叶鬼针草和紫罗兰可能是潜在的钴富集植物。其单株钴富集量大小顺序为：倒挂金钟（48.30μg）＞绿萝（36.62μg）＞常春藤（33.59μg）＞羽叶鬼针草（25.26μg）＞紫罗兰（14.07μg）；绿萝的地上部富集系数（0.91）和单株钴富集系数（0.93）均高于其他植物，绿萝的转运系数最高，为 0.95。可见在污染土壤中，绿萝和倒挂金钟对钴的吸收转运富集能力较强，可能为钴的富集植物(李黎, 2015)。

铀：很多研究表明，植物对铀的吸附与富集能力存在很大差别，不同植物对铀的吸附能力和方式也存在很大差别，也是进行植物修复筛选富集能力强的植物的基础，大豆、紫花苜蓿、向日葵以及印度芥菜等对铀有富集作用，但种类不多。对北方某铀矿区内不同工位所采植物样品中铀含量的检测显示，绝大部分植物富集铀的规律基本是地下部分大于地上部分，铀主要富集于植物根部，植物各部位铀含量由大到小的顺序为：根>叶>茎>花果(姜晓燕等, 2018)。

另有针对铀矿植物的调查表明，水莎草的根部以及金毛狗的根部对铀也都有一定的富集作用，富集量分别为 20.81mg·kg^{-1} 和 21.32mg·kg^{-1}，水蜈蚣的根、飞扬草的根对铀的富集量均为 4～9mg·kg^{-1}，莎草科的根系、蚌壳蕨科的根系对铀的富集量较大；莎草科 3 种植物的茎叶和根系对铀的富集量平均值分别为 1.80mg·kg^{-1} 和 2.10mg·kg^{-1}，蚌壳蕨科茎叶和根系对钍(Th)的富集量平均值分别为 0.17mg·kg^{-1} 和 1.77mg·kg^{-1}，而禾本科以及其他 5 科植物的茎叶对 Th 的富集量平均值同样也很低，均在 0.31mg·kg^{-1} 以下(聂小琴等, 2010)。

研究铀矿区土著水生植物大藻和凤眼莲对真实铀矿坑水和不同铀浓度水中铀的去除能力，干体大藻和凤眼莲根系以 1g·L^{-1}(干重)的比例投加至铀矿坑水(ρ_0(U)=1.93mg·L^{-1}，pH$_0$=7.83)中，1h 后，矿坑水中铀去除率分别达 58%和 48%，5 天后铀去除率从 6%增加至 84%。印度芥菜对铀的富集量随土壤铀浓度的增高而增高，根部对铀的富集能力远强于茎叶部(聂小琴等, 2015)。

王帅等(2016)研究了铀在污染土壤和蕹菜的富集作用和赋存形态，以铀矿区污染土壤作为供试土壤，盆栽江西原种大叶蕹菜，采用改良的亚钛还原钒酸铵滴定法及改进的三级连续提取法，结果显示，蕹菜对铀的富集系数约为 0.5，是一种低积累农作物，其中，蕹菜对土壤中铀的富集主要集中在根部；当土壤铀浓度为 27.9mg·kg^{-1} 时，其土壤中铀的主要赋存形态是残渣态，而其他 4 个处理组土壤铀的主要赋存形态是弱酸提取态和可还原态。

植物吸收铀也受土壤中微生物的影响，土壤中微生物对环境中放射性核素的活化与固定起着关键作用，特别是菌根真菌。菌根对植物吸收铀的影响研究结果发现内生菌根真菌可以有效地吸收和转移铀，并受到溶液 pH 的显著影响。Chen 等(2006)研究了菌根真菌对蜈蚣草吸收铀的影响，研究表明根系对铀的转移系数要远高于地上部分，两次收获时菌根真菌接种均显著提高了根系铀浓度。接种处理使得根系对铀的转移系数由 7 提高到 14。试验数据显示蜈蚣草能够在根中大量积累铀，具有修复铀和砷复合污染环境的潜在应用价值。菌根真菌不仅能影响植物吸收铀，还能强化植物固定铀的作用，降低迁移系数。在铀尾矿中种植苜蓿后发现，苜蓿比其他植物具有更高的铀浓度，单位根长吸铀量较高。在铀尾矿区域，大多数铀被固持在植物根中，而接种菌根真菌进一步强化了这种固持作用，减少了铀由地下部分向地上部分转移，提高了铀在植物体内的地下部分和地上部分之间的分配比例，增强了植物固定铀能力，对通过植被重建或者植物固定等原位技术达到可持续性治理铀尾矿的目的可发挥一定的作用(陈保冬等, 2011)。

铯：邹玥等(2016)研究落葵富集 Cs，结果显示，植物各器官间 Cs 积累量大小依次为：根>叶>茎，表明落葵的根、茎、叶在不同类型土壤中均能积累 Cs，随着处理时间的延长，其吸收量随 Cs 施加浓度的增加而增加，但以根部的富集能力最强、积累量最大，不同土壤类型中落葵的 Cs 含量均与 Cs 施加浓度和处理时间呈显著正相关。有研究表明在 20mmoL·L^{-1} 铯浓度下处理 28d 后，小麦和玉米的根是主要富集器官，富集量大小为：根＞茎＞叶。对于苋菜来说根吸收最少，叶片是主要的富集器官，富集量大小为：叶＞茎＞根。表明苋菜是一种铯富集能力强的具有较高潜在应用价值的铯污染修复植物，而小麦和玉米是铯低富集植物(陈梅等，2012)。

植物根吸收受多因素影响，英国网络科学杂志《科学报告》上刊登了日本理化学研究所研究的 Cs TolenA 化合物可抑制植物吸收铯，Cs TolenA 能显著降低拟南芥内的铯蓄积量，而且拟南芥没有出现叶片变白、根部生长变差的现象。作用机制为 Cs TolenA 中的咪唑环含有氮原子，能够与土壤中的放射性铯结合。放射性铯是通过植物吸收钾的通道进入植物内部的，而 Cs TolenA 与放射性铯结合后，能抑制放射性核素铯经这一通道进入植物。

改变土壤理化性质可以改变植物对铯的吸收，施用钾盐，可以减少水稻对铯的吸收。施用硫酸钾、碳酸钾的效果都很好，能使稻植株中 ^{137}Cs 的积累量比对照减少 50%以上，而且效果稳定。其主要原因是钾盐使土壤中代换性 ^{137}Cs 的含量显著降低。朱永懿等(1998)研究了离子交互作用对放射性核素铯的影响，利用具有相似化学结构和物理性质的元素对其进行研究，如 Cs/K、Sr/Ca，最广泛研究的元素对是 Cs/K。钾可以有效地竞争根表面的离子吸附位，因此，增加溶液中钾离子的浓度可以有效地降低植物对铯的吸收。溶液中钾离子浓度与铯吸收量可以用一个负指数方程来描述：$y = 5.77^{-7.06x}$，$r = 0.838$($p < 0.05$)（式中，y 为土壤中交换性 ^{137}Cs 的浓度，x 为钾肥施用量），当溶液钾离子浓度高于一个临界值后，继续增大钾离子浓度并不能继续抑制铯的吸收。施用钾肥也能够降低盆栽和田间小区的水稻对 ^{137}Cs 的吸收，使水稻植株中 ^{137}CS 的累积减少 22%~55%，这是因为随着钾肥施用量的增加，土壤中交换性 ^{137}Cs 的浓度下降。

2. 放射性核素对植物生长发育的影响

放射性核素对植物生长发育的影响表现在各个阶段，包括种子萌发、生根、生育期、开花、结果等。对种子的萌发、根长、株高、根生物量一般随着放射性核素增加表现先增后降的趋势，根据不同植物与不同核素表现不同。对发育不同阶段影响也不同，通常是对生长发育期的幼苗影响相对大，对成熟植物相影响对小。

1) 放射性核素锶和铯对植物的影响

亓琳等 (2017) 研究向日葵对 Sr 的富集特征和耐受机制试验，施加不同浓度 Sr(25mg·kg^{-1}、150mg·kg^{-1}、750mg·kg^{-1} 和 1500mg·kg^{-1})土培处理 30d，研究了向日葵幼苗体内 Sr 的富集和分配特征，向日葵幼苗的根长、株高、根生物量和地上生物量随着土壤中 Sr 浓度的升高呈先增加后降低的趋势；研究了春麦、水稻、大豆、蔬菜等 9 种农作物从幼苗期到收获期由土壤中吸附 ^{90}Sr、^{137}Cs 的特性。9 种作物在全生育期中，叶片单位干重含量的变化大致可分为两种类型：一是基本保持同一水平，二是随着作物的不断生长到收获期达到最大值。^{90}Sr、^{137}Cs 在植物地上部分主要分布在叶片中，果实、种子含量较少，^{90}Sr 在叶片中的含量由老叶向嫩叶递减，^{137}Cs 则相反。第二年又研究得出生长在不同地区甚至同一地区的植物，对 ^{137}Cs 浓集能力表现出很大的差异。

侯兰欣等(1996)以核电站周围水稻土和北京褐土盆栽植物进行试验，发现水稻土栽培植物对 ^{137}Cs 浓集能力强于北京褐土栽培植物，两者浓集系数分别为 0.04～5.1 和 0.03～1.15。浓集能力较强的植物有蜀葵、南瓜、地肤、番茄、丝瓜、西葫芦、小白菜、蓬子菜、芥菜等。在不同浓度 Cs$^+$ 胁迫处理下，麻风树幼苗株高、株茎、叶面积随浓度升高而呈下降趋势，其中 400mg·kg^{-1} 浓度胁迫造成明显的叶片变黄和脱落，说明麻风树幼苗在高浓度处理下对其生长有抑制作用(贾秀芹，2012)。

藜胚根和幼芽生长对 CsCl 的响应表现出一定的剂量效应：一定质量浓度范围内 CsCl 能够促进其胚根和幼芽生长；当 CsCl 质量浓度超过一定范围时即表现出显著的抑制作用，且胚根比幼芽对 Cs 具有更强的敏感性。CsCl 质量浓度为 50～100mg·L^{-1} 时，根长增加了 2.52%～5.84%，芽长增加了 2.76%～3.21%，活力指数增加了 4.35%～7.01%；CsCl 质量浓度为 200～800mg·L^{-1} 时，对根长的抑制率为 15.60%～62.90%，对芽长的抑制率为 12.59%～59.38%，对活力指数的抑制率为 17.00%～55.20%(张宇，2013a)。

2) 放射性核素铀对植物的影响

乙酸铀对藜幼苗根、芽生长具有低浓度促进高浓度抑制的双重作用。当乙酸铀浓度为 25～50mg·L^{-1} 时，与对照比较，芽长增加了 7.79%～10.21%，根长增加了 9.79%～16.06%，活力指数增加了 8.51%～12.48%；当乙酸铀浓度为 100～400mg·L^{-1} 时，对芽长的抑制率为 1.44%～45.55%，对根长的抑制率为 3.55%～49.60%，对活力指数的抑制率为 6.42%～50.29%(张宇，2013b)。聂小琴(2011)研究了不同浓度铀矿浸出液对水稻、大豆、玉米和绿豆的种子的萌发率、根系和幼苗的早期生长及其抗氧化酶活性的影响。结果表明：低浓度的铀矿浸出液使这 4 种作物种子的萌发率均受到抑制，其中大豆和玉米更为明显；各种浓度的浸出液对玉米和绿豆的根系生长均有促进作用，低浓度的铀矿浸出液对水稻和大豆的根系生长有极显著的抑制作用；4 种作物幼苗的早期生长彼此间存在显著差异，在各种浓度铀矿浸出液的胁迫下，绿豆幼苗的生长受激发，玉米幼苗的生长被抑制，水稻幼苗的生长在浸出液浓度较高时受激发而浓度较低时被抑制，大豆则与水稻相反。

3) 放射性核素钴对植物的影响

钴对大多数种子的发芽表现出抑制作用，高浓度钴(氯化钴)处理时(120mg·L^{-1})，玉米的发芽率为 86%，与对照组相比下降了 6%，红豆发芽率为 84%。在低浓度(20mg·L^{-1})钴处理时，钴对供试种子的发芽表现出促进作用，随着浓度的升高，钴对大多数种子(蕹菜、豇豆、豌豆)的发芽表现出抑制作用。但对甜高粱和油菜的发芽无显著影响，各浓度发芽率都接近 100%；而对萝卜来说，在高浓度(120mg·L^{-1})钴处理下种子发芽率高于对照组，说明在高浓度时钴仍会促进萝卜种子的发芽(李黎，2015)。

钴不仅本身的化学毒性对植物有影响，而且其所释放的 ^{60}Co γ 射线辐射剂量与某些植物种子萌发、芽长、根长、酶活性呈正相关。刘秀清和章铁(2012)用不同剂量(10Gy、20Gy、30Gy、40Gy 和 50Gy)^{60}Co γ 射线辐照生菜种子，研究其对种子萌发、幼苗生长和酶活性的影响，结果表明低剂量辐照可显著提高生菜种子的发芽率、发芽势、田间出苗率、幼苗高度和主根长度，对种子萌发和幼苗生长有一定的促进作用；宋宇晨等(2007)用不同剂量 ^{60}Coγ 射线辐射松叶牡丹种子，结果表明，发芽率、根长、芽长与辐射剂量呈正相关，60～80Gy 有利于松叶牡丹种子的发芽，而在 10Gy 和 90Gy 时对种子的生长有促进作用。王天龙和强继业(2009)用不同剂量 ^{60}Co γ 射线对萝卜种子进行辐射，结果显示，其发芽率、芽长和根长与辐射剂量均呈正相关，说明在该辐射剂量范围内对萝卜种子有刺激生长的作用，20～60Gy 有利于萝卜种子发芽，而 60Gy 和 150Gy 有利于萝卜种子的生长。王月华等(2006)用 ^{60}Co γ 射线辐射处理高羊茅的 3 个品种('千年盛世'、'知音'和'猎狗 5 号')的干种子，结果显示，50Gy 的辐射剂量对高羊茅种子的萌发具有促进作用，较高剂量的辐射对高羊茅种子的萌发有抑制作用，且随着辐射剂量的加大，抑制作用增强。萌发过程中 3 种酶的活性均随辐射剂量的增加先升高后降低。高羊茅的适宜辐射诱变剂量为150Gy。

5.1.4　放射性核素对植物生理功能及生化的影响

1. 放射性核素对植物生理功能的影响

放射性核素对细胞膜系统的影响大致包括对液泡膜、质膜、细胞器膜、膜电位、膜稳定性、通透性等的影响。利用基因结构信息对生物系统进化研究的基因组，主要是叶绿素基因组和合基因组中特定 DNA 序列片段。蛋白组学技术应用于分子生态学研究，将为构建生物体的分子生态应答网络体系提供重要信息。

1) 放射性核素对植物离子通道的影响

铯对于生物的营养学意义目前还不清楚，但大量试验已证实，微量的铯有维持生物体内电解质平衡的作用，而过量摄取铯是有毒的，这种双面影响导致了铯作用的复杂性。虽然铯与生物体的生理机能有着密切的联系，但相关的细胞和分子水平的研究还很匮乏，细胞摄入铯的途径及铯对蛋白质、核酸的作用机理至今还不清楚，目前研究还处于初级阶段，其主要集中在铯的跨膜方式、生物体内分布情况与宏观生理学现象的联系和推测。由于铯与钾在形态和性质上较相似，所以铯被广泛地应用于细胞膜上钾离子通道的研究。Cs^+ 与 K^+ 跨膜方式相同，植物摄取 Cs^+ 与 K^+ 是一个相互竞争过程，但不仅仅是简单的竞争。影响 Cs^+ 跨膜行为的 K^+ 在植物细胞中的跨膜运输通道有 3 个：非电位敏感型阳离子通道(VIC)、具有高结合能力的 K^+/H^+ 同向协同载体通道(KUP)和内向 K^+ 整流/外向 K^+ 整流(KIR/KOR)。其中，主要是前两种通道发挥作用，在不同植物中，30%～90%的 Cs^+ 通过 VIC 通道进行跨膜运输，余下的 Cs^+ 主要由 KUP 输运。即在典型土壤离子环境中，植物根部的 Cs^+ 摄入主要借助于质膜上的 VIC 和 KUP。KIR 则不发挥作用，这可能是因为胞外 Cs^+ 阻塞了 KIR 型离子通道。铯对生物产生毒性作用的主要机制是 Cs^+ 取代了细胞内的 K^+，致使细胞内代谢过程需要 K^+ 起关键作用的组分失去活性，增加细胞内 K^+ 的停留或抑制促进 Cs^+ 积累的转移系统，可以改善生物在 Cs^+ 存在时的生长情况。Cs^+ 仅在较高浓度时对 K$^+$吸收产生竞争性抑制，当 Cs$^+$浓度较低时，Cs$^+$只会改变转移系统对 K$^+$的亲和力(卢靖等，2006)。

2)放射性核素对植物光合过程的影响

植物光合过程包括电子传递、叶绿素合成等。光合作用过程在生态模型中具有重要意义，光合作用在氧循环、碳循环、还原碳的氧化形式(CO$_2$)及产生氧气方面起着重要作用。它代表了生态系统最初级的生物量生产，分成光反应和暗反应。光反应是光的吸收产生能量，将太阳能通过两个主要光化学途径转化成腺苷三磷酸(adenosine triphosphate，ATP)、还原型烟酰胺腺嘌呤二核苷酸磷酸(reduced nicotinamide adenine dinucleotide phosphate，NADPH$_2$)这两种生物化学能；这一过程中叶绿素 a 是最关键的物质。植物细胞的光合色素捕获光子能量，并集中在叶绿体里，水进行光解产生 H$^+$，使烟酰胺腺嘌呤核苷酸磷酸(nicotinamide adenine dinucleotide phosphate，NADP)还原为 NADPH$_2$，这是一种酶反应，最终完成氧的净生产。暗反应是固定 CO$_2$ 的还原反应，利用生物化学能 ATP、NADPH$_2$将 CO$_2$ 还原成有机碳。因此，光合作用包括两个外部限制因素即能量和无机元素(CO$_2$)的可利用性，这两个因素控制着光反应和暗反应的速率。放射性核素的存在会通过影响以上这两种因素影响植物的光合作用。

有研究表明，Cs 胁迫显著降低了植物净光合速率、气孔导度、胞间 CO$_2$ 浓度、蒸腾速率、光呼吸以及暗呼吸等光合指标和呼吸指标，造成植物光合效率降低。铯胁迫对植物光合作用影响结果显示，Cs 对植物叶绿素含量的影响，主要为低浓度促进、高浓度抑制；当菠菜 Cs 处理浓度大于 1683mg·kg^{-1}，新疆杨 Cs 处理浓度大于 200mg·kg^{-1}时，两种植物叶片净光合速率、气孔导度、胞间 CO$_2$ 浓度以及蒸腾速率呈明显下降趋势；叶片叶绿素荧光参数分析表明，高浓度处理下，两种植物光系统Ⅱ(PSⅡ)反应中心遭到破坏。高浓度 Cs 处理显著抑制 PSⅡ放氧侧的电子传递活性，同时，类囊体膜室温吸收光谱和 77K 低温荧光光谱分析表明，高浓度 Cs 会破坏两种植物类囊体膜的结构，导致叶绿素的结合状态受损，从而使类囊体膜光能的吸收、传递和分配受到抑制，并且导致类囊体膜上 PSⅡ和 PSⅠ的色素蛋白发生不同程度的降解(徐静等，2015)。

2. 放射性核素对植物生化的影响

放射性核素对植物叶绿素和酶类的影响包括对叶绿素 a、叶绿素 b、脱氢酶、固氮酶、POD(过氧化物酶)、DH(脱氢酶)、SOD(超氧化物歧化酶)、CAT(过氧化氢酶)、MDA(丙二醛)等的影响。

1)放射性核素对植物叶绿素的影响

Cs 可以很明显地降低植物叶片内叶绿素的含量，从而导致植物的光合作用不断地减弱。CsCl 溶液改变了植物部分类囊体的结构，使得叶绿素结核时部分遭到破坏，以至类囊体薄膜对于光能的吸收与传递作用受到抑制。经过高浓度的 CsCl 溶液处理后，PSⅡ和 PSⅠ膜蛋白都会在一定程度上被降解(亓铎朝，2018)。徐静等(2015)用不同浓度 CsCl 溶液处理菠菜，菠菜中 Cs 含量随着处理浓度的增加而显著上升，高浓度处理(10～

$20mmol\cdot L^{-1}$)导致叶片叶绿素 a 和叶绿素 b 含量均降低,净光合速率、PSII 光化学转化效率明显下降。高浓度的 ^{133}Cs、^{88}Sr 处理甘蓝使得叶绿素含量明显下降,过量的 ^{133}Cs 或 ^{88}Sr 可能会与合成叶绿素的关键酶结合,导致酶失活,抑制叶绿素合成,叶绿素的分解不断进行,胁迫 60 天的甘蓝,其叶绿素比胁迫 30 天的下降明显。10Gy ^{60}Co γ 射线处理对仙客来的生长起到了明显的刺激作用,同时显著提高了叶片的叶绿素 a、叶绿素 b、叶绿素总含量与净光合速率、蒸腾速率、气孔导度和细胞间隙 CO_2 浓度(闻方平等,2009)。

用不同剂量 ^{60}Co γ 射线辐射处理整株长寿花后,测定其叶片中可溶性糖、淀粉、蛋白质、光合色素等的含量。结果表明:30Gy 以上射线辐射处理后其叶片中蛋白质含量的增加较大,50Gy 处理时含量最高;光合色素含量也不同程度地增加。叶绿素 a、类胡萝卜素含量与可溶性糖呈显著正相关;叶绿素 b 与可溶性糖含量呈极显著正相关;叶绿素 b、类胡萝卜素含量与叶绿素 a 含量呈极显著正相关(刘彦中等,2006)。

2) 放射性核素对植物酶类的影响

植物酶类主要是抗氧化酶类及其相关物质,包括 POD、DH、SOD、CAT、MDA 等。张宇(2013b)用乙酸铀($C_4H_4O_6U$)处理藜苗,发现随着浓度逐渐增加,DH 活性和 POD 活性明显下降,藜幼苗脯氨酸和蛋白质含量提高,乙酸铀处理剂量与脱氢酶活性和过氧化物酶活性的递降呈显著负相关,均显著降低了藜幼苗的脱氢酶活性,表明其体内氧化还原活性减弱,对藜幼苗的正常代谢已产生严重胁迫。

研究表明,MDA 含量的高低反映膜脂质过氧化程度的强弱,高浓度($40Bq\cdot kg^{-1}$) ^{133}Cs、^{88}Sr 处理的甘蓝 MDA 含量升高,原因可能为过量的 ^{133}Cs 或 ^{88}Sr 导致植物体内自由基含量增高,诱发膜脂过氧化作用,同时 CAT 和 POD 为抗氧化剂,能共同清除植物在胁迫中产生的过氧化氢,高浓度 ^{133}Cs 或 ^{88}Sr 处理导致这两种酶活性降低。闻方平等(2009)研究表明,蚕豆苗的叶片对 ^{133}Cs 敏感,在相同浓度下,富集 ^{133}Cs 产生较多的 MDA,^{133}Cs 对蚕豆苗的叶片细胞的伤害大于 ^{88}Sr(张晓雪等,2010)。

高浓度 Cs^+ 处理对麻风树幼苗的光合能力有明显的胁迫作用,且随时间增加其胁迫程度增大。最大相对电子传递速率($ETR^①_{max}$)和半饱和光强随处理浓度及处理时间增加而下降,说明麻风树幼苗的电子传递速率和光耐受能力因受到胁迫而减弱。并通过增强 POD、SOD 和 CAT 酶活性来抵御胁迫造成的氧化损伤(贾秀芹,2012)。

当铀矿浸出液浓度为 10%时,铀矿浸出液胁迫显著增加了绿豆幼苗及其根系 SOD 和 CAT 的活性;当浓度为 100%时,其 SOD 和 CAT 活性低于对照组(聂小琴,2009)。

向日葵对 Sr 的富集特征和耐受机制实验表明:施加不同浓度 Sr($25mg\cdot kg^{-1}$、$150mg\cdot kg^{-1}$、$750mg\cdot kg^{-1}$ 和 $1500mg\cdot kg^{-1}$)土培处理 30d,研究了向日葵幼苗体内 Sr 的富集、分配特征及对植物生长和膜脂过氧化产物 MDA 含量、SOD、POD、CAT 活性的影响。MDA 含量随着 Sr 浓度升高呈先减少后增加的趋势,而抗氧化酶 SOD、POD 和 CAT 活性均随着 Sr 浓度升高呈先升高后降低的趋势。SOD 和 POD 活性在高浓度 Sr 处理中受到了抑制,而高水平的 CAT 活性表明向日葵清除活性氧的能力增强。表明了向日葵的根、茎、

---

① ETR: electron transport rate。

叶均能积累 Sr，根部的富集能力最强，且根部的抗氧化酶系统对 Sr 胁迫更为敏感，其中较高的 CAT 活性表明在向日葵耐受 Sr 胁迫机制中起到关键作用。此研究为 Sr 污染土壤的植物修复以及向日葵对 Sr 的耐受机制提供了理论依据(亓琳，2017)。

^{60}Co γ 射线辐照对光合作用、酶活性的影响实验表明：用不同剂量(10Gy、20Gy、30Gy、40Gy 和 50Gy)^{60}Co γ 射线辐照生菜种子，研究其对种子萌发、幼苗生长和酶活性的影响。综合考虑各苗期性状指标，初步确定生菜低剂量辐照的适宜剂量为 30Gy。在所试剂量范围内辐照处理的 POD 活性均低于对照组；在 20～40Gy 剂量范围内辐照处理的 CAT 活性与对照组相比也有所降低(刘秀清和章铁，2012)。辐照剂量对仙客来生长和叶片光合生理特性的影响不一，其中以 40Gy 处理的仙客来生长最差，净光合速率、气孔导度等光合生理特性值也都最低(于虹漫等，2003)。经 10Gy 辐射处理后，球根海棠(籽)、蝴蝶兰、大丽花与高剂量辐射处理后球根海棠(根)、仙客来(籽)均有较强的光合作用和抗逆性，其中球根海棠(根)经辐射处理后花色、瓣形出现明显变异，据此筛选具有较高观赏和经济价值的优良品种(强继业等，2003)。

5.1.5 放射性核素对植物抗逆性与免疫系统的影响

1. 放射性核素对植物抗逆性的影响

(1)植物抗逆性即植物适应逆境的能力，是指植物自身形成了一系列生理生化的防御机制，能够适应并抵御各种生物和非生物逆境胁迫的能力。植物在生长发育过程中可能面临各种来自环境的胁迫。这些胁迫可能来自非生物因素，如自然环境中的低温、干旱、高盐、水土污染等，也可能来自生物因素，如病虫害等。根据植物对外界的耐受性还可将抗逆性分为抗热性、抗冷性、抗污染性、抗辐射性、抗病性、抗盐性等。

植物抗逆性基因工程是根据分子遗传学原理，培育具有特定抗性的植物新品种的生物技术，其程序是：鉴定和分离抗逆性基因→抗逆性基因的重组→将抗逆性基因导入受体，获得抗逆性能够表达并稳定遗传的再生个体。抗逆性基因来源于天然的抗逆性植物或微生物中直接分离，也可以是植物在逆境中产生的起保护细胞作用的蛋白质基因。如将这些基因转移到抗逆性弱的品种中，就可以提高抗逆性。

(2)植物抗逆性可分为 3 种形式：避逆性、御逆性和耐逆性。植物不能主动地发生转移，其避逆性是在时间上，把整个生长发育过程或其特定的阶段避开逆境发生的时期，以便在较适宜的环境条件下完成生活周期或生育阶段。御逆性则是植物抗逆性的重要部分，其在形态结构和生理功能上都有表现，使植物在逆境下仍能进行大体上正常的生理活动。耐逆性也是植物抗逆性的重要部分。在逆境条件下植物的修复能力增强，如通过代谢产生还原力强的物质和疏水性强的蛋白质、蛋白质变性的可逆转范围扩大、膜脂抗氧化力增强和修复离子泵等，保证细胞在结构上稳定，从而使光合作用、呼吸作用、离子平衡、酶活力等在逆境下保持正常的水平和相互关系的平衡。概括地说：植物不与逆境接触为避逆性；逆境出现时植物体内不发生与环境相应变化的为御逆性；逆境出现时植物体内发生与环境相应的变化，但植物能少受或不受这些变化的伤害或能修复这些伤害为耐逆性。御逆性和耐逆性都有一定限度，超过了这一限度，植物体内部不可避免地会发生不利的变化，以致受到伤害，严重时死亡。

(3) 植物抗胁迫机制分为避性机制和耐性机制。避性机制是植物不能主动发生空间位移，主要是采取在时间上调整其生长发育周期避开外界环境胁迫发生时期，寻找适宜环境完成生长发育周期或某个生长阶段。耐性机制是植物在逆境条件下，通过调节其生理生化过程增强修复能力保证细胞在结构上稳定，功能上维持各项平衡，如光合作用、呼吸作用、离子平衡、酶活力等在逆境条件下仍能保持正常的水平和相互关系的平衡。

无论植物采取哪一种方式来减少对其的损害，都是在一定范围内的，超过某个阈值，将无法避免损害乃至死亡，类似人类的代偿和失代偿机能。植物抗性相关物质包括脯氨酸、过氧化氢酶、过氧化物酶、超氧化物歧化酶、丙二醛、抗坏血酸过氧化物酶、水杨酸、可溶性糖、谷胱甘肽、谷胱甘肽还原酶等。

(4) 植物的抗病性：分为御病性和耐病性，通过改变植物自身某种生理生化功能来抵抗病虫害胁迫。御病性表现在植物表面角质层的保护作用和受伤植物伤口的迅速愈合，它们都有助于防止致病菌的侵入。耐病性表现在某些植物分泌氰化物、糖苷、绿原酸和原儿茶酸等酚类物质，抑制病原菌生长。植物发病后还能产生植保素，抑制病原菌在细胞内的生长。此外，呼吸旺盛的植物，能防止病原菌入侵和抑制侵入菌的水解酶活力，阻止病害的发展。

(5) 植物的抗污染性：抗污染的形态结构包括叶片角质层和蜡质层厚、木质化程度高、气孔凹陷、气室及细胞间隙小等，使污染物难以进入植物体。抗污染的生理特性包括细胞质氧化力强，能把污染物氧化为无毒物质；细胞 pH 高，能使进入植物体的污染物成为非离子态以减轻伤害。由于污染物种类繁多，植物对各类污染物的响应又各不相同，因而难以简单地概括和分类。

植物对放射性核素 Sr、Cs 的抗胁迫能力的一般规律：低剂量时对生理生化指标起适应和促进作用，高剂量时起抑制作用。唐永金等(2013)在对 10 科 13 种植物对高浓度 Sr($500mg·kg^{-1}$)和 Cs($500mg·kg^{-1}$)的抗逆性研究中，抗高浓度 Sr 胁迫能力从大到小依次是：芝麻＞向日葵＞红圆叶苋＞菊苣＞空心莲子草＞西葫芦＞蕹菜＞黄秋葵＞高粱＞落葵＞柳叶苋＞菜豆＞灰灰菜；抗高浓度 Cs 胁迫能力从大到小依次是：芝麻＞蕹菜＞菜豆＞空心莲子草＞西葫芦＞黄秋葵＞向日葵＞柳叶苋＞红圆叶苋＞灰灰菜＞落葵＞高粱＞菊苣。洪晓曦等(2017)研究表明低浓度的 Cs($≤100mg·kg^{-1}$)对油菜的生长发育有促进作用，使株高、生物量、叶绿素含量、POD 活性都有所增加，表明油菜对 Cs 有一定的抗胁迫机制；但随着土壤中 Cs 浓度的升高，这种协调机制被打破，油菜生长受到抑制，株高、生物量、叶绿素含量、POD 活性都呈现下降趋势。

Cs 胁迫下，油菜和烟草中均能表达将耐辐射异常球菌导入大肠杆菌，并增强其对射线和盐胁迫等的耐受性。在油菜受到 4 种 Cs 浓度胁迫时，转 *IrrE* 基因油菜比非转基因油菜更具有 Cs 胁迫耐受性，转基因油菜根部的积累量大于非转基因油菜，MDA 含量低于非转基因油菜，产生的游离脯氨酸高于非转基因油菜(冯德玉等，2013)。另有研究结果表明，藜种子在萌发期间对 CsCl 具有很强的耐受力，随着 CsCl 处理质量浓度逐渐增加，CsCl 处理与 DH 活性和 POD 活性呈显著负相关。藜幼苗的 DH 活性降低表明其体内氧化还原活性减弱，CsCl 对藜幼苗的正常代谢产生严重胁迫。在 50～100mg·L^{-1} CsCl 处理下 POD 活性略有降低，当质量浓度为 200～800mg·L^{-1} 时 POD 活性显著降低，表明该质量浓度下 POD 系统的功能甚至其结构可能已受到破坏，最终在萌发代谢中影响藜的活性指数。较高质量浓度 CsCl 处理的藜幼苗体内显著增加的脯氨酸可能参与了细胞内某些信号的转导和抗逆性基因的表达(张宇，2013b)。

植物对 U 的抗性：植物受逆境胁迫时，可溶性蛋白质含量是其生长发育的一个重要指标。当植物受到外界胁迫时会产生大量的自由基，这些自由基会造成植物生长缓慢或正常代谢活动遭到抑制。于是植物自身会启动一套抗氧化酶系统来减少这种自由基，以保证植物的正常生长，这套系统中发挥主要作用的是 SOD、POD 和 CAT，三者联合作用以清除植物体内产生过量的自由基和过氧化物。MDA 是植物细胞发生膜脂过氧化后的最终产物，因此被用来衡量植物受胁迫程度。

在研究 U 对泽泻和鱼腥草的胁迫时发现，两者均有一定的耐受性，泽泻和鱼腥草的抗氧化酶活性均呈现低浓度升高、高浓度下降的趋势。在 U 浓度为 30mg·L^{-1} 时，两种植物的 POD、SOD、CAT 等抗氧化酶活性均达到最大值，在 U 浓度为 55mg·L^{-1} 时，两种植物的 MDA 含量达到最高(李宇林和罗学刚，2019)。

U 胁迫对苔藓植物(大灰藓、大灰藓小型变种、砂藓)生长状况、抗氧化酶系统有显著影响。表现出 U 对苔藓植物茎叶有一定的毒害作用，表现为茎叶发黄发黑，出现不同程度的萎缩现象，而对其假根无显著影响；中低浓度 U(5～15μmol·L^{-1})胁迫对三类苔藓植物可溶蛋白及脯氨酸含量的累积有一定的促进作用，高浓度 U(10～20μmol·L^{-1})胁迫对其有显著破坏作用。大灰藓对 U 胁迫的敏感性高于大灰藓小型变种与砂藓；大灰藓小型变种表现出一定的耐 U 能力(李俊柯等，2020)。

某些微生物也可以提高植物对核素胁迫的抗性。菌根修复重金属污染土壤的作用包括直接作用和间接作用。直接作用指丛枝根菌可通过螯合作用将重金属积累在真菌内，防止过量的重金属进入植物，降低重金属对植物的毒害；间接作用指加强宿主植物对养分的吸收以提高宿主植物的抗性(刘晓娜等，2011)。

(6)植物的抗辐射性：低剂量辐射刺激增产技术已在部分地区、生物上得到应用，但因其重复性差未能在生产中广泛应用。环境条件是影响辐射刺激效果的重要因素，只有对辐照剂量、植物种类、辐照植物的生活环境进行系统研究，才能真正使辐射刺激发挥作用，使植物发生有益自身的变化。射线辐射处理是利用 ^{60}Co、^{137}Cs 等发射出的γ射线或利用电子加速器产生的电子束或 X 射线，在一定的剂量范围内辐射植物的种子或幼苗。辐射在植物体内可引起一系列的化学变化，使植物体的生理生化过程发生改变，提高植物对逆境的适应能力。目前已有研究证明，用适当剂量和照射时间的射线处理植物种子或幼苗，可明显提高植物自身的抗逆性或提高植物后代有益突变的频率，创造出抗逆性强的突变体。CAT 的反应活性与植物的代谢强度及抗逆性有密切关系，植物体内 CAT 活性的增加，说明植物的抗逆能力增强。

植物抗辐射性相关研究：低剂量的 ^{60}Co 辐射线辐照能促进墨兰根状茎的旺盛生长，根状茎体内可溶性蛋白质的含量明显提高，POD 的活性增强，采用 400Gy 辐照剂量的 ^{60}Co 射线辐照小豆能诱导出小豆抗锈病和抗白粉病的突变体；40Gy 处理可显著提高球根海棠叶片与花中的 CAT 活性,蝴蝶兰体内 CAT 的活性以 20Gy 处理的最高,CAT 的反应活性与植物的代谢强度及抗逆性有密切关系,植物体内 CAT 活性的增加,说明植物的抗逆能力增强。玉米、花生等植物的种子经低剂量的 ^{60}Co 射线辐照后,其幼苗的生长速度、质量及对外界的抵抗能力也均明显提高,生物超弱发光是一项灵敏的指标,可用其检测生物对外界条件的反应。同一辐照剂量处理的小麦,在逆境下辐照组种子超弱发光高于对照组,并且随逆境程度加深表现更加明显,辐照提高了种子抵御不良环境的能力(张新华和李富军,2005)。

2. 放射性核素对植物免疫系统的影响

植物不像动物,没有可移动的防卫细胞和体细胞适应性免疫系统,只能依赖于每个细胞的内在免疫性和从感染位点产生的系统信号,植物利用两类内在免疫系统对病原菌的侵染产生防卫反应,第一类免疫系统被称为微生物相关分子模式启动的免疫反应,对许多种微生物的常见分子识别并产生反应;第二类免疫系统被称为激活物启动的免疫反应,对病原菌毒性因子产生反应,这些毒性因子直接或间接对寄主目标起作用(夏启中,2020)。

植物要想在自然界环境顺利生存,需要持续抵抗外界不利因素,如病原微生物的侵袭、抵抗各种胁迫,靠的是多年适应环境产生的两种不同水平的天然免疫系统,即植物内生免疫和获得性免疫。植物内生免疫是建立在单个细胞免疫能力上的可以只通过监视病原体表面一些特征或结构(如细菌的鞭毛蛋白、几丁质等),并由此胞外信号产生对大多数病原体的广谱免疫,可引起植物气孔关闭、一氧化氮或乙烯等抗病信号分子的生成、胼胝体的沉淀、抗菌物质的产生。植物通过此过程可避免最初病原体进一步的伤害和扩散;植物还可以启动抗病基因编码的 R 蛋白受体,进行抗原抗体结合的特异性免疫,启动抗性基因对病原体进行免疫。第三类内在免疫是促使受害细胞发生超敏反应、生成活性氧,以及激活抗病基因,表达严重时可诱发细胞死亡。

植物系统获得性免疫是一种诱导型免疫,它可以增强植物对不利环境的适应能力,对于在受到病虫害侵袭的条件下,保证其正常生长发育。作用机制是由植物受害细胞释放信号所产生的植物全身性免疫,植物在受害细胞处产生一些物质,这些物质相当于信号,这些信号通过维管系统扩散到植物正常组织和细胞,激活正常细胞内部相关抗逆性基因的表达、对生理代谢的调节、细胞免疫能力的增强,有效抑制病原物的蔓延。研究发现,植物受细菌侵害后,会利用三个不同途径来激活不同的免疫机制系统。美国密苏里大学的研究团队证实,每种机制都是独立响应感染的。而每种机制都要有正确数量的特别蛋白,称为免疫受体,在正确位置去做相应的反应,也需要有正确的结合,使植物有效和高效地做出免疫反应。

Jones 和 Dang(2006)根据近年的研究进展,总结出植物与病原体之间互作的模式图,被称为植物病理学中的"中心法则",其将植物与病原体间的互作分为两层防御系统,对植物免疫反应的代表性观点可概括为"四阶段的锯齿状"模型,见图 5.1。

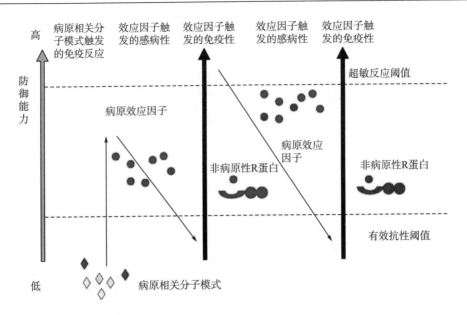

图 5.1　植物与病原体间相互作用模式

第 1 层防御系统称为病原相关分子模式触发的免疫反应(PAMP-triggered immunity，PTI)，它通过模式识别受体(pattern recognition receptors，PRRs)来识别病原相关分子模式(pathogen-associated molecular patterns，PAMPs)，例如细菌鞭毛蛋白(flagellin)、脂多糖(1ipopolysaccharide，LPS)、真菌的葡聚糖(glucan)、几丁质(chitin)，以迅速触发基础免疫，包括超敏(HR)反应、活性氧爆发(ROS)、植物抗毒素的产生以及一些抗病相关基因的表达。此类防御反应可以有效地抑制病原菌的生长、控制病情，类似于动物的天然免疫。植物具有两种类型的植物免疫系统。第一类是通过跨膜模式识别受体(PRRs)对缓慢进化的微生物或病原菌相关联的分子模式(MAMPs 或 PAMPs)，例如鞭毛蛋白产生反应；第二类利用由多数 R 基因编码的多态性 NB-LRR 蛋白产物在细胞内起作用。NB-LRR 与动物CATEPILLER/NOD/NLR 蛋白和 STAND ATPase 相关联。

植物拥有的天然免疫系统应对病原菌的侵染和变异。在完全的自然条件下，植物与病原微生物间会达成一种相互共存的平衡。但农业生产面临植物病、虫、菌伤害的挑战。随着植物抗病分子机制研究的深入，对植物抗病育种将产生巨大的影响。针对 PTI 是植物免疫的最基本过程，具有广泛的适应性和更广的、可诱导抗性，可通过辐射诱导育种改变基因等方式提高抗病能力。

辛秀芳(2021)研究发现，在第一层免疫系统 PTI 缺失的植物中，也很大程度丧失了由第二层免疫系统 ETI 介导的植物抗病能力。这一现象表明植物的 PTI 免疫系统相对于 ETI 免疫系统不可或缺。其中 ETI 免疫系统负责增强活性氧合成酶 RBOHD 蛋白的表达，而PTI 免疫系统促进 RBOHD 蛋白完全激活，二者缺一不可。这一精巧的合作机制能够保障植物在面临病原菌的侵染时，快速准确地输出足够的免疫响应，同时在植物面临不同微生物(如非致病或致病力弱的微生物)时，避免过度的免疫输出，从而确保植物平衡生长和环境胁迫的抗性反应。这项研究还发现植物的 ETI 免疫系统可以通过增强 PTI 免疫系统中核心蛋白组分的表达，从而放大 PTI 免疫系统，诱导其更加持久地免疫输出。因此，PTI 和 ETI 两大免疫系统相辅相成，为植物在应对病原菌入侵时激发强烈而持久的免疫反应提供了有力保障。

对放射性核素而言，任何可改变植物免疫所有过程及物质的，均能导致植物免疫系统改变，具体放射性核素对植物免疫的影响有待于进一步研究。

5.1.6　放射性核素对植物遗传功能的影响

植物遗传物质是 DNA。质体是植物细胞合成代谢中最主要的细胞器。根据所含色素的不同质体可分为叶绿体、有色体和白色体 3 种。3 种质体均由分生组织的前质体发育而来。其中，叶绿体是绿色植物进行光合作用的场所，是非常重要的细胞器。植物的质体含有独立的基因组，称为质体基因组。1986 年烟草的叶绿体基因组全序列发布，标志质体基因组研究的开始。截至 2015 年 6 月 5 日，已有 6541 例真核生物的质体基因组全序列被美国国家生物技术信息中心收录。其中，821 例来自绿色植物亚界，包括绿藻类和陆生植物；对质体基因组的研究有助于系统进化研究和物种鉴定，而且可以丰富植物光合色素代谢调控、叶绿体发育、光合作用调节、质核互作等相关理论，同时为开展叶绿体基因工程研究奠定基础（王钦美和张志宏，2015）。

能确定和改变植物种群遗传多样性的因素包括物种的繁育系统（生殖方式）、遗传漂变、自然选择、基因突变和基因流内部因素，同时还包括由于环境变化和人为干扰引起的种群隔离、生境片断化等外部因素。内部因素可直接作用于基因组，引起等位基因数目与频率的变化，外部因素不会直接改变基因（等位基因）数目与频率，只能通过某种间接方式使植物群体的遗传多样性水平和遗传结构发生变化。植物种群是一个大的生态系统，各因素之间会相互影响、相互制约，共同作用使植物群体遗传多样性维持在相对平衡状态（文亚峰等，2010）。

有实验研究表明，Sr^{2+}污染会对蚕豆根尖细胞的生态毒性效应和对植物生长影响的毒理机制产生影响，以蚕豆为试材，通过急性毒性试验、微核试验和彗星试验，以 $\rho(Sr^{2+})$ 0.01mmol/L 处理为对照（CK），分析了 Sr^{2+} 处理浓度[$\rho(Sr^{2+})$]为 0.05～10mmol·L^{-1} 时对蚕豆根（芽）生长、干重、根尖细胞染色体结构及根尖细胞 DNA 断裂损伤的影响。结果显示，Sr^{2+}对蚕豆的根尖细胞的生态毒性效应具有双重性。当 $\rho(Sr^{2+})$＜0.05mmol·L^{-1} 时可促进蚕豆根、芽生长；当 $\rho(Sr^{2+})$＞0.25mmol·L^{-1} 时，蚕豆发芽率下降了 17.93%～36.32%，根茎、生物量及总生物量分别降低了 42.15%、48.69% 和 46.75%。同时，Sr^{2+}抑制了蚕豆根尖细胞有丝分裂，促进 DNA 链发生断裂，导致有丝分裂指数（mitotic index，MI）降低，出现染色体断片和微核，其微核率是 CK 的 200%～400%；彗星尾长、尾部 DNA 含量和彗星尾矩也显著高于 CK（P＜0.05），表明 DNA 出现了明显的断裂损伤（付倩等，2015）。

放射性核素发出的射线对植物的正向作用包括辐照育种、辐照改变性状、增强抗病能力等，太空育种并没有经过人为方法将外源基因导入作物中使之产生变异，它使作物本身的染色体产生缺失、重复、易位、倒置等基因突变。这种变异与自然界植物的自然变异一样，只是时间和频率有所改变，在本质上只是加速了生物界本来需要几百年、上千年的自然变异。太空中宇宙射线的辐射大大增强，是发生变异的重要条件。改变某些基因可以改变植物抗逆性，抗旱性对利用基因工程技术手段改良植物性状，培育出抗逆性强的植物优良品种有重要的指导价值。

近年来，随着现代分子生物学和生物信息学的迅猛发展，植物抗逆性生理研究及植物适应逆境的生态学研究也从传统的以宏观角度研究植物生理适应现象的表观层面，发展到现代从微观角度研究植物生理适应的内在机制及生物生存、进化、适应等的分子层面上来，特别是生态基因组学应运而生，它是一门利用基因组学的原理和手段研究生命系统和生态系统相互作用机制的学科，整合了生态学、分子遗传学和基因组学等多个学科的研究领域，旨在从根本上回答环境与物种进化的问题，例如在基因水平上解释植物如何调节自身来适应逆境并将此遗传信息传递给下一代，环境对植物进化及其地理分布的影响等。

5.2　放射性核素的动物效应

5.2.1　动物暴露于放射性核素的主要途径

环境中的放射性核素通常通过以下三种不同途径使动物暴露在辐射下：通过皮肤或伤口进入、吸入暴露以及吞食摄入。

(1)通过皮肤或伤口进入。皮肤损伤能够为放射性核素进入动物循环系统提供直接的方式，尤其是对在胃肠道吸收率较低的放射性核素，但这种途径通常不是动物暴露的最重要途径。通常来说，γ放射性核素(例如^{137}Cs)主要通过这种途径使动物暴露在辐射下，与α和β放射性核素的相关性不大，主要原因在于α放射性核素不能穿透皮肤的外层，而β放射性核素在空气中传播的距离有限，因此只能通过近距离接触产生烧伤或眼睛损伤。

(2)吸入暴露。从理论上讲，吸入放射性核素是一种潜在的污染途径，与α或β放射性核素(分别为^{239}Pu、^{137}Cs和^{90}Sr)最为相关。这可能是受切尔诺贝利放射性尘埃影响的动物的主要接触途径。动物的肺表面是气体交换的场所，可渗透多种元素。放射性核素可能以气态化合物、气溶胶和颗粒等不同形式被吸入；且由于其各自具有不同的物理化学特性，因此在肺部的转移、吸收或停留时间也不同。在此过程中，放射性核素的颗粒大小显得尤其重要：大颗粒(直径 5～30μm)沉积在呼吸道的上部，小颗粒(直径小于 1μm)可到达肺系统的下部，沉积在肺泡内，为周围细胞和组织提供集中的局部剂量。

进入动物体内的放射性颗粒可通过不同清除机制将颗粒从最初的沉积位置移除以保护动物的相关功能。目前已知的主要清除机制包括：①胸内气道清除。沉积的颗粒通过空气输送返回喉咙，然后通过消化道清除，在消化道中的作用可能受到胃肠道吸收过程的影响。②外周肺清除。颗粒被运输到纤毛气道、肺门淋巴结、间质部位、胸膜下间隙、肺泡上皮上进行滞留和重新定位，在上皮衬里液、肺泡巨噬细胞和其他吞噬细胞内溶解，实现长期颗粒清除。放射性核素通过肺膜的能力差异很大。对于惰性气体，由于其溶解度有限，通常可忽略其作为动物污染源的作用。此外，吸入带有灰尘的再悬浮物质可能是强风频繁地区以及土壤侵蚀严重地区动物放射性摄入的主要途径。虽然吸入通常不是农业动物的主要污染途径，但不应忽视。

（3）吞食摄入。这是动物受到放射性核素污染的最主要途径，通常摄入受污染的饲料、土壤和饮用水等而得以暴露。通过饮用水摄入的放射性核素对放射性核素总摄入量的贡献通常很小，但挥发性放射性核素或附在可吸入颗粒物上的放射性核素在发生事故后不久这段时期除外。动物通过土壤摄入放射性核素的可能性很大，但其肠道吸收土壤相关放射性核素（尤其是放射性 Cs）的可用性通常较低，具体取决于土壤的性质。因此，动物体内放射性核素的含量主要是取决于摄入的污染饲料的量以及影响摄入和吸收的过程。胃肠道内吸收的程度通常是许多放射性核素摄入量最重要的影响因素，不仅依赖于动物胃肠道的形态与功能（如单胃动物猪和反刍动物牛或羊胃的性质和功能差异等），更依赖于放射性核素的化学形式及其相关的生物基质。动物的年龄及其营养和生理状态对于放射性核素的吸收具有同样重要的作用，比如 α 和 β 放射性核素与该途径相关性更高；Sr 和 Pu 很容易被吸收，极易被固定在骨骼、牙齿或肝脏中，且对内脏器官和组织的影响高于对其他器官的影响等。

5.2.2　放射性核素在动物体内的富集与传递

放射性核素对生物体的效应包括辐射毒性和离子毒性两方面，但通常这两方面很难区分。它们在生物体内通过辐射作用引起机体急性损伤；一些半衰期较长的放射性物质，如 ^{137}Cs、^{90}Sr 等能够富集在生物体内引起慢性损伤，扰乱生物 DNA 和蛋白质合成、使酶活性降低、导致免疫功能出现障碍。一般来说，对细胞和个体的辐射毒性主要是指 DNA 损伤引起的遗传毒性，而离子毒性主要依赖于生物体内积累水平和内部暴露水平的程度，这也被称作非放射性重金属的毒性机制。

典型放射性核素可通过皮肤渗透、鳃的呼吸、摄食等方式进入生物体内，并沿食物链逐渐积累和富集从而影响生态系统中各营养级生物，最终影响生态系统的平衡与稳定。放射性核素的传递、富集与放大主要通过它与生物有机大分子的结合与整合，并在一定的载体促进下才能完成，该过程的有效性将直接决定核素在不同营养级上的浓度变化。

（1）富集的种间差异性。我国早在 20 世纪七八十年代就对渤海、黄海、东海和南海海域经济生物中所含的放射性物质含量进行过调查，分析海洋中典型核素 ^{137}Cs 在扁藻、轮虫、泥蚶、对虾、罗非鱼等不同生物类群中的积累与分布，发现在扁藻和对虾中具有较高的富集量；之后的研究发现不同生物对 ^{137}Cs 的富集浓缩能力也存在较大差别，富集系数因生物种类、生物体组织部位不同而有较大差异，其中：蓝点马鲛＞其他鱼类＞虾＞贝、蚶，说明生物对核素的富集能力存在明显的种间差异性。

（2）富集的组织差异性。在实验生态条件下模拟研究了不同 Sr 在海洋双壳贝类紫贻贝（*Mytilis edulis*）不同组织中的富集（图 5.2）。结果发现，行免疫功能的血细胞是富集的主要器官，在消化腺、性腺以及鳃中的富集差异不大；且环境中 Sr 浓度越高，体内富集浓度越高；说明血细胞可能是 Sr 作用的靶器官（Xu et al.，2023）。

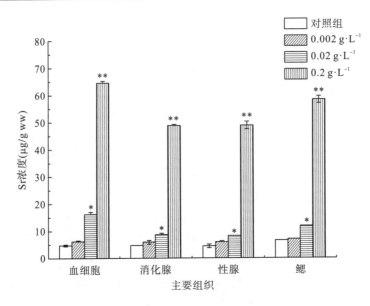

图 5.2   Sr 在紫贻贝不同器官中的分布差异

注：*与对照组相比 $P<0.05$，**与对照组相比 $P<0.01$。

5.2.3   放射性核素在不同生物组织层次上对动物的影响

生态系统是有等级划分的有序系统。环境中的放射性核素可在宏观的群落、种群水平直至微观的分子等不同生物组织层次上对不同动物类群产生影响。

1. 对群落结构和种群动态变化的影响

放射性核素胁迫能够导致生物多样性水平、群落结构及种群动态的变化，直接影响生态系统的健康和稳定。

(1)改变群落结构、降低多样性水平。一定活度的放射性核素胁迫导致群落中敏感种减少，抗逆性强的物种增多，受影响区域的群落结构发生变化，物种多样性减小。切尔诺贝利核事故发生 20 年后，该地区昆虫和蜘蛛数量比事故前显著减少。2015 年开展的一项研究评估了事故地区无脊椎动物的丰度与背景辐射之间的关联性。研究对象为昆虫传粉者(大黄蜂和蝴蝶)，它们是食草动物(蚱蜢)和食肉动物(蜻蜓和蜘蛛)的重要分类单元。结果发现该区域中无脊椎动物丰度随着辐射的增强而减少；记录到的 298 只大黄蜂中地熊蜂(*Bombus terrestris*)占 72.6%，污染最严重的地区大黄蜂的丰度远远低于正常背景辐射区域的丰度。此外，还记录到 389 只蝴蝶，其中绢粉蝶(*Aporia crataegi*)占 36.6%，蝴蝶的丰度随辐射强度的增强而不断降低。样带重复调查结果同样表明，随着辐射的增强，脊椎动物丰度显著降低，蚱蜢和蝴蝶表现出辐射与采样区域的显著相互作用。福岛核事故发生后的 4 个月，曾有科学家对该地区 300 个地点的物种丰富程度及多样性水平进行调查，发现暴露程度为 $0.5\sim30\mu Sv/h$。结果表明，即使在校正了其他可能对种群大小产生影响的环境因子之后，一些鸟类、蝴蝶和知了的种群数量在高辐射地区仍然呈明显减少的趋势(Møller and Mousseau，2013)，并且体型小、食物消耗率相对较高的鸟类等受到辐射的负面影响更大。另一项持续了 3 年、涵盖 400 个观测点的研究表明，在辐射强度大的地区鸟类的丰度和多样性程度持续下降。

(2)影响种群动态、减小种群丰度。Bonisoli-Alquati 等(2015)运用辐射生态学方法对核事故后福岛地区家燕(*Hirundo rustica*)的种群变化进行分析，发现施加于个体辐射剂量的高低与其种群丰度之间具有密切关系，尽管在分子层面没有发现明显的损伤或突变，但其种群随着胁迫程度的增加而不断下降，这一结果进一步支持了"放射性污染物可能是福岛地区鸟类丰度下降的原因"这一论断。在切尔诺贝利核事故区域，由于灾难发生时正是土壤动物产卵和蜕皮的时期，这时候也最容易受到电离辐射。在距离核电站 3~7km 的地方，由于聚焦了核反应堆产生的大量高放射性尘埃和热粒子，土壤中动物的丰度与多样性是受损最严重的；土壤动物恢复的缓慢过程始于 1987 年，当时由于碘和一些稀土同位素的快速衰变，放射性水平显著下降；7 年后土壤中动物物种的丰富度为事故前的 50%左右。由于不同土壤动物类群的半数致死量(LD$_{50}$)不同，因此不同生物类群对放射性污染的反应具有很强的种群特异性，通常来说，种群丰度与辐射剂量之间呈现显著的负相关。Sarapultseva 和 Goski(2013)使用不同剂量γ射线对大鼠进行照射，发现暴露于中高剂量照射的两组大鼠存活率显著降低，受照动物的寿命比对照组低 20%~30%。对大型水蚤的实验也得到了同样的结果，低剂量γ射线照射使得大型水蚤的存活率下降，高剂量照射直接造成水蚤死亡。这些研究结果与切尔诺贝利核事故辐射影响区域的研究结果非常类似，说明放射性污染是引起种群动态变化的根本原因(Møller and Mousseau，2015)。暴露于核辐射的鸟类种群变化与其巢穴的质量或重量之间关系密切。鸟类在早期发育时对放射性辐射的敏感性更高，因此鸟巢中放射性活度的升高对于其后代的孵化有显著影响。Møller 等(2005)在对家燕的研究中发现，辐射水平与繁殖时间、窝数和孵化成功率之间存在显著关系。放射性 Cs 暴露还可导致菜青虫(*Pieris rapae*)蛹羽化率、成虫成活率和总正常率显著降低。

2. 对个体形态与行为的影响

1)改变个体形态

日本蝴蝶的形态在福岛核事故发生前后发生了显著变化，出现了翅膀变小等明显的变异现象。研究人员曾在福岛核事故发生两个月后从日本 10 个不同地区采集了 144 只成年酢浆灰蝶(*Pseudozizeeria maha*)样本进行研究，发现出现了明显的形态畸形，包括翅膀畸形、变小，眼睛发育不规则、凹陷眼，体表斑点异常，触须、腿畸形以及无法破茧等，且辐射越严重，其翅膀和眼睛的变异现象越显著(图 5.3)；6 个月之后的再次取样结果表明，蝴蝶变异概率变成了之前的 2 倍。变异概率上升一方面是因为摄入受辐射的食物，另一个原因就是基因遗传。受到辐射的蝴蝶若初期没有表现出变异症状，它们的下一代可能就会表现出明显的变异症状，比如福岛核事故影响区域内蚜虫的畸形个体比例增加到 13.2%，并可将畸形变异传递给子代(图 5.4)。

(a) 正常   (b) 畸变

图 5.3 辐射前后酢浆灰蝶形态的变化

(a) 正常   (b) 畸变

图 5.4 福岛核电站附近蚜虫形态学畸变

  暴露于放射性核素下能够导致人及其他动物类群行为上的改变。以铀为例，暴露于不同浓度的 U 下可导致动物的运动、睡眠-觉醒周期以及认知功能发生变化(表 5.1)。

表 5.1   U 暴露对不同生物的行为损伤(引自 Celine et al.，2015)

受试生物	暴露途径			作用
	摄食	吸入	注射	
猫和狗	神经信号	$0.5\mathrm{mgDu\cdot m^{-3}}$ 和 $18\mathrm{mgDU\cdot m^{-3}}$，5 周		睡眠过程中眼部快速运动时间延长
大鼠	$2\mathrm{mgEU\cdot kg^{-1}\cdot d^{-1}}$，1.5 个月			焦虑增加
		$190\mathrm{mgDU\cdot m^{-3}}$，3 周		自主运动增多
大鼠	$4\mathrm{mgDU\cdot kg^{-1}\cdot d^{-1}}$ 或 $8\mathrm{mgDU\cdot kg^{-1}\cdot d^{-1}}$，2 周，6 个月			雄性的自主运动能力增加
大鼠	运动与探索行为	$10\mathrm{mgDU\cdot kg^{-1}\cdot d^{-1}}$, $20\mathrm{mgDU\cdot kg^{-1}\cdot d^{-1}}$, $40\mathrm{mgDU\cdot kg^{-1}\cdot d^{-1}}$，3 个月		部分浓度调价刺激运动能力增多[$10\mathrm{mgDU\cdot kg^{-1}\cdot d^{-1}}$ 和 $20\mathrm{mgDU\cdot kg^{-1}\cdot d^{-1}}$]
大鼠			$0.1\mathrm{mgDU\cdot kg^{-1}}$ 或 $1\mathrm{mgDU\cdot kg^{-1}}$，7d	运动协调性受损

续表

受试生物	暴露途径			作用
	摄食	吸入	注射	
小鼠	4mgEU·kg^{-1}·d^{-1} 怀孕期和哺乳期			从第 3 周开始降低运动能力
大鼠			植入颗粒，4～20DU，150d	
大鼠	80mgDU·kg^{-1}·d^{-1}，新生儿期			自主运动和制式运动均发生变化；听觉反射中心及种群间的社交行为未发生变化
大鼠		190mgDU·m^{-3}，3 周		养育行为增多
大鼠	2mgEU·kg^{-1}·d^{-1}，怀孕期和哺乳期			探索性行为增多
大鼠	2mgEU·kg^{-1}·d^{-1}，3、6、9 个月			自主运动未发生变化
大鼠 睡眠周期	2mgEU·kg^{-1}·d^{-1}，30d 或 60d			
大鼠			144μg·kg^{-1}，3d	较短的异相睡眠
大鼠	2mgEU·kg^{-1}·d^{-1}，1.5 个月			空间工作记忆下降
大鼠	2mgEU·kg^{-1}·d^{-1}，3、6、9 个月			暴露 3～9 个月后出现空间工作记忆改变
大鼠 记忆与学习		190mgDU·m^{-3}，3 周		空间工作记忆下降
大鼠			1mgDU·kg^{-1}	工作记忆的暂时性障碍
大鼠	2mgEU·kg^{-1}·d^{-1}，怀孕期和哺乳期			
大鼠	2mgDU·kg^{-1}·d^{-1}，从出生至 2 个月			
大鼠	80mgDU·kg^{-1}·d^{-1}，新生儿期			学习能力受到干扰
小鼠 阿尔茨海默病	2mgDU·kg^{-1}·d^{-1}，3 个月			加重阿尔茨海默病的症状
大鼠 消极行为	2mgEU·kg^{-1}·d^{-1}，3、6、9 个月			未出现强迫游泳测试的改变
大鼠	2mgDU·kg^{-1}·d^{-1}，从出生至 2 个月			消极行为减少

注：DU(depleted U)表示贫铀；EU(enrich U)表示富铀。

2) 降低抵抗力

辐射对动物传染病抵抗力的变化与辐射条件下动物宿主与病原体及其相互关系密切相关。一方面会增加宿主对病毒的易感性。比如，单次接触小型哺乳动物特别是对鸟类的电离辐射达到亚急性致死水平(2～5Gy)，可导致寄主对传染病易感性增加、病毒的潜伏性被激活，这种变化主要是由于电离辐射攻击寄主的免疫系统而得以实现。通常来说，辐射损伤，比如生物或血液组织屏障通透性增加、杀菌能力下降等会在照射后的几小时立刻显现，但免疫系统损伤却不会立即出现。另一方面，辐射可通过影响病原菌的活性从而影响其致病力。

3) 影响运动行为

Berke(伯克)和 Rothstein(罗思特)早在 1949 年的研究工作就表明，狗和猫在吸入浓度为 0.5～18mgDU·m^{-3} 的铀后一段时间内神经系统发生了明显变化，主要表现为步态不稳和精神萎靡；将大鼠暴露于 190mgDU·m^{-3} 中，每天 30min、每周 3d、共持续 3 周时间，结果发现 1d 后暴露组的自主运动与抚养行为较未受胁迫的对照组有显著增加。在另一项关于神经行为的研究中，将贫铀合金球团（4～20 粒）分别植入雌、雄性大鼠的腓肠肌中，150d 后检测一组毒性相关指标的变化，包括第一层级的自主运动和制式运动；第二层级的脑干听力反射中心的完整性；第三层级的种群间社交行为的变化等。结果发现贫铀植入与神经行为干扰之间没有直接的相关性；但是连续 7d、每天重复注射 0.1mg·kg^{-1} 或 1mg·kg^{-1} U 则可使大鼠运动协调能力受损。可能的原因在于受激活氨基酸调控的受体的过度刺激与 U 诱导的自主行为损伤之间有一定的相关性。还有的研究表明，分别向大鼠的饮用水中添加含浓度为 4mg·kg^{-1}、8mg·kg^{-1}、10mg·kg^{-1} 的贫铀 2 周、3 个月或 6 个月，雄性大鼠的自主运动会显著增加；雌性大鼠的运动能力虽然也会被改变，但与对照相比差异不显著。雌性对 U 抵抗力的差异可能与不同的激素调节相关。这些结果说明在分析 U 对动物行为影响时一定要考虑下丘脑-垂体轴的影响。

4）影响生殖行为

长时间暴露于放射性核素中能够导致 DNA 受损，损伤生殖腺结构与功能，产生生殖毒性。已有的研究表明，放射性核素对精子的作用更强，能够对雄性精子的组织产生损伤，直接影响正常的生殖行为与生殖功能，减少生殖作用的成功率。同样以 U 为例，将不同活度的贫铀植入雌、雄性大鼠体内，观察对其生殖功能的影响。结果发现植入贫铀的雄性个体的精子活力、精子密度以及交配成功率与对照组相比均没有显著差异；与上述研究结果不一样的是 Legendre 等（2019）研究长期低剂量贫铀暴露对大鼠睾丸的影响，实验大鼠分为两组，整个生命周期摄入浓度为 40mg·L^{-1}、120mg·L^{-1} 的贫铀水源。结果发现在 20mg·L^{-1} 长期贫铀暴露组，贫铀蓄积在大鼠睾丸鞘液，且随鞘液通过血睾屏障和血附睾屏障来发挥毒理作用，破坏血睾屏障结构，扰乱血睾屏障的正常屏障功能；贫铀暴露通过诱导下丘脑—垂体—肾上腺轴发生变化，影响雄鼠的精子生成。并且发现贫铀暴露组大鼠睾丸内维持雄性第二性征和正常性腺功能的睾酮和雌二醇水平与对照组相比明显下降，类固醇激素合成急性调节蛋白（StAR）和类固醇生成酶（CYP11A1 和 CYP17A1）在睾丸中的表达明显低于对照组，这表明贫铀使得大鼠雄性激素生成减少。同时还发现实验组大鼠睾丸细胞中 β-连环蛋白（β-catenin）的 mRNA 表达水平也被抑制。这些都说明贫铀会通过垂体-性腺轴的作用改变生物体内生殖相关蛋白的表达水平以及相关性激素的合成量，从而影响大鼠的生殖行为。日本学者曾研究过日本关东地区的苍鹰（*Accipiter gentilis*）在福岛核事故前后生殖状况的变化，这也是迄今为止唯一的一项对同一地区的同一种群所开展的研究。研究者对时间跨度长达 22 年的苍鹰繁殖的相关数据进行梳理总结，包括入巢期（第 1 阶段）、孵卵期（第 2 阶段）、孵化期（第 3 阶段）和雏化期（第 4 阶段），结果发现辐射对苍鹰的生殖过程具有显著的负面影响，导致四个生殖阶段的生殖能力随巢穴周边空气中放射性物质浓度的升高而不断降低，呈现明显的时间与浓度依赖性。

5）影响发育行为

动物生长与发育的早期阶段通常是放射性核素作用的重点时期。比如，在对模式生物斑马鱼的研究中发现，暴露于 250mg·L^{-1} 贫铀 15d 能够导致斑马鱼幼体的死亡率达到 100%；斑马鱼胚胎和早期幼虫对贫铀辐射更敏感，这对动物的生殖作用影响更大，比如能够导致斑马鱼胚胎的孵化时间加长、幼体的生长速度受限等。鸟类的早期发育对辐射的敏感性更高，因此鸟巢中放射性活度的升高对于其后代的孵化有显著影响。Møller 等（2005）对家燕的研究发现，辐射水平与繁殖时间、窝数和孵化成功率之间存在显著关系。Chiu 等（2019）发现柠檬酸锶暴露能够引起小鼠产前发育毒性，诱导大鼠胚胎发育致畸，畸形现象主要表现为幼鼠胸骨和肋骨骨化不完全以及肋骨骨折等。Bourrachot 等（2008）用转基因大鼠暴露于不同的贫铀活度条件下，研究亲代贫铀暴露是否会对其子代造成损伤或增加其变异程度。结果发现，与对照组相比，暴露组在幼仔中并未出现可见的变异，比如光秃及身体结构异常等。但在雄性贫铀暴露一组中，幼仔的数目及大小均显著下降。对于骨髓样品的变异频率分析结果显示，将父本暴露于贫铀中 4～7 个月能够导致幼仔的变异程度增加，父本本身的变异频率也具有明显的时间与暴露剂量依赖性。尽管在子代中未发现肿瘤，但亲代父本的遗传不稳定性及精子损伤能够影响子代健康，导致其在发育早期极易出现肿瘤症状（Miller et al.，2010）。

3. 对生理生化关键过程的影响

放射性物质能够对动物的关键生理过程，如生殖与发育、遗传、免疫和行为产生一系列影响，并且辐射的生物效应与所接受的剂量、剂量率和其他间接影响有关。

1）破坏氧化-还原稳态

当机体受到放射性核素胁迫时会过量产生一些高活性的分子，比如活性氧（reactive oxygen species，ROS）。在正常情况下，细胞体内的活性氧处于产生与清除的动态平衡，抗氧化酶系统在其中起到重要作用；当外界胁迫引起 ROS 过量产生超过抗氧化系统的清除能力时，就会产生氧化胁迫（oxidative stress）。细胞中增加的游离自由基能够加剧小的膜脂过氧化程度，降低氧化胁迫标志物，如过氧化氢酶（CAT）、谷胱甘肽（GSH）的活性/浓度（Liu et al.，2019）。以 U 为例，细胞受到 U 胁迫时 ROS 过量产生，此时作为低于氧化胁迫的第一道防线，超氧化物歧化酶（SOD）表达增加以消除 ROS。红背䶄（*M. rutilus*）在辐射处理下显示一系列抗氧化酶增加，这说明其在辐射条件下增强了抗氧化防御能力以消除辐射所产生的 ROS（Einor et al.，2016）。随着胁迫诱导的 ROS 增多，当细胞的氧化程度超过抗氧化系统的清除能力时二者之间的平衡被打破，过量的 ROS 积累能够导致线粒体损伤，从而影响一系列正常的细胞功能。在 2000 年对切尔诺贝利核事故污染最严重地区的家燕进行的研究发现，与对照组相比，污染严重地区的家燕其血液和肝脏中的抗氧化物质，如类胡萝卜素以及维生素 A、E 的含量显著减少（Møller et al.，2005）。Kutanis 等（2016）研究发现，环境中增高的电离辐射能够通过增加大鼠体内氧化代谢物和减少抗氧化防御机制（如抗氧化酶）诱导大鼠血浆、肝、肾、肺和甲状腺等器官出现氧化应激反应。这说明动物长期接触低剂量电离辐射可能会造成氧化损伤增加和抗氧化防御减少。Cs 对蚯蚓辐射处理下也有类似发现，不同 Cs 对蚯蚓体内过氧化氢酶和超氧化物歧化酶活性均有诱导作用；随辐射时间的延长，高浓度 Cs 对两种酶的活性有明显的抑制作用；低、中浓度的 Cs 对活性有诱导作用。

抗氧化剂 GSH 能够有效清除自由基，而且是一种处于还原态的含巯基线粒体蛋白质。当处于线粒体内膜的蛋白质巯基基团被氧化时，细胞核复合结构的形成就会受阻，生物膜流动性发生异常，最终导致线粒体透性增加、线粒体膜电位（mitochondrial membrane potential，MMP）降低，最终影响细胞膜的结构与功能（Sargis and Subbaiah，2006）。

2) 抑制免疫防御过程

免疫系统响应是动物应对外源环境胁迫的屏障。不同活度的放射性核素能够在不同免疫水平上影响动物的免疫功能。在对福岛核事故撤离区的猪和混种猪（野猪与家猪杂交）的肠道免疫分子的形态和基因表达是否发生变化来阐明辐射的影响，结果发现：炎症细胞因子和细胞凋亡相关基因被激活，并且发现灾难发生 5 年后，干扰素-γ（inter feron-γ，IFN-γ）和 Toll 样受体 3（recombinant Toll like receptor3，TLR3）的表达仍然很高，而重要的细胞周期蛋白 G1 的表达也有所升高。这证明受到辐射后动物肠道免疫分子的形态和基因表达发生了变化。当连续向大鼠投喂含有不同贫铀浓度（0mg·kg^{-1}，3mg·kg^{-1}，30mg·kg^{-1}，300mg·kg^{-1}）的食物 4 个月后，300mg·kg^{-1} 处理组中大鼠的内在免疫功能与对照组相比显著下降，同时发生变化的还有细胞免疫功能及激素水平；但是 3～30mg·kg^{-1} 处理组中的免疫功能未发生显著改变。但所有处理组中的免疫器官大小，包括肾、脾脏等以及血细胞参数与对照组相比均没有明显变化。脾脏是重要的免疫器官。通过饮用水向大鼠投喂 40mg·L^{-1} DU，9 个月后对其脾脏中的白细胞进行计数，发现与对照组相比 WBC 下降了 20%，且凋亡细胞数目显著上升；同时记录到与修复保护蛋白相关的 mRNAs 的表达：与抗凋亡功能相关的修复保护蛋白基因下调了约 90%，而与抗氧化相关的基因则上调了 12 倍，说明放射性核素胁迫也诱导了免疫器官的功能发生变化。

福岛核事故辐射地区野生猴子的血细胞数量也随放射性核素胁迫而下降，显著低于与未受辐射胁迫的野生猴子的血细胞数量，其体内的总放射性 Cs 浓度为 78～1778Bq·kg^{-1}，而未受辐射的对照组的 Cs 浓度则远远低于检测限制（Ochiai et al.，2014）。Wataru 等（2019）评估了摄入福岛受污染土壤生长的卷心菜叶对菜青虫的发育和血细胞的影响，发现 Cs 的放射性浓度与血淋巴中的粒细胞百分比呈负相关，而粒细胞百分比与蛹羽化率、成虫成活率和总正常率呈正相关。这些结果表明，在福岛摄入低含量的放射性铯污染物对菜粉蝶在细胞和生物水平上均具有生物学上的负面影响。放射性铯暴露还导致菜青虫血淋巴中粒细胞百分比、蛹羽化率、成虫成活率和总正常率显著降低。

3) 干扰能量合成

线粒体是真核细胞中一类重要的细胞器，主要参与细胞的能量代谢过程。核素辐射能够损伤线粒体结构，提高细胞膜通透性，这种变化能够导致质子不受限制地通过内膜，引发氧化磷酸化解耦连、抑制 ATP 合成。同时参与合成磷酸腺苷（adenosine monophosphate，AMP）的腺苷磷酸核糖转移酶（adenine phosphoribosyltransferase，APT）表达下调，进一步抑制 ATP 合成。更重要的是，F1F0-ATP 合酶通过水解 ATP 来维持 MMP，这会进一步降低线粒体 ATP 含量。具体地说，ATP 是由呼吸链的氧化磷酸化形成的，它是细胞周期中最重要的能量"货币"。当大鼠受到致死剂量的 γ 射线照射时，其脾脏线粒体氧化磷酸化受到明显抑制，表现为对无机磷的利用减少，但耗氧量无明显变化。电离辐射导致氧化磷酸化作用解偶联，使氧化磷酸化反应中形成 ATP 的数量减少。庄志雄等(2018)在暴露于外部 γ 辐射的蚯蚓中同样发现,细胞线粒体活性降低。这进一步说明辐射造成的氧化应激,使线粒体膜结构损伤从而抑制线粒体氧化磷酸化，抑制 ATP 合成。大肠杆菌中 FADD-DED(Fas-associated death domain protein-death effector domain，Fas 关联的蛋白-死亡效应阈)的过量表达能够导致异柠檬酸脱氢酶(isocitrate dehydrogenase，IDH)和琥珀酰-CoA-合成酶的 b 链表达，引起 NADH 降低。这个变化对于电子传递链中的 ATP 合成至关重要，将会对细胞的呼吸功能产生严重影响。此外，在低 NADH 和 ATP 水平下，细胞必须打开更多的膜通道来吸收营养以保持生存，比如上调细胞外膜蛋白 OmpA 和 OmpX 的表达，但这种变化会进一步加重 U 的毒性作用(Thorenoor et al.，2010)。一项基于体内与体外相结合的研究结果表明，当向 Wistar 大鼠中注射浓度为 $0\sim2mg\cdot kg^{-1}$ 的乙酸铀酯后培养一段时间，提取其肾脏线粒体，发现具有潜在的肾脏毒性作用；血液中尿素氮的水平升高，电子传递链被阻断。体外研究进一步证明，放射性核素胁迫能够导致线粒体复合物 II 和复合物 III 氧化胁迫程度增高,ATP 浓度降低，线粒体肿胀，细胞色素 P(Cytochromep，CYP)释放，能量合成受到影响。

4) 阻滞细胞周期

细胞周期蛋白(cyclin)和细胞周期蛋白依赖性激酶(cyclin-dependent kinase，CDK)是细胞周期调控的核心体系，对细胞周期运行和不同时相的转换进行全面调控。在细胞周期运转过程中，多种蛋白可通过调控 cyclin 表达或调节 CDK 的活性，保证细胞周期各个时相有序的转换，磷酸酶细胞分裂周期因子 25B 重组蛋白(recombinant cell division cycle protein 25B，Cdc25B)是其中重要的一种细胞周期调控蛋白，受 *IER5*(Immediate early response 5)基因调控。周平坤、丁库克等早在 2005 年就报道辐射能够诱导 *IER5* 表达上调，且对辐射非常敏感；IER5 基因表达增高，尤其在过表达条件下可与核转录因子 Y 的 B 家族基因(nuclear factor YB，NF-YB)相结合，使 Cdc25B 表达减少，引起细胞周期 G_2/M 期阻滞、抑制细胞分裂增殖(图 5.5)。

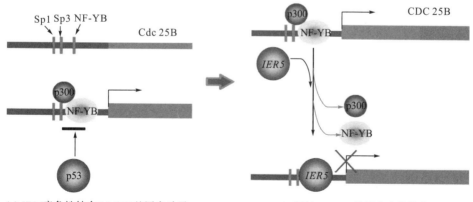

(a) *IER5*竞争性结合Cdc25B基因启动子 　　　　(b) 调控Cdc25B基因表达的模式图

图 5.5 　Cdc25B 基因启动子分析及转录调控模式

5）诱导细胞凋亡

放射性核素能够引起细胞坏死或细胞凋亡，这也是其产生生理损伤的主要途径。以 U 为例，U 诱导的真核细胞死亡与凋亡相关基因 Bcl-2、Bid、Bax 和 caspase 家族基因密切相关。caspases 基因凋亡的核心基因组成，根据其作用通常分为启动因子 caspases 和效应因子 caspases。caspase-8 和 caspase-9 是外源性凋亡中与受体结合的启动子，能够与线粒体通路中的凋亡蛋白激活子结合（Liu et al.，2015）。但 U 诱导的细胞凋亡主要通过内在凋亡途径实现。由于线粒体膜电位（MMP）的改变和跨膜电位的降低，细胞色素 C（cytochrome C）等凋亡因子从线粒体中释放出来并形成凋亡小体，与凋亡蛋白因子-1 和 caspase-9 酶原共同激活 caspase-9。激活的 caspase-9 作用于 caspase-3 诱导凋亡级联反应引起细胞死亡（Liu et al.，2015）。此外，在 caspase 活化过程中，外源性与内源性通路有交叉反应：活化的 caspase-8 也可诱导促凋亡蛋白质 Bid 转化为 tBid，在此过程中 Bax 被激活。Bax 能够诱导线粒体膜孔从而释放 cytochrome C。对于原核生物，大肠杆菌中的 FADD-DED 过量表达能够激活呼吸链，但具体机制目前仍不清楚。同时 NADH 的减少导致 ATP 合成减少，影响细胞存活。原核细胞中 FADD-DED 过量表达引起的细胞死亡与真核细胞中 Bax 诱导的细胞凋亡过程类似（Thorenoor et al.，2010）。基于上述阐述，可以将机体响应放射性核素的机理归结为以下过程：放射性核素胁迫诱导生物体内 ROS 的过量产生，影响抗氧化系统活性，改变真核细胞线粒体结构与功能，导致呼吸链损伤，影响细胞的能量供给。另一条作用机制是细胞凋亡途径，在胁迫过程中能够产生一系列的凋亡级联反应，导致 DNA 降解和细胞程序化死亡。生物有机体在应对放射性物质胁迫过程中通常能够表现出比较强的化学毒性响应。有趣的是，一些微生物能够在一定程度上减轻放射性物质的毒性效应，一些离子，比如 U 胁迫中产生的铀酰离子能够被微生物转化为胞外沉淀物，通过还原或非还原过程排出体外。但这种过程在动物体内尚未见报道。

4. 分子损伤及机制

1）损伤遗传物质

当环境中辐射的能量直接沉积到生物体 DNA 中时就会破坏 DNA。有许多化学和物理过程可以多种方式破坏 DNA，但放射性辐射是少数几个可以引起一系列损害的过程之一，包括双链断裂（double-strand break，DSB）。导致单链损伤的因素可能有助于双链分子作为遗传物质的进化——第二链提供了修复受损碱基或核苷酸的模板。染色体的多个拷贝支撑着 DNA 修复的进一步过程。另外，电离辐射也可以通过辐射分解的产物间接损害 DNA，导致反应分子级联，这些分子中有许多在生命过程中扮演着关键角色，在信号转导和防御反应方面具有重要作用，但也可能对生物分子造成损害，比如我们所熟知的活性氧（ROS）。有相当多的证据表明，辐射可对 DNA 造成损害，当这种基因损伤或突变传给后代的时候可能会降低个体的健康水平。若长期暴露于电离辐射下，牡蛎的血细胞中 DNA 单链断裂水平明显升高。辐射的生物学效应主要与 DNA 损伤有关。大量研究已验证 DNA 损伤是放射性核素损伤动物生理过程的主要机制之一。放射性核素比如 U，可以直接作用于细胞的 DNA，破坏其双链结构；放射性核素诱导的细胞体内 ROS 升高也是损伤 DNA 结构的途径之一。在低辐射剂量下，细胞可以通过诱导一些参与胁迫-响应的关键基因的表达来激活 DNA 修复机制，比如 P53、P21 和 Rad51 等；而高浓度的放射性核素则可诱导 DNA 产生严重的、不可修复的损伤，导致细胞凋亡和坏死。需要指出的是，生殖腺 DNA 受损是最严重的，后代会间接受到亲代的影响，导致基因毒性。大量的 DNA 损伤可使细胞分裂周期受到影响，大量细胞被阻滞于 G2/M 期，在此期间，这种细胞阻滞导致细胞产生更多物质以满足 G1 期的需要，G0/G1 期缩短而 S 期延长。放射性核素诱导产生 DNA 损伤的最直接作用是阻止细胞周期、影响基因的完整性，造成细胞分裂异常。电离辐射可引起大鼠乳腺细胞周期紊乱，包括 G1 期阻滞、S 期延长和 G2 期延长，使得细胞的增殖活性显著降低，这可能是机体对外界刺激的一种保护性反应。G1 期阻滞、S 期延迟可提供充足的时间来促使受损的 DNA 修复，损伤严重、修复无望的细胞则通过凋亡(或程序性死亡)被消除。微核是表征遗传物质变异的直接结果，在肿瘤细胞的遗传可塑性中起重要作用。暴露于放射性核素中还可导致微核的形成。有研究曾对战时与战后萨拉热窝地区的生物样品进行检测，发现在 1000 个双核细胞中具有微核的个数为 3～31。这个数值远远高于未受到战争困扰地区的相同样品的检测结果，但远远低于 DU 胁迫诱导的微核率。

2)诱导基因突变

放射性核素胁迫可对动物的生理、发育及遗传等关键生理过程产生影响。酢浆灰蝶(Pseudozizeeria maha)能够指示电离辐射对环境影响的程度。Hiyama 等 (2012)对福岛核事故后相关区域的 Pseudozizeeria maha 进行了研究，发现与 2011 年 5 月相比，出现形态学异常的成体蝴蝶数量显著增加，并且随着时间的延长而不断增加；在与保存于博物馆的 Pseudozizeeria maha 标本相比也发现同样现象。对于这些个体的遗传分析结果表明，可遗传的异常性状通常出现在 F2 代。这些异常可能是草蝶中的某些重要基因随机突变或基于表观遗传机制所引起的。通过与未受辐射的对照种群相比，福岛核事故泄漏的放射性核素可能引起酢浆灰蝶形态与遗传的损伤。这个推论在之后的实验室研究中被进一步证实。在实验条件下，内照射与外照射的放射性核素均能有效提高草蝶的突变率与表型变化(Møller and Mousseau，2015)。辐射下的鸟类中也发现了突变现象，辐射也能够引起动物局部白化病，并与家燕存活率有很大关系。具有轻微负适应性影响的突变可以通过生物迁移从污染地区转移，对没有直接暴露于灾难辐射的群体造成危害。此外，生活在受污染地区的个体的突变积累可能增加个体对不利环境条件的敏感性，突变体通常表现出较低的抗应激能力。在给予水蚤急性 γ 射线照射中发现，亲本辐射显著增加了 F1 代的染色体畸变率。这些辐射诱导的传代效应属于表观遗传现象，通过染色质成分的特定共价修饰，如 DNA 甲基化、组蛋白修饰和非编码 RNA 的控制等，造成基因表达的可遗传变化。

5.2.4 典型放射性核素在不同生物组织层次上对动物的影响

海洋是地球上各种污染物的最终归宿。2011 年福岛核事故后含有放射性物质的核污水被排放至海洋环境中，随空气与洋流扩散；这些核素可通过呼吸、摄食等方式进入包括浮游生物、鱼类、贝类及甲壳类生物等多个生物类群体内并沿食物链逐渐传递、富集。已有的研究表明，福岛核事故周边海域生物的遗传物质以及繁育能力已经受到显著影响，这必将对整个生态系统的平衡稳定甚至人类健康产生极大危害。放射性核素的传递、富集与放大主要是通过它与生物有机大分子的结合与整合，并在一定的载体促进下才能完成的：该过程的有效性将直接决定核素在不同营养级上的浓度变化。

海洋中的底栖双壳贝类多营固着生活、对环境污染的规避能力弱、对环境污染物的蓄积能力强，同时对环境的耐受性很强，因此被称作"环境岗哨生物"而用以监测海洋环境变化。紫贻贝是一类典型的滤食性海洋双壳贝类，营足丝附着生活；紫贻贝分布广泛，不仅是重要的食用贝类，也是典型的"环境岗哨生物"，常被用以检测海洋环境污染变化。^{137}Cs、^{90}Sr 等被称为核事故特征放射性核素。中国海洋大学王悠课题组基于针对典型核素的海洋生态学效应展开一系列研究，在实验生态条件下模拟研究不同浓度核素对紫贻贝不同生物组织层次的影响，取得以下主要研究结果。

1. 对生长的影响

将紫贻贝暴露于不同浓度的 Cs 下，发现 Cs 浓度升高可导致紫贻贝死亡率不断升高，并据此得到其 96h 半数致死浓度 LC_{50} 为 $0.76g \cdot L^{-1}$（图 5.6）。这个浓度远远低于近海水体中 Cs 的浓度。

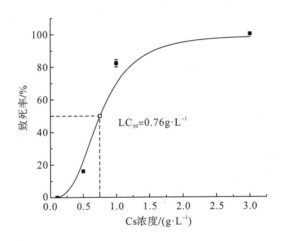

图 5.6　Cs 胁迫对紫贻贝致死率的影响

状态指数（condition index，CI）和含水率（water content，WC）是反映贝类健康状况的有效指标。通常来说，高 CI 和低 WC 意味着贝类自身有充足的能量储备，低 CI 和高 WC 则意味贝类生长状态不良。将紫贻贝暴露于不同浓度的 Cs 下 21d，其 CI 和 WC 与对照组相比变化不大，说明较短时间的稳定核素对紫贻贝生长的影响不大。但其滤水率（filtering rate，FR）却显著高于对照组，且呈现明显的浓度依赖性。说明 Cs 显著影响紫贻贝的摄食作用，这也是影响能量摄入最关键的一环（图 5.7）。

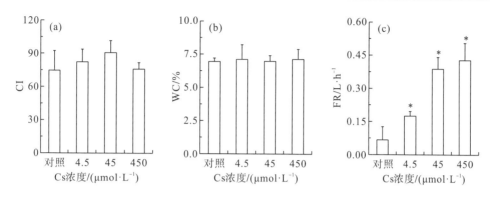

图 5.7 Cs 胁迫对紫贻贝生长的影响

*表示差异显著($P<0.05$)

2. 对消化与代谢的影响

耗氧率(RO)、排氨率(RN)和 O∶N 的代谢指标随 Cs 暴露呈现不同的反应(图 5.8)。RO 明显增强,尤其是在低浓度组(4.5μmol/L);单因素方差分析,$P<0.05$)。RN 在处理期间波动不大,处理与对照之间差异不大(单因素方差分析,$P>0.05$)。因此,O∶N 与 RO 的变化趋势相似。

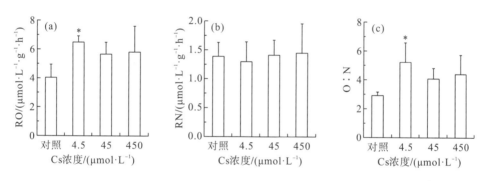

图 5.8 Cs 胁迫对紫贻贝代谢的影响

3. 对组织损伤

通过组织切片观察 Cs 暴露后紫贻贝消化腺的损伤后结果发现(图 5.9):对照组消化腺内消化小管排列紧密,小管壁上皮细胞充盈,使消化小管壁厚而饱满。低浓度组消化腺结构与对照组消化腺结构无显著差异,但出现了血细胞浸润现象(箭头处),存在于闭壳肌的血细胞渗出,提示消化腺局部炎症。中、高浓度组消化小管上皮细胞出现萎缩、纤维化现象,导致小管壁变薄甚至破裂,消化小管变形,管腔增大,同时消化小管间的结缔组织也受到了损伤,局部炎症增加。结果表明,Cs 对紫贻贝的消化腺结构有明显的破坏,可能进一步影响紫贻贝的消化能力。

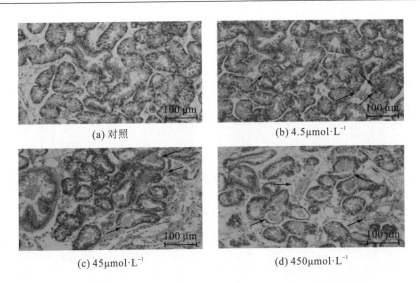

(a) 对照　　(b) 4.5μmol·L^{-1}

(c) 45μmol·L^{-1}　　(d) 450μmol·L^{-1}

图 5.9　组织切片观察不同浓度 Cs 胁迫对紫贻贝消化腺的损伤

4. 对关键生理过程的影响

对关键生理过程的影响主要是指对血细胞免疫功能的影响。血细胞是贝类重要的免疫器官。溶酶体膜稳定性通常用来评估对环境响应敏感的动物的健康状态，一般通过中性红保留时间(neutral red retention time，NRRT)表征。Cs 胁迫可导致紫贻贝血细胞 NRRT 随着 Cs 浓度增高显著降低，说明 Cs 胁迫浓度与紫贻贝的健康状态之间呈显著正相关；酸性磷酸酶(acid phosphatase，ACP)与碱性磷酸酶(alkaline phosphatase，ALP)是溶酶体水解酶，二者的活性均随 Cs 浓度升高显著增高($P<0.05$)，同样说明 Cs 胁迫导致溶酶体稳定性与活性降低；再者，吞噬功能是紫贻贝血细胞最重要的防御功能，血细胞吞噬能力在最高浓度组出现显著升高($P<0.05$)，说明此时贝类的免疫吞噬功能受到显著影响(图 5.10)。

5. 对遗传物质的损伤

微核检测可以在分子水平上反映外源物质对遗传物质的损伤。当受到核素胁迫时紫贻贝血细胞出现双核和多核现象(图 5.11)，尤其在高浓度组微核现象比率比较高，说明核素能够增加紫贻贝血细胞的微核率，干扰细胞核的形成。

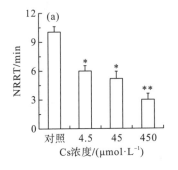

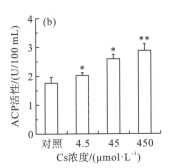

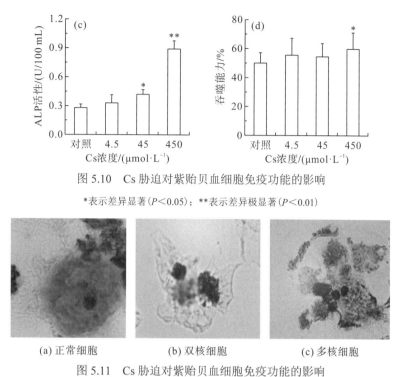

图 5.10　Cs 胁迫对紫贻贝血细胞免疫功能的影响

*表示差异显著($P<0.05$)；**表示差异极显著($P<0.01$)

(a) 正常细胞　　　　　(b) 双核细胞　　　　　(c) 多核细胞

图 5.11　Cs 胁迫对紫贻贝血细胞免疫功能的影响

透射电子显微镜(transmission electron microscope，TEM)的观察结果进一步表明了损伤的存在(图 5.12)：与对照组相比，低浓度组血细胞中颗粒变大、数量减少；视野下溶酶

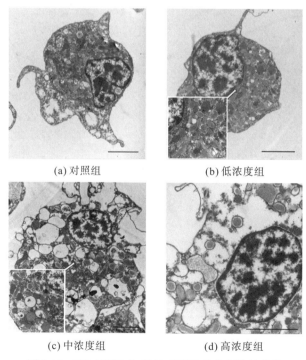

(a) 对照组　　　　　　　　　　(b) 低浓度组

(c) 中浓度组　　　　　　　　　(d) 高浓度组

图 5.12　TEM 观察 Cs 胁迫对紫贻贝血细胞的损伤

体、粗面内质网和线粒体增多；中浓度组中的颗粒进一步减少；高浓度组血细胞中的颗粒大部分消失，颗粒与外膜有空隙，呈现空泡化明显，核膜变薄、降解消失现象明显。

上述研究结果表明核素可能在分子水平上影响紫贻贝，干扰血细胞转录过程并且对免疫功能及自身代谢功能造成影响。

5.2.5 基于动物的辐射损伤生物标志物研究

放射性核素具有重金属离子以及放射性双重属性，能够在宏观的群落、系统到微观的细胞、分子水平对动物产生不同影响。但目前在动物中构建的用以指示胁迫-响应的分子生物标志物通常集中于放射性核素对动物作用的相同机制方面，即 DNA 损伤、免疫调节（激活或抑制免疫系统）以及氧化应激等，在人类中则多集中于染色体畸变和微核形成等方面，血型糖蛋白 A 以及 HPRT（次黄嘌呤磷酸核糖转移酶）基因位点突变也常被用以进行辐射剂量确定及体细胞突变检测。其他反应终点，比如 DNA 修复基因、其他代谢相关基因（*GSTM 1*）修复以及特异性异位等也是指示辐射变化的标志物。但这种标志物通常会因物种而异。比如基因 *TP53* 的表达通常被认为与电离辐射密切相关，但也有许多报道发现长时间暴露于低剂量辐射能够抑制该基因表达。

对于一些环境指示生物，有一些关键生理过程变化也可用以指示环境辐射变化，例如，氧化胁迫、免疫相关指标、DNA 损伤以及一些毒理学指标，如致死率、生长、生殖、幼虫畸变率、DNA 含量（染色体损伤标志物）、红细胞核异常（遗传毒性标志物）等，而且 DNA 损伤标志物相较于其他标志物通常更敏感。DNA 是金属和放射性核素的主要目标之一，放射性核素的金属属性也与染色体畸变密切相关。DNA 损伤能直接或间接地影响它的结构和分子的完整性，并因此诱导基因毒性、细胞毒性以及致癌性产生，其中染色体 DNA 损伤被认为是诱发多种生理损伤的关键事件。

5.2.6 放射性核素对斑马鱼的影响

近年来，以斑马鱼为代表的鱼类实验动物成为生命科学领域研究者关注的热点。斑马鱼是一种新型的脊椎模式动物，是国际标准化组织（International Organization for Standardization，ISO）认可的鱼类实验动物之一。由于斑马鱼具有与人类基因组同源性较高（87%）、有完整的基因组注释、易于进行基因操作等明显特点，已成为标准材料和平台工具，一些重大研究项目以斑马鱼作为模式动物开展高水平的科研工作，也取得了理想的成果。利用斑马鱼早期生命阶段（被认为是鱼类生命周期中最敏感的部分）的毒性试验，已被提议作为评估污染物毒性影响的生物测定方法。探索环境中具有生物学意义的几种重点核素包括铀、锶-90、碘-131、铯-137、钴、氚、碳-14 等对斑马鱼的影响，或将为制定环境放射性污染防治对策提供参考资料，为生态环境部门制定可持续发展战略提供科学的决策依据，对改善我国环境放射性污染尤为重要。

1. 放射性核素对斑马鱼个体行为的影响

运动系统是机体各种行为、活动的基础。斑马鱼的产卵、觅食等活动都依赖于运动系统的正常运行。此外，斑马鱼运动行为的发生与其体内多个系统密切相关，且其作为毒性终点的指标(如游泳速度、距离等)更为直观和具有代表性。因此，斑马鱼的运动行为被广泛地用于评价环境污染物对于水体环境及水生生物的毒性效应。目前，斑马鱼被广泛用来研究的行为，包括斑马鱼的个体行为(尾巴的自发运动、游动速度、游动高度等)和群体行为(平均距离和分散度)。放射性核素可以通过化学和放射两种途径对生物产生毒害作用，它的双重毒害作用可能使环境面临较大的危害。

氚水对斑马鱼运动的影响：生物体主要暴露于自然或人类来源的放射性核素中，其中，氚(^{3}H)在环境中可以来自以上两个来源。在没有核设施影响的情况下，氚的背景值是极低的，氚主要以氚水(HTO)或氚氢(HT)的形式通过核电厂和核后处理厂正常运行时排放到环境中，正常情况下，核电厂废液中测得的平均放射性活度为 2×10^6Bq·L^{-1}，与其他放射性核素相比，氚是放射性排放量最大的放射性核素之一。然而，由于氚在水循环中具有快速稀释的特性，在核设施下游河流中测得的放射性活度范围为 $1\sim65$Bq·L^{-1}，并逐渐降低。作为氢的放射性同位素，氚可能存在于所有环境中，氚的半衰期为 12.32 年，能在水中发射出低能(平均值=5.7keV)和低穿透范围(水中平均值=0.56μm)的 β 粒子，这意味着氚在组织中的能量沉积是非常局部化的，且具有很高的电离能力，该电离能力对于外部暴露来说可以忽略不计，如果氚被整合到生物体组织中，其影响将十分严重。

目前对斑马鱼的行为检测常通过使用可跟踪斑马鱼行为轨迹的高通量系统完成。24hpf(受精后 24 小时)斑马鱼胚胎的自发尾部运动暴露于 0.4mGy·h^{-1} 时，受污染的斑马鱼幼鱼反应增量显著低于对照生物中观察到的增量，暴露于 4mGy·h^{-1} 的斑马鱼幼鱼未发现此类差异。可能的机制是，24hpf 胚胎中受影响的肌肉收缩相关蛋白基因编码发生了改变，但似乎不会对同一发育阶段的自发性尾部运动产生显著影响。尾部自发运动起源于脊髓，并依赖于功能性运动神经元神经支配的肌肉收缩，24hpf 胚胎中参与神经递质和 Ca^{2+} 转运的蛋白质基因编码发生了改变，如暴露于 4mGy·h^{-1} HTO 中的斑马鱼胚胎，编码肌肉松弛或肌肉和神经元发育的乙酰胆碱酯酶蛋白的 *ache* 基因过度表达。由于运动行为的发生取决于肌肉和神经系统，还必须考虑 HTO 暴露的潜在神经毒性效应。γ 射线照射后，斑马鱼幼鱼表现出神经元和肌肉损伤。转录组学分析显示 24hpf 斑马鱼胚胎暴露于 4mGy·h^{-1} 的 HTO 后，参与编码外周神经系统轴索形成的基因(*her4.3* 和 *her4.4*)下调，这可能会引起斑马鱼次级脊髓运动神经元发育和轴突路径异常，导致神经肌肉连接缺陷。暴露于 0.4mGy·h^{-1} HTO 中的 96hpf 斑马鱼幼鱼，其运动能力的损害作用大于暴露于 4mGy·h^{-1} HTO 中的幼鱼，这种浓度依赖性反应的缺乏可能是由于在最低剂量率未达到阈值的情况下，通过启动更有效的防御机制而产生的代偿效应。

2. 放射性核素铀对斑马鱼生理生化关键过程的影响

天然铀和贫铀由三种同位素(^{238}U、^{235}U 和 ^{234}U)组成，可以发射出 α 射线，可通过化学和放射性途径对生物产生有害影响。贫铀(DU)也称为贫化铀、耗乏铀或衰变铀等，是铀浓缩加工成核燃料过程中的副产品，其定义是铀-235 丰度低于 0.711%的铀。贫铀是放射性重金属，可发射 α、β 和 γ 射线。接触铀贫会对哺乳动物器官和器官系统(如肾脏、中枢神经系统、肺和肝脏)产生影响，具体效果主要取决于化学剂量。研究 α 射线和贫铀在斑马鱼胚胎中的联合效应，发现 α 射线会促进自发转化细胞的早期死亡，不同浓度的贫铀暴露会导致细胞延迟死亡。单独暴露于低浓度(10μg·L^{-1})的贫铀或低剂量的 α 射线始终导致斑马鱼胚胎兴奋，而单独暴露于高浓度(100μg·L^{-1})的铀或高剂量的 α 射线始终导致斑马鱼胚胎中毒。低剂量 α 射线+贫铀和高剂量 α 射线+低剂量贫铀导致拮抗作用，增大细胞凋亡；而高浓度 α 射线+贫铀导致相加效应。

1) 铀在斑马鱼重要器官的积累

水性和食源性铀或贫铀进入动物体内，很容易在器官中积聚，诱导氧化应激、神经毒性和基因毒性效应，进而对机体产生损伤。将成年斑马鱼暴露于 20～250μg·L^{-1} 的 DU 中，染毒 10～28 天后，清水饲喂(净化)23～27 天，取不同时间点分别检测雌雄斑马鱼各器官中铀的累积水平。雄鱼中：嗅觉花环＞消化道、肾脏＞肝鳃、性腺＞身体其他部位、皮肤＞大脑、肌肉；雌鱼中：肾脏＞消化道、鳃、性腺身体其他部位、皮肤＞肝脏、肌肉、大脑。在雌鱼的肌肉、卵巢、大脑和皮肤以及雄鱼身体其他部位、肾脏、肌肉、大脑、鳃、消化道和皮肤中观察到 U 累积和 U 污染暴露持续时间之间存在正相关；令人惊讶的是，除雌鱼的肠道和肾脏外，净化期并没有导致任何性别的斑马鱼 U 积累水平显著降低。雄鱼肝脏呈现复杂的 U 累积曲线，具有周期性累积阶段。在净化阶段，在肾脏和大脑中的浓度更高，与其他器官相比，肌肉中的铀含量较低，但在净化阶段保持不变。特别检测到斑马鱼的运动感觉器官皮肤(侧线系统的位置)中积累的 U 数量是肌肉或大脑其余部分的 10 倍。斑马鱼躯干侧线系统由神经母细胞组成，在鱼的鳞片上按一定的间隔分布成行或簇，神经母细胞发育良好，感觉毛细胞上的毛束完整。铀暴露开始 3 天后，84.9%的神经母细胞出现破坏，毛束稀疏，缩短，甚至无毛束，在铀暴露期结束时(第 10 天)，99.2%的神经母细胞严重受损，在实验结束时(净化 23 天后)，仍有 18.5%的神经母细胞受损，尽管再生过程仍在进行，但仍有大量神经母细胞无法恢复。说明经过 10 天铀暴露后净化 20 多天，斑马鱼侧线系统的感觉组织尚未完全恢复，但显示出再生迹象。

用铀尾矿浸出液给斑马鱼染毒，每 4h 观察记录一次数据，至 96h，研究急性毒性浓度胁迫下斑马鱼各组织的变化，在铀尾矿浸出液暴露下，斑马鱼出现游动加快、鳃盖呼吸频率加快等症状，随后表现为静止不动、呼吸放缓、体色变白、体表条纹消失等中毒症状，随 U 浓度的增加，中毒症状出现的时间越短。0.5h 后，在高浓度下，部分鱼身体失去平衡，翻转游动直至死亡。在铀尾矿浸出液中，斑马鱼鳃最先受到损伤，可能是因为鳃最先与铀尾矿浸出液直接接触。而肝脏对铀尾矿浸出液耐受性最强，可能是因为肝脏是主要的解毒器官，其清除自由基的能力比其他器官强，但一旦超过了其阈值，就会出现较大的而不可恢复的损伤。铀尾矿浸出液对斑马鱼各组织抗氧化酶损伤的先后顺序依次为鳃、性腺、肌肉和肝脏。

铀对骨骼和其他器官的高亲和性可能是由于其与钙的化学类比，诱导钙从骨骼羟基磷灰石晶格中移位，并与骨骼结构中的磷酸盐基团一起沉淀。另外，U 暴露可导致线粒体中含有线粒体基质颗粒的 Ca 含量减少,证实了 U 积累与钙稳态之间的联系。与消化道相比,鳃中的 U 积累较少,这可能是由于 U 对鳃弓骨中的 Ca 具有亲和性,U 的积累随着暴露时间的延长而缓慢。净化期后,在卵巢中仍能观察到高水平的总 U 积累,可以通过 U 与卵黄原蛋白的高度络合来解释,内化也可能是相同的原因,这也可以解释在肝脏中观察到 U 的原因,肝脏是 U 络合物合成的地方。U 在大脑中的积累,表明 U 可以像之前在大鼠中证明的那样穿过血脑屏障。

2)铀对斑马鱼生长发育的影响

铀对斑马鱼产生的发育毒性效应,包括存活率和孵化率降低、畸形率增加等。低剂量环境应激的重要特征是两相剂量反应关系,表现为低剂量刺激和高剂量抑制。此外,年龄也能影响 U 的毒性大小,较大的幼鱼对 U 暴露的耐受性明显更强,其对 U 的耐受性大约是刚孵出的幼鱼的两倍。

(1)铀对斑马鱼存活的影响。

斑马鱼胚胎暴露于超低剂量 $10\mu g\cdot L^{-1}$ 的 DU 中,在 20hpf 时间点研究发现,凋亡信号数均显著高于对照组胚胎,在随后的 24hpf 时间点研究时,凋亡信号数显著小于对照组胚胎。这表明 DU 诱导的两相剂量反应关系存在,并提示斑马鱼通过早期凋亡消除自然异常细胞,这会导致大多数受损细胞在 30hpf 前即暴露于 DU 中 24h 后被清除。另一方面,DU 浓度、实验中凋亡信号数均明显大于对照组。分析原因,U 的生物效应可能通过毒理目标相互作用或改变酶的活性来实现,如 U 降低了成年雄性斑马鱼抗氧化防御系统中几种酶的活性。另一方面,DNA 损伤也被认为是 DU 对鱼类的主要影响,DU 可以通过与 DNA 分子共价结合形成 U-DNA 加合物直接影响 DNA 的正常功能,DU 还能产生自由基和活性氧(ROS)间接损伤 DNA 分子。早期研究暴露于 DU 后斑马鱼的 DNA 修复基因如 *gadd45g* 和 *rad51* 的表达升高。*gadd45g* 基因被认为是 DU 和电离辐射诱导的 DNA 损伤的指标,gadd45g 蛋白起促凋亡作用。

对照组的死亡率主要从第 9 天开始增加,在第 15 天达到 34%。这一时期与原幼鱼开始进食外源性食物的时间相对应,显然是一个敏感阶段。暴露于较高 DU 浓度($250\mu g\cdot L^{-1}$)下的幼鱼,第 15 天观察数据显示,有几乎 95% 的斑马鱼死亡,而对照组的死亡率仅为 34%,暴露条件下的死亡率与对照组有统计学差异(卡方检验,$P < 0.01$)。

(2)铀对斑马鱼孵化的影响。

U 暴露也影响孵化时间,对孵化没有影响的 DU 最高浓度为 $20\mu g\cdot L^{-1}$,导致孵化明显延迟的 DU 最低浓度为 $250\mu g\cdot L^{-1}$,与死亡率终点一样,这似乎是一个敏感的早期终点。暴露于 U 的最高浓度为 $250\mu g\cdot L^{-1}$ 时,显示相对于对照组的最大延迟为 42%。然而,U 的孵化延迟并不总是伴随着幼鱼的高死亡率。早期生命阶段的敏感性取决于卵或幼鱼所接触的化合物的作用方式。结合对孵化延迟和 U 在卵内的生物积累的观察,我们认为是 U 在绒毛膜表面的高吸附而不是在胚胎水平的低吸附扰乱了孵化。在孵化前,绒毛膜发生软化,在此过程中,由于蛋白水解活性,绒毛膜变得更具渗透性,这可能导致低 U 吸收、低积累量也足以影响孵化过程而不导致孵化阶段的死亡率升高。

(3)铀对斑马鱼生长的影响。

斑马鱼的体长随 U 浓度的升高而减小。第 9 天，暴露于铀中的斑马鱼体长平均值显著低于对照组。暴露于最高浓度 250μg·L^{-1} 组的幼鱼平均体长显著低于最低浓度 20μg·L^{-1} 组。不同剂量 U 对幼虫平均体重有显著影响，斑马鱼的体重随 U 浓度的升高而减小，第 9 天，暴露于最高浓度 250μg·L^{-1} 组的幼鱼明显低于其他暴露条件下的幼鱼，且该浓度组在第 2~9 天的干重下降幅度高于对照组(58%＞43%)。

3)铀对斑马鱼生殖的影响

在对 DU 的毒理学性质研究中，发现 DU 是一种潜在的生殖危险物质，可能是致畸剂。且 DU 生殖毒性的严重程度取决于其剂量、持续时间和暴露途径。目前通过斑马鱼实验显示铀产生的生殖毒性效应大致表现为铀暴露诱发生殖细胞畸变、数量减少，生精细胞凋亡，性激素水平变化等。

(1)铀对卵巢的影响。

铀对雌鱼的生殖影响相较于雄鱼更小。通过水性铀暴露净化实验发现，雌鱼性腺中积累的 U 含量在整个净化阶段保持相对不变，仍然接近于暴露在铀中的水平。铀在卵巢中主要与卵黄原蛋白(Vtg)高度络合形成 U-Vtg 复合体，U 浓度在卵巢中长时间保持相对不变表明，U 与卵巢配体合成复合物的过程将持续一段时间。再生性实验检测繁殖的雌鱼生殖腺中的 U 浓度比未繁殖的雌鱼降低了 50%，表明繁殖的雌鱼可能借助于生殖过程将卵巢中的 U 通过 U-Vtg 复合体转移到卵子，从而降低对雌鱼性腺的毒性作用，而检测发现污染后的雌鱼卵细胞含有一定浓度的 U 支持了这种观点。组织学光学和电子显微镜观察显示 U 对卵巢组织无影响，而雌鱼卵巢细胞的 DNA 损伤检测发现，在净化期、净化 13 天后及净化期结束(持续 4 周)时都能观察到 DNA 单链或双链断裂，但损伤程度不断降低。说明 U 会造成卵巢细胞的 DNA 损伤，但 DNA 损伤一直在修复，损伤效应并不能体现到组织水平上。

(2)铀对睾丸的影响。

睾丸似乎是 U 暴露后的主要目标器官。通过水性铀暴露净化实验发现，相同浓度 U 暴露后雄鱼睾丸中 U 含量远大于雌鱼卵巢中 U 的积累量。U 暴露期睾丸内 U 的积累呈现复杂的 U 形累积曲线，且具有周期性累积阶段，在肝脏中也可以观察到这种现象，循环积累阶段约为一周。组织学光学和电子显微镜观察显示 U 对雄鱼睾丸组织影响较大。U 暴露会导致精子的组织学损伤，如生精小管结构的改变，从暴露的第 9 天起，生精上皮细胞排列紊乱，支持细胞和睾丸间质细胞损伤，且随着时间的推移(28 天)，U 的毒性效应不断增大。在 U 暴露的鱼类中，间质细胞细胞质除细胞核外为空，支持细胞表现为空泡化，管间小室扩张，肌成纤维细胞脱离基膜。在净化期间，U 效应强度降低，但效应仍然存在。这表明 U 暴露对生殖功能产生严重影响。雄性性腺细胞观察到显著的 DNA 损伤，并在整个净化阶段(27 天)没有修复。事实上，U 暴露后繁殖成功率的下降可以归因于雄性生殖行为的中断。对间质细胞的损害可能会干扰雄性激素的功能，导致求爱行为异常，紊乱的行为模式会损害交配过程。在暴露和净化期间，随着 DNA 损伤加剧加速了睾丸结构的改变，同时 U 还可以破坏线粒体呼吸链中的氧气消耗，此过程不断积累，诱导氧化应激，最终导致睾丸的 DNA 损伤和组织学损伤。

3. 放射性核素对斑马鱼分子水平损伤及机制

1) 铀对斑马鱼的分子损伤效应

U 在淡水系统中其自然浓度变化很大，范围从 $0.01\mu g \cdot L^{-1}$ 到 $2mg \cdot L^{-1}$，具体值取决于地质背景。来自核燃料循环、农业、研究实验室和军事活动的各种人为贡献可大大提高陆地和水生生态系统中的 U 含量。U 对淡水生物的影响尚未得到广泛研究，大多数数据与生物积累和急性暴露毒性试验有关。在个体水平上，暴露于 $20\sim250\mu g \cdot L^{-1}$ DU 的斑马鱼胚胎，其孵化延迟和孵化率降低。在环境相关浓度下，U 的毒性作用模式尚不清楚。最近的研究表明，在斑马鱼肝脏中，U 影响 gpx1a、CAT、SOD1、SOD2、过氧化氢酶和超氧化物歧化酶等抗氧化酶的基因表达和活性。在红细胞中，遗传毒性试验显示，在相同浓度范围内，水性 U 对 DNA 完整性有显著影响。以小型哺乳动物为对象的实验表明，U 可能通过血脑屏障或嗅觉途径运输到大脑。

(1) 铀对斑马鱼嗅觉系统的影响。

鱼类的嗅觉是金属接触的敏感目标，这种接触可能对鱼类的生存产生重大影响，因为嗅觉介导了多种行为，鱼的嗅觉系统从与外部介质直接接触的嗅觉莲座延伸到嗅球和大脑的其他区域，嗅球在信号识别和传递中起着核心作用。使用 DNA 微阵列研究大脑对 U 的转录反应，扩大了关于 U 对鱼类中枢神经系统中嗅觉系统影响的理解。鱼类在 U 环境相关浓度(对照组，$15\mu g \cdot L^{-1}$ 和 $100\mu g \cdot L^{-1}$)中暴露 3 天和 10 天后进行转录组分析，这些浓度在采矿点附近或钻井中被发现，最低值对应于世界卫生组织的临时饮用水指导值 ($15\mu g \cdot L^{-1}$)。取样时间的选择是根据之前的研究结果，斑马鱼大脑中基因表达水平的大部分变化都发生在这些时间(3~10 天)。暴露浓度对斑马鱼脑内 U 积累的影响与预期一致，U 的积累量随暴露浓度的升高而增加。有趣的是，研究发现，暴露在低浓度 U 环境中的鱼比暴露在高浓度 U 环境中的鱼有更多的基因表达差异，基因表达反应与 U 浓度呈负相关，在 U 浓度接近世界卫生组织饮用水指导值时，56 个转录本对金属暴露作出反应，在发现的 5 个显著性差异转录中，3 个属于气味受体家族，U 暴露会导致嗅球的解剖结构损伤，进而影响信号识别和信息传递，影响鱼的多种行为。尽管 U 浓度越高，大脑中积累的 U 越多，但 U 浓度较低时，基因反应最大，尤其是在暴露 10 天后。

(2) 铀对斑马鱼氧化应激酶的影响。

鱼类中对于氧化应激的研究已经开展，斑马鱼暴露于铀尾矿浸出液后，检测其氧化应激酶包括 SOD、CAT、MDA、Na^+-K^+-ATPase。酶活性可能会增加或被抑制，这种变化主要取决于暴露外源物质的种类和浓度、暴露的过程和时间，以及暴露的组织。一定的 U 浓度范围内，肝脏、鳃、肌肉组织中，SOD、CAT、Na^+-K^+-ATPase 酶随 U 浓度升高而减小，MDA 增大。脊椎动物中最重要的两个抗氧化酶是 SOD 和 CAT，它们的存在有利于维持自由基产生和清除的动态平衡，为了保护机体免受自由基伤害，维持低而有效的自由基浓度十分必要。超氧自由基($\cdot O_2^-$)在 SOD 的作用下还原为 H_2O_2，而 H_2O_2 被 CAT 转换为 H_2O 和 O_2。因此，SOD 和 CAT 活性的变化可以表明 $\cdot O_2^-$ 和 H_2O_2 量的变化。但在环境胁迫下(包括重金属污染胁迫),会导致机体自由基产生过多以及抗氧化系统损伤,使抗氧化酶的活性改变和膜脂质受到过氧化损伤,导致各种病理生理过程。暴露于铀尾矿浸出液后斑马鱼的抗氧化酶的活性受到严重的影响,SOD 的活性显著降低,这与暴露于其他环境污染物如 Cd、Cr、三氯苯酚、Th、混合重金属(Cu、Cd、Fe 和 Ni)、有机物中的结果一样。MDA 是脂质过氧化物最终代谢产物,是体内反映脂质过氧化水平的敏感指标。脂质过氧化可导致细胞膜流动性降低,线粒体微粒体功能下降,引起蛋白质、核酸等生命大分子的交联聚合,且具有细胞毒性、诱发肝细胞坏死和纤维化形成等多种病理效应。机体细胞受自由基攻击至损伤的程度可以通过 MDA 的含量高低来反映,当鱼体受到外来物质污染时,血清中的 MDA 含量会发生改变。暴露于低、中、高和极高浓度铀尾矿浸出液 7d 后,斑马鱼肌肉、腮和肝脏中的 MDA 含量都会显著升高。Na^+-K^+-ATPase 是存在于线粒体中的内膜蛋白,其活性位点可能会受到外源物质暴露时间、浓度和靶组织的影响,它的生物活性依赖于膜的结构完整性,当暴露于急性或慢性外源物质中时,Na^+-K^+-ATPase 的活性可能会升高、不变或降低。斑马鱼肝脏暴露于低浓度的铀尾矿浸出液 7d 或腮暴露 14d 后,Na^+-K^+-ATPase 酶的活性被显著抑制。Na^+-K^+-ATPase 酶比抗氧化系统更敏感,并且可以在肝脏中观察到时间-剂量-效应的关系。由此可见,暴露于铀尾矿浸出液后,斑马鱼肝脏中 Na^+-K^+-ATPase 酶活性的改变可以作为良好的生物标记物。

(3)铀对斑马鱼血细胞 DNA 的影响。

铀尾矿浸出液对斑马鱼 DNA 存在一定程度的损伤。不同浓度、不同时间下,铀尾矿浸出液造成斑马鱼外周血细胞 DNA 损伤的彗星尾长不同,随着铀尾矿浸出液浓度的升高和暴露时间的延长,彗星尾长显著增加,并且相对的荧光强度增大,与此同时,彗星头部的大小伴随着彗星尾部的加长而减小。同一暴露时间下,彗星尾长、彗星尾部荧光强度随着暴露浓度的升高而逐渐加强,空白对照组的外周血细胞形态呈圆形,为一簇荧光团,没有出现拖尾现象。DNA 损伤的尾部迁移长度受铀尾矿浸出液浓度和暴露时间的双重影响,浸出液浓度越高、暴露的时间越久,DNA 损伤越严重,放回清水后,DNA 损伤的指标并没有出现显著的下降,在高浓度组还有上升的趋势,这可能是由于暴露时间的延长,DNA 断裂程度较高,以至于在电泳时造成断片的丢失,DNA 修复机制难以响应或响应程度低。但也有研究发现,动物在低剂量铀暴露较长时间后,DNA 损伤的指标并没有显著升高,甚至呈现降低的趋势,这可能是低剂量铀暴露导致 DNA 损伤修复系统的激活和酶系统的反作用。

(4)铀对斑马鱼 DNA 的分子损伤机制。

铀可以通过化学和放射两种途径对细胞 DNA 产生毒害作用。现在已经确定,当细胞暴露于铀时,铀可能以铀酰形式与 DNA 结合,使细胞发生突变,从而触发一系列蛋白质合成错误,其中一些可能导致各种癌症。铀可以通过以下几种途径与 DNA 反应:直接通过 U-DNA 加合物或 DNA 磷酸基团的水解或通过氧化应激间接作用。铀可以诱导共济失调毛细血管扩张突变蛋白(ataxia telangiectasia mutated,ATM)的突变,ATM 涉及 DNA 修复和细胞周期事件。研究表明,在铀酰(UO_2^{2+})、过氧化氢和抗坏血酸之间发生反应时,羟基自由基的形成是导致 DNA 氧化损伤的原因。此外,铀诱导的 DNA 损伤在低浓度下是可逆的,但在高浓度下变得不可逆,并导致细胞死亡。

铀对 DNA 有深远的有害影响。将斑马鱼胚胎成纤维细胞(ZF4)暴露于铀浓度为 1～250μmol·L⁻¹(相当于 0.238～59.5mg·L⁻¹)的环境中，对照培养基中铀浓度低于 ICP-AES 检测限(0.01mgU·L⁻¹)。细胞的 γ-H2AX 病灶数随着铀浓度(1～100μmol·L⁻¹)的升高而增加，在较高浓度(250μmol·L⁻¹)时减少。快速形成 γ-H2AX 病灶，说明铀化合物直接或间接诱导的毒性应激快速显现。暴露的 ZF4 细胞中 SSB(单链 DNA 结合蛋白)的出现似乎伴随着 DSB(双链 DNA 断裂)的出现，当铀浓度超过 10μmol·L⁻¹ 时 SSB 显著增加。由于未修复的 DNA 双链断裂被认为是细胞致死率的关键损伤，而 DSB 修复的主要途径之一，即非同源末端连接(NHEJ)的活性。ZF4 暴露于铀后，NHEJ 通路受到干扰，在暴露后 24h，未修复的 DSB 仍然存在。说明铀能够在较低浓度下诱发大量的 DSB，这反映了铀的高遗传毒性。此外，铀污染 ZF4 的 NHEJ 修复中断，10μmol·L⁻¹ 铀暴露 24h 后未见 DNA-PK(NHEJ 修复通路)灶出现。暴露于高浓度铀时，DSB 的减少伴随着 ZF4 细胞中铀沉淀的存在。细胞暴露于浓度为 250μmol·L⁻¹ 的铀时，经透射电镜观察发现，ZF4 细胞内外均有铀沉淀，铀形成了细小的海胆状结构，该结构主要集中在溶酶体样囊泡中导致铀对胚胎斑马鱼成纤维细胞的遗传毒性。

铀可以诱导不同鱼类的 DNA 损伤和 DNA 断裂，DSB 被认为与细胞凋亡有关。将 ZF4 细胞暴露于浓度最高可达 250μmol·L⁻¹(250μg·g⁻¹ 内化铀)的铀中，铀诱导的 γ-H2AX 病灶在浓度超过 100μmol·L⁻¹ 时降低，这表明在较低的内部浓度下铀暴露似乎具有更大的遗传毒性。在 10m 处，γ-H2AX 病灶迅速形成，表明铀诱导的基因毒性应激迅速显现。此外，在低浓度下没有观察到 DNApK(DNA 依赖的蛋白激酶)病灶，意味着 NHEJ 修复途径的功能障碍。在镉暴露的人体细胞中也观察到这种现象(抑制 NHEJ)。NHEJ 的抑制是通过过度激活同源重组修复途径来平衡的，这可能有利于基因组的不稳定性。一种可能的假设是，在铀暴露的斑马鱼细胞中，NHEJ 的抑制可能由另一种非特异性 DNA 修复机制补充，导致未修复或错误修复 DNA 双链断裂。持续未修复的 DSB 可导致微核的形成。尽管铀暴露后会诱发 ZF4 出现大量的 DSB，但 ZF4 细胞在暴露于含铀的介质 24h 后没有死亡，可能是细胞中涉及溶酶体的金属解毒机制会在铀的刺激下潜在激活。溶酶体参与细胞的解毒过程，也可能参与金属解毒过程。它们能够在应激条件下在胞外吸收一定的铀。在相同的暴露时间内，这些铀沉淀伴随着少量的细胞毒性，表明这种机制足以维持细胞活力。同时，体内组织蓄积相同浓度范围的铀，不产生致命性，这表明这些解毒机制可能在整个生物体水平上发生。

2)氚(³H)对斑马鱼的分子损伤效应

氚(³H)是氢的一种放射性同位素。在环境中，氚最常见的形式是氚化水(HTO)。HTO 暴露影响生物体的信号通路，这些信号通路参与昼夜节律、光刺激反应、跨膜转运、过氧化氢反应、核小体组装、DNA 甲基化调控等生命过程。在昼夜节律和氧化应激反应之间，*cry1aa*、*cry5*、*per2* 和 *per1a* 基因被共享，HTO 暴露诱导的氧化应激或 H_2O_2 可破坏 *cry1aa*、*per2* 和 *per1a* 的表达，引起昼夜节律时钟反馈回路异常，H_2O_2 是一种活性氧，也被描述为一种昼夜节律光驱动的基因调节剂。HTO 显著影响肌肉收缩、肌原纤维组装和离子转运途径。在肌肉收缩和肌原纤维组装途径之间共享的基因中，肌钙蛋白 T 和 I 在这两个途径中都被错误地调节。这两种肌钙蛋白是薄肌丝上肌钙蛋白复合物的一部分。肌钙蛋白 T 将复合物固定在细丝上，肌钙蛋白 I 抑制肌动蛋白-肌凝蛋白的相互作用，直到 Ca^{2+}结合在肌钙蛋白 C 上允许肌动蛋白-肌凝蛋白相互作用。编码肌钙蛋白的错误调控基因在心肌 (tnnt2d 和 tnnt2e)和快骨骼肌(tnnt3b，tnni2a)中表达。HTO 暴露可能导致斑马鱼胚胎的骨骼和心肌损伤。这些损伤可以通过在肌肉组织中发挥重要作用的基因的上调以最低的剂量率得到补偿。DNA 损伤是氚水效应可以从细胞传播到个体的主要损伤之一，由于 HTO 暴露具有已知的遗传毒性作用，研究 DNA 损伤和修复途径，HTO 暴露可使 h2afx 和 ddb2 这两个在 DNA 损伤修复中起作用的基因编码蛋白显著上调，参与促凋亡过程的其他基因如 bbc3 或 casp9 中度上调，而具有抗凋亡和 DNA 修复作用的基因(如 bcl2l1、xpc、gadd45bb 或 xrcc1)也中度上调。

　　3)钴(^{60}Co)对斑马鱼的分子损伤效应

　　钴的物理、化学性质决定了它是生产耐热合金、硬质合金、防腐合金、磁性合金和各种钴盐的重要原料。在生物体中，钴是维生素 B$_{12}$的组成部分，能刺激人体骨髓的造血系统，促使血红蛋白的合成及红细胞数目的增加，动植物体内都含有一定量的钴。世界卫生组织国际癌症研究机构 2017 年公布钴和钴化合物为 2B 类致癌物。目前对钴的研究多集中在钴化合物和钴金属混合物作为重要工业原料的作用以及可能产生的生态危害方面。

　　将斑马鱼胚胎暴露于钴溶液中，48hpf 斑马鱼胚胎在最低 0.5mg·L^{-1}钴浓度下，代谢和 DNA/RNA 转录相关基因转录物发生变化，而在最高 3.6mg·L^{-1}钴浓度下，其生物发育过程，如内胚层、胰腺、腹中线、后脑和鳍的发育受到影响。低浓度钴抑制斑马鱼多种代谢过程相关的基因转录，在高浓度时抑制与胚胎发育相关的基因转录，这与非必需金属镉的转录组反应存在一定的浓度相关性差异。原因可能是胚胎在暴露于必需金属钴和铜时追求内环境平衡，并且鉴于暴露浓度较低，它们只有在 96hpf 孵化后才能达到这种状态，因此在 48hpf 时观察到的差异基因表达在 96hpf 时停止，胚胎似乎已经适应了额外的外源性钴和铜离子。相比之下，暴露于非必需金属镉的胚胎会经历诱导解毒的不利影响，因此，在更长的 96h 暴露期内，基因活性增强。一定浓度的钴暴露后，斑马鱼会出现氧化应激和细胞凋亡现象，尚未出现金属硫蛋白反应。

5.3　放射性核素的微生物学效应

　　环境中的微生物种类繁多、数量巨大，参与了80%～90%的生态循环过程，在地球化学物质循环、污染物降解转化和污染环境修复、环境剧烈变化的缓冲等方面发挥着举足轻重的作用(Castrillo et al.，2017)。土壤微生物的种类、数量及生理活性等对逆境的响应比同一环境中的动物和植物更敏感，能够及时准确地预测土壤养分及环境的变化(Gibbons，2017)。

　　微生物不能脱离环境生存、繁殖和进行生命活动。环境中的放射性核素铀、锶、铯和钴等会对微生物的生长、形态和生理生化过程产生重要影响。放射性核素在微生物细胞内积累到一定程度时，可以诱发细胞氧化应激反应产生大量活性氧(ROS)，进而对细胞产生毒害作用。具体的毒害作用包括抑制细胞生长、改变细胞形态、造成 DNA 损伤，以及导致能量代谢异常等。

从生物地球化学和生物技术的角度来讲，铀(U)属于锕系元素，具有放射性和化学毒性，是最具普遍性并易于研究的放射性元素。因此，多以铀作为代表性核素和重点关注对象来研究放射性核素对微生物的影响和作用。本节对放射性核素的微生物学效应(以铀为主)，包括对微生物(细菌、古菌和真菌)的群落效应、个体效应、细胞学效应、生理生化效应以及分子生物学效应进行了阐述。

5.3.1　放射性核素对微生物群落的影响

微生物群落(community)是一定区域内或一定生境中各种微生物种群松散结合的一种结构单位，是表征生态系统群落结构和稳定性的重要参数之一(Vanwonterghem et al.，2014)。微生物群落中不同的组成部分地位不同并承担不同的作用。在一定环境中，放射性核素可能作为关键驱动因素，促使微生物群落结构发生改变。在铀污染的土壤环境中，微生物群落结构一般最先对铀暴露作出响应，微生物群落结构多样性变化与铀浓度的相关性系数较高。例如，低浓度醋酸双氧铀暴露条件下，土壤微生物的丰富度和均匀度就明显降低。

1. 铀暴露阈值

研究铀的微生物学效应时，铀对微生物产生效应的阈值是一个重要参数。根据现有研究结果，可将铀污染土壤中的铀暴露浓度划分为四个等级：低浓度($< 200\text{mg·kg}^{-1}$)、中浓度($200 \sim 500\text{mg·kg}^{-1}$)、高浓度($500 \sim 900\text{mg·kg}^{-1}$)和极高浓度($> 900\text{mg·kg}^{-1}$)。

铀对微生物群落结构产生作用的浓度存在争议。有学者认为中浓度铀(200mg·kg^{-1})是铀对微生物群落结构产生效应的阈值。当超过该阈值时，微生物群落可能产生铀抗性，进而停止响应；低于该阈值时，微生物群落结构更易受到 pH 或其他重金属元素的影响。其中，鞘氨醇细菌(*Sphingobacteria*)、北里孢菌(*Kitasatosporia*)和红曲菌(*Rhodobium*)只在铀浓度高于 200mg·kg^{-1} 时出现，可用作铀污染的微生物指示剂(Mumtaz et al.，2018)。也有研究结果表明，微生物群落对铀有很强的适应性。只有暴露于极高浓度铀(1500mg·kg^{-1})时，微生物分类学和功能结构才发生明显变化；暴露于 4000mg·kg^{-1} 铀时，微生物多样性才受到显著负面影响(Sutcliffe et al.，2017)。

不同条件下的铀暴露阈值可能与铀的生物可利用性有关，也与其他环境因素，如 pH 和共存金属离子相关。但总体来说，铀暴露条件下的优势微生物类群有一定共性。

2. 优势种群

铀暴露条件下，不同环境的高丰度细菌种类表现出一定共性，其中优势细菌主要为厚壁菌门(Firmicutes)、变形菌门(Proteobacteria)、放线菌门(Actinobacteria)、拟杆菌门(Bacteroidetes)、浮霉菌门(Planctomycetes)和疣微菌门(Verrucomicrobia)(Akob et al.，

2007；Kumar et al.，2013；Lopez-Fernandez et al.，2018；Mumtaz et al.，2018；Jaswal et al.，2019）。与铀暴露密切相关的细胞菌属主要包括伯克氏菌属（*Burkholderia*）、芽孢杆菌属（*Bacillus*）、乳酸乳球菌（*Lactococcus*）、鬃毛甲烷菌属（*Methanosaeta*）、沉积物绣色杆菌（*Robiginitalea*）、小月菌属（*Microlunatus*）和脂环酸芽孢杆菌（*Alicyclobacillus*）（Yan et al.，2016；曾涛涛等，2018；Jaswal et al.，2019）。

极高浓度铀暴露条件下优势细菌种类有其自身特点。在极高浓度铀（4000mg·kg^{-1}）暴露时，丰度增幅较大的细菌类群包括地杆菌属（*Geobacter*）、地发菌属（*Geothrix*）、戴氏菌属（*Dyella*）、拟杆菌门（Bacteroidetes）和厌氧绳菌纲（Anaerolineae）（Sutcliffe et al.，2018）。根瘤菌目（Rhizobiales）和酸杆菌门（Acidobacteria）对铀暴露尤为敏感，酸杆菌门 Group1 的丰度和铀暴露浓度呈现负相关，即随着铀浓度升高（1000mg·kg^{-1}）相对丰度逐渐降低，下降幅度高达 73%；慢性根瘤菌的丰度也随着铀浓度升高不断下降，降幅高达 75%（Sutcliffe et al.，2017）。

2004 年，美国能源部在汉福德站 SX-108 储罐下方高放废物污染沉积物中检测到活菌的存在，并分离得到两株与耐辐射奇球菌高度相关的耐辐射菌株，它们能够在接近 20kGy 的急性电离辐射下存活（Fredrickson et al.，2004）。汉福德站经历了极端地球化学、热和辐射条件，是化学和放射性条件恶劣的环境。在那里分离得到的可培养微生物主要由耗氧化能异养菌组成，其中大部分是革兰氏阳性菌。虽然这些微生物在当前的环境条件下是没有活性的或不活动的，但它们在极端条件下能够长时间生存于渗流沉积物中，这预示着它们在未来生存条件发生改变时，可能会对污染物的生物毒性及运输带来影响。

与细菌相比，真菌对铀暴露更加敏感，低浓度铀就会对真菌群落结构和优势类群产生影响。低浓度铀（20mg·kg^{-1}）暴露时，土壤真菌多样性显著降低。在土壤铀浓度为 4.2mg·kg^{-1} 时，真菌优势类群为子囊菌门（Ascomycota）、接合菌门（Zygomycota）和孢子菌门（Basidiomycota）、被孢霉菌属（*Mortierella*）和青霉菌属（*Penicillium*）（Jaswal et al.，2019；肖诗琦等，2018）。

5.3.2 放射性核素对微生物生长的影响

1. 生长抑制

放射性核素对微生物的生长和存活率均有明显影响，一般将细胞活性作为放射性核素影响微生物毒性的重要指标。放射性核素对微生物的作用无特异性，对一切细胞组分均产生作用。但微生物对放射性核素的耐受性个体差异很大，甚至同菌属的不同菌株之间也有区别。根据目前研究结果，放射性核素对细菌（大肠杆菌、节杆菌、假单胞菌、希瓦氏菌等）和真菌（酵母菌、镰刀菌、青霉菌等）的生长都产生抑制作用。大肠杆菌具有适宜的世代时间且对环境毒性物质敏感，因此经常被用作测试放射性核素毒性的指示微生物。

不同放射性核素对大肠杆菌的毒性有显著差异，其中铀和钴对细菌的毒性较强。大肠杆菌缺乏铀解毒机制，500μmol·L^{-1} 硝酸铀酰即对大肠杆菌的生长产生显著影响。提高细胞壁通透性可使 Co^{2+} 易于进入大肠杆菌细胞内。钴对大肠杆菌的半数致死浓度为 3.38mg·L^{-1}；当钴浓度达到 10mg·L^{-1} 时，90%的大肠杆菌生长受到抑制。与铀和钴不同，锶(Sr^{2+})和铯(Cs^+)均在低浓度（$<10mg·L^{-1}$）时促进大肠杆菌生长，只有在高浓度时才抑制大肠杆菌生长，且毒性较小。锶和铯对大肠杆菌的半数致死剂量分别为 $1600mg·L^{-1}$ 和 $251mg·L^{-1}$（黄志等，2019）。锶和铯的毒性机理是诱导大肠杆菌体内 ROS 浓度升高。

对其他细菌而言，铀的毒性也高于锶和铯。硝酸铀酰浓度为 $800μmol·L^{-1}$ 时即对铜绿假单胞菌（*Pseudomonas putida*）KT2440 生长产生抑制作用；当硝酸铀酰浓度提高到 $1000μmol·L^{-1}$ 时，KT2440 的生长速率显著降低（Hu et al.，2005）。节杆菌 KMSZP6 从铀矿中筛选得到，对铯的耐受性高于锶。当 KMSZP6 暴露于 $100mmol·L^{-1}$ 锶或铯时，活细胞占比分别为 53.2%和 78.9%（Swer et al.，2016）。希瓦氏菌（*Shewanella*）MR-1 对铯的耐受阈值为 $180mmol·L^{-1}$，即 MR-1 在含有 $180mmol·L^{-1}$ 铯的培养基中可以生长，但是在铯浓度高于 $180mmol·L^{-1}$ 时生长受到严重抑制（Brown et al.，2006）。

铀对真菌的毒性效应也受到越来越多的关注。铀对雪腐镰刀菌（*Fusarium nivale*）、尖孢镰刀菌（*Fusarium oxysporum*）、光孢青霉菌（*Penicillium glabrum*）的致死剂量范围为 $120\sim1000mg·L^{-1}$（Tyupa et al.，2014）。低浓度铀（$0.1mmol·L^{-1}$ 硝酸铀酰）即对汉逊酵母菌（*Hansenula fabianii*）J640 生长产生影响。培养 165 小时后，J640 的菌落数（OD_{600}，在 600nm 波长处的吸光值）远低于不含铀的对照样品。当铀浓度提高至 $1.0mmol·L^{-1}$ 时，J640 几乎停止生长（Sakamoto et al. 2005）。在不同硝酸铀酰浓度和暴露时间条件下，酿酒酵母（*Saccharomyces cerevisiae*）的存活率分别为 63.78%（$100mg·L^{-1}$，4 天）、59.72%（$200mg·L^{-1}$，3 天）和 19.34%（$400mg·L^{-1}$，6h）（Shen et al.，2018）。另一株酿酒酵母菌 X-2180-1B 对铀更加敏感。

当培养基中碳酸铀酰浓度超过 $0.1mmol·L^{-1}$ 时，X-2180-1B 即停止生长（Sakamoto et al.，2005）。暴露于 $50\sim200μmol·L^{-1}$ 碳酸铀酰时，海洋酵母菌溶脂酵母（*Yarrowia lipolytica*）的生长受到明显抑制，如图 5.13 所示（Kolhe et al.，2020）。扫描电镜图［图 5.13（a）和图 5.13（b）］显示，与不含铀的对照组相比，铀处理组的海洋酵母菌溶脂酵母细胞表面形成了碳酸铀酰沉淀（如黄色箭头所示），呈现不规则表面。碳酸铀酰不同暴露时间的透射电镜图［图 5.13（c）～图 5.13（f）］显示，海洋酵母菌溶脂酵母对照组中可见细胞器，而铀处理组中细胞器则明显溶解（白色箭头所示）。图 5.13（e）～图 5.13（f）的黑和红色箭头表示不同铀暴露时间碳酸铀酰在细胞外部和内部的沉积情况。

有些微生物对放射性核素有很强的耐受性。在 $200μmol·L^{-1}$ 硝酸铀酰条件下，新月形茎杆菌（*Caulobacter crescentus*）的生长基本不受影响（Hu et al.，2005）。在 4℃或 25℃条件下培养 24h，油酸微杆菌（*Microbacterium* sp. A9）铀处理组（$50mmol·L^{-1}$）的生长情况与对照组（不含铀）未见显著差别（Theodorakopoulos et al.，2015）。暴露于铀酰离子［$(UO_2)^{2+}$，$80mgU·L^{-1}$］1h 后，耐辐射球菌（*Deinococcus radiodurans*）R1 和节杆菌（*Arthrobacter ilicis*）的致死效应均不明显（Suzuki and Banfield，2004）。节杆菌 KMSZP6 对锶和铯的耐受浓度均高达 $400mmol·L^{-1}$。

对放射性核素耐受性较强的微生物可以吸附或转化环境中的放射性核素，例如希瓦氏菌可以还原固定铀。芽孢杆菌（*Bacillus* SWU7-1）对铯表现出较强的耐受性和吸附性能（Dai et al.，2020）。一株节杆菌暴露于 80mmol/L U（VI）1 小时后在细胞内形成铀沉淀（5.14（a）、（b））（Suzuki and Banfield，2004）。新月形茎杆菌 *C. crescentus* strain CB15N 暴露于

200μmol·L^{-1} 硝酸铀酰时主要在细胞外形成钙-铀-磷酸沉淀来抵抗铀的毒性［图 5.14（c）、（d）］（Hu et al.，2005）。油酸微杆菌 A9 通过提高金属外排泵的表达和释放磷酸盐等机制来降低铀毒性，并将 U（VI）还原为 U（IV）沉淀。油酸微杆菌 A9 经过 50mmol·L^{-1} U（VI）暴露 24h 后形成针状铀沉淀［图 5.14（e）和图 5.14（f）］（Theodorakopoulos et al.，2015）。微生物的这些特性常被用于环境中放射性核素污染的修复。

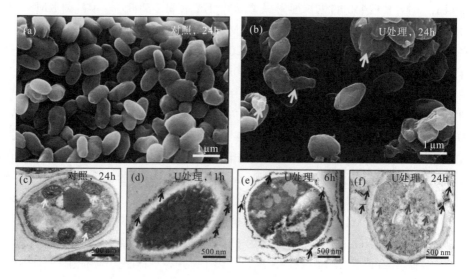

图 5.13 海洋酵母菌溶脂酵母暴露于 50μmol·L^{-1} 碳酸铀酰下细胞变化的扫描电镜和透射电镜图

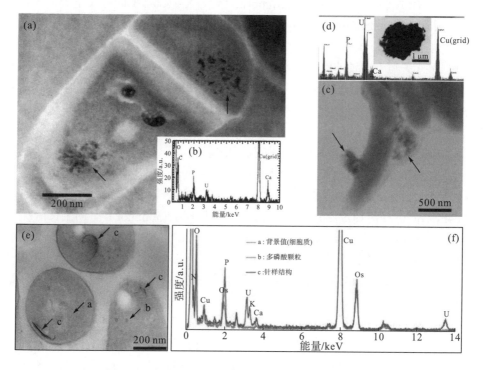

图 5.14 代表性铀固定菌株的透射电镜图和能谱分析

2. 影响因素

放射性核素对微生物的毒性效应受到 pH、碳源和碳酸氢盐等因素的影响。pH 对铀的微生物毒性效应有很直接的影响。低 pH(2～3)时，核素的生物可利用性高，因此对微生物的毒性大；pH 提高(4～7)时，核素易在细胞表面形成络合物(如铀-磷酸盐沉淀)，生物可利用性降低，因此对微生物的毒性降低。另外，碳源也会影响核素对微生物的毒性，如添加不同碳源(乙醇、丁酸盐、葡萄糖和乳酸)时，铀(0～250mmol·L^{-1} 氯化铀酰)对假单胞菌(*Pseudomonas*)的毒性效应差异显著。

碳酸氢钠很大程度上可以降低铀对微生物的毒性。节杆菌在 5mg·L^{-1} 和 10mg·L^{-1} 含铀培养基中培养 4 天，细胞活力分别为 1.75%和 3.25%；当在培养体系中加入 5mmol·L^{-1} 碳酸氢钠时，节杆菌细胞活力可显著提高至 42%和 28%。这可能是由于在高碳酸氢盐条件下可能形成带负电荷的稳定铀酰和铀-碳酸盐络合物沉淀，降低其微生物可利用性，从而降低对假单胞菌的毒性(Sepulveda-Medina et al.，2015)。

5.3.3　放射性核素的微生物细胞学效应

1. 细胞形态改变

放射性核素暴露可导致细胞损伤，改变微生物细胞的聚集形态。节杆菌在普通葡萄糖固体培养基上形成大面积的团簇，但在铀暴露条件下，平板上菌落呈现均匀完整的圆形，且直径变小。另外，铀暴露明显增加节杆菌的平均粗糙度。在 5mg·L^{-1} 和 10mg·L^{-1} 浓度铀暴露 24h 后，节杆菌的平均粗糙度分别为 25.37nm 和 44.28nm，明显高于对照组的 3.24nm。(Sepulveda-Medina et al.，2015)。与节杆菌不同的是，极端嗜盐古菌(*Halobacterium noricense*)DSM-15987 在铀暴露 3 小时后逐渐生成团聚物，14 天后团聚体直径可达 300μm [图 5.15(b)～(d)]，而对照组(未暴露铀)的细胞一直处于分散状态[图 5.15(a)]，这可能与其分泌的有机物有关(Bader et al.，2017)。

微生物细胞也可通过降低比表面积来应对铀暴露。氧化节杆菌(*Arthrobacter oxydans*)暴露于铀时，碳酸氢盐帮助细胞由棒状变为球形，表面积减小，从而降低铀暴露带来的毒害作用(Sepulveda-Medina et al.，2015)。

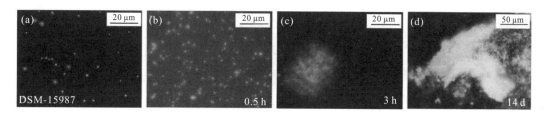

图 5.15　铀暴露对极端嗜盐古菌 DSM-15987 存活状态的影响(SYTO9 荧光染料染色)

2. 细胞膜损伤和细胞器溶解

微生物的失活和生长抑制与细胞损伤有重要关联。放射性核素暴露会增加微生物细胞膜的渗透性，使铀更易于进入细胞，进而造成细胞膜损伤甚至细胞器的溶解消失。碳酸铀酰暴露对解脂耶氏酵母（*Yarrowia lipolytica*）细胞有显著影响。与对照组相比，在 50μmol·L^{-1} 碳酸铀酰中培养 6~24h，海洋酵母菌溶脂酵母的细胞膜出现明显损伤；碳酸铀酰浓度提高到 200μmol·L^{-1} 时，海洋酵母菌溶脂酵母的细胞核、液泡等细胞器溶解消失（图 5.16）。这种细胞膜损伤可能是由铀暴露导致 ROS 积累，进而介导脂质过氧化引起的（Kolhe et al.，2020）。

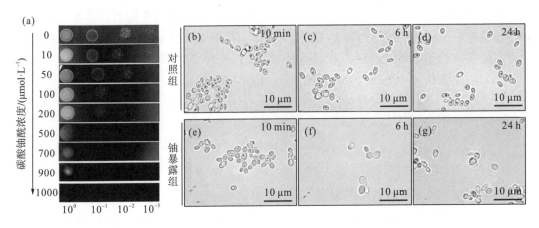

图 5.16　铀暴露对解脂耶氏酵母形态的细胞损伤

利用碘化丙啶(PI)和噻唑橙(TO)染色并用流式细胞仪来区分活细胞、死细胞和受伤细胞，可以表征节杆菌在锶或铯暴露条件下细胞形态的变化。其中活细胞指代谢活跃且无膜渗漏的细胞，死细胞指没有细胞膜或受损细胞膜使 PI 易于扩散的细胞。受损细胞为细胞膜受损并使染色剂 PI 和 TO 不同程度扩散的细胞。暴露于 400mmol·L^{-1} 锶或铯时，节杆菌 KMSZP6 完全失活，而对照组(400 mmol·L^{-1} NaCl)基本没有变化(图 5.17)(Swer et al.，2016)。

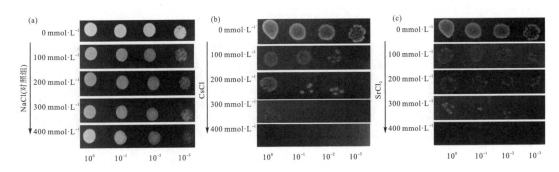

图 5.17　CsCl 和 SrCl$_2$ 对节杆菌 KMSZP6 的最小抑菌浓度测定

3. DNA 和 RNA 水平损伤

放射性核素暴露还可能导致微生物细胞 DNA 和 RNA 水平的损伤。有研究表明，铀暴露可引起 DNA 链断裂、影响 DNA 复制的启动或抑制 DNA 和蛋白质的结合。例如，铀暴露导致细胞周期调控因子 DnaA 和 CtrA 表达下调，与氮源或者碳源缺乏对微生物的抑制作用类似(Hartsock et al.，2007；Yung et al.，2014)。

一般情况下，微生物通过自我保护机制来应对放射性核素暴露的损伤，这些机制包括金属离子外排泵、抗氧化酶升高和胞外沉淀固定等。铀暴露后，微生物通常先启动外排泵将铀转运至细胞外，这种外排机制可有效降低核素对 DNA 的损伤程度。土杆菌(*Geobacter sulfurreducens*)暴露于 100mmol·L^{-1} 铀时，仅有少量与 DNA 代谢相关的蛋白丰度提高，而与 DNA 保持和修复相关的蛋白丰度反而降低，这种反应可能与土杆菌的铀外排机制有关(Oreliana et al.，2014)。

通常情况下，微生物接触核素后会启动自我修复机制。比如，铀暴露 15 分钟后，极端嗜热古菌勤奋金属球菌(*Metallosphaera prunae*)的 RNA 开始降解。但是，随着铀暴露时间延长，RNA 完整性逐渐恢复[图 5.18(b)和图 5.18(c)](Mukherjee et al.，2012)。这可能是由于细菌激活了自身的重金属抗性保护机制。与此类似的是，暴露于 50μmol·L^{-1} 碳酸铀酰时，海洋溶脂酵母(*Yarrowia lipolytica*)的 RNA 在 5～10min 内明显降解；但随着暴露时间延长，RNA 完整性在 6h 内逐渐恢复并保持稳定[图 5.18(a)](Kolhe et al.，2020)。

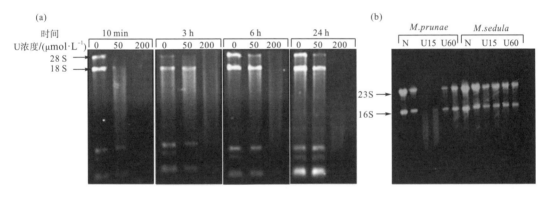

(c) Gene ID	产物描述	M.sedula				M.prunae			
		N	U15	U60	差异倍数(U60-N)	N	U15	U60	差异倍数(U60-N)
Msed_0076	外泌体RNA结合蛋白 Rrp4				2.7		X		NC
Msed_0077	外泌体核酸外切酶 Rrp41				2.6		X		NC
Msed_0078	外泌体RNA结合蛋白 Rrp42				2.1		X		NC
Msed_0099	核糖核酸酶P,Rpp29				2.5		X		NC
Msed_0657	RNA修饰蛋白				2.5		X		NC
Msed_0661	核糖核酸酶Hll				3.5		X		NC
Msed_0899	假定毒素vapC				3.2		X		2
Msed_1307	假定毒素vapC				NC*		X		2

图 5.18　铀暴露对核糖核酸酶活性的影响

微生物抵抗铀毒性和自我修复可能有两种机制：①细胞内沉淀固定铀；②产生过氧化物歧化酶（SOD）。

但是，微生物应对放射性核素的自我修复是有一定限值的。一旦超出这个限值，放射性核素对细胞造成的损伤将不可逆转。

5.3.4 放射性核素的微生物生理生化效应

1. 个体生理生化效应

放射性核素暴露可能诱导微生物的氧化应激反应。低浓度铀（$0.1mmol \cdot L^{-1}$）暴露即可诱导嗜酸氧化亚铁硫杆菌（*Acidithiobacillus ferrooxidans*）ATCC 23270 的氧化应激反应，尤其是与膜过程和信号转导功能相关的蛋白表达差异最大。表达上调的几类蛋白包括：①与 ROS 反应相关的蛋白；②压力响应蛋白，包括转醛醇酶、核酮糖二磷酸羧化酶（RubisCO）等；③参与 Mo 转运和 ATP 结合的钼卟啉结合蛋白（Mop）（Dekker et al.，2016）。在土杆菌和大肠杆菌中也发现了类似的现象。另外，嗜酸铁硫酸杆菌在铀暴露时外膜蛋白（Omp40）表达下调，可能引起细菌细胞膜的通透性改变，抑制铀进入细胞，进而降低铀的毒性（Dekker et al.，2016）。

放射性核素暴露可能影响细菌的基础代谢率。例如，铀暴露条件下，核糖体蛋白、ATP 合成酶 F1 亚基、三羧酸（TCA）循环蛋白（柠檬酸合酶和异柠檬酸脱氢酶）、乙酸酯激活酶和乙酰辅酶 A（CoA）水解酶均有不同程度的上调（Wilkins et al.，2009）。在铀暴露条件下，伯克氏细菌（*Burkholderia*）中大量与应激反应、DNA 修复、蛋白质生物合成和参与代谢相关的蛋白表达上调（Agarwal et al.，2018）。暴露于 $100mmol \cdot L^{-1}$ 铀时，土杆菌（*Geobacter sulfurreducens*）许多与中央代谢相关的蛋白丰度降低（Oreliana et al.，2014）。

放射性核素暴露可能降低微生物碳代谢水平。例如，铀暴露会抑制节杆菌对总碳（TOC）的降解速率，且铀浓度越高，降解速率降低越明显。暴露于 $0.5mg \cdot L^{-1}$ 铀时，节杆菌 G968 的 TOC 降解率为 23.4%，与空白对照（无铀，25%）没有显著差别；当铀暴露浓度提高至 $5mg \cdot L^{-1}$ 时，TOC 的降解率下降为 11.6%。另一株节杆菌 G975 在铀暴露浓度从 9.5～$27mmol \cdot L^{-1}$ 提高至 $38mmol \cdot L^{-1}$ 时，TOC 的降解率从 30.7%～34.7%下降到 4.8%（Katsenovich et al.，2013）。

2. 群体生理生化效应

微生物群落功能对环境变化十分敏感，能够在很短的周期内做出反应，常常被用作生态系统变化和环境健康状况的早期预警和敏感指标。放射性核素（以铀为代表）对微生物群落功能和代谢水平有重要影响。例如醋酸双氧铀（10～$150mg \cdot kg^{-1}$）暴露明显降低了土壤微生物代谢活性（肖诗琦等，2020）。

核素暴露影响微生物群落的碳代谢和氮代谢。例如，暴露于不同浓度铀（40～$4000mg \cdot kg^{-1}$）时，土壤中与有机物代谢相关的基因丰度升高，同时与毒性效应、呼吸作用或与膜转运相关的基因丰度升高（Sutcliffe et al.，2017；Jaswal et al.，2019）。这种现象可能与微生物对铀的外排机制有关。另外，铀胁迫条件下，微生物群落通过加快呼吸速率来提高铀的外排速率，减轻铀胁迫的影响。铀暴露也影响微生物的产甲烷性能。即使铀暴露浓度很低（0.16mmol·L^{-1}），也会抑制厌氧生物膜中高达 50%的产甲烷性能（Tapia-Rodríguez et al.，2012）。另外，硝化菌群和反硝化菌群对铀暴露也很敏感，但其敏感程度与所利用的电子供体关系密切。因此，将微生物生物量和群落结构作为评价放射性核素生态毒性的生物学指标时，要考虑土壤水分、土壤 pH 以及干扰物质等多种环境因素的影响。

5.3.5 放射性核素暴露的微生物组学研究

多组学方法是鉴定微生物防御放射性核素机制的有力工具，被广泛应用于研究微生物对放射性核素的暴露响应机制。

放射性核素暴露时，微生物多个与胁迫响应途径和金属抗性相关的基因和蛋白表达上调。例如，铀暴露条件下，新月形茎杆菌（*Caulobacter crescentus*）的基因组注释到 37 个与铀暴露和铀胁迫密切相关的基因。很多蛋白和转录因子在细菌适应及抵抗铀胁迫中起重要作用，其中外膜转运蛋白 RsaFa 和 RsaFb 与 S 层（S-layer）核素外排机制有关，转录因子 CztR 与铀胁迫应答有关。另外，编码 ppGpp 水解酶/合成酶的 *spoT* 基因也可能与其在碳源缺乏时的铀耐受性密切相关（Yung et al.，2015）。

脱硫还原肠状菌（*Desulfotomaculum reducens*）在乙酸铀酰（100μmol·L^{-1}）暴露后，编码金属外排泵的基因和与铀还原密切相关的细胞色素 c 表达上调（Junier et al.，2011）。铀暴露条件下，MI-1 参与 DNA 结合转录（ArsR 家族）和 DNA 结合应答调节（NarL/FixJ 家族）的蛋白，以及转运蛋白的表达也有所上调（Gallois et al.，2018）。

油酸微杆菌 A9 在铀暴露（10mmol·L^{-1}）实验组共检测并注释了 1532 个蛋白，其中 591 个蛋白的丰度在不同实验条件下存在显著差异。另外，铀暴露严重干扰油酸微杆菌 A9 的磷酸盐代谢和铁代谢途径，相关的蛋白表达呈现高动态性，尤其是参与磷酸盐代谢的基因（如 *phoN*）和蛋白丰度明显增加（Oreliana et al.，2014）。

硫化土杆菌（*G.sulfurreducens*）铀暴露（100mmol·L^{-1}）后总表达蛋白为 1363 个。与对照组相比，差异表达蛋白总数为 351 个，占总表达蛋白的 26%，分布于 17 个类别里。其中，203 个差异蛋白表达上调，148 个差异蛋白表达下调。尤其值得注意的是，参与 DNA 合成和蛋白质保护的蛋白表达明显上调（Oreliana et al.，2014）。研究表明，在酸性(pH2)条件下，铀暴露浓度为 50mmol·L^{-1} 和 80mmol·L^{-1} 时，大肠杆菌 MG1655 的蛋白质组变异性超过 33%。其中，铁超氧化物歧化酶(SodB)表达上调 7 倍，WrbA 结合蛋白 YdhR 表达上调 9 倍。这种铀暴露后的氧化应激反应可能是由 ROS 介导的（Khemiri et al.，2014）。

放射性核素对微生物个体和群落的生长、生理过程有重要影响，随着分子生物学技术的不断进步，对放射性核素微生物学效应的机理研究也有了进一步的认识。研究微生物对放射性核素的抗性机制可以指导放射性核素的微生物修复过程。

5.4   切尔诺贝利核事故的生态影响

切尔诺贝利核事故是一件发生在苏联时期乌克兰境内切尔诺贝利核电站的核子反应堆事故。该事故被认为是历史上最严重的核电事故，也是首例被国际核事件分级表评为第七级事件的特大事故。1986 年 4 月 26 日凌晨 1 点 23 分 (UTC+3)，乌克兰普里皮亚季邻近的切尔诺贝利核电厂的第四号反应堆发生了爆炸。连续的爆炸引发了大火并散发出大量高能辐射物质到大气层中，这些辐射尘涵盖了大面积区域。这次灾难所释放出的辐射线剂量是二战时期爆炸于广岛的原子弹的 400 倍以上。

切尔诺贝利核事故发生后，其核辐射的生态后果鲜为人知。切尔诺贝利核事故发生时释放了很多放射性物质，包括 ^{131}I、^{90}Sr、^{137}Cs、$^{238-242}Pu$ 在内的放射性核素和一些超铀元素 (^{239}Np、^{241}Am、^{244}Cm)。其释放的 α、β、γ 射线，具有不同有效半衰期和生物半衰期。放射性核素在土壤和水体中的散射导致其被植物根系吸收，然后在不同的植物组织中分布。根据其化学性质，如基团、价态、离子体积、电荷等，可以影响特定的生化途径。其中之一是对细胞组分 (DNA、膜、细胞质等) 产生影响。它们衰变产生更稳定的放射性子元素，具有不同的化学性质。一旦被植物吸收，会导致高的局部辐射剂量。这些过程伴随着局部高浓度的活性氧 (ROS)。在随后的几年中，辐射背景率的下降比突变率的下降要快。

5.4.1   核事故对切尔诺贝利地区微生物的影响

土壤微生物作为土壤环境中的"原住民"，可以形成土壤结构。土壤并不是单纯的土壤颗粒和化肥的简单结合，作为土壤的活跃组成分，土壤微生物在自己的生活过程中，通过代谢活动实现氧气和二氧化碳的交换，最终形成真正意义上的土壤。土壤微生物通过分解有机质，释放出营养元素，改善土壤的结构。微生物还可以降解土壤中残留的有机农药、城市污物和工厂废弃物等，把它们分解成低害，甚至无害的物质，降低残毒危害。因此，探究核事故对切尔诺贝利地区土壤当中微生物 (细菌、真菌以及原生生物) 的影响就成了当务之急。

研究人员推测放射性污染会对土壤中的土壤真菌、细菌和原生生物群落造成潜在的影响。相关研究结果表明，不同类型微生物的丰度、生物量和活性在放射性核素胁迫的环境当中会表现出不同的变化规律，这导致了土壤动物饲料资源结构和可利用性的显著变化。有报道称在 0.5k~1.0kGy 的 γ 射线照射下，某些真菌的孢子萌发率降低了 20%。还有研究表明，原生生物尽管对辐射有很强的抵抗力，但它们会受到土壤颗粒周围水膜中较高浓度的 ^{90}Sr 的影响。研究者用高剂量的辐射 (使用 ^{239}Pu，最高达 50Gy) 对变形虫进行研究，未发现有负面影响。在极高剂量 (500Gy) 下，对其他原生生物研究也得到了类似的结果 (Jönsson and Kvick，1972)。

水熊虫(*Tardigrades*)是一种多细胞生物，具有抵抗各种极端条件的能力，但目前还不太清楚它们对放射性污染的耐受性以及对切尔诺贝利周围放射性核素的反应。由于蠕虫在土壤环境中丰度较低，难以获取，因此将其作为反射生态指示生物具有很大的技术难度。室内实验结果表明，*Tardigrades* 能够承受与原生动物放射性污染水平相当(3.5kGy)的放射性污染，但它们的繁殖受到 1kGy 剂量的影响，除非它们藏在土壤深处。壁虱螨虫(*Acari Mites*)比 *Tardigrades* 对 γ 辐射更加敏感。当辐射剂量为 2kGy 时，土壤表面的螨几乎全部死亡。1986 年 7 月，切尔诺贝利核事故发生三个月后，切尔诺贝利核电站附近每一标准样品(100cm^2)的原始物种有 3 种，而在未污染控的点位(距离核电站70km)有 23 种。土壤中常见的原生生物如图 5.19 所示。

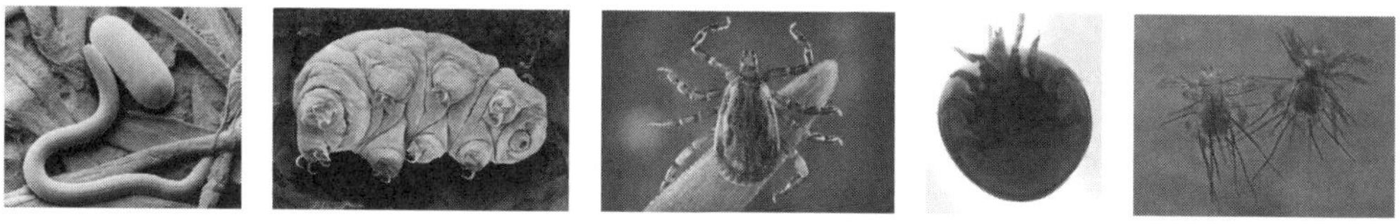

(无脊椎)线虫纲　　　缓步动物门　　　　壁虱螨虫　　　　尾足螨股　　　甲螨亚目，隐气门亚目
(Nematoda)　　　　(Tardigrada)　　　(*Acari Mites*)　　(*Uropodina*)　　　(Oribatida)
线虫(*Nematodes*)　水熊虫(*Tardigrades*)

图 5.19　土壤中常见的原生生物

研究发现，在切尔诺贝利污染区，在灾后的第一年，枯枝落叶螨的数量减少为初始的 1/30，而深层土壤螨的数量也有减少，约为原来的 1/3～1/2。一些甲螨如 *Tectocepheus velatus* 和 *Carabodes areolatus* 在灾后一年就能够繁殖。然而，在靠近放射性泄漏震中的 EURT 进行的研究表明，即使 30 年后甲螨的丰度仍然比对照组低 2/3，并且在切尔诺贝利的地衣中发现了甲螨对放射性污染的独特响应特征(Zaitsev et al.，2014)。地衣本身对这种类型的胁迫具有极强的抵抗力，同时也为微囊动物提供食物资源和栖息地，因此也被认为是放射性核素浓缩器。甲螨和其他寄生在地衣上的节肢动物因此受到了严重的放射性污染，而在切尔诺贝利核电站附近地衣的数量保持不变。这是因为地衣积累的放射性核素被以真菌为食的前优势甲螨消耗，并入螨虫组织，然后非常缓慢地排出体外。

相比之下，在俄罗斯的布莱恩斯克地区(距离发电厂约 200km)，地衣的放射性水平也相当高(约 48Gy·d^{-1})。与未污染地衣相比，甲螨的丰度和多样性较高，但仍显著降低。在这些研究中，通常在地衣中占优势的甲螨显著降低了其丰度。辐射剂量为 1k～2kGy 时甲螨的丰度和多样性显著降低。更为敏感的是硬蜱螨，在低至 0.5kGy 的剂量下表现出显著差异。相比之下，在 ^{90}Sr 污染水平相当的地区发现的恙螨数量并没有减少。总的来说，以不浓缩放射性核素的资源为食的螨类群体比以浓缩放射性核素的资源为食的螨类群体(主要以真菌为食的甲虫)能够承受更高剂量的辐射(以线虫为食的尿足虫)。螨类间敏感性的差异也可能表明吸收剂量计算过程中潜在的技术难题。

5.4.2　核事故对切尔诺贝利地区植物的影响

1. 对植物生长的影响

苏格兰松树已被证明特别容易受到辐射的影响。对切尔诺贝利地区的树木生长和形态畸变已有众多研究。其中，通过对切尔诺贝利禁区辐射范围内的 105 棵苏格兰松树进行树龄分析，证明其生长率显著下降；一项纵向分析表明，事故发生后 3 年内，辐射最严重地区的松树增长率大幅下降，随后下降幅度减小，特别是在干旱年份。这很可能是由事故发生时树木受到的高剂量辐射造成的，并且在随后的几年里，辐射量急剧下降。还有研究表明，幼树特别容易受到辐射的影响，生长形态和木材质量发生了显著变化（Mousseau and Moller，2020）。

切尔诺贝利核事故污染最严重地区的许多松树在形态上发生了巨大的变化，特别的分枝反映了事故发生时分生组织的损伤。无独有偶，赤松（*Pinus koraiensis*）和日本冷杉（*Abies firma*）在福岛核事故后都显示出类似于切尔诺贝利的发育异常现象（图 5.20）。这种效应的趋同为以下假设提供了有力的支持：在发育过程中暴露于辐射是导致这些发育畸变的主要原因，但是相关的遗传或生理机制知之甚少。似乎生物和非生物应激源都与辐射相互作用，从而影响这些"自然"系统中的植物生长。

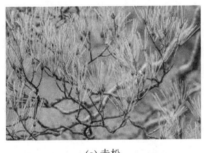　

(a) 赤松　　　　　　　　　　　　　　　　(b) 日本冷杉

图 5.20　切尔诺贝利地区松柏科植物

2. 对植物形态的影响

生活在高剂量辐射环境中的植物表现出更高的异常事件发生率，包括表型变异和波动性的不对称。针对 15 项植物研究结果表明，切尔诺贝利地区目标植物的发育不稳定程度都高于轻污染地区的同种植物。另有三种植物的花瓣长度和数量的异常程度也显著高于低污染地区，包括左右形态性状长度的差异，对称轴左右两侧小叶数量，以及植物左右性状的差异。就叶不对称性而言，主要集中表现在大豆、亚麻和刺槐上。这些异常水平普遍较低，而且这种异常可能与其他生物体的生存能力降低和繁殖成功有关（Geras'kin et al.，2008）。

3. 对植物繁殖的影响

电离辐射可能影响植物生殖器官和配子,从而降低植物的繁殖能力。通过推迟物候期,从而推迟繁殖的时间。电离辐射也可能影响花粉的生活力,从而影响生殖。在相关研究中,通过对切尔诺贝利地区 111 种植物的 675 个花粉样品中提取的 109000 个花粉研究,发现花粉活力与辐射之间总体呈负相关,但相关性较弱。在一个普通的花园试验中,研究了从切尔诺贝利核电站附近收集的野胡萝卜(*Daucus carota*)种子和幼苗的发芽和生长情况(图 5.21),这些种子和幼苗的辐射水平变化了三个数量级($0.08\mu\sim30.2\mu Gy\cdot h^{-1}$)。

图 5.21　切尔诺贝利地区伞形科代表植物野胡萝卜

种子发芽率的唯一显著预测因子是母体植物生长的辐射水平。对于来自放射性较强地区的植物,发芽时间和产生子叶的时间也较长。考虑到种子和幼苗生长在一个共同的花园环境中,这些发现表明母体世代的电离辐射暴露会遗传给后代。这种跨代互动在动植物中几乎无处不在,但常常被忽视。因此,植物物种丰度和多样性的变化及其生长和生活史可能部分地受到这些不同分类群的影响。在切尔诺贝利禁区内,食草动物的密度在辐射梯度上有相当大的变化。

真菌是自然界中的分解者和寄生生物,在各类生态系统中起重要的作用。微孢子虫属的寄生真菌通过传粉者传播到石竹科植物的花上,对花进行消毒,从而降低植物寄主的繁殖产量。事实上,花药黑粉病的流行率随着蝴蝶数量的增加而增加,而蝴蝶的数量随着环境辐射水平的提高而减少。有趣的是,辐射对黑穗病流行的影响取决于统计交互作用所揭示的授粉蝴蝶的丰度。随后的分子分析显示没有剂量依赖性替代率,也没有辐射依赖性突变率的证据。事实上,有证据表明,在受污染地区的进化选择比在非污染地区更强。植物与微生物的相互作用在决定植物在自然环境中的健康和成功方面起着重要作用。尽管切尔诺贝利核电站的实地研究表明,辐射对分解的影响可能以重要的方式影响着植物的生长,但迄今为止,对于这种相互作用如何在放射性环境中受到影响,几乎一无所知。

4. 对植物进化的影响

事故发生时,树龄 30~40 年的松树占据了切尔诺贝利核电站 10km 范围的林分。林冠对放射性物质的高保留能力导致 60%~90%的放射性核素最初被树冠截获。这导致顶端和叶分生组织吸收了大量放射性物质，其中 β 辐射是主要贡献者。树冠自清率决定了林木辐射暴露的值和持续时间。事故发生后两个月内，95%以上的放射性核素从林冠迁移到森林凋落物中，并在随后 7 年内在上部 3～5cm 土层内累积。即使事故发生三年后，切尔诺贝利核电站 10km 区域森林中的放射性污染也达到 $1.45 \times 10^5 k \sim 4.1 \times 10^5 kBq \cdot m^{-2}$。按森林辐射损伤程度，分为了四个区域类型：①致死效应区($600hm^2$)，截至 1986 年 6 月 1 日的辐射吸收剂量为 60～100Gy。1987 年底，除松树的大量死亡外，还观察到桦树和黑桤木树冠的辐射损伤。②亚致死效应区($3800hm^2$)，其中 40%～75%的树木干燥，辐射吸收剂量为 30～40Gy。90%～95%的松树分生组织和幼枝坏死，树顶死亡，生长受到抑制。③中等损伤区($11900hm^2$)，辐射吸收剂量为 5～6Gy。该区域生长抑制以茎尖部分脱落和生殖芽受损为典型。④覆盖 30km 区域内森林其余部分的轻微损害区，辐射吸收剂量为 0.5～1.0Gy。在一些地点观察到松树生长受到抑制，同时球果中空心种子的数量增加了 10%～12%。在切尔诺贝利核电站附近约 $100hm^2$ 的区域内，在 2～3 周内松树出现辐射损伤的最初迹象，即变黄和针叶死亡，针叶和顶端分生组织的吸收剂量超过 500Gy。1986 年夏季，辐射损伤面积在西北方向扩大到 5km，在 7km 处观察到严重损伤。据报道，在 $27mGy \cdot d^{-1}$ 的外照射剂量率下，出现辐射烧伤和松树树皮的部分损伤。到 1986 年植被期结束时，在辐射吸收剂量为 10～60Gy 的松树中，生长的所有枝条、生殖器官(雄球茎和雌球茎)的休眠芽大部分死亡；在先前生长的针头部分坏死。在辐射吸收剂量为 8～12Gy 时，树龄 35～40 年的松树其针叶大量黄变；在相同树龄的云杉中，在辐射吸收剂量为 3.5～5Gy 时，观察到相同表现。突变率升高是电离辐射的一个关键特征。研究表明，有些植物的突变率有所增加，但并非所有植物都如此。植物作为一个群体，其电离辐射效应几乎比动物高出一个数量级。辐射对突变和其他性状影响的平均效应大小(按样本大小加权)为 0.749(95%CI 0.570～0.878)，而在动物中仅为 0.093(95%CI 0.039～0.171)。事实上，辐射暴露在许多世代中是连续的，这一点也可能起到重要作用，因为这种影响可能会因多代之间的突变积累而加剧，这一点在其他群体的研究中已经提出。效应大小在种间差异很大，种间差异可以解释为由于生理机制、DNA 修复能力和其他因素(如生活史或繁殖方式)引起的抗辐射能力的差异。动植物之间的差异可能部分是由于植物的定居特性，植物无法像动物一样，不能暂时或永久地离开污染最严重的地区。切尔诺贝利地区典型木本植物见图 5.22。

(a) 欧洲赤松(*Pinus sylvestris*)　　(b) 垂枝桦(*Betula pendula* Roth.)　　(c) 欧洲桤木(*Alnus glutinosa* Medik.)

图 5.22　切尔诺贝利地区典型木本植物

5. 辐射对植物群落的影响

切尔诺贝利禁区在灾后已经几乎被草本和树木完全覆盖。一项相关研究使用从卫星图像和地面环境辐射测量得出的归一化差异植被指数(NDVI)，利用多年的遥感和陆地卫星图像将 NDVI 与背景辐射联系起来，并利用方差分析和广义加性模型分析了 NDVI 与环境辐射测量之间的关系。1986 年事故发生后，NDVI 在很大程度上不受当前环境辐射的影响而增加。禁区内绿色覆盖率的增加，是由于弃耕地的积极影响和食草动物数量减少，超过了辐射对植被的负面影响。切尔诺贝利禁区的植被现在主要是草和灌木/树木，后者主要是苏格兰松树和银桦树。此外，还得出结论，弃耕地对某些植物物种的丰度有正面影响，而电离辐射对植被有负面影响，有研究结果表明，电离辐射的阈值水平对植被有负面影响。这说明电离辐射水平降低了一些树木的丰度，但没有降低其他树种的丰度。虽然某些树种的丰度增加了，但开花植物的丰度却大幅降低。

5.4.3　切尔诺贝利区电离辐射暴露对动物的影响

1986 年切尔诺贝利核事故发生后不久，在土壤表面日辐射剂量超过 5~7Gy 的地区，辐射对土壤动物产生了剧烈影响。最终导致了某些土壤生物群落(特别是蚯蚓)的崩溃。在距离切尔诺贝利核电站 2~7km 的范围内，多达 90% 的土壤动物在灾难发生后的最初几个月里死亡。切尔诺贝利地区辐射剂量与大型土壤原生动物丰度的关系如图 5.23 所示。

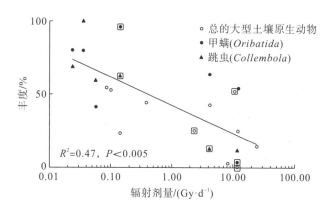

图 5.23　切尔诺贝利地区辐射剂量与大型土壤原生动物丰度的关系

切尔诺贝利核事故发生在土壤动物产卵和蜕皮的时期，这是最容易受到电离辐射的时期。最剧烈的变化发生在距离核电站 3~7km 的地方，这是由核反应堆产生的大量高放射性尘埃和热粒子造成的。土壤动物恢复的缓慢过程始于 1987 年，当时由于碘和一些稀土核素的快速衰变，放射性水平显著下降。

一般来说，即使 7 年后，土壤物种丰度仍保持在事故前 50% 的水平。由于不同土壤动物类群的 LD$_{50}$ 不同，对放射性污染的反应具有很强的群体特异性。除了较大的方差外，与未受污染地块的控制值相比，受照剂量与单个土壤动物群的丰度之间一般呈负相关。表 5.2 总结了导致最重要土壤动物类群 30 天内 50%死亡率(LD_{50})的放射性剂量的文献数据。值得注意的是，大多数土壤动物对电离辐射的耐受性远远高于人类。不同研究中，温度和湿度条件的变化、土壤类型的对比以及放射性核素从土壤到生物体的转移存在差异，解释了数据之间高度差异的原因(Bobek et al.，2017)。

表 5.2　对土壤生物群和微生物群落的作用可直接采用的放射性剂量　　　　　　(单位：Gy)

土壤生物类群	敏感辐射源	生殖影响	成年生物存活率(LD_{50})	慢性照射剂量阈值(LD_{50})	日平均剂量阈值(LD_{50})
细菌、真菌			10000～20000	10000～20000	5000～50000
原生动物	所有	500	1000～3500	5000	170～300
线虫	所有	100	300～400	1000～2000	4～35
缓步动物		1000	2500～6000		
甲螨	β 射线，γ 射线	80	250～1250	～1200	14～20
尾足螨下目	β 射线，γ 射线		300	5000	54～80
革螨目	β 射线，γ 射线		80		
弹尾目	β 射线，γ 射线	15～50	60～1350	500～1500	10～35
原尾目	γ 射线		350		
线蚓类	α 射线		500	600	8.5
正蚓科(α 辐射)	α 射线	10～80	25～68	100	1～4
正蚓科(β 辐射)		80	700～1000	1000～1600	5～20
正蚓科(γ 辐射)		100	100～1000	—	
等足类	γ 射线	20	20～250	100～1000	1.3～15
蜘蛛类			200	40	0.5
倍足纲	α 射线，β 射线	10～60	160～1800	600～1100	10～45
唇足纲			150～500(1000)	1000	13～17
步甲类	γ 射线	1～10	50～100	1000	13～17
人类	γ 射线	1～1.5	3.5～5	5	0.02

另据报道，事故发生 20 年后，与切尔诺贝利核电站辐射有关的昆虫和蜘蛛数量减少，但关于动物数量与辐射有关的数据很少，也没有广泛普查与辐射有关的无脊椎动物。科学家曾开展过一项关于评估与背景辐射有关的无脊椎动物类群的丰度的研究。研究对象是昆虫传粉者(大黄蜂和蝴蝶)、食草动物(蚱蜢)和食肉动物(蜻蜓和蜘蛛)的重要分类群。研究人员进行了两种类型的普查：3 年内覆盖 700 多个地点的点计数和线样带。丰度可受辐射以外的环境因素影响，因此，在统计上对可能影响丰度和辐射水平之间关系的潜在混杂变量进行了控制。结果发现，无脊椎动物的丰度随着辐射量的增加而减少。据记录，有 298 只大黄蜂与土拨鼠，占所有观察结果的 72.6%。污染最严重地区与正常背景辐射水平地区

比较，大黄蜂的数量减少。此外，年份、温度、风和生境的变化对大黄蜂的丰度也有影响。同样，在污染程度不同的地点之间，丰度显著降低。蝴蝶的丰度变化也可以通过时间、风和栖息地的变化来解释。此外，在点计数中还记录了 305 只蚱蜢，其丰度随着辐射量的增加显著下降，并受到日期、时间、温度、云量和生境的影响。在点算期间，蜻蜓总数为 105 只，其丰度随辐射、时间和生境的变化而显著下降。记录到蜘蛛共计 775 只，其丰度随辐射、年份、温度和风的变化而下降。随着辐射量的增加，所有五种无脊椎动物类群的丰度都显著减少，中到大的影响占变异的 14%～38%。除蜘蛛外，均表现出显著的立地效应。蝗虫和蝴蝶在辐射和地点之间表现出显著的相互作用。

5.4.4　切尔诺贝利核事故对生态系统的影响

　　"红森林"是切尔诺贝利核电站周围 $10km^2$ 范围内的禁区（图 5.24）。"红森林"这个名字来源于切尔诺贝利核事故的高剂量辐射导致松树死亡后的姜棕色。"红森林"遗址是当今世界上污染最严重的地区之一。"红森林"位于异化地带，这一地区受到切尔诺贝利事故以及由此产生的烟尘的辐射剂量最高，受到严重的放射性污染。在灾后清理行动中，大部分松树被"清理者"推平埋在沟里，然后用厚厚的沙子覆盖壕沟，并种植松树树苗。许多人担心，随着树木腐烂，放射性污染物会渗入地下水，因此该区域周围居住的人类已经被疏散撤离。

图 5.24　切尔诺贝利"红森林"地区

　　"红森林"的动植物受到了事故的严重影响。在灾难发生后的几年里，"红森林"的生物多样性似乎增加了。有报道称这个地区有些植物发育不良，然而野猪在 1986～1988 年间的繁殖量是事故前的 8 倍。"红森林"遗址虽然是世界上污染最严重的地区之一，但它却是许多濒危物种肥沃的栖息地。核反应堆周围地区的疏散创造了一个郁郁葱葱、独特的野生动物保护区。放射性沉降物对该地区动植物群落的长期影响尚不完全清楚，因为动植物对辐射的耐受性差异很大。"红森林"90%以上的放射性集中在土壤中。科学家们正计划利用附近的放射性废弃城镇普里皮亚特及其周围地区，作为一个独特的实验室，模拟放射性炸弹爆炸或化学或生物制剂袭击造成的放射性核素扩散。该地区提供了一个很好的条件，让科学家们可以充分了解放射性碎片对城市和农村地区的影响。该地区的自然环境似乎不仅幸存下来，并且由于人类影响的显著减少而繁荣起来。目前这个区域已经成为一个"辐射保护区"，一个典型的非自愿公园。由于 ^{137}Cs 和 ^{90}Sr 的半衰期较长，约为 30 年，对土壤的污染仍将长期存在。

5.5　福岛核事故对生态环境的影响

福岛第一核电站(Fukushima Daiichi Nuclear Power Station)，位于日本福岛县双叶郡大熊町及双叶町，是一座由东京电力公司运营的沸水反应堆型核能发电站。核电站于 1971 年开始投入运转，站内共设有六个沸水反应堆型机组，总发电量为 4.7GW，是世界上最大的核能发电站之一。

福岛第一核电站在 2011 年日本东北地区太平洋近海地震中严重受损，核电站 1 号至 4 号机组出现堆芯熔毁并引发爆炸事故，该事故最终由日本经济产业省核安全保安院依据国际核事故分级表划分为最高级 7 级事故，与 1986 年发生的切尔诺贝利核事故为同级事故。

2012 年 4 月 19 日，核电站 1 号至 4 号机组根据日本《电气事业法》规定正式退役。2014 年 1 月 31 日，在事故中受损程度较轻的 5 号和 6 号机组正式退役。至此，福岛第一核电站内所有机组全部退役。

2013 年 11 月，核电站废炉及拆除工程正式启动，1 号至 4 号机组内燃料棒被全部取出。2014 年 12 月 22 日，4 号机组乏燃料池内 1533 根燃料棒被全部取出。核电站废炉工程预计将持续至 2051 年。

5.5.1　福岛核事故排放源项

福岛核事故在国际核事故等级中被评为最高级别的 7 级，与 1986 年切尔诺贝利核事故的评级相同。福岛核事故期间有一个反应堆熔化，切尔诺贝利核事故期间至少有三个反应堆熔化。除放射性惰性气体(^{85}Kr 和 ^{133}Xe)外，切尔诺贝利核事故的放射性总量约为 520PBq，仅为福岛核事故释放量的 10%～15%。如果包括放射性惰性气体，切尔诺贝利核事故释放的放射性总量可能是福岛核事故的两倍。放射性惰性气体的放射性毒性较低，一般认为它们不如其他裂变产物和放射性核素重要。因此，在以往的研究中，放射性惰性气体的数量往往被忽略。

福岛核事故发生在春季，有利于大部分放射性物质在海洋中扩散。全面了解福岛核事故人工放射性核素的来源、组成及排放总量对于事故分析、辐射影响、环境修复和核素生物地球化学过程研究具有重要意义。

福岛核事故发生后向大气排放的放射性物质主要有 ^{85}Kr、^{90}Sr、^{110m}Ag、^{129m}Te、^{129}I、^{131}I、^{132}I、^{132}Te、^{133}I、^{133}Xe、^{134}Cs、^{135}Cs、^{137}Cs、U、$^{239+240}$Pu、^{241}Am、^{242}Cm、$^{243+244}$Cm

等(Lin et al.，2016)。

福岛核事故泄漏了大量放射性物质进入海洋，是迄今为止最严重的海洋放射性污染事件。福岛核事故发生后通过海洋路径排放的放射性核素有 ^3H、^{90}Sr、^{99m}Tc、^{129}I、^{131}I、^{134}Cs、^{135}Cs、^{136}Cs、^{137}Cs、^{140}Ba、^{140}La 等。

5.5.2 福岛核事故后我国辐射环境相关环境监测结果

2011 年 3 月，日本福岛发生熔堆事故后，我国国家海洋局第三海洋研究所、自然资源部第三海洋研究所等海洋科研机构积极响应，多年来不断对我国海洋生物进行核素监测与评估。

唐峰华等(2013)为了解福岛核事故泄漏放射性核素对海洋环境的污染情况，于 2011 年 8～11 月在北太平洋公海渔场采集柔鱼样品，带回实验室利用超低本底 HPGey 谱仪进行分析。监测到福岛核事故释放并扩散至北太平洋公海海域的放射性核素有 ^{110}Ag、^{134}Cs 和 ^{137}Cs，其中 ^{110}Ag 在 3 种核素中百分比含量最高，在 90%以上，^{134}Cs 只占 0～1.5%，^{137}Cs 也只有 0.2%～1.3%。在所有站位中，^{110}Ag、^{137}Cs、^{134}Cs 3 种核素均在同一站位(155.08°E、42.17°N)含量达最高，分别为 101.31Bq·kg^{-1}、32.63Bq·kg^{-1}、32.63Bq·kg^{-1}。另外，对比了靠近日本西侧的日本海海域样品，检测到的 ^{110}Ag 核素含量为 1.50Bq·kg^{-1}、^{137}Cs 核素含量为 0.05Bq·kg^{-1}，但未检测出超出本底的 ^{134}Cs，总体放射性核素含量比日本以东的公海海域明显要低，暗示这次日本核泄漏对西部海域海洋生物的影响比较小。

高常飞等(2014)研究了日本福岛核事故放射性废水对海洋环境的影响，根据已知排放量的放射性核素 ^{137}Cs，通过扩散定律建立物理模型进行数学模拟，预测放射性核素浓度与排放点距离及时间的变化规律。放射性废水排放之初，在福岛周围海域中放射性核素 ^{137}Cs 的浓度很大，在排放结束后一段时间内，随着核素的扩散稀释作用，海水中 ^{137}Cs 的浓度迅速减小，但较低剂量核素将持续存在。该研究为福岛核事故对海洋生态环境影响及人类照射危害提供了理论依据。

赵昌等(2014)在普林斯顿海洋模型(Princeton ocean model，POM)中引入放射性物质在海洋中的输运、沉降和衰变的控制方程，建立了一个准全球放射性物质数值模式，模拟并预测了福岛核事故泄漏的放射性物质 ^{137}Cs 的长期输运情况，分析了该泄漏物质通过海洋途径进入中国近海的过程。结果表明：福岛核事故泄漏的 ^{137}Cs 于 2013 年开始对中国近海海域造成影响，其浓度和影响范围将逐渐增加，2018 年前后黄东海和南海北部的 ^{137}Cs 浓度达到最高值。南海中南部浓度小于黄东海和南海北部，且最大浓度出现时间滞后于其他海域，所有中国近海海区 ^{137}Cs 浓度达到最大值后在自身衰减的作用下逐渐降低；^{137}Cs 在中国近海的浓度小于外海，在黑潮外部海域由于黑潮的强流屏障作用会形成一个 ^{137}Cs 浓度高值区；^{137}Cs 在中国近海浅水海域上下混合均匀，在深水区上层水体的 ^{137}Cs(水深 400m 层)浓度要明显大于下层，在南海 200～400m 层水体形成一个高值区。

倪有意等(2015)总结并分析了针对福岛核事故向环境释放的 Pu 的相关研究。据估计，福岛核事故向环境中排放的 $^{239+240}Pu$ 总量约为 109Bq，是切尔诺贝利核事故排放量的万分之一。此次事故排放的 Pu 同位素原子比 (^{240}Pu/^{239}Pu 和 ^{241}Pu/^{239}Pu) 及活度比 [A (^{238}Pu)/A ($^{239+240}$Pu)] 明显异于全球沉降值，可作为事故中 Pu 溯源的判定依据。事故所排放的 Pu 全部来源于核电站 1~3 号反应堆堆芯而非乏燃料池。现有研究报道的数据表明，在福岛核电站周围 30km^2 范围内的陆地环境中存在来自核事故排放的 Pu 污染，污染相对严重的"热点"区域和该地区与核电站的相对位置没有明显关联，主要是受地形和降水的影响。而对于人们关心的海洋环境，来自福岛核事故的 Pu 污染非常小。核事故向海洋中排放的 Pu 相对于核事故前海洋环境中的 Pu 污染水平可忽略不计。

林武辉等 (2015) 从福岛核事故泄漏的核素总量与组成、特征核素谱与其他事件的历史排放水平对比等三方面出发，对福岛核事故的源项进行分析。分析结果表明，福岛核事故泄漏放射性总量大约是切尔诺贝利核事故泄漏总量的 10%，不到全球落下灰总量的千分之一，但是福岛核事故是至今为止最为严重的海洋放射性污染核事故，对核事故后处理措施进行评估后，针对福岛核事故的环境影响提出了一些建议。

徐虹霓和于涛 (2015) 全面总结了福岛核事故后 4 年来开展的海洋生物放射性监测及评价工作，并基于海洋生物放射性含量的监测结果及辐射剂量评估，根据各机构制定的限值标准，评估了福岛核事故对周边海域海洋生物的风险大小，然后结合福岛事故后国内外在海洋生物风险评价上取得的工作成效，初步提出我国滨海核电周边海域海洋放射性生态风险评价的基本框架，最后说明加强我国海洋放射生态学与生态风险评价研究的急迫性与必要性。

林武辉等 (2020) 就日本福岛核事故导致大量放射性核素泄漏问题，结合笔者在海水、沉积物、海洋生物、珊瑚骨骼中 ^{90}Sr 测量工作的基础上，简要描述海洋中 ^{90}Sr 分析方法；重点总结核事故后日本周边海域 (海水、沉积物、海洋生物) 中 ^{90}Sr 的监测和研究进展；基于海洋中 ^{90}Sr 实测数据，利用 ERICA 软件定量计算核事故前后 ^{90}Sr 对日本周边海域鱼类的电离辐射影响，发现事故后 ^{90}Sr 对海洋鱼类的辐射剂量率比事故前本底水平高 5 个数量级；鉴于目前海洋中 ^{90}Sr 分析方法的挑战性，本书指出造礁珊瑚拥有很高的 ^{90}Sr 浓集因子 ($\sim$1000L·kg^{-1})，很可能是海洋中 ^{90}Sr 可靠的指示生物。^{90}Sr 海洋指示生物的探索将对我国核电海域的海洋放射性监测方案和相关标准导则的完善提供有益的参考。

我国目前对日本福岛核事故后海洋环境影响的研究基本包括评价核素迁移扩散、放射性核素监测、福岛核事故后放射性源项分析等工作，缺乏对生物的辐射影响分析和评估，在对辐射生物效应、生物对放射性核素浓集转移动态模型以及数值模拟等的研究也相对缺乏。因此，在以上研究的基础上，我们应该加大对生物所受剂量等相关研究力度，尤其针对本次日本政府做出的向太平洋倾倒放射性废水的决定。

5.5.3　福岛核事故对非人类物种的影响

2011 年 3 月，日本福岛核事故发生的一瞬间，大部分裂变产物通过氢气爆炸释放到空气中，其中就包括高挥发性裂变产物 ^{129}Te、^{131}I、^{134}Cs、^{136}Cs、^{137}Cs 等。这些被释放到空气中的放射性核素随气候变化、干湿沉积等降落到地面上，污染土壤 (Kinoshita et al., 2011)。

　　日本福岛核事故发生后的几年时间里，研究人员对受到事故影响的地区，尤其是福岛县的生态环境进行了一些辐射影响相关的研究与调查。最突出的就是辐射生物效应相关的工作，比如淡草蓝蝶(Atsuki Hiyama et al.，2012)、蚜虫(Akimoto，2014)、猕猴(Urushihara et al.，2018)、日本红松(Geras′kin et al.，2021)等的辐射影响研究，其中包括个体出现的形体变异，如淡草蓝蝶出现形体畸形及花斑变化；蚜虫出现个体辐射遗传效应；猕猴血液中血细胞随剂量率的变化；日本红松分生组织顶端优势消逝与剂量之间的关系等。其次是生物体对放射性核素浓集的研究，比如福岛地区淡水鱼(Takaomi Arai et al.，2014)对 ^{134}Cs、^{137}Cs 的累积；无脊椎动物(Sohtome et al.，2014)体内 ^{134}Cs 和 ^{137}Cs 活度浓度的调查；事故 6 个月后对表层蚯蚓、腐殖质和土壤样本(Motohiro Hasegawa et al.，2013)中放射性核素 ^{134}Cs 和 ^{137}Cs 的浓度调查；对生活在福岛市林区的日本猕猴(Hayama et al.，2013)肌肉中 ^{134}Cs、^{137}Cs 的浓度进行了调查；日本受污染森林中树木(Imamura et al.，2017)组织中 ^{137}Cs 浓度变化；受污染区域内青蛙(Matsushima et al.，2015)体内 ^{134}Cs 和 ^{137}Cs 浓度与环境介质中 ^{134}Cs 和 ^{137}Cs 浓度的关系；土壤-植物转移因子研究；野猫(Fujishima et al.，2021)生殖器官中 ^{134}Cs、^{137}Cs 活度浓度的研究；调查了福岛县野猪(Tanoi et al.，2016)不同组织/器官 ^{134}Cs 和 ^{137}Cs 的活度浓度。在剂量估算方面，采用 EGS5 程序模拟日本斑姬鼠(Fukumoto，2020)，估算了内外照射剂量率；采用 PHITS 代码模拟猕猴椭圆体估算了福岛核反应堆周围的日本猕猴 ^{129}Te、^{129m}Te、^{131}I、^{132}Te、^{132}I、^{134}Cs、^{137}Cs 的内外照射剂量率；使用 EDEN v3 软件计算了鸟类(Sternalski et al.，2015)^{134}Cs 和 ^{137}Cs 内外照射剂量率；采用 ICRP108 号报告中的 DCCs 值，估算了鹿、野猪和黑熊(Keum et al.，2020)以及常青树和落叶树剂量率；使用全身放射性铯分析、GPS 发射器和光激发光测量仪估算了福岛禁区内蛇(Gerke et al.，2020)的内外照射剂量率，并与 ERICA 工具的计算结果进行了比较；使用玻璃剂量计测得野生啮齿动物的内外照射剂量率，同样使用 ERICA 工具计算并对结果展开一系列分析。

　　日本福岛核事故发生后，放射性污染物质扩散至日本专属经济区以东，黑潮扩散区域北部，该区域是福岛核事故放射性废物主要输运区域，放射性物质进入我国海域后，持续的排放对我国海洋生物会产生长期的累积效应。目前，福岛核事故已经使我国部分地区的动植物产生了辐射损伤，并且出现了遗传效应。在我国的浙江、四川等地均检测出了来自福岛核事故释放的放射性核素。未来福岛核废水排放是一个持续的过程，对海洋生态影响还有许多未知的内容需要深入研究。这将会对我国海洋生态环境造成不可逆的影响，对附近海域海洋生态环境及渔业发展十分不利。为满足我国核环境监管与评价需要，急需要对福岛核事故的影响建立相关的生物辐射影响评价方法和模型、参数系统，对福岛核废水排放后的辐射影响进行评估。

思考题

　　1. 放射性核素是如何在植物体内传输和迁移的？

　　2. 放射性核素对植物生长发育有哪些影响？

　　3. 放射性核素对植物的生理、生化影响有哪些？

　　4. 阐述陆生植物系统对辐射的敏感性、植物个体的辐射敏感性。

5. 放射性核素能够对动物产生什么影响？

6. 放射性核素对动物产生生理损伤的可能作用机制与途径是什么？

7. 放射性核素铀(U)对斑马鱼有哪些影响？

8. 放射性核素对微生物个体和群落会产生哪些影响？

9. 哪些环境因素会影响放射性核素对微生物的毒性？

10. 以切尔诺贝利核事故为例阐述"红森林"是怎么产生的。

11. 福岛核事故在国际核事故分级表中划分为第几级？

12. 福岛核事故发生后向海洋和大气中排放的放射性核素都有哪些？

第6章　放射生态监测与影响评价

6.1　放射生态监测

6.1.1　放射生态监测的概念

放射生态学是生态学的一个分支学科,着重研究电离辐射及放射性物质与环境或环境中各种单元之间的相互关系和影响。它和辐射防护有密切关系,可为估算长期持续摄入环境放射性物质所致剂量提供重要参数和简便方法,还可为制定某些辐射防护标准提供重要依据。

放射生态监测是指核设施运行、矿产资源开发等活动以不同途径向环境释放的放射性核素的类别、水平、影响区域、在生态系统中转移的过程以及所致生物效应等的测量。

6.1.2　放射性指示生物

放射性指示生物是指对放射性核素富集能力强或辐射敏感性高的生物。

放射性物质进入环境也和其他污染物质一样,在生态系统中通过生物的不断富集和食物链的转移,其浓度不断增高。但是,不同生物的富集能力由于其代谢形式的不同而有明显的差别,因此,有可能某种生物具有较其他种生物富集更多放射性核素的能力,而成为放射性污染监测的指示物。若能发现此种指示物,特别是能发现食物性生物指示物存在的话,就可使放射性监测工作以及污染对人体健康影响的评价有关的食品中放射性核素分析任务大为简化。放射性指示生物通常具备下列条件:①生活地点相对固定,能累积该区域的污染物质;②产量丰富,能满足监测所需要的样品量;③容易得到,以最小的代价就能取得大量的样品;④地理分布广泛,少数几个品种就能比较不同区域的污染差别;⑤能同时积累几种特异的污染物质,几个品种的生物指示物就能检出环境的主要污染状况;⑥体内污染物质与外界环境的周转率低,能长时间地把污染物质保留在体内。藤壶、牡蛎、海草、硅藻、贻贝等通常作为海洋中 ^{54}Mn、^{59}Fe、^{60}Co、^{90}Sr、^{106}Ru、^{131}I、^{226}Ra 等放射性核素的指示生物。

辐射敏感性是指细胞、组织、器官、机体或任何生物体对电离辐射作用的敏感程度,即生物体在一定剂量的电离辐射作用下其形态和机能发生相应变化的程度。

6.2　放射生态监测方法

每种生物在其生活过程中，都能从其生活介质中富集一定量的放射性核素。通常用富集系数表示生物的这种富集能力，即生物体内积累量与介质中核素含量之比。生活介质是监测的对象，一般指水(湖水、河水、海水等)、沉积物、土壤。富集系数可在实验室内通过实验预先测定。因地制宜地选取推荐生物，根据生物的生长季节，定期地采集生物样品，用水洗净生物外表，并用 EDTA 二钠水溶液冲洗，然后根据需要测定生物整体或某一组织器官的放射性，再除以相应的富集系数，就可以得知监测对象的放射性污染状况了。

6.2.1　监测目标和对象

放射生态监测主要通过放射性废气、废水、废料对周围生态环境的污染，包括对水源、土壤、食物的污染，以及从土壤到植物，从植物到动物，最后到人体的生物链(包括阻断生物链)等的监督性测量，为估算长期持续摄入环境放射性物质所致剂量提供重要参数和简便方法，还可为制定某些辐射防护标准提供重要依据。放射生态监测的目的主要有测定环境介质中放射性核素浓度的变化，发现未知的照射途径和为确定放射性核素在环境中的输运模式提供依据，对环境辐射本底水平实施调查，鉴别由其他来源引起的放射性污染等。监测的对象主要包括核设施周围环境中的水、土壤、沉积物、植物、动物等。

6.2.2　监测方案制订

制定全面、有效、合理的放射生态监测方案，应该考虑以下几项因素：

(1)源项流出物中放射性核素的含量，排放方式、途径和排放量，排放物质的相对毒性和潜在危害；核素在环境中的迁移规律、随季节的变化及受地质、水文、气象、植物影响的大小；

(2)流出物监测现状，对实施放射生态监测的要求迫切程度；

(3)受照射群体的人数及分布，生活习惯；

(4)实施监测所需的代价和效果；

(5)实用监测仪器的可获得性；

(6)监测中可能出现的各种干扰因素，如影响放射性核素迁移的其他污染物等；

(7)对放射性污染物具有富集作用的典型生物和其他指示体。

监测方案的设计通常需要考虑环境本底调查、常规监测和核事故应急监测。

环境本底调查的目的是查清核设施向环境释放的关键核素、关键途径和关键人群组；确定环境辐射本底及其变化；对常规监测方法和程序的检验及模拟训练。本底调查资料是评价解释常规监测结果的重要基准和制定常规监测计划的重要依据。本底调查的基本内容包括以下两个部分。

(1)环境物质中放射性核素的种类、浓度、γ辐射水平及其随时间的变化;

(2)调查鉴别关键核素及关键途径,关键人群组的分布、习俗、饮食资料及有关指示体的资料,这些资料不仅可用于常规监测和应急监测结果的解释评价,也有助于检验常规和应急监测的方法和步骤。

核设施正常运行期间,对其周围环境进行的定期例行监测称为常规检查。其目的是对正常排放的放射性物质所致周围环境的污染状况做出评价;控制放射性物质排放量,估计核设施运行对环境的影响及其变化趋势;为应急监测提供预测情报;为研究核素迁移、环境地质和放射生态学提供资料。常规监测计划内容主要包括排放核素种类、性质、排放量、排放方式及核素在环境中的迁移途径;采样对象及数量、点位;采样时间和方法;样品处理和测量方法;测量结果的评价。制定计划时,要注意采样点的点位分布、采样周期、数量、方法应尽量与非放射性污染物常规检测要求相一致,所确定的关键核素、关键途径、关键人群相应与本底调查衔接。制定核设施常规环境监测计划应考虑当地的自然地理、周围环境、居民习俗与分布等条件。

核事故应急监测方案必须灵活,方法简单、快速,应保持常备不懈,随时应对事故的发生。核事故应急监测的目的是迅速测定事故造成的环境辐射水平、污染范围和程度及对公众的危害程度;迅速摸清释放核素的种类、性质及其在环境中的迁移行为,测定食物与饮水中污染程度、范围;及时向决策机构和公众通报污染情况,以便采取必要的应急干预。早期应急监测应迅速测定放射性烟羽的走向、弥散范围和特征,测定空气污染和剂量水平,同时尽快测量土壤和水的污染。中后期监测主要监测水和食物的放射性污染,包括河流和水源的污染及其对鱼和其他水生生物的影响;农作物和牧草污染及其对家畜、奶牛的影响。中后期监测的目的是重新评价早期监测数据的可靠性;评价早期应急措施的合理性,确定这些措施释放需要继续、扩展或收缩;估计公众受照剂量;追踪污染物在环境中的迁移趋势、途径及生物效应。

6.2.3　生态监测样品的采集与制备

测量环境样品中的放射性核素时,通常需要先对样品进行前处理。实际上可以将样品测量之前的过程分为采样、预处理、处理和制样 4 个步骤。放射生态的所有研究都是从样品的采集开始的,而且有时候在采样后需要立即或者短时间内进行样品预处理。在放射生态监测中样品的采集与制备是整个研究工作的重要环节,是保证样品中研究放射性核素具有代表性的首要条件。要想得到可靠的、有重要价值的数据,不仅要用高灵敏度的、稳定性好的测量仪器和分析方法,而且要有正确的采样方法和样品保存、制备方法。

在进行实验室分析测量之前,必须要按规定采集和处理样品,并确保所采集样品的代表性和样品处理的科学性,以及在样品储存和运输过程中确保样品中目标检测核素没有变化或者不受影响。环境样品采集必须按照事先制定好的采样程序进行。采集环境样品时必须注意样品的代表性。采集环境样品时,参数记载必须齐备,这些参数包括采样附近的环境参数、样品性状描述参数以及采样日期和经手人等。采样频度的确定取决于污染物的稳定性、待分析核素的半衰期以及特定的监测目的等。采样范围的大小取决于源项单位的运行规模和可能的运行区域。样品的采集量要依据分析目的和采用的分析方法确定，现场采集时要留出余量。采集的样品必须妥善保存，要防止在运输及存储过程中损失，防止样品被污染或交叉污染；样品长期存放时要防止由于化学和生物作用使核素损失于器皿上；防止样品标签的损坏和丢失。

空气取样需要确定取样对象，并由此确定出适合的取样方法和取样程序。取样前，要校准流量器件，要对整个取样系统的密封性进行检验。采用被动吸附式取样时，取样材料要放在空气流动不受限制、湿度不是太大的地方，并对取样的平均温度和湿度进行记录。采用主动流器式取样时，取样气流要稳定，要防止取样材料阻塞或使取样材料达到饱和而出现穿透现象。

收集大气沉降物时，沉降物收集器应布置在主导风向的下风向，沉降物要定期收集并对其活度和核素种类进行分析。采集大气沉降物时，应使用合适的取样设备，要防止已收集到的样品再悬浮，并尽量减小地面再悬浮物的干扰。大气沉降物取样频度根据沉降物中放射性核素活度变化而定。进行大气沉积取样时，必须同时记录气象资料。

水样的采集需根据采样对象确定采样计划和程序。在江、河、湖泊等水体采集地表水时，要避免取进水面上的悬浮物和水底的沉渣。取海水样时，河口淡水、交混水和远离河口的海水应分别采集。采集水样时，采样管路和容器先要用待取水样冲刷数次。采集到的水样必须进行预处理，以防止因化学或生物作用使水中核素浓度发生变化。对水样的处理和保管要考虑以下因素：①在低浓度时，某些核素可能会被器皿构成材料中的特定元素交换；②容器及采样管路中的藻类植物会吸收溶液中的放射性核素；③酸度较低时，放射性核素有可能吸附在器壁上；④酸度过高时，可使悬浮粒子溶解，使可溶性放射性核素增加；⑤加酸会使碘的化合物变成元素状态的碘，引起挥发；⑥酸可以引起液体闪烁液产生猝灭现象，使低能β分析失效。

为评定不溶性放射性物质的沉积情况，应对流出物水体中的沉积物进行定期取样和分析。采集沉积物样品的时间最好在春汛前。采集沉积物样品时要采用合适的工具和方法，保证不同深度上的样品彼此不会相互干扰。采集沉积物样品时要同时记录水体情况，对采集到的沉积物样品需及时进行烘干处理，烘干温度要适宜。

根据分析目的的不同，应选定合适的采样办法采集土壤。对于天然放射性水平调查，要采集能代表基体土壤的样品，表层的浮土应铲除。调查人工放射性核素的沉降污染，必须采集表层土壤。评价液体流出物排放点附件的污染，必须取不同深度的土壤。

进行放射生态研究时，不仅要采集与人类食物链有关的生物，并分析可食用部分，还需要采集不属于人类食物链但能够富集放射性核素的生物。生物样品要在源项单位的液体排出流排放点附近及地面空气中放射性浓度最高的地方采样。

样品前处理的目的在于缩小体积，减少重量，破坏有机成分，使待测核素转入溶液体系中，以便分离操作。前处理过程中应确保待测核素不损失，尽可能地去除干扰组分，不引入新的干扰组分和杂质。水样存放期间可能发生物理、化学及生物变化，使之不能真正代表原来的水质状况。为此，可采用酸化、冷冻、添加适量的载体和稳定剂等方法，一般多用 HCl 或 HNO_3 将水样 pH 调至 $1\sim2$，为了抑制微生物的繁殖，可加入适量的有机试剂。为了防止放射性核素被容器材料表面吸附，通常采用聚乙烯或聚四氟乙烯容器存放水样。当水中含有大量的悬浮物和泥沙时，应采用自然澄清或过滤法去除，取上层清液进行分析。

土壤样品须经风干、研磨过筛和恒温烘烤处理，并及时记录重量的变化，以计算土壤的含水率。过筛、烘干后的样品常采用浸取法提取其中的放射性核素，常用的浸取液为无机酸、混合酸、王水及 HNO_3-H_2O_2 混合液。对含少量硅酸盐的样品，可先用硝酸和氢氟酸浸取，再加入硫酸或高氯酸蒸发，以除去其中的硅。当土壤中含有某些不溶于酸的核素成分时，可用熔融法进行前处理。

生物样品的前处理有干灰化法、湿灰化法和熔融法。干灰化法一般不需要添加试剂，不会增加试剂空白和引入干扰物，适用于数量较大、对设备腐蚀作用小的生物样品前处理。通过干灰化处理，样品体积或质量可减少 90% 以上，但灰化过程中易挥发组分损失较多，对粮食等样品所需时间过长。样品在低于着火临界点温度下碳化至无烟，转入马弗炉中，在 200～300℃下灰化数小时后，再在 450℃下灰化至灰分呈疏松的白色或灰白色时为止。植物样品灰化温度为 400～450℃，骨骼样品为 600～700℃。样品经一定时间灰化后如仍存在炭颗粒，可用适量 HNO_3、NH_4NO_3 或 H_2O_2 浸润后再进行灰化，可大大缩短灰化时间。为了减少灰化过程中核素的挥发损失，可预先加入适量的高纯度硫酸、硫酸钾、硫酸镁等灰化助剂，如在碳化时通入氮气，灰化时通入 NO_2 和 O_2 混合气体，可加速样品中有机组分的分解，缩短灰化时间。湿灰化法氧化速度快，不需要专门的设备，操作简单，核素损失较少，但使用酸量较多，腐蚀严重，难于处理大量样品。常用的氧化剂有硝酸、高氯酸、硫酸、王水、混合酸、H_2O_2 与酸的混合液。干生物样品在烧杯中与氧化剂一起加热消解，消解液中若有棕色气体逸出，表面消解尚不完全，可重复加入少量硝酸、H_2O_2 或高氯酸，直至无棕色气体逸出，残渣呈纯白色，即表明已消解完全。在较低温度下进行湿消解，可采用 H_2O_2-Fe^{2+} 氧化剂，但不适用于脂肪、油类物质的消解。当核素以不溶于酸的形态存在于样品中，或经灰化处理后核素被氧化成难溶性物质时，其残渣或灼烧物可与适当的熔融剂进行高温熔融，使之转变为可溶状态。硫酸氢钾、焦硫酸钾、碳酸氢钾等酸性熔剂可用于氧化物和碱性物质的熔融，碳酸钠、氢氧化钠、氟化钠等碱性熔剂适用于硅酸盐类物质的熔融，硝酸盐、过氧化物等氧化熔剂可熔融各类难溶氧化物。熔融温度不可过高，以免增加核素的损失，还应注意熔剂对坩埚的腐蚀作用，一般可采用铁、镍、石墨或铂坩埚进行样品的熔融处理。

6.2.4　核设施的生态监测

生态监测是指通过各种物理、化学、生化、生态学原理等技术手段，对生态环境中的各个要素、生物和环境之间的相互关系、生态系统结构和功能进行监控和测试，为评价生态环境质量，保护生态环境，恢复重建生态，合理利用自然资源提供依据。它包括环境监测和生物监测。

生态监测的对象就是生态系统，其目标是认识反映生态系统的状态和演变趋势，为保护生态环境、合理利用自然资源、实施可持续发展战略提供科学依据。

生态监测的内容包括对生态环境中非生命成分的监测、生态环境中生命成分的监测、生物与环境构成的系统的监测、生物与环境相互作用及其发展规律的监测、社会经济系统的监测。

对于生态环境中非生命成分的监测，我国制定了一系列标准，主要集中在对放射性流出物的监测方面。主要的标准见表 6.1。

表 6.1 核设施环境监测标准

标准名称	标准号
核设施流出物监测的一般规定	GB 11217—1989
环境影响评价技术导则 核电厂环境影响报告书的格式和内容	HJ 808—2016
辐射环境监测技术规范	HJ/T 61—2001
核电厂流出物辐射监测技术规范	T/BSRS 001—2019
气载放射性物质取样一般规定	HJ/T 22—1998

1) 海洋放射性生态监测

目前，我国颁布实施的有关海洋放射性环境监测技术规范/规定共 15 项，包括 6 项国家标准(包括强制标准和推荐标准)和 9 项行业标准，涵盖样品的采集、保存和管理，常规和应急监测方案的制定，核素的检测分析方法，数据的处理与评价以及质量保证等内容，几乎涵盖了辐射环境调查/监测的全过程，用于指导有关单位开展辐射环境质量监测、建设项目本底调查、辐射污染源的监督性监测以及核应急监测等工作。

现行海洋放射性环境调查/监测的技术规范中涉及海洋环境样品采集的有 10 项，见表 6.2；现行的技术规范中涉及海洋放射性常规监测调查方案的有 5 项，见表 6.3。

表 6.2 海洋放射性监测中样品采集相关标准规范(截至 2020 年)

标准名称	海水	海洋沉积物	海洋生物
《核动力厂核事故环境应急监测技术规范》(HJ 1128—2020)	*	*	*
《海洋环境放射性核素监测技术规程》(HY/T 235—2018)	—	—	—
《核电厂环境辐射监测规定》(NB/T 20246—2013)	*	*	*
《核电厂环境放射性本底调查技术规范》(NB/T 20139—2012)	*	*	*
《海洋监测规范 第3部分：样品采集、贮存与运输》(GB 17378.3—2007)	√	√	√
《辐射环境监测技术规范》(HJ/T 61—2001)	√	*	*
《气载放射性物质取样一般规定》(HJ/T 22—1998)	—	—	—
《环境核辐射监测规定》(GB 12379—1990)	*	*	*
《环境辐射监测中生物采样的基本规定》(EJ 527—1990)	—	—	—

注：√代表有详细采样方法规定，*代表给出原则性要求或参考方法，—代表没有涉及具体内容。

表 6.3　有关海洋放射性常规监测的标准规范(截至 2020 年)

规范/规定名称	适用范围和主要内容
《核动力厂运行前辐射环境本底调查技术规范》 (HJ 969—2018)	本标准规定了核动力厂新厂选址和运行前辐射环境本底调查的技术要求,适用于大型核动力厂选址和运行前本底调查等
《核电厂环境辐射监测规定》(NB/T 20246—2013)	规定了核电环境辐射监测技术要求,适用于核电厂运行前和运行期间执行的辐射环境监测和应急监测
《核电厂环境放射性本底调查技术规范》 (NB/T 20139—2012)	本标准规定了核电厂环境放射性本底调查目的、任务、要求和调查范围、布点原则、样品的采集、监测方法等,适用于核电厂环境放射性本底调查,并可为核电厂环境放射性本底调查任务承担单位开展相关工作的依据等
《辐射环境监测技术规范》(HJ/T 61—2001)	对新建及运行期间的核动力厂及其他核设施周围环境辐射水平、海洋水体、海洋生物、海洋沉积物、海上气溶胶等环境介质中的放射性核素监测方案(包括监测项目、频次、监测站位布设等)有全面、详细的规定,同时也规定了辐射环境质量监测的具体内容
《气载放射性物质取样一般规定》(HJ/T 22—1998)	规定大气中空气样品的取样原则以及取样方法和设备要求

福岛核事故后多个国家和组织开展了海洋生物放射性监测,监测的放射性核素主要有 ^{131}I、^{134}Cs 和 ^{137}Cs,次要的有 ^{129,129m,132}Te、^{136}Cs 和 ^{133}I,另外在一些特殊生物类群中也检测到 ^{110m}Ag、^{210}Po、^{90}Sr。

监测的生物类群主要有大型藻类、浮游动物、大型底栖无脊椎动物(包括贝类和甲壳类)、鱼类及其他游泳类生物等,其中鱼类是主要监测类群,包括水层洄游鱼类和底栖鱼类,各监测生物类群的代表生物见表 6.4。

表 6.4　福岛核事故后放射性核素监测的海洋生物类群

监测的生物类群		代表生物
大型藻类		褐藻
浮游动物		桡足类、磷虾、水母
大型底栖无脊椎动物	贝类	全部品种
	甲壳类	虾蟹类
鱼类	表层、中层(洄游类)	秋刀鱼、沙丁鱼、鲕仔鱼、玉筋鱼、飞鱼、鲣鱼、金枪鱼、鲑鱼、马鲛鱼等
	底栖鱼类	比目鱼、竹荚鱼、石鲷、鲉鱼类等
其他游泳类生物	头足类	乌贼、章鱼
	哺乳类	鲸鱼类

2)核电站放射性生态监测

核电站放射性监测项目是根据核电站自身的特点,以及周围环境、人口等特点来综合考虑确定的,但监测项目的设置原则、监测方法都比较相似。主要是为了及时发现环境中的放射性异常,长期观测放射性物质的变化趋势,计算公众的个人剂量以及集体剂量。

以我国某核电站为例,生态环境放射性监测项目以及方法列于表 6.5。

表 6.5　我国某核电站生态环境放射性监测项目、监测方法

监测对象	监测项目或核素	具体样品	分析测量方法
空间贯穿辐射	剂量率(实时)	—	高压电离室
	瞬时剂量率	—	闪烁剂量率仪测量方法
	累积剂量	—	热熔光
大气及其沉降物	总 α、总 β	气溶胶、沉降物	α 计数法、β 计数法
	γ 核素	气溶胶、沉降物	γ 能谱分析法
	^{90}Sr	气溶胶、沉降物	二一(2-乙基己基)磷酸萃取色层法
	^{137}Cs	雨水	磷钼酸铵-碘铋酸艳法
	^{3}H	—	液体闪烁计数法
	^{131}I	—	浸渍活性碳吸附多道测量法
	^{3}H	大气	(催化氧化后)低温捕集液体闪烁计数法
	^{14}C	—	催化氧化后鼓泡取样液体闪烁计数法
农畜产品	^{90}Sr	稻米、青菜、茶叶、羊骨、萝卜、牛奶、牧草	二一(2-乙基己基)磷酸萃取色层法
	^{137}Cs	稻米、青菜、羊肉、茶叶、萝卜、牛奶、牧草	磷钼酸铵-碘铋酸艳法
	^{131}I	青菜、牧草、甲状腺	CCl$_4$ 萃取、AgI 沉淀法
	^{131}I	牛奶	树脂 Cl$_4$ 萃取法
	γ 核素	青菜、牧草、萝卜、茶叶、大米、油菜籽、羊肉	γ 能谱分析法
	^{3}H	稻米、青菜、萝卜、牛奶、牧草、油菜籽、桑叶、茶叶、羊肉	二甲苯共沸-液体闪烁计数法
	^{14}C	同上	燃烧、碱吸收-液体闪烁计数法
海洋	^{90}Sr	—	二一(2-乙基己基)磷酸萃取色层法
	^{137}Cs	海水	磷钼酸铵-碘铋酸艳法
	^{3}H	—	同雨水 ^{3}H
	^{14}C	—	碱吸收-液体闪烁计数法
	γ 核素	海水、海底泥、海滩土	γ 能谱分析法
海产品	^{14}C	海鱼	同农畜产品 ^{14}C
	^{90}Sr	—	同农畜产品 ^{90}Sr
	^{3}H	鲻鱼、海蜇	二甲苯共沸-液体闪烁计数法
	^{14}C	鲻鱼、海蜇	同农畜产品 ^{14}C
	γ 核素	鲻鱼、海蜇、牡蛎、带鱼	γ 能谱分析法
水	^{14}C	—	同海水 ^{14}C
	^{90}Sr	湖塘水	同海水 ^{90}Sr
	^{3}H	饮用水	同海水 ^{3}H
	^{14}C	地下水	同海水 ^{14}C
	γ 核素	—	γ 能谱分析法
指示生物	γ 核素	牡蛎、松针、苔藓	γ 能谱分析法
	^{3}H	松针、苔藓	二甲苯共沸-液体闪烁计数法
	^{14}C	同上	同农畜产品 ^{14}C
土壤	^{90}Sr	土壤	二一(2-乙基己基)磷酸萃取色层法(放置法)
	γ 核素	同上	γ 能谱分析法

3）后处理厂生态环境监测

核燃料后处理厂在运行期间所处理的开放性放射性物质，虽经过工艺和三废系统的处理达标后仅极少部分以气、液态流出物形式排放进外部环境，但排放量仍明显高于核动力厂等其他核设施。将核燃料后处理厂的建设和预计年寿期运行期内，对当地生态环境的影响，特别是对非人类物种的影响，控制在安全范围之内是社会发展对辐射防护和核安全领域提出的基本要求。

对于非人类物种的影响，目前中国辐射防护研究院、中国原子能科学研究院、中国核电工程有限公司等机构，针对北方后处理厂影响区域，选取典型物种作为参考生物，建立剂量学模型，计算参考生物的内照射和外照射剂量系数。目前已有的剂量学模型物种有中华牛角鳋、蒙古束颈蝗、野兔、荒漠沙蜥、麻雀、赤麻鸭、多枝柽柳、梭梭、骆驼刺，针对的目标核素有 ^{129}I、^{137}Cs、^{134}Cs、^{60m}Co、^{14}C、^{85}Kr。

4）生态监测存在的问题

（1）环境监测法律依据不足，法治保障力度亟待加强。1980 年以来，政府有关部门相继颁布了一系列有关环境保护的法律法规，但是在核设施环境监测和生态监测方面却是空白。生态监测没有相关的法律制度作为保障，导致相关工作处于无法可依的状态。

（2）核设施生态监测技术不够规范，信息整合与利用困难。生态监测既包括对环境本底、环境污染、环境破坏的监测，也包括对生命系统的监测（系统结构、生物污染、生态系统功能、生态系统物质循环等），还包括人为干扰、自然干扰造成的生物与环境之间相互关系变化的监测。这要求不同时间、空间尺度的监测信息必须具备可比性、连续性。对于核设施生态监测尚处于对非生物因子的监测阶段，对种群、群落乃至生物圈缺乏时间、空间尺度的监测信息。

6.3　生态监测样品的放射性测量方法

6.3.1　α 放射性核素活度的测量方法

天然放射性核素 α 辐射的粒子能量为 2M～8MeV，在土壤与生物样品中的射程为 4～6mg·cm^{-2}。环境样品总 α 活度测量方法有直接法、浓集法及化学分离-α 谱仪法，其中以化学分离-α 谱仪法灵敏度最高，并可给出单个核素的活度浓度值。按测量样品厚度的不同，总 α 活度测量又可分为薄层法、厚层法及中间厚层法。常用的 α 活度测量装置有正比计数器、闪烁计数器、固体径迹或核乳胶、半导体探测器、屏栅电离室等。当样品单位面积质量小于 0.03mg·cm^{-2} 时，α 粒子在样品中的自吸收可以忽略，由探测器测量的 α 净计数率经探测效率校正，即可求得样品中 α 放射性的活度浓度。在常规监测和污染源调查中，样品单位面积质量在 0.5～1.0mg·cm^{-2} 范围内，仍可忽略自吸收影响。对于液体样品的 α 活度计算公式如下。

$$c_{\alpha} = \frac{(n_{a} - n_{b}) M_{T}}{\eta_{\alpha} M_{d} Y} \tag{6.1}$$

其中，c_{α} 为待测样品中总 α 活度浓度，$Bq \cdot L^{-1}$；n_{a} 为样品源计数率，s^{-1}；n_{b} 为本底计数率，s^{-1}；M_{T} 为水样的残渣量，$mg \cdot L^{-1}$；η_{α} 为仪器对 α 标准源的探测效率，$s^{-1} \cdot Bq^{-1}$；M_{d} 为样品源质量，mg；Y 为制样回收率，$\%$。

对于生物样品灰、土壤等固体样品，研磨粉碎至 80～100 目，在乙醇中铺成薄层样，样品源中 α 比活度（$Bq \cdot kg^{-1}$）为

$$A_{\alpha} = \frac{1 \times 10^{6} (n_{a} - n_{b})}{\eta_{\alpha} M_{d} Y} \tag{6.2}$$

根据鲜/灰比等制样条件参数，可换算求得生物样品中的总 α 比活度。

当样品厚度超过 α 粒子在源物质中的自吸收饱和厚度后，样品计数率不随源厚度增大而增加。此时，样品源中 α 比活度（$Bq \cdot kg^{-1}$）为

$$A_{\alpha} = \frac{1 \times 10^{6} (n_{a} - n_{b})}{0.5 \times S \delta_{s} \eta_{a} Y} \tag{6.3}$$

式中，S 为样品源面积，cm^{2}；δ_{s} 为样品物质的 α 吸收饱和层质量，$mg \cdot cm^{-2}$；η_{α} 为仪器对 α 粒子的探测效率。

通常采用铝箔吸收法实验测定样品源对 α 粒子的自吸收饱和度，实验中采用与待测 α 粒子能量相同的平面 α 标准源及已知厚度的铝吸收箔，测量加盖铝箔前后标准源的计数率。总 α 活度测量中，仪器计数效率应采用适当的 α 标准源进行刻度。原则上，标准源的 α 粒子能量应与待测 α 粒子的能量相同，一般情况下，天然本底调查中，可采用天然铀标准源，核设施环境污染监测调查时，可采用 ^{239}Pu、^{240}Pu 标准源。环境样品往往含有多种 α 放射性核素，每一种核素发射一种或者几种确定能量的 α 粒子，采用 α 谱仪对不同能量的 α 粒子分别进行计数测量，可对同一样品分别求得其中各单个核素的 α 活度。α 粒子在探测器中因电离或光电效应而产生电流脉冲，其幅度与 α 粒子能量成正比。以 α 粒子的能量为横坐标，某个能量段内 α 粒子数为纵坐标，即可显示样品中各单个核素发射的 α 粒子的能量与活度。理论上，单能 α 粒子谱应是位于相应能量点处垂直于横坐标轴的单一直线，但出于 α 粒子入射方向、空气吸收、样品源自吸收的差异和低能粒子的叠加等原因，实际测得的是具有一定宽度的单个峰，其峰顶位置相应于 α 粒子的能量，谱线以下的面积为相应能量的 α 离子的总计数率，峰的半高宽与峰顶能量比值的百分数则为 α 谱仪的能量分辨率。环境样品中 α 放射性活度高，α 粒子的射程又很短，因此，α 能谱分析必须满足以下几项基本要求：①为防止因样品自吸收而导致谱线低能部分展宽过大，应提供能量分辨率，样品单位面积质量一般不宜超过 $0.05 mg \cdot cm^{-2}$；②为提高探测灵敏度，样品面积应尽可能大，或者预先进行适当的浓集；③制样过程中应避免核素的损失和交叉污染；④由于低水平测量所需测量时间很长，探测系统应有足够的探测效率和良好的长期稳定性。根据 α 能谱可以确定样品中各单个核素的 α 粒子能量及活度水平，对某一特定核素的活度测量而言，有限能量范围内的本底计数率远比总 α 活度测量的本底低，可大大提高探测灵敏度，

并可用于鉴别测量活度水平极低的 α 核素。在环境样品浓集、处理、制样过程开始前，添加定量的与某种待测核素属同一元素的另一种 α 示踪同位素，采用 α 谱仪测量，最后通过样品中这两种同位素的计数，即可求得制样过程对该核素的回收率。

　　α 粒子能谱法是一种测定放射性核素的重要方法，对分析核、环境和生物样品有较高灵敏度。它是基于每种 α 放射性核素能释放特征能量的 α 粒子，通过对 α 粒子的定性和定量分析确定样品中的放射性同位素。与 γ 能谱法相比具有本底低、探测效率与能量相对独立的特点。这种探测效率与粒子能量的独立性允许在不需要效率校准标准的情况下测定 α 粒子活度比。此外，与其他技术相比，该方法相对便宜。然而，α 粒子能谱法受到放射化学分离、源的制备和解谱方法等的影响。此外，半导体探测器也存在被反冲核素污染的问题。

　　α 粒子能谱法包括定性和定量测定 α 能量峰。表 6.6 给出了几种放射性核素的 α 特征能量。α 能谱仪比较简单，一般由半导体硅探测器(金硅面垒型探测器或钝化离子注入平面硅探测器)、电荷敏感前置放大器、线性放大器和多通道分析器(multi-channel analyzer，MCA)或个人计算机(personal computer，PC)组成。α 源沉积放置在底部，顶部装有探测器。源和探测器都安装在真空室中。源到探测器的距离至少应该是等于或大于探测器直径的两倍才能得到最优探测效率。对于环境样品，源被放置在离探测器很近的地方，探测效率高，能减少 α 能谱记录时间和最小化由统计计数引起的随机不确定性。

　　制备一个质量好的 α 源需要薄、质量少、均匀性好且平整光滑的衬底。光滑的表面是必不可少的，这样 α 粒子就不会由于背衬表面有裂缝或粗糙而失去能量。不锈钢、铂、钽、镍、铝等材料都可以做衬底。α 源制备方法的回收率应尽可能的高，以减少放射性元素的损失与浪费。α 源的制备方法主要包括：①电沉积法；②真空干燥法；③液滴沉积法；④沉淀法。其他方法还有自沉积法和电镀法等。在上述各种关于α源的制备方法中，液滴沉积法是最简单的，但分辨率较差，有较大的低能量尾峰干扰。液滴沉积法一般用于定性和半定量的 α 核素分析。当样品中含有两种或两种以上锕系元素时，液滴沉积法是唯一的选择。真空干燥法生产的原料质量最好，可以制备更高质量的源用于测量放射性同位素，如通过真空干燥的 UF_4 来制备高纯度($>$99.9%)^{235}U源。但该方法需要精心的设置，且沉积收率较差。电沉积法容易使放射性核素与其他元素(如 Fe 和 Si)共沉积，因此，一般需要先用溶剂萃取、离子交换或萃取色谱法分离得到纯锕系元素。电沉积法需要优化如溶液的浓度、电流密度、电压、阴极和阳极之间的距离、阳极形状等不同的参数，从而获得更高的沉积率。此外，还需要选择合适的介质、不同的电解质，如$(NH_4)_2SO_4$、NH_4NO_3、NH_4Cl、$(NH_4)_2C_2O_4$、甲酸铵及其混合物。

　　α 能谱仪用来测定发射概率不同的 α 粒子。然而，这些系统有传输不良的缺点，因此需要很长的记录时间。目前，金硅面垒型探测器和钝化离子注入平面硅探测器通常用于 α 能谱仪。钝化离子注入平面硅探测器由于漏电流更小，死层更薄，具有更高的分辨率。探测器的灵敏面积根据实验要求可选择 20~2000mm^2。

表 6.6 放射性核素的 α 特征能量

元素	同位素	半衰期	主要能量/MeV
Po	^{208}Po	2.898a	5.115
	^{209}Po	120a	4.88
	^{210}Po	138.38d	5.304
	^{212}Po	45s	8.784；11.65
Ra	^{224}Ra	3.63d	5.685；5.449
	^{226}Ra	1600a	4.785；4.602
	^{228}Ra	5.75a	0.039；0.015；0.026
Th	^{228}Th	1.912a	5.423；5.340
	^{229}Th	7400a	4.845；4.901；4.814
	^{230}Th	7.56×10^4a	4.688；4.621
	^{232}Th	1.4×10^{10}a	4.012；3.947
U	^{232}U	70.6a	5.32；5.263
	^{233}U	1.592×10^5a	4.824；4.784
	^{234}U	2.455×10^5a	4.725；4.776
	^{235}U	7.04×10^8a	4.398；4.366
	^{236}U	2.342×10^7a	4.494；4.445
	^{238}U	4.47×10^9a	4.197；4.147
Np	^{237}Np	2.14×10^6a	4.788；4.771
Pu	^{236}Pu	2.87a	5.767；5.721
	^{238}Pu	87.74a	5.499；5.456
	^{239}Pu	24100a	5.156；5.144；5.105
	^{240}Pu	6560a	5.168；5.124
	^{241}Pu	6×10^5a	4.897；4.853
	^{242}Pu	3.76×10^5a	4.901；4.856
	^{244}Pu	8.1×10^7a	4.589；4.546
Am	^{241}Am	432.7a	5.486；5.443
	^{243}Am	7370a	5.276；5.234
Cm	^{242}Cm	162.8d	6.113；6.069
	^{243}Cm	29.1a	5.785；5.742
	^{244}Cm	18.11a	5.808；5.742
	^{245}Cm	8500a	5.362
	^{246}Cm	4770a	5.386；5.342；5.242
	^{247}Cm	1.56×10^7a	4.87；5.267
	^{248}Cm	3.48×10^5a	5.078；5.035

6.3.2　β放射性核素活度的测量方法

β粒子在样品源物质中的射程比 α 粒子大得多，而且不同核素β粒子的最大能量相差很大。因此，一般不可能采用薄样或者饱和厚度法测定样品的β活度，通常将样品均匀地铺成单位面积质量为 10～50mg·cm^{-2}。样品太厚，对低能β粒子计数效率明显降低，从而会增大测量误差。天然环境样品中，总β活度主要来自 ^{40}K 的贡献。对可能受到人工核素污染的样品，常需要进行去钾总β活度测量，其方法是分别测量样品的总β活度及钾含量，根据钾含量求得 ^{40}K 的β放射性活度，再从总β活度中减去 ^{40}K 活度，即可求得样品的去钾总β活度。环境样品总β活度测量一般采用优级纯的 KCl 试剂作为标准，用以对仪器探测效率进行刻度。经 100 目筛子筛过后的 KCl 在 100℃下烘 4～6h，冷却后在样品盘中铺成不同厚度的系列标准样品，测量相应的β计数率，即可求得仪器对样品中β活度探测效率与样品单位面积质量之间的关系曲线。根据待测样品的质量厚度，即可从曲线上查得相应的探测效率。

6.3.3　γ 放射性核素活度的测量方法

NaI 闪烁体 γ 谱仪探测效率高，价格低廉，易于维护，目前仍用于环境样品的 γ 能谱分析，但因其能量分辨率差，故仅用于分析天然放射性核素/具有简单 γ 能谱的人工放射性核素经放化分离后的单个核素及 γ 能谱较简单的多核素样品。在单晶 NaI γ 谱仪基础上，增加符合、环反符合 NaI 晶体和相应的符合、环反符合电子学仪器而构成的低本底 γ 谱仪，探测本底大为降低，减少了高能峰对低能峰的干扰，具有更低的可探测限。Ge 半导体谱仪分为 Ge(Li) 和 HPGe 两类，其能量分辨率高，适合于复杂 γ 能谱的分析测量，但探测效率较低，设备昂贵，维护困难。γ 谱仪的能量刻度是指确定多道分析器中道址与 γ 射线能量之间的关系。在确定的测量条件下，能量刻度的精度主要取决于刻度源的特性、活度，其中包含核素 γ 射线能量的分布和精度，谱仪系统的能量分辨率和稳定性。NaI γ 谱仪能量分辨率差，宜用单能 γ 源刻度，也可用含几种能量且差异较大的 γ 射线源刻度。Ge 半导体 γ 谱仪可用发射多种能量的 γ 射线源或混合核素 γ 源刻度，刻度源的 γ 射线活度应适中，γ 射线能量精度较高，并尽可能均匀覆盖整个测量能区。能量刻度时可同时进行能量分辨率刻度，即求谱仪全能峰半高宽与 γ 射线能量或峰位之间的关系。全能峰探测效率定义为 γ 谱仪测得的刻度源中能量为 E 的 γ 射线全能峰净计数率与源中该 γ 射线发生率之间的比值。全能峰探测效率与 γ 射线的能量、源的形状、介质成分、源和探测器的相对位置及释放存在级联辐射等因素有关，同时也取决于探测器本身的性能。γ 能谱探测效率刻度采用的刻度源有点源、面源和体源，环境样品大多数为体积样品。应尽可能采用体源进行刻度，常用的刻度标准源或标准参考物质的介质有土壤、矿粉和河泥等，其中所含放射性核素为 ^{238}U 系、^{232}Th 系、^{40}K 等天然放射性核素和 ^{60}Co、^{137}Cs、^{152}Eu 等人工放射性核素。当样品和源的几何形状、介质成分、表观密度和放置位置完全相同时，样品中发射能量为 E 的 γ 射线的某种放射性核素的活度计算公式如式(6.4)所示。

$$A = nA_0 / n_0 \tag{6.4}$$

γ 能谱法测量放射性核素的活度，主要是根据核素发射出的 γ 射线与探测器相互作用产生电脉冲，然后这些脉冲经放大、成形，最终形成 γ 射线能谱。在 γ 能谱中，核素放射的 γ 射线的能量与 γ 谱中全能峰的峰位相对应，核素的活度与 γ 射线全能峰净面积计数率成正比，然后根据谱仪的能量刻度系数、全能峰效率刻度系数、γ 射线的发射概率、样品质量等就可以得到样品中放射性核素的比活度。γ 能谱法的优点是样品可以直接或经过简单的前处理后，不再需要进行其他处理，装进样品盒后即可测量。其缺点是 γ 能谱法作为检测样品中放射性活度的一种物理方法，影响其测量准确度的因素有很多，例如 γ 射线的自吸收和干扰射线造成的假活度等。γ 能谱法测量核素的活度时，需要确定仪器的探测效率，这是定量放射性核素活度的关键。要得到仪器对核素的探测效率，就需要进行效率刻度，即建立待测样品中核素活度与探测器计数对应的关系曲线。γ 能谱分析方法主要有相对比较法、效率曲线法和逆矩阵法。

1) 相对比较法

相对比较法适用于有待测核素体标准源可用的情况下，样品中放射性核素活度浓度的分析。利用多种计算机解谱方法，如总峰面积法、函数拟合法、最小二乘拟合法等，计算出体标准源和样品谱中各特征峰的全能峰净面积。体标准源中第 j 种核素的第 i 个特征峰的刻度系数 C_{ji} 为

$$C_{ji} = \frac{A_j}{\text{Net}_{ji}} \tag{6.5}$$

式中，A_j 是体标准源中第 j 种核素的活度，Bq；Net_{ji} 是体标准源中第 j 种核素的第 i 个特征峰的全能峰净面积计数率，s^{-1}；被测样品中第 j 种核素的活度浓度 Q_j 为

$$Q_j = \frac{C_{ji}\left(A_{ji} - A_{jib}\right)}{WD_j} \tag{6.6}$$

式中，A_{ji} 是被测样品第 j 种核素的第 i 个特征峰的全能峰净面积计数率，s^{-1}；A_{jib} 是与 A_{ji} 相对应的特征峰本底净面积计数率，s^{-1}；W 是被测样品净重，kg；D_j 是第 j 种核素校正到采样时的衰变校正系数。

2) 效率曲线法

效率曲线法适用于已有效率刻度曲线情况下，求被测样品中放射性核素的活度浓度。根据效率刻度后的效率曲线的拟合函数，求出某特定能量 γ 射线所对应的效率值 η_i。被测样品中第 j 种核素的活度浓度 Q_j 为

$$Q_j = \frac{A_{ji} - A_{jib}}{P_{ji}\eta_i WD_j} \tag{6.7}$$

式中，η_i 是第 i 个 γ 射线全吸收峰所对应的效率值；P_{ji} 是第 j 种核素发射第 i 个 γ 射线的发射概率；A_{ji} 是被测样品第 j 种核素的第 i 个特征峰的全能峰净面积计数率，s^{-1}；A_{jib} 是与 A_{ji} 相对应的特征峰本底净面积计数率，s^{-1}；W 是被测样品净重，kg；D_j 是第 j 种核素校正到采样时的衰变校正系数。

3) 逆矩阵法

逆矩阵法主要用于样品中核素成分已知，而能谱又部分重叠的情况。用 NaI(Tl)γ 能谱仪分析土壤样品中天然放射性核素 ^{238}U、^{232}Th、^{226}Ra、^{40}K 和人工放射性核素 ^{137}Cs 的活度浓度可用逆矩阵法。逆矩阵法应先确定响应矩阵，确定响应矩阵的体标准源应包括待测样品中全部待求核素，且与待测样品有相同的几何和相近的机体组成，不同核素所选特征峰道区不能重叠。正确选择特征峰道区，是逆矩阵法解析 γ 能谱的基础。特征峰道区的选择原则如下。

(1) 对于发射多种能量 γ 射线的核素，特征峰道区应选择发射概率最大的 γ 射线全能峰道区；

(2) 若几种能量的 γ 射线的发射概率接近，则应选择其他核素 γ 射线的康普顿贡献少、能量高的 γ 射线特征峰道区；

(3) 若两种核素发射概率最大的 γ 射线特征峰道区重叠，则其中一种核素只能取其次要的 γ 射线特征峰；

(4) 特征峰道区宽度的选取，应使多道分析器的漂移效应以及相邻峰的重叠保持最小。

当求得多种核素混合样品的 γ 能谱中某一特征峰道区的净计数率后，样品中的第 j 种核素的活度浓度 Q_j 为

$$Q_j = \frac{1}{WD_j} X_j = \frac{1}{WD_j} \sum_{i=1}^{m} a_{ij}^{-1} C_j \tag{6.8}$$

式中，a_{ij} 是第 j 种核素对第 i 个特征峰道区的响应系数；C_j 是样品 γ 能谱在第 i 个特征峰道区上的计数率，s^{-1}；X_j 是样品第 j 种核素的活度，Bq；W 是被测样品净重，kg；D_j 是第 j 种核素校正到采样时的衰变校正系数。

在多种核素混合样品的 γ 能谱中，某一能峰特征值道区的计数率除了该峰所对应的核素贡献外，还叠加了发射更高能量 γ 射线核素的 γ 辐射的康普顿贡献，以及能量接近的其他同位素 γ 射线的光电峰贡献。因此，混合 γ 射线的 γ 能谱扣除空样品盒本底后，某一能峰道区的计数率应是各核素在该道区贡献的总和，即

$$C_i = \sum_{j=i}^{m} a_{ij} X_j \tag{6.9}$$

式中，j 是混合样品中核素的序号；i 是特征道区序号；m 是混合样品所包含的全部核素种数；C_i 是混合样品 γ 能谱在第 i 个特征峰道区上的计数率，s^{-1}；X_j 是样品中第 j 种核素的未知活度；a_{ij} 是第 i 个特征峰道区对第 j 种核素的响应系数。

因此，样品中第 j 种核素的活度 X_j 可用以下公式计算：

$$X_j = \sum_{i=1}^{m} a_{ij}^{-1} C_j \tag{6.10}$$

因此，只需要测量得到样品中各个相应的特征道区的计数率就可计算出各种核素的活度。当土壤中含有且仅含有天然放射性核素和 ^{137}Cs 时，通过 5 个特征峰道区的逆矩阵程序，就可同时求出土壤中 ^{238}U、^{232}Th、^{226}Ra、^{40}K 和 ^{137}Cs 的活度。

6.3.4 核素的质谱测量方法

环境中的低水平放射性核素,除通过直接测量其存在的放射性外,也能应用质谱技术,通过测量其质量,然后转换成活度或活度浓度来进行定量测定。目前使用较多的质谱仪主要有电感耦合等离子体质谱仪(ICP-MS)、加速器质谱仪(AMS),以及更为灵敏的激光共振电离质谱仪(RIMS)。

1. 放射性核素电感耦合等离子体质谱仪测量方法

1975 年第一台商用 ICP-MS 诞生,电感耦合等离子原子发射光谱开始成为常规多元素分析的最通用技术。研究人员 1987 年从电感耦合等离子离子源中首次获得了分析质谱,1980 年第一台商用四级杆 ICP-MS 仪器投放市场。目前,ICP-MS 以多元素同时分析及同位素分析的优越功能广泛应用于环境、制药、地质、临床、生命科学以及核能等各个领域。目前,已经出版了大量关于 ICP-MS 仪器性能和操作方法的文献、综述和专著。

ICP-MS 包括五个组成部分:样品引进系统、电感耦合等离子离子源、ICP-MS 界面层、质量分析器和电子学系统。测定时,样品在常压下由氩气作为载流气体引入雾化系统进行雾化后,以气溶胶形式进入等离子体中心区,在高温和惰性气体氛围中被去溶剂化、气化解离和电离,转化为带正电荷的正离子,经离子采集系统进入质谱仪,再通过荷质比实现元素的选择性测量。ICP-MS 具有较高的灵敏度和理想的检出限,并且能够实现稳定元素和放射性核素的多元素测量,已广泛应用于分析测量环境样品中长寿命放射性核素及其同位素,测定核活动中的废物、空气过滤器、土壤、地下水、生物样品等。ICP-MS 测量过程中存在谱线干扰和非谱线干扰。通过优化仪器操作参数,应用内标法、同位素稀释法等校准方法,使用萃取、离子交换、液相色谱等技术有效地将基体与核素分离开来,引进灵活的进样技术,这些干扰可以明显降低。谱线干扰指两个或更多的离子具有相同的质量数发生谱重叠,主要表现为同量异位素、多原子离子以及双电荷离子干扰。在测量环境样品中的 U、Th、Np 和 Pu 核素时,由于这些核素的质量数高,一般不表现由低质量核素产生的氧化物、氮化物等多原子离子及双电荷离子的谱线干扰,但锕系元素之间的同量异位素和氢化物仍然存在干扰问题,即表现为 ^{238}U 对 ^{238}Pu、^{241}Am 对 ^{241}Pu 以及可能形成的 $^{232}ThH^+$ 对 ^{233}U、$^{235}UH^+$ 对 ^{236}U、$^{236}UH^+$ 对 ^{237}Np 以及 $^{238}UH^+$ 对 ^{239}Pu 的干扰,同时 ICP-MS 测量中 ^{238}U 大峰拖尾重叠对 ^{237}Np 也会产生线谱干扰。ICP-MS 分析中存在基体效应,这是一种由样品中含量较高的基体元素引起被检测信号漂移的干扰。在测量环境样品时,基体干扰是测量痕量核素需要解决的主要问题。通过优化仪器参数(高频发生器入射功率、氩气流速、ICP 采样位置、离子透镜电压),在外层等离子体中加入 N_2 等可以有效减弱基体效应。内标法也可以补偿基体效应。通过内标校正,不经过化学分离,ICP-MS 可以直接测量环境水样品或土壤样品中放射性核素的含量。选择内标元素时要求其质量数和电离能与待测核素接近,一般常用的内标元素有 ^{115}In 和 ^{209}Bi。通过优化仪器参数可以消除部分质谱和基体干扰,通过改进仪器进样方式可提高分析精密度和降低检测限,但基体干扰仍然是影响环境样品中痕量核素分析的制约因素。对环境样品中核素的分离、纯化技术研究是必不可少的。同位素稀释法是一种建立在同位素比值测量的基础上，准确获得元素浓度的经典分析方法。同位素稀释-等离子体质谱法(DI-ICP-MS)具有较突出的特点，它能补偿在样品制备过程中被测物的部分损失，不受各种物理和化学干扰，具有理想的内标等。ICP-MS 法和α谱法测量锕系元素的检出限比较如表 6.7 所示。

表 6.7 ICP-MS 法和α谱法测量锕系元素检出限

核素	质量/g	ICP-MS 法检测放射性活度/Bq	α谱法检测放射性活度/Bq
^{232}Th	4.0×10^{-14}	1.6×10^{-10}	10^{-2}
^{234}U	1.2×10^{-15}	2.8×10^{-7}	10^{-4}
^{235}U	4.0×10^{-15}	3.2×10^{-10}	10^{-4}
^{238}U	4.0×10^{-14}	5.0×10^{-10}	10^{-4}
^{239}Pu	1.2×10^{-15}	2.8×10^{-6}	10^{-4}
^{240}Pu	1.2×10^{-15}	1.0×10^{-5}	10^{-4}

因为不同产品型号和不同核素受到干扰情况的不同，ICP-MS 对核素的检出限一般在 $10^{-15} \sim 10^{-8}$g。图 6.1 表示了在假设 ICP-MS 检出限为 10fg(1fg=10^{-15}g)的条件下，放射性核素半衰期与相应的放射性活度的关系，可见放射性核素半衰期越长，在应用 ICP-MS 的测量上较放射性测量方法越具优势。它同样在放射性核素的同位素组成的测量上有着很好的表现，例如对于使用单探测器的扇形场 SF-ICP-MS，对核素原子比的测量精确度可以达到 0.1%，而对于拥有多探测器的 MC-ICP-MS，精确度可以进一步提高到 0.01%的水平。除此之外，ICP-MS 还具有测量时间短、价格较其他质谱低、操作相对简单等优点。当然，ICP-MS 也存在缺点，其中最主要的缺点在于同重元素和多原子离子的干扰，因此在样品测量前需要进行仔细的分离和纯化，并且在仪器调节的过程中需要最优化设置以使得干扰杂质最小限度地生成。

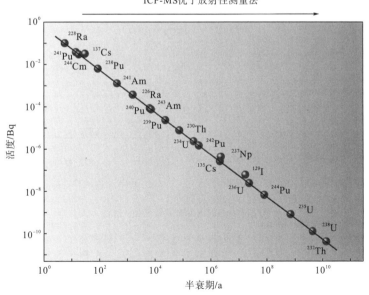

图 6.1 放射性核素半衰期与可探测最低活度的关系(ICP-MS 检出限取 10fg)

目前，ICP-MS 已经成为应用于环境样品中痕量核素测量的最主要和最常用的方法。应用 ICP-MS 进行核素测量，能够达到较低的探测限(fg 量级)，这使得少量的样品也能实现对痕量核素的准确测量，而且随着新推出的 ICP-MS 灵敏度越来越高，配合着适当的高效率进样系统，ICP-MS 所能达到的探测限已经可以和 AMS 处于同一水平。另外，正如前面所讨论的那样，ICP-MS 在同位素组成的测量上具有较高的精确度，能够胜任多个核素的同时测量。同时在测量时，探测源的制备较 AMS 和 TIMS 简单，在常压下普通溶液即可实现样品的进样。前面已经提到，尽管 ICP-MS 具有较高的质量分辨率，但在对核素的测量时仍然受到一系列同重核素和多原子离子的干扰。

以 Pu 同位素分析为例，目前在 SF-ICP-MS 低质量分辨的情况下，还不能实现干扰离子与 Pu 同位素的分辨。而即使是使用 SF-ICP-MS 最高的质量分辨率，铀氢化合物也不能与 ^{239}Pu 和 ^{240}Pu 信号实现分离。在土壤和沉积物中，U 的含量达到了 μg/g 量级，是 Pu 含量的 $10^6 \sim 10^9$ 倍。而在海水中，U 的含量更是达到了 Pu 含量的 10^{10} 倍甚至更高。因此 U 也是影响 ICP-MS 进行 Pu 测量的最主要因素。图 6.2 显示了使用 SF-ICP-MS 时，U 对 Pu 测量造成的干扰。如图 6.2(a)所示，^{239}Pu 和 ^{240}Pu 质量峰上的计数全部来自 ^{238}U 的拖尾及 ^{238}UH 和 ^{238}UH$_2$ 的贡献，可见当样品溶液中 U 的含量较高时，Pu 测量的准确性将会受到影响，特别是在对于 Pu 含量较低的环境样品测量的时候。实际上，正是因为这样的影响，ICP-MS 对 Pu 测量的检出限会随着样品中 U 浓度的增大呈线性增加[图 6.2(b)]。为了在 ICP-MS 测量过程中，最小化 U 对 Pu 的干扰，可采用重水作为溶剂来制备 ICP-MS 测量用的 Pu 溶液，从而减少 ^{238}UH$^+$和 ^{238}UH^{2+}的形成。在 DRC-ICP-MS 的反应室中通入 CO_2 和 NH_3 气体，也能一定程度消除 U 的影响。考虑到环境样品中极高的 U 含量，在利用 ICP-MS 测量之前，仔细进行 Pu 化学分离处理仍然是必需的。

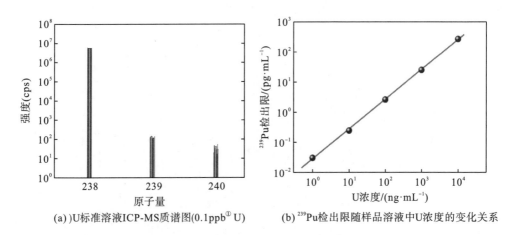

(a))U标准溶液ICP-MS质谱图(0.1ppb^① U)   (b) ^{239}Pu检出限随样品溶液中U浓度的变化关系

图 6.2   U 对 Pu 测量结果的干扰^①

在不同质谱技术的实际应用中，选择 ICP-MS 测量 ^{135}Cs 和 ^{137}Cs 最为普遍，这主要依赖于其价格相对低廉、仪器操作简便和灵敏度较高等优势。此前，Song 和 Probst(2000)应

① 1ppb=10^{-9}μg·L^{-1}。

用电热蒸发（electric thermal evaporation，ETV）进样系统结合 ICP-MS 分析 ^{135}Cs 和 ^{137}Cs 热蒸发装置依靠不同的蒸发温度可以实现 Ba 和 Cs 的分离。例如温度在 1100℃左右时，蒸发的 Cs 是 Ba 的 10^4 倍，而 ^{135}Ba 的信号仅增加 1%。Pitois 等（2008）将毛细管电泳（capillary electrophoresis，CE）进样装置分别与 ICP-QMS 和 SF-ICP-MS 相结合测定 Cs，由于 Ba^{2+} 有两个正电荷而 Cs^+ 只有单个正电荷，所以高能量的 Ba 在毛细管电泳中运动速度更快，使其与 Cs 发生分离，应用 SF-ICP-MS 测量也得到了较低的 ^{133}Cs 检出限，约为 4ng/L。尽管利用其他分析方法可得到更低的 Cs 检出限，但细管电泳进样系统结合 ICP-MS 的分离测定方法高效快速，在实际应用中仍具有一定的潜力和竞争力。考虑到 Cs 和 Ba 的电离能分别为 3.89eV 和 5.21eV，可以采用降低 ICP-MS 的射频功率将两者区分，例如等离子体的温度在 4000℃时，Cs 的电离度是 Ba 的 4 倍。Amr（2012）的研究结果表明，SF-ICP-MS 等离子体功率由 1000W 下降到 750W 时，Ba 的信号强度由 15000cps 下降到 5cps，而 Cs 的计数最多减少一半，Cs/Ba 的计数比呈明显增加趋势。尽管如此，由于环境样品中 Ba 的浓度较高，所以 Cs 和 Ba 的化学分离仍然十分必要。另外，SF-ICP-MS 的丰度灵敏度为 $10^5\sim10^6$，劣于热离子质谱（TIMS）和加速器质谱（AMS）。因此应用 SF-ICP-MS 测量 ^{135}Cs 样品时，其大峰会产生拖尾效应。自带反应池的 ICP-QMS 在测量 ^{135}Cs 和 ^{137}Cs 时通过在反应池中引入反应气体与 Ba 发生反应生成非干扰化合物，而对 Cs 几乎无影响。Epov 等（2003）通过向 ICP-QMS 的反应池中引入 H_2 和 He 压制 Ba 的信号，但如果样品溶液中 Ba 的浓度大于 0.5ppb 依然会对 ^{135}Cs 和 ^{137}Cs 的测量产生干扰，他们认为该仪器分析条件还有待进一步优化。与 H_2 和 CH_3Cl 相比，研究人员更多的是采用 N_2O 作为反应气减少 Ba 的干扰，研究表明 N_2O 与 Ba 的反应率是 32%，而与 Cs 的反应率仅为 0.01%。2012 年由安捷伦公司新研发的电感耦合等离子体串联质谱仪（ICP-MS/MS 或 ICP-QQQ）具有两个四级杆滤质器，在两个滤质器中间配有一个反应池（图 6.3）。目前 ICP-MS/MS 已被成功用于探测福岛核电站周边环境样品中的 ^{135}Cs 和 ^{137}Cs。Zheng 等（2014）应用 ICP-MS/MS 并引入有效的反应气体 N_2O，分析结果表明，若样品溶液中 Ba 的浓度小于 $10ng\cdot mL^{-1}$，则对 Cs 产生的干扰可忽略不计，同时 Mo 的浓度小于 10ppb 时，对 Cs 测量产生的多原子离子干扰（$^{95}Mo^{40}Ar$ 和 $^{97}Mo^{40}Ar^+$）也可忽略。该分析方法的 ^{135}Cs 和 ^{137}Cs 的检出限迄今最低，分别为 $0.01pg\cdot mL^{-1}$ 和 $0.006pg\cdot mL^{-1}$。此外，ICP-MS/MS 的 $^{133}Cs/^{135}Cs$ 丰度灵敏度为 10^{14}，明显优于其他的 ICP-MS 方法。常见的 ^{137}Cs 和 ^{135}Cs 化学分离和质谱测量方法如表 6.8 所示。

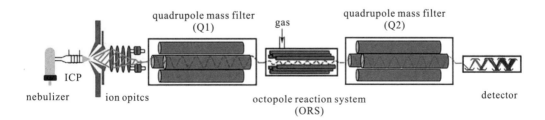

图 6.3　电感耦合等离子体串联质谱仪结构示意图

nebulizer-雾化器；ion optics-离子透镜；quadrupole mass filter-四级杆质量分析器；octopole reaction system-八级杆反应池；

detector-检测器；gas-气体

表 6.8　^{137}Cs 和 ^{135}Cs 化学分离和质谱测量方法

样品	化学分离	测量方法	检出限	回收率
土壤、沉积物	AMP+AGMP-1M	ICP-QMS	0.2ng/L^{133}Cs	
雨水	—	ICP-MS/MS	10pg/L^{135}Cs	
土壤、植物	AMP+AGMP-1M+AG50WX8	ICP-MS/MS	0.01ng/L^{135}Cs, 0.006ng/L^{137}Cs	
土壤、沉积物	AMP+AG50WX8	ICP-MS/MS	—	65%
标准溶液	AG50WX8+Sr 树脂	SF-ICP-MS	0.05ng/L 133Cs	85%
核燃料	毛细管电泳进样系统	ICP-QMS，SF-ICP-MS	6000ng/L^{133}Cs, 4ng/L^{133}Cs	
核燃料	AMP+TRU	—	0.6Bq^{137}Cs	82%
地下水	CS12A+CG3	ICP-QMS	2pg/L^{135}Cs	

2. 放射性核素加速器质谱测量方法（AMS）

AMS 技术是在传统质谱分析方法的基础上，再结合核物理实验所用的粒子加速技术和离子鉴别手段发展起来的。与常规质谱方法相比较，该方法具有能排除分子离子干扰以及鉴别同量异位素能力强等优势。

第一个开展 AMS 实验研究工作的是阿尔瓦雷斯（Alvarez）和科诺（Cornog），他们于1939 年利用回旋加速器和质量分析系统证实了自然界中稳定核素 ^{3}He 的存在，但在其后几乎四十年的时间里没有任何有进展的工作，直到 1977 年，来自美国罗切斯特（Rochester）大学和加拿大麦克马斯特（McMaster）大学的科学家用一台粒子加速器作为高能质谱计，在测量同位素丰度方面获得了前所未有的灵敏度。从此利用各种类型的加速器开展 AMS研究的工作迅速发展起来。研究者们主要是测量寿命较长（$10^2 \sim 10^7$ 年）的宇宙成因核素，如 ^{10}Be、^{26}Al、^{32}Si、^{36}Cl、^{41}Ca、^{129}I 等。目前对某些核素如 ^{14}C 的探测极限为 10^4 个原子，同位素丰度比值的测定可低至 10^{-16}，对科学和技术的许多分支产生了很大的影响，应用范围在不断扩展。AMS 可以有效排除各种本底干扰，具有样品用量少（毫克级）、测量时间短等优势。AMS 系统一般由离子源、加速器、磁分析器或电分析器、探测器等几部分组成，它是基于加速器技术与探测器技术而建立的一种高灵敏测量方法。其基本原理是首先将待分析样品在离子源中电离并引出，经注入系统进入加速器，然后由加速器将离子的能量加速到兆电子伏特（MeV）核子，被加速的离子在加速器中被剥离，然后经过电荷态的选择，再通过类似于普通质谱所用的一些磁分析器和电分析器排除大量的干扰本底，最后由探测器对待测离子进行鉴别和测量。在离子能量被加速器加速到一核子时，普通质谱所遇到的局限性就可以得到解决或极大地减小。因为在这种情况下：①通过剥离可以排除分子离子的干扰；②由于离子能量高会降低散射及电荷交换的概率；③利用核探测器可以对离子的质量和荷电荷数进行鉴别，实现样品的高灵敏度分析。在所用的加速器中，串列加速器是最常用的加速器之一。

随着技术和探测手段的提高，目前 AMS 可用于测量的核素有 ^{3}He、^{7}Be、^{10}Be、^{22}Na、^{24}Na、^{26}Al、^{32}Si、^{36}Cl、^{39}Ar、^{41}Ca、^{44}Ti、^{53}Mn、^{55}Fe、^{59}Ni、^{79}Se、^{81}Kr、^{90}Sr、^{92}Nb、^{93}Zr、^{99}Tc、^{107}Pd、^{126}Sn、^{129}I、^{151}Sm、^{182}Hf、^{236}U、^{237}Np 和 ^{239}Pu 等。AMS 技术的应用涉及地

球科学、核物理、环境科学、生物医学、生命科学和考古学等。其中，在地球科学中的研究最为广泛，涉及地质、水文、海洋、冰川、古气候、古地磁等许多领域。例如，分析 ^{14}C 可以测定海洋沉积物或者珊瑚等含碳物质的年龄，也可以追踪海水、地表水、地下水及大气的循环模式，是研究地球碳循环的利器；分析 ^{10}B 可以回推古地磁强度的变化、测定岩石暴露年龄、判断地表剥蚀速率等；分析 ^{26}Al 可以研究太阳系的生成史；^{36}Cl 也常被用来确定地表各种作用的年龄，如暴露地表的断层年龄等；环境中的 ^{129}I 大多从核反应堆释出，是重要的示踪剂，可用于研究洋流循环，自然产生的 ^{129}I 则被用作地下水或其他一亿年内地质作用的定年工具。AMS 技术在核物理中的应用主要集中在以下 3 个方面：①测量放射性核素的半衰期；②确定核反应截面，已经用于测量了大量核反应截面数据，主要是低能中子、高能中子和高能质子引发的核反应；③寻找奇异粒子和稀少事件，曾经用于寻找自由夸克与夸克物质、超重元素。

　　目前我国拥有的 AMS 仪器数量已由原来的 4 台增加到了 10 多台。其中中国科学院上海应用物理研究所的 AMS 仪器是小型回旋式的；北京大学和中国原子能科学研究院的 AMS 仪器是在原有串列加速器基础上改造而成的；西安交通大学和中国科学院地球环境研究所共建的多核素分析加速器质谱，于 2006 年 7 月正式通过调试验收，投入运行，综合指标处于国际领先地位。2015 年中国原子能科学研究院基于加速器技术和离子探测器技术开发出了我国首台小型 200kV 单级 AMS 仪器。2018 年基于自主研制的 300kV 小型化重核素加速器成功实现了对 ^{129}I 的高效高灵敏测量，测量灵敏度达到了国内先进水平。图 6.4 展示了加速器质谱的结构。

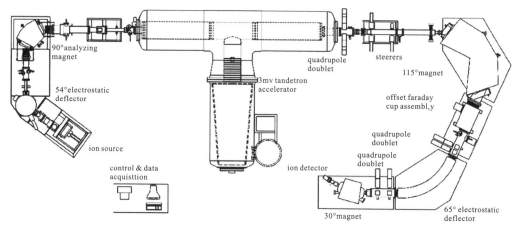

图 6.4　加速器质谱结构图

control & data acquisttion-数据采集与控制；ion source-离子源；54° electrostatic deflector-54°静电偏转器；90°analyzing magnet-90°磁分析器；3mv tandetron accelerator -3mV 加速器；quadrupole doublet-四级磁透镜；steerers-舵手；115°magent-115°磁场；offset faraday cup assembly-法拉第杯偏置组件；ion detector-离子检测器；30° magnet-30°磁场；65° electrostatic deflector-65°静电偏转器

6.3.5　氡及其子体浓度的测量方法

　　氡同位素 ^{222}Rn（半衰期 3.82d）、^{220}Rn（半衰期 55.6s）、^{219}Rn（3.96s）都是放射性气体，

分别由镭的同位素 ^{226}Ra、^{224}Ra、^{223}Ra 直接衰变而来，后者又分别是铀同位素 ^{238}U、^{232}U、^{235}U 的衰变子体。^{222}Rn 是三者中半衰期最长的放射性气体，迁移能力也强。由于铀和镭广泛分布于地壳和土壤中，因此，^{222}Rn 在自然界中无处不在。

氡被认为是人类所受天然辐射照射的主要来源。世界卫生组织（World Health Organization，WHO）认为，3%～14%的肺癌是由氡引起的。联合国原子辐射效应科学委员会（United Nations Scientifie Committee on the Effects of Atomic Radiation，UNSCEAR）2006 号报告指出，在整个世界范围水平，氡约占全球天然辐射平均照射的 52%。^{222}Rn（占整个天然辐射照射的 48%）所致辐射生物效应远比 ^{220}Rn（占整个天然辐射照射的 4%）所致辐射生物效应明显，而 ^{219}Rn 的辐射生物效应是可忽略的。基于上述原因，文献和资料中如果不特别强调，谈到氡一般指的都是 ^{222}Rn。

气体氡衰变时，会放出 α 粒子并产生具有放射性的固态衰变产物（钋、铋、铅等）。氡对人类的潜在效应都由氡子体引起而不是氡本身。不管氡子体是否附着在空气气溶胶上，它均能够被人体吸入并沉积到呼吸道支气管上，随后衰变放出高能的 α 粒子对人体细胞产生伤害，诱发癌变。

氡及其子体活度浓度的测量方法大都基于对它们在衰变过程中放出 α、β、γ 射线的测量。现有的常用测量方法中大都是基于对氡及其子体放出的 α 射线进行测量，根据测量过程中是否对 α 粒子能量进行甄别，可将测量方法分为总 α 法和 α 能谱法。

1. 氡暴露量的测量方法

氡暴露量指的是环境中氡活度浓度平均值与人在该环境中居留时间的乘积，单位为 $Bq \cdot m^{-3} \cdot h^{-1}$。环境中氡浓度受环境气象条件的影响，氡活度浓度值并不是恒定不变的，有时会呈现单日或季节性的周期性变化，采用短期瞬时测量结果不能真实反映环境中长期氡活度浓度水平及其危害程度，在研究氡暴露危害时，往往取一个季节或者一年的长时间监测结果估算氡暴露量。氡暴露量测量方法基于采样方式可分为被动式和主动式两种。被动式测量方法是氡暴露量测量中最常用的方法，主动式测量方法因操作烦琐、设备复杂，较少用于环境氡暴露量的测量。被动式测量方法中用得较多的是固体核径迹法和驻极体法。

下面重点介绍驻极体的收集积分测氡法和 ^{222}Rn、^{220}Rn 平行积分测量法。

1）收集积分测氡法

氡子体一般带正电荷。用电源在测氡小室内形成静电场，可以使小室内形成的氡子体沉积在探测器上的概率加大，提高测定暴露量的灵敏度。这种方法的缺点是成本高，仪器结构也比较复杂。

用驻极体（electret）在测氡小室内形成静电场的方法具有仪器结构简单、成本低和子体收集效率高等优点。图 6.5 给出了利用驻极体的被动采样小室结构示意图。被动采样小室是一个容积为 3.8L 的圆形金属筒，高 164mm，直径 180mm。金属筒设有提手，便于携带和悬挂，也可以将采样小室放置在室内家具上。金属筒侧面对称地开了两个扩散窗，窗口处装有 20 目的铜丝网，以便小室表面处处保持零电位。铜丝网外面贴着一层滤膜，用以阻止空气中的氡子体和气溶胶粒子进入小室，而让氡扩散进去。通过扩散而进入采样小室

的氡活度浓度 C 可表示为

$$dC / dt = -\lambda_r C + \lambda_d (C_0 - C) \tag{6.11}$$

$$\lambda_d = \frac{DA}{\delta V} \tag{6.12}$$

式中，C_0 是小室外面的氡活度浓度，$Bq \cdot m^{-2}$；λ_r 是氡的放射性衰变常数，s^{-1}；λ_d 是扩散引起的转移速率常数，s^{-1}；D 是氡在滤膜中的扩散系数，$m^2 \cdot s^{-1}$；δ 和 A 是扩散窗滤膜的厚度 (m) 和面积 (m^2)；V 是采样小室的容积，m^3。

因为 ^{222}Rn 的半衰期较长，所以只要采样小室的扩散窗面积、体积比不是非常小，则 $\lambda_d \geqslant \lambda_r$ 的条件均成立。这时小室内的 ^{222}Rn 活度浓度可以表示为

$$C = C_0 (1 - e^{-\lambda_d t}) \tag{6.13}$$

将扩散窗开得大一些，小室内的氡浓度可以较快地与外面达到平衡。但是在阴雨季节，换气过快时需频繁地更换干燥剂。因此开窗大小要根据监测条件和测量要求确定。当扩散窗面积为 $A=72cm^2$ 时，测得的 $\lambda_d=2.8h^{-1}$ ($T_{1/2}=15min$)。当累积采样时间较短时，需要对扩散时间进行修正。也可以在从高浓度的监测环境中取出采样小室时，待其自然扩散衰退之后再取出探测器，以便对开始采样时的浓度不饱和进行补偿。

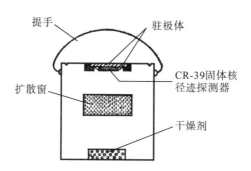

图 6.5　利用驻极体的被动采样小室示意图

在采样小室上部安装着由驻极体和 CR-39 固体核径迹探测器组成的探测组件。当驻极体电压比较高 (大于 2kV) 时，静电感应作用会使 CR-39 紧贴在驻极体上。为了使 CR-39 在驻极体上的位置保持不变，外面附加了一层厚 $15\mu m$ 的驻极体薄膜。该驻极体膜将进一步提高探测盒的电位，并有利于径迹的测读。实验表明，CR-39 对能量低于 3MeV 的 α 粒子有较高的探测效率。氡子体发射的 α 粒子能量较高，在驻极体膜中消耗掉一部分能量后再射入 CR-39 探测器内，将产生较大的蚀刻径迹，还会提高测氡灵敏度。静电场对氡子体的收集效率随空气湿度的升高而下降。在采样小室内放置 P_2O_5 或 $CaCl_2$ 等干燥剂，可以消除测氡灵敏度对空气湿度的依赖关系。该装置的探测下限为 $15Bq \cdot m^{-3} \cdot h^{-1}$。

2) ^{222}Rn、^{220}Rn 平行积分测量法

^{222}Rn、^{220}Rn 平行积分测量法是采用图 6.6 所示的剂量计来实现的。剂量计是由乳白色 ABS (acrylonitrile butadiene styrene，丙烯腈-丁二烯-苯乙烯) 塑料注塑而成，其采样小室的体积为 $37cm^3$，底部过滤窗 (孔径 5cm) 上打了 127 个孔径 1mm 的圆孔和 6 个 $1mm \times 5mm$

的方孔，滤材由剂量计采样小室内筒压紧，剂量计顶盖上装有挂夹，布放方便。该剂量计配置了 CR-39 固体核径迹探测器，用 10μm 保鲜膜(或吸收体、或驻极膜)和压盖固定于剂量计顶盖上。

平行测量 ^{222}Rn 和 ^{220}Rn 暴露量的方法是用两个相同的剂量计在其扩散窗处分别装上具有不同扩散速率常数的滤膜，从而使得两个剂量计对 ^{222}Rn 和 ^{220}Rn 的响应不同。一般来讲，两个剂量计上所装滤膜的扩散速率常数相差越大越好。

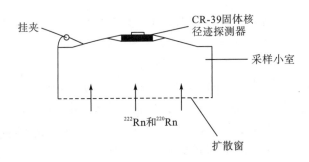

图 6.6 ^{222}Rn 和 ^{220}Rn 剂量计示意图

剂量计中的 CR-39 固体核径迹探测器记录的 α 径迹由进入采样小室的 ^{222}Rn 和 ^{220}Rn 共同产生。用 T_{D1} 和 T_{D2} 分别表示装 10μm 聚乙烯塑料滤膜和装纤维滤膜剂量计中 CR-39 固体核径迹探测器上的径迹密度，用 K_{Rn1}、K_{Rn2} 和 K_{Th1}、K_{Th2} 分别表示两种剂量计受 ^{222}Rn 和 ^{220}Rn 照射时的刻度系数，E_{Rn} 和 E_{Th} 分别表示 ^{222}Rn、^{220}Rn 暴露量，则

$$T_{D1} = K_{Rn1}E_{Rn} + K_{Th1}E_{Th} \tag{6.14}$$

$$T_{D2} = K_{Rn2}E_{Rn} + K_{Th2}E_{Th} \tag{6.15}$$

通过求解式(6.14)和式(6.15)，可将 E_{Rn} 和 E_{Th} 表达如下：

$$E_{Rn} = \frac{K_{Th1}T_{D2} - K_{Th2}T_{D1}}{K_{Rn2}K_{Th1} - K_{Rn1}K_{Th2}} \tag{6.16}$$

$$E_{Th} = \frac{K_{Rn2}T_{D1} - K_{Rn1}T_{D2}}{K_{Rn2}K_{Th1} - K_{Rn1}K_{Th2}} \tag{6.17}$$

式中，K_{Rn1}、K_{Rn2} 和 K_{Th1}、K_{Th2} 可以通过剂量计刻度确定。

2. 氡浓度的连续测量方法

连续测氡大多采用静电收集灵敏连续测量方法。

1) 静电收集灵敏连续测量方法的原理

该方法采用抽气泵取样，使含氡空气以一定的流速经高效子体过滤器后进入测量室；采用静电法收集测量室内氡衰变产生的带正电的 ^{218}Po 粒子实现快速及高灵敏测量；利用能谱法实现对 ^{218}Po 产生的 6.00MeV α 粒子及 ^{214}Po 产生的 7.69MeV α 粒子的甄别，并考虑 7.69MeVα 粒子对 6.00MeVα 粒子计数能区的影响和前一次或前二次测量残留的 ^{218}Po 对当次测量的影响，得到当次测量周期内由测量室内的氡新衰变而来的 ^{218}Po 所产生的 α

粒子计数；通过高灵敏温、湿度传感器监测测量室内空气温、湿度，利用内插法对湿度效应进行修正；最后根据 α 粒子计数与氡浓度的关系(即刻度系数)确定氡浓度，即

$$C_{Rn}=K \cdot \Delta N_1'$$ (6.18)

式中，K 为刻度系数；$\Delta N_1'$为当次测量期间产生的 ^{218}Po 衰变释放的 α 粒子的计数。

$$K=K_0 \cdot R$$ (6.19)

式中，K_0 为无湿度影响时的刻度因子；R 为测量时的湿度因子。

不同测量周期下的刻度系数可经标准氡室刻度得到。连续测氡原理示意图如图 6.7 所示。

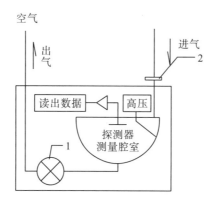

图 6.7 连续测氡原理示意图

1.抽气泵；2.高效过滤器

2) 能谱重叠修正

高能 α 粒子由于能量的损失在能谱上进入低能区和低能区粒子混合的现象称作能谱重叠。如图 6.8 所示，黑色区域面积和灰色区域面积之比称作重叠因子 a。若两能区的净计数分别为 N_1 和 N_2，则重叠修正后，有

$$\Delta N_1 = N_1 - N_2 a$$ (6.20)

上述公式中，a 可以通过实验确定。

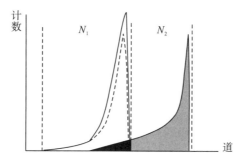

图 6.8 能谱重叠示意图

3) 前后周期影响的修正

由重叠修正得到的 N_3 还需要进一步修正前后周期的影响,前一次或前两次残留的 ^{218}Po 对本次计数的贡献,即残留份额为 f_1 和 f_2,则有

$$\Delta N_1 = \Delta N_1 - \Delta N'_{1,\text{前一次}} f_1 - \Delta N'_{1,\text{前两次}} f_2 \tag{6.21}$$

式中,f_1 和 f_2 可通过理论计算确定或实验测定,只有当测量周期小于 15min 时,前两次修正才有意义,而当测量周期大于 15min 时,前两次对当次的影响可忽略。

4) 温湿度修正

湿度对探测效率的影响用温湿度修正因子 R 表示,K_0 为无湿度影响时的刻度因子,此时温湿度修正因子 $R=1$。

当一个测量周期(10s)快要结束时,获取温、湿度传感器测量得到的温度、湿度值 T 和 h,通过查表 6.9 得到和温度最接近时的饱和蒸汽压值 b,再由公式(6.22)计算得到测量室内此时的绝对湿度值 η:

$$\eta = hb \tag{6.22}$$

表 6.9　不同温度下的饱和蒸汽压

$T/^\circ\text{C}$	b	$T/^\circ\text{C}$	b	$T/^\circ\text{C}$	b	$T/^\circ\text{C}$	b
−20	0.77	−4	3.28	12	10.52	30	31.82
−19	0.83	−3	3.57	13	11.23	31	32.70
−18	0.94	−2	3.88	14	11.99	32	35.66
−17	1.03	−1	4.22	15	12.79	33	37.73
−16	1.13	0	4.58	16	13.64	34	39.9
−15	1.21	1	4.93	17	14.53	35	42.18
−14	1.36	2	5.29	18	15.48	36	44.56
−13	1.40	3	5.69	19	16.48	37	47.07
−12	1.63	4	6.10	20	17.54	38	49.69
−11	1.78	5	6.54	21	18.65	39	52.44
−10	1.05	6	7.01	22	19.83	40	55.32
−9	2.13	7	7.51	23	21.07	50	92.5
−8	2.32	8	8.05	24	22.38	60	149.4
−7	2.53	9	8.61	25	23.76	70	233.7
−6	2.76	10	9.21	26	25.21	80	355.1
−5	3.01	11	9.84	27	26.74	100	760.0

通过实验可以测定温湿度修正因子 R 与绝对湿度的关系曲线(图 6.9)。

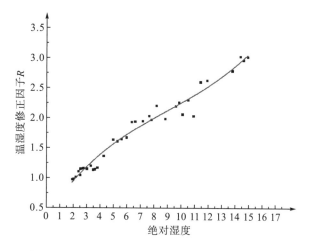

图 6.9　温湿度修正因子 R 与绝对湿度的关系曲线

表 6.10　不同绝对湿度下的湿度因子

绝对湿度	η_0	η_1	η_2	η_3	η_4	η_5	η_6	η_7
湿度因子	R_0	R_1	R_2	R_3	R_4	R_5	R_6	R_7

通过查表 6.10，判断 η 所在区间，如 $\eta_2 < \eta < \eta_3$，由下式计算此时的温湿度修正因子。

$$R = R_2 + (\eta - \eta_2) \times \frac{R_3 - R_2}{\eta_3 - \eta_2} \tag{6.23}$$

虽然静电收集法测氡仪的 R 值与 η 值均呈类似图 6.9 所示的曲线关系，但其具体的曲线，分段点的 R_n 与 η_n 值，都需要在实验中严格测定，然后编写自动修正程序并固化到仪器中。

3. 氡子体浓度的连续测量方法

1)多段法

用抽气泵将空气中的氡子体收集到滤膜上，然后在三个不同的时间间隔内测定滤膜上的总 α 放射性，就可以确定空气中 RaA、RaB 和 RaC 的活度浓度。齐沃格劳(Tsivoglou)于 1953 年用这种方法测量了空气中氡子体的浓度，他选用的采样时间为 5min，采样后测 α 活度的衰变曲线，用采样结束后 5min、15min 和 30min 时的计数率计算短寿命子体的浓度。托马斯(Thomas)于 1972 年根据对 α 计数统计误差的分析，对 Tsivoglou 的方法进行了改进。他建议的最佳测量程序是：采样时间 5min；采样结束后测定 α 计数的时间间隔为(2，5)，(6，20)和(21，30)(以 min 为单位)。这就是测量空气中氡子体浓度的 Thomas 法。在有 ^{220}Rn 子体存在的条件下，可以在 5 个时间间隔内进行测量，由此可以计算出 RaA、RaB、RaC、ThB 和 ThC 等 5 种氡子体的浓度。

（1）子体在滤膜上的积累。

设空气中 RaA、RaB 和 RaC 的活度浓度为 C_1、C_2 和 C_3（Bq·m^{-3}）。采样周期结束时，滤膜中的氡子体活度为

$$
\begin{aligned}
A_1^T &= q\eta a_{11}C_1 \\
A_2^T &= q\eta\left(a_{21}C_1 + a_{22}C_2\right) \\
A_3^T &= q\eta\left(a_{31}C_1 + a_{32}C_3 + a_{33}C_3\right)
\end{aligned}
\tag{6.24}
$$

式中，A_1^T、A_2^T 和 A_3^T 分别是采样周期结束时滤膜上 RaA、RaB 和 RaC 的活度，Bq；q 是通过滤膜的空气流量，m^3·s^{-1}；η 是滤膜对氡子体的过滤效率；参数 a_{ij} 由如下公式计算：

$$
\begin{aligned}
a_{11} &= \frac{1}{\lambda_1}\left(1 - e^{-\lambda_1^T}\right) \\
a_{21} &= \frac{1}{\lambda_1}\left(1 - e^{-\lambda_2^T}\right) + \frac{\lambda_2}{\lambda_1(\lambda_2 - \lambda_1)}\left(e^{-\lambda_2^T} - e^{-\lambda_1^T}\right) \\
a_{22} &= \frac{1}{\lambda_2}\left(1 - e^{-\lambda_2 T}\right) \\
a_{31} &= \frac{1}{\lambda_1}\left(1 - e^{-\lambda_3^T}\right) + \frac{\lambda_3}{\lambda_1(\lambda_3 - \lambda_2)}\left(e^{-\lambda_3^T} - e^{-\lambda_2^T}\right) \\
&\quad + \frac{\lambda_2\lambda_3}{\lambda_1(\lambda_3 - \lambda_2)(\lambda_2 - \lambda_1)}\left(e^{-\lambda_2^T} - e^{-\lambda_3^T}\right) \\
&\quad + \frac{\lambda_2\lambda_3}{\lambda_1(\lambda_3 - \lambda_1)(\lambda_2 - \lambda_1)}\left(e^{-\lambda_5^T} - e^{-\lambda_1^T}\right) \\
a_{32} &= \frac{1}{\lambda_2}\left(1 - e^{-\lambda_3^T}\right) + \frac{\lambda_3}{\lambda_2(\lambda_3 - \lambda_2)}\left(e^{-\lambda_3^T} - e^{-\lambda_2^T}\right) \\
a_{33} &= \frac{1}{\lambda_3}\left(1 - e^{-\lambda_3 T}\right)
\end{aligned}
\tag{6.25}
$$

式中，T 是采样周期，s；λ_1、λ_2 和 λ_3 是 RaA、RaB 和 RaC 的放射性衰变常数。

（2）采样结束后滤膜上子体活度的变化规律。

采样结束后，滤膜上氡子体的活度将按如下规律衰减和转移：

$$
\begin{aligned}
A_1(t) &= A_1^T e^{-\lambda_1 t} \\
A_2(t) &= A_2^T e^{-\lambda_2^t} + \frac{\lambda_2 A_1^T}{\lambda_2 - \lambda_1}\left(e^{-\lambda_1^t} - e^{-\lambda_2 t}\right) \\
A_3(t) &= A_3^T e^{-\lambda_3 t} + \frac{\lambda_3 A_2^T}{\lambda_3 - \lambda_2}\left(e^{-\lambda_2 t} - e^{-\lambda_3 t}\right) \\
&\quad + \lambda_3\lambda_2 A_1^T\left[\frac{e^{-\lambda_1 t}}{(\lambda_3 - \lambda_1)(\lambda_2 - \lambda_1)^+} \frac{e^{-\lambda_2 t}}{(\lambda_3 - \lambda_2)(\lambda_1 - \lambda_2)} + \frac{e^{-\lambda_3 t}}{(\lambda_1 - \lambda_3)(\lambda_2 - \lambda_3)}\right]
\end{aligned}
\tag{6.26}
$$

式中，$A_1(t)$、$A_2(t)$ 和 $A_3(t)$ 是采样结束后 t 时刻滤膜上 RaA、RaB 和 RaC 的活度，t 从采样结束时刻算起，A_i^T 由式（6.24）和式（6.25）计算。公式（6.26）右端第一项代表滤膜上子体活度的衰减项，第二项和第三项代表前一代和前两代母体衰变对该子体活度的贡献。

(3)采样结束后 t_1 到 t_2 时间间隔内滤膜上子体的衰变数。

对式(6.26)按时间积分就可以得到指定时间间隔内子体的积分活度或衰变数的表达式如下：

$$d_1(t_1,t_2)=\frac{A_1^T}{\lambda_1}\left(e^{-\lambda_1 t_1}-e^{-\lambda_1 t_2}\right)$$

$$d_2(t_1,t_2)=\frac{\lambda_2 A_1^T}{\lambda_1(\lambda_2-\lambda_1)}\left(e^{-\lambda_1 t_1}-e^{-\lambda_1 t_2}\right)$$
$$+\left[\frac{A_2^T}{\lambda_2}-\frac{A_1^T}{(\lambda_2-\lambda_1)}\right]\left(e^{-\lambda_2 t_1}-e^{-\lambda_2 t_2}\right)$$

$$d_2(t_1,t_2)=\frac{\lambda_2\lambda_3 A_1^T}{\lambda_1(\lambda_2-\lambda_1)(\lambda_3-\lambda_1)}\left(e^{-\lambda_1 t_1}-e^{-\lambda_1 t_2}\right)$$
$$+\left[\frac{\lambda_3 A_2^T}{\lambda_2(\lambda_3-\lambda_2)}+\frac{\lambda_3 A_1^T}{(\lambda_1-\lambda_2)(\lambda_3-\lambda_2)}\right]\left(e^{-\lambda_2 t_1}-e^{-\lambda_2 t_2}\right) \tag{6.27}$$
$$+\left[\frac{\lambda_2 A_2^T}{(\lambda_1-\lambda_3)(\lambda_2-\lambda_3)}-\frac{A_2^T}{\lambda_3-\lambda_2}+\frac{A_3^T}{\lambda_3}\right]\left(e^{-\lambda_3 t_1}-e^{-\lambda_3 t_2}\right)$$

式中，A_i^T 由式(6.24)和式(6.25)给出。

若滤膜上的 RaA 和 RaC 在衰变时各放射一个α粒子，在 t_1 到 t_2 时间内滤膜上的总α积分活度 $d_\alpha(t_1,t_2)$ 为

$$d_\alpha(t_1,t_2)=d_1(t_1,t_2)+d_3(t_1,t_2) \tag{6.28}$$

设测量装置的α探测效率为 E_D，则 t_1 到 t_2 时间内的α净计数 $G(t_1,t_2)$ 为

$$G=E_D d_\alpha(t_1,t_2) \tag{6.29}$$

(4) ^{222}Rn 子体浓度的计算公式。

将采样时间 T、三个测量时间间隔(t_{1j}，t_{2j})和测得的α净计数 G_j ($j=l$，2，3)代入确定 G 的方程，就得到包括 ^{222}Rn 子体浓度的三个方程，解方程组即给出如下形式的表达式：

$$C_i=\frac{1}{gq}\sum_{j=1}^{3}k_{ij}G_j \tag{6.30}$$

式中，q 是空气流量，$\mathrm{m^3\cdot s^{-1}}$；g 是过滤效率 η 和探测效率 E_D(包括滤膜的自吸收修正)的乘积；k_{ij} 是由采样时间、测量时间和氡子体放射性衰变常数所决定的系数。

氡子体浓度的不确定度 S_i 为

$$S_i=\frac{1}{gq}\left\{\sum k_{ij}^2 G_j+\left(\sum k_{ij}G_j\right)^2\left[\left(\frac{dg}{g}\right)^2+\left(\frac{dq}{q}\right)^2\right]\right\}^{1/2} \tag{6.31}$$

式中，$i=1,2,3$ 代表 RaA、RaB 和 RaC；$\sum k_{ij}^2 G_j$ 代表计数统计涨落对标准差的贡献，$\left(\sum k_{ij}G_j\right)^2\left[\left(\frac{dg}{g}\right)^2+\left(\frac{dq}{q}\right)^2\right]$ 代表流量和效率的不确定度对浓度计算的影响。

Thomas 在忽略流量和效率等不确定性的条件下，按计数统计涨落引起的相对偏差最

小的原则选择了最佳测量方案：采样时间 5min，采样结束后在(2，5)、(6，20)和(21，30)等时间间隔进行测量。对于这样的测量程序，经过代入运算后式(6.30)即变为

$$C_1 = (104.18G_1 - 50.57G_2 + 47.8lG_3) \times 10^{-6}/gq$$

$$C_2 = (0.75G_1 - 12.80G_2 + 30.27G_3) \times 10^{-6}/gq$$

$$C_3 = (-13.89G_1 + 20.46G_2 - 23.25G_3) \times 10^{-6}/gq \tag{6.32}$$

通常在野外测量条件下，流量的不确定度是不可以忽略的，考虑到流量不确定度的测量程序将有所改变。例如，当流量和空气中氡子体浓度的变化均为 3%时，采样 5min 后在(2，5)、(7，15)和(25，30)等时间间隔测量，可能达到最佳效果。纳扎洛夫(Nazaroff)于 1984 年延长了测量时间，他在采样 5min 后(1，4)、(7，24)和(35，55)时间间隔(包括采样共需 60min)进行测量，可以把 RaA、RaB 和 RaC 的测量灵敏度分别提高到 Thomas 法的 3 倍、7 倍和 4 倍。缩短采样后等待时间的主要目的是提高 RaA 浓度测量的可靠性。还可以边采样边测量。根据 Nazaroff 的意见，如果采样周期为 16min，测量时间(从采样开始算起)为(0，11)、(17，34)和(43，60)，这种采样和测量重叠的 60min 测量灵敏度是采样和测量相继进行的 60min 测量灵敏度的 5.5(对 RaA)倍、2(对 RaB)倍和 2.5(对 RaC)倍。用多段测量回归分析的方法，也可以降低氡子体浓度测量的不确定度。

2) 能谱法

将采样滤膜放在半导体α谱仪上测量，谱仪高道给出 RaC' 的α计数($E_\alpha = 7.69MeV$)，低道给出 RaA 的α计数($E_\alpha = 6.00MeV$)。α粒子在滤膜和探测窗中的能量损失可能使一部分 RaC' 发射的α粒子在低道中产生计数。设给定时间间隔内滤膜上 RaA 和 RaC' 的α衰变数为 d_1 和 d_3，在低道和高道中的计数为 n_1 和 n_3，则

$$n_1 = E_D(d_1 + \theta d_3) \tag{6.33}$$

$$n_3 = E_D d_3(1 - \theta) \tag{6.34}$$

式中，E_D 为探测效率；θ 为重叠因子，即 RaC' 的α计数出现在低道的份额。

用α谱仪在两个时间间隔内测量可以获得 4 个数据，求氡的短寿命子体浓度只需要 3 个数据，剩下的一个数据用来确定重叠因子。

能谱法测定氡子体时不需要等待时间，这是一种灵敏快速的测量方法。

4. 氡及氡子体平衡因子的测量方法

由于附壁沉积和通风过滤作用，空气中的氡子体的放射性活度浓度一般低于氡的放射性活度浓度，即达不到与氡处于放射性平衡时的活度浓度。设指定不平衡体系 A 中 ^{222}Rn 的放射性活度浓度为 C_0，^{222}Rn 短寿命子体的放射性活度浓度为 $C_i(i=1,2,3)$。另一个平衡体系 B 中 ^{222}Rn 及其短寿命子体的放射性活度浓度均等于 C，其α潜能浓度与 A 体系的相同，则称 C 为体系 A 的平衡当量氡浓度(equilibrium equivalent radon concentration)。

空气中的平衡当量氡浓度与氡的实际浓度之比值称为平衡因子(equilibrium factor)，用 F 表示：

$$F = EEC_{Rn} / C_0 \tag{6.35}$$

式中，EEC_{Rn} 和 C_0 分别是 ^{222}Rn 或 ^{220}Rn 的平衡当量浓度和放射性活度浓度。

对于 ^{222}Rn，F 可以表示为

$$F = \sum_i \frac{C_i \varepsilon_{pi}}{C_0 \lambda_i} / \sum_i \frac{\varepsilon_{pi}}{\lambda_i} \tag{6.36}$$

$$= 0.105F_A + 0.516F_B + 0.379F_C$$

式中，F_A、F_B 和 F_C 是 RaA、RaB 和 RaC 的放射性活度浓度与 ^{222}Rn 的放射性活度浓度的比值。RaC'的半衰期非常短(164μs)，在空气中的积累极其有限，对α潜能浓度和平衡因素的贡献可以忽略不计。

平衡因子的测量大多数采用连续测量方法，即在同一采样点用连续测量方法同时测量出氡浓度和氡子体浓度，然后代入式(6.36)即可。

5. 氡析出率测量方法

氡析出率是评价铀矿冶设施是退役的重要环评指标，铀矿冶设施场所退役前后都需要进行氡析出率测量，退役前的测量结果是退役治理过程设计的重要基础，而退役后的测量结果是评价退役治理过程是否达标的重要依据。氡析出率测量也是新建筑物室内氡水平控制的重要技术手段。在现代建筑中，建筑材料是室内氡的主要来源，有数据显示室内来源于建筑材料的氡占住宅室内氡气来源的 60%～70%。研究发现，一些建筑材料，特别是一些新型建筑材料采用了发泡等技术，尽管建筑材料的放射性核素比活度相近，但其氡析出率有很大差别。现行的建筑材料放射性控制标准不能达到有效控制居民辐射照射的目的，控制居民内照射仅仅依据放射性核素镭的比活度是不够的。镭含量只是影响居室内氡浓度的一个较为重要的因素，氡析出率才能够反映建筑材料的综合特性和较为全面的信息。在世界卫生组织会议上有成员国就建议采用氡析出率作为建筑材料控制标准，在我国建材氡析出率已列为室内空气质量强制性检测指标之一。

目前，氡析出率测量比较常用的方法主要有闪烁室测量法、活性炭-γ 能谱累积测量法、静电收集快速测量法。

闪烁室测量法是将集氡罩紧扣在介质的表面 10～15min 后，先用闪烁室真空法快速取样，再将闪烁室带回实验室进行氡浓度测量，然后根据氡浓度测量结果计算氡析出率。该方法假定可以忽略泄漏和反扩散，也忽略环境中氡的干扰，集氡罩内累积的氡浓度是线性增长的。尽管闪烁室测量法的测量结果一般偏低，也不易实现大批量同时采样测量，但它仍然广泛应用于铀矿冶设施退役治理场所氡析出率的测量。

活性炭-γ 能谱累积测量法是将活性炭盒紧扣在介质的表面，边界用密封材料进行严格密封，活性炭盒经过 2～3 天的吸附后，取回实验室用 γ 谱仪测量其吸附的氡量，就可以得到测量期间的平均氡析出率。该方法泄露和反扩散影响较小，适合于大批样同时采样测量；但由于活性炭盒尺寸不易做得太大，只适合氡析出率较均匀的介质测量。如果将活性炭盒置于集氡罩内累积取样，可以发挥活性炭-γ 能谱累积测量法批样性好、测量结果可靠等优点。

静电收集快速测量法是利用静电收集由氡衰变产生的带正电荷子体 ^{218}Po 直接测量并实时得到不同累积时间的集氡罩内氡浓度，从而得到氡析出率。这种快速可靠的氡析出率测量方法，能够消除泄露、反扩散与环境氡浓度对测量氡析出率的影响。下面是该方法的

工作原理，特别适合研制便携式快速氡析出率测量仪。

将积氡室扣在待测介质表面上，由于介质内的氡原子在扩散与渗流作用下，逸出表面进入积氡室，积氡室内的氡因泄漏和反扩散而逸出，上述因素导致积氡室内氡浓度变化。将一个密封的测量小室与收集室连接形成一个回路，当收集一定时间 T–5min 后，开启抽气泵用一小流率气体将积氡室与测量小室内的氡混合 5min，此时测量小室内的氡浓度即为 T 时刻积氡室的氡浓度，接着再以 T 为一个周期反复测量，从而实现了将动态测量转变为静态测量，这样可测量得到一组等时间间隔的积氡室内氡浓度数据（图 6.10）。

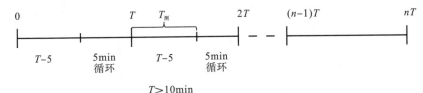

图 6.10 等时间间隔测量示意图

将积氡室扣在待测介质表面上，考虑泄漏和反扩散，消除环境氡及钍射气的干扰后，积氡室内氡浓度变化可用式(6.37)描述：

$$\frac{dC}{dt} = \frac{JS}{V} - \lambda C - RC \tag{6.37}$$

式中，JS/V 为单位时间析出到收集室中的氡引起的氡活度浓度变化；J 为被测介质表面氡析出率，$Bq \cdot m^{-2} \cdot s^{-1}$；$S$ 为积氡室的底面积，m^2；V 为总体积，m^3；λC 为积氡室内氡的衰变引起的氡浓度变化；RC 为积氡室内氡的泄漏和反扩散引起的氡浓度变化；λ 为氡的衰变常数($2.1 \times 10^{-6} s^{-1}$)；$C$ 为积氡室内积累 t 时刻的氡活度浓度；R 为氡的泄漏和反扩散率，s^{-1}；t 为集氡的时间，s。

令 $\lambda_e = \lambda + R$，令环境氡浓度为 C_0，即 $t = 0$ 时，积氡室内氡的浓度为 C_0。式(6.37)的解为

$$C(t) = \frac{JS}{\lambda_e V}(1 - e^{-\lambda_e t}) + C_0 e^{-\lambda_e t} \tag{6.38}$$

进行时间间隔为 T 的连续测量，则相邻两次测量积氡室中氡浓度有如下关系：

$$C_n = \frac{JS}{\lambda_e V}(1 - e^{-\lambda_e t}) + C_{n-1} e^{-\lambda_e t} \tag{6.39}$$

令 $A = \frac{JS}{\lambda_e V}(1 - e^{-\lambda_e T})$，$B = e^{-\lambda_e T}$，则有

$$C_n = A + BC_{n-1} \tag{6.40}$$

为了提高测量精度，可多次测量，用最小二乘法来计算 A 和 B，最后求出 λ_e 和 J。

6.4 辐射监测网

我国的辐射环境监测工作经历了从弱到强、从局部到全国的发展，辐射环境监测水平、

核与辐射事故应急能力不断加强。但是，随着我国核电建设的逐步发展，核技术应用的日渐广泛，面临境内外核与辐射事故及核与辐射恐怖事件形势日益严峻，公众核与辐射安全意识逐渐增强，我国当前辐射环境监测的范围规模、技术水平、监测方法还是显现出了较大的不足，监测的时效性、准确性和完整性等方面尚不能满足需求，辐射环境监测和监管工作面临较大压力。"十一五"期间，我国环保系统组织建立了国家辐射环境监测网，对全国的辐射环境质量、国家重点监管的核与辐射设施以及核与辐射事故预警等进行了实时、连续的辐射环境监测。辐射环境自动监测系统的建设是对国家辐射环境监测网的补充和完善，使辐射环境监测能力得到了很大提升，辐射环境监测水平得到了进一步提高，特别是核与辐射事故预警和应急响应能力得到了提升。

2007 年前，国家环境保护总局(现生态环境部)针对辐射环境质量监测在 25 个省会城市首次建设了辐射环境自动监测站；2008 年初，又增补了 11 个辐射环境自动监测站。上述 36 个辐射环境自动监测站形成了我国初期的全国辐射环境自动监测网络，并纳入了国家辐射环境监测网国控点管理。监测项目包括 γ 辐射空气吸收剂量率、氡、气溶胶和沉降物中的 γ 核素、总 α 和总 β 等。

"十二五"期间，在总结了已建辐射环境自动监测站运行经验的基础上，环境保护部(现生态环境部)通过"2008 年中央财政污染物减排专项资金核与辐射监测能力建设项目"，在全国范围内又新增了 100 个辐射环境自动监测站，其中全国 31 个省会城市及青岛市各建设了 1 个标准型辐射环境自动监测站；在全国重点核与辐射设施所在地、敏感边界、重要口岸城市等共计 68 个辐射环境敏感点各建设了 1 个基本型辐射环境自动监测站，并纳入国家辐射环境监测网国控点。监测项目包括 γ 辐射空气吸收剂量率、氡、空气中碘、气溶胶和沉降物中的 γ 核素、总 α 和总 β 等。同时，在 31 个省级辐射环境监测机构各建设了一个辐射环境自动监测站数据汇总中心，在环境保护部辐射环境监测技术中心建设了一个汇总 31 个省监测数据的全国辐射环境自动监测数据汇总中心，将已运行的 36 个辐射环境自动监测站和该项目的 100 个辐射环境自动监测站，以及今后拟建的辐射环境自动监测站进行统一的数据汇总和管理，相关管理部门可通过网络实时查询全国或局部地区的辐射环境质量状况，获取相应的辐射环境监测数据，并可在事故应急状况下，第一时间获取事故现场周边辐射环境自动监测站的监测数据，以了解事故的影响程度和范围。至此，我国的辐射环境自动监测系统初步形成。

2011 年日本福岛核事故期间，该辐射环境自动监测系统第一时间开展了 γ 辐射剂量率连续监测，及时采集了空气中气溶胶和碘等样品，并对样品中的放射性核素含量进行了快速分析，监测结果全面反映了福岛核事故对我国可能产生的辐射环境影响。同时，辐射环境自动监测系统监测获得的各省会城市和部分重点地级市每日 γ 辐射剂量率连续监测数据，以及部分样品的监测结果通过环境保护部官方网站向公众实时发布，为消除公众对日本福岛核事故的疑虑和恐慌发挥了重要作用。

2011 年日本福岛核事故后，为加强我国东北边境地区及其周围的核与辐射应急预警监测能力，环境保护部设立了"2011 年中央财政主要污染物减排专项资金重点省市核与辐射快速响应能力建设项目"，在东北边境地区及山东建设了 15 个辐射环境自动监测站。

目前，我国已建成和运行的 500 个国控辐射环境空气自动监测站（以下简称"自动站"），仅中央财政就已投入 12 亿元，已建成覆盖全国各设区市的辐射自动监测网络。通过辐射环境质量监测、监督性监测与应急监测，可全面掌握我国辐射环境质量状况、辐射环境变化趋势和放射性污染物排放，为环境执法和放射污染防治提供科学依据，满足公众环境知情权，对保障核能与核技术利用事业健康发展具有重要作用。

6.4.1 防城港核电厂外围辐射环境自动监测系统介绍

为了对防城港核电厂外围辐射环境进行监督性监测，根据《核电厂辐射环境现场监督性监测系统建设具体技术要求（试行）》的规定，在核电厂周围建立了 12 个辐射环境自动监测站（简称监测子站），主要实现 γ 辐射剂量率连续监测、空气样品采集和气象数据的监测，实时监测数据经过加密，通过网络设备和联通专网实时传输至前沿站数据中心和省数据汇总中心进行存储、统计、分析。根据监测数据的变化，可以有效地掌握核电厂外围辐射环境的变化情况。

1）监测点位

监测点位的选址原则上是以核电厂为中心，16 个方位均应考虑布点，同时根据核电厂址的气象条件，在主导下风向、次主导风向、关键居民组适当增加监测点位，沿海核电站靠海一侧可以不设监测站点。根据以上原则，防城港核电厂外围辐射环境监测系统建立了 12 个监测子站，分别是红沙村、金桂纸业、仙人岛、沙螺寮、箭山、供水站、东兴、进场道路、山口村、前沿站、老屋队、火筒径，9 个监测子站位于 10km 范围内，因为防城港市与越南交界，所以在两国交界的东兴市设立了 1 个监测点位。

前沿站监测子站位于前沿站分析实验室院内，前沿站有环境分析实验室和流出物分析实验室，配备了 γ 能谱仪、总 α/β 低本底计数仪、液体闪烁体谱仪等仪器设备，具备样品的处理和分析能力。

2）监测项目

按照《核电厂环境辐射现场监督性监测系统建设规范》的要求，监测子站连续实时监测核电厂外围环境 γ 剂量率、γ 能谱、风速风向、温湿度、雨量、气压等气象条件，并根据制订的监测方案定点定期采集大气气溶胶、碘、大气氚和碳、干湿沉降等样品。各监测子站仪器配置见表 6.11。

表 6.11 各监测子站仪器配置表

站点名称	方位	高压电离室	NaI 谱仪	超大流量采样器	大流量采样器	碘采样器	氚采样器	C-14 采样器	干湿沉降采样器	气象
红沙村	NWN	√	√	—	√	√	√	√	√	√
仙人岛	NEN	√	√	—	√	√	√	√	√	√

站点名称	方位	高压电离室	NaI谱仪	超大流量采样器	大流量采样器	碘采样器	氚采样器	C-14采样器	干湿沉降采样器	气象
金桂纸业	ENE	√	√	—	—	—	—	—	—	√
沙螺寮	SWS	√	√	√	—	√	√	√	√	√
箖山	SWS	√	√	—	—	—	—	—	—	√
供水站	WSW	√	√	—	—	—	—	—	—	√
东兴	WS	√	√	—	√	√	√	√	√	√
山口村	WSW	√	√	—	—	—	—	—	—	√
进场道路	WNW	√	√	—	—	—	—	—	—	√
前沿站	WNW	√	√	—	√	√	√	√	√	√
老屋队	WN	√	√	—	—	—	—	—	—	√
火筒径	NW	√	√	—	—	—	—	—	—	√

3）数据集成系统

数据集成系统主要分为数据采集、数据传输、数据存储、数据统计部分。数据的采集由监测子站工控机软件进行控制,采集的数据通过联通专用网络传输至前沿站数据中心进行存储和统计分析,再传输至省数据汇总中心。辐射环境自动监测系统网络传输图如图 6.11 所示。在软件上可以设置 γ 剂量率、γ 能谱采样时间、报警阈值,当剂量率超过阈值后可以进行标识和报警,软件可以显示实时数据,还可以查询任意时段的原始历史数据。监测子站与前沿站数据中心采用的是联通有线和无线双冗余链路,正常情况时,只有有线网络处于工作状态,在有线网络出现故障时,无线网络自动启动;在有线和无线网络均出现故障时,采集的监测数据可以在子站存储 3 个月以上,待网络恢复后,数据自动传回前沿站数据中心。监测子站配备了不间断电源(uninterrupted power supply,UPS)和蓄电池,蓄电池只给实时监测仪器提供电源,可以坚持 72h。前沿站数据中心用于接收、存储、分析各监测子站采集的实时数据,通过软件图表的形式实时反映监测子站的监测数据和运行情况。为了保障系统的稳定性和安全性,使用 2 台服务器,实现双机热备功能,监测数据存储进数据库后,分析软件会对数据进行分析和统计,通过网络进入专用的数据管理平台,在平台可以查询任何时间段的历史数据,如 5min 数据获取率、小时数据获取率、小时均值、日均值、季报年报等。系统会将超过阈值的数据标注出来,如果数据为异常数据,则可以进行说明和剔除。同时,前沿站数据中心有短信报警功能,数据超过阈值和网络故障时会发短信给值班人员。

省级数据汇总中心对监测数据进行存储、统计、分析,接收的是国控辐射环境自动监测站监测数据和核电厂外围辐射环境自动监测站监测数据,同时将监测数据实时传输至国家数据汇总中心。为了保证系统的稳定性和安全性,使用 2 台服务器,实现双机热备功能。监测数据存储进数据库后,统计分析软件会对数据进行统计,通过网络进入专用数据管理系统,系统会对 γ 剂量率的 5min 获取率、小时数据均值、最大值、最小值、季报、年报进行统计。同时，还能对气象数据进行统计，还可以形成风玫瑰图，统计出监测子站的主导风向和风频。可以查询到任何时间段剂量率与气象相关性的曲线图，从而为剂量率的变化分析提供帮助。省数据汇总中心有专职人员每日对监测子站仪器的运行情况进行查看，每日审核监测数据，每日报送合格的监测数据，发现异常数据后，查找原因，进行标注。当省数据汇总中心的分析软件发现存在监测数据缺失的情况时，会向前沿站数据中心或监测子站发送数据上传请求，从而避免由于网络故障或者其他原因引起的数据的遗漏和丢失现象。

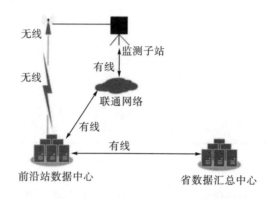

图 6.11　辐射环境自动监测系统网络传输图

6.4.2　地理信息系统处理在辐射环境监测网中的应用

1）地理信息系统的简介

地理信息系统（geographic information system，GIS）是以地理空间数据库为基础，在计算机软、硬件系统的支持下，对空间相关数据进行采集、管理、操作、分析、模拟和显示，并采用地理模型分析方法，适时提供多种空间和动态的地理信息，为地理研究和地理决策服务而建立起来的计算机技术系统。因此，地理信息系统具有以下三个方面的特征。

（1）具有采集、管理、分析和输出多种地理空间信息的能力。

（2）以地理研究和地理决策为目的、以地理模型方法为手段，具有空间分析、多要素综合分析和动态预测的能力，并能产生高层次的地理信息。

（3）由计算机系统支持进行空间地理数据管理，并由计算机程序模拟常规的或专门的地理分析方法，作用于空间数据，产生有用信息，完成人类难以完成的任务；计算机系统的支持是 GIS 的重要特征，使 GIS 能够快速、精确、综合地对复杂的地理系统进行空间定位和动态分析。

GIS 按其内容可以分为以下三大类。

（1）专题地理信息系统：指具有有限目标和专业特点的地理信息系统。为特定的专门的目的服务。

（2）区域地理信息系统：主要以区域综合研究和全面信息服务为目标。可以有不同规模，也可以按自然分区或流域为单位的区域信息系统。

(3)地理信息系统工具：它是一组具有图形图像数字化、存储管理、查询检索、分析运算和多种输出等地理信息系统基本功能的软件包。

GIS 作为集计算机科学、地理学、测绘遥感学、环境科学、城市科学、空间科学、信息科学和管理科学为一体的新兴边缘学科而迅速地兴起和发展起来。

2)地理信息系统的主要功能

(1)数据基本处理：数据的采集、编辑及处理功能。

(2)数据存储管理：数据存储和数据库管理涉及地理元素(地物的点、线、面)的位置，空间关系以及如何组织数据，使其便于计算机处理和系统用户理解等。

(3)空间查询与分析：空间检索、空间拓扑叠加分析、空间模型分析。

(4)图形图像：将已经获取的各种地理空间数据，经空间可视化模型的计算机分析，转换成可以被人们的视觉感知的计算机一维(或二维)图形和图像。

3)应用 GIS 处理国控点土壤样品监测数据的初步研究

GIS 中数据是以"图层"的形式表现的。一个图层可以包含若干个数据，多个数据可以相互叠加，多个图层也可以相互叠加。数据可以用点、线、椭圆、矩形和多边形等图形要素表示；可以将数据分类统计、按值润色、分类显示、产生含各类图表的专题图等；可以编辑并更新图层属性；可以在图上标注地址或定位。

以河北省为例，该省一共有七个国控土壤监测点，对于每一个监测点要求分析多种放射性核素的比活度。因此，可以进行"横向""纵向"两种处理方式。可以将每一种放射性核素的比活度作为一个图层，那么七个监测点中这一放射性核素比活度的实际监测数据就作为该图层的数据。在这个图层中，对数据进行按值润色，就可以形象地看出来这种放射性核素在河北省七个国控土壤监测点的分布情况。同理，可以将每一个国控土壤监测点作为一个图层，在这一监测点监测出来的所有放射性核素的比活度作为这一图层的数据，不同的放射性核素用不同的图形要素或者不同的颜色表示，就可以形象地看出这一监测点所含有的敏感放射性核素的具体情况。GIS 支持空间概念，输入国控土壤监测点的经纬度坐标和地理坐标尺，就形成了空间图像，相当于我们在省界地图上标记放射性核素的情况。我们还可以将多年的监测数据整理保存好，形成多张图层，把这些图层叠加到一起，形成长时间的放射性核素比活度分布变化、数值变化综合图，更加有利于掌握河北省国控土壤监测点多年份的整体情况。GIS 有强大的数据模拟能力，根据我们实测地理位置点的测量数据，经过拟合、网格化处理，能够模拟计算出在未测量地理位置点(实测点附近)的测量数据值。这一功能为掌握国控土壤监测点周围土壤中放射性核素的比活度情况提供了一种理论依据。

另外，我们可以将应用 GIS 的思路扩展到其他辐射监测领域中，比如在全省天然放射性水平调查、水体放射性监测、气溶胶及沉降物等的放射性监测工作中，都可以用上述方法处理监测数据，形成放射性专题图表。

6.4.3 基于 GIS 的土壤氡浓度空间分布

阙泽胜等(2022)以 2.5km×2.5km 调查网度进行广东省北江下游土壤氡浓度调查,采用莫兰指数、空间聚类、热点分析和趋势分析等工具,探讨土壤氡浓度空间分布规律。结果表明:研究区土壤氡活度浓度总体在 20000Bq·m^{-3} 以下水平,形成了 13 个热点区,主要位于研究区的东北部、西南部、南部和河流沿程区;研究区土壤氡浓度空间上呈随机分布,南北方向的趋势呈倒 U 形,东西方向的趋势呈递增直线型;研究区土壤氡浓度形成了 5 个高值聚类点、2 个低-高值(LH)型异常点和 3 个高-低值(HL)型异常点,高-高集聚点分布在花岗岩分布区,低-低集聚点分布在花岗岩破碎带,低-高集聚点和高-低集聚点随机分布;研究区土壤氡浓度在冲积扇及山地较高,平原次之,丘陵最低。

6.4.4 广东省放射性地质环境监测数据管理信息系统

广东省放射性地质环境监测数据管理信息系统是广东省放射性地质环境调查与评价研究课题的重要组成部分。本系统数据分为放射性地质环境监测数据、辅助数据(背景地理信息数据、数据字典)、系统数据和成果数据 4 大类,共 6 个子库。环境监测数据是数据库的主体,根据广东省放射性地质环境调查与评价项目,环境监测相关数据包括:①监测方法及仪器设备数据;②陆地 γ 辐射剂量率数据;③就地 γ 能谱测量数据;④土壤、岩石、水体和底泥中放射性核素含量数据。入库的监测数据包括:陆地 γ 辐射剂量率监测点数据 1637 个,就地 γ 能谱监测点数据 732 个,土壤、岩石、水体、底泥等监测数据 896 个。

1)系统架构设计

系统架构设计为 C/S 结构(即客户端-服务端系统架构),开发环境为 Visual Studio 2010 和 ArcGIS Engine10.2,开发语言为 C#,数据库及中间件使用 Oracle 11G Enterprise 和 ArcSDE 10.2。为减小功能界面和逻辑实现的耦合,最大程度实现代码的共用和统一维护,所有子系统和功能模块都采用分层设计实现的原则。

系统包括数据层、开发平台层、逻辑实现层及功能界面层。数据层主要包括放射性环境监测数据、表格数据、矢量数据、栅格数据以及系统数据等。这些数据通过 Oracle 11G Enterprise 进行底层存储和管理,并借助 ArcSDE 中间件与开发平台层实现无缝对接。

开发平台层主要基于 ArcGIS Engine 10.2 和 Visual Studio 2010 以及 Matlab、R 语言等进行功能模块和应用系统的开发。同时采用 Dev Express 作为系统界面库实现工具。逻辑实现层主要实现各应用系统功能所需的功能逻辑实现代码,并以动态链接库的方式供各应用系统的功能界面调用。逻辑实现层根据功能需求的不同,分为 ArcGIS Engine 的功能模块、数据处理和分析模块以及系统公共模块。最上层为功能界面层,为最终面向用户的交互层,主要包括面向不同用户的数据处理、数据管理、单指标分析、多指标分析、应急预警、专题制图以及系统管理等，系统通过用户交互接受各功能所需的参数输入，并将结果进行展示，最终完成所有功能需求。

　　该放射性地质环境监测数据管理信息系统根据广东省放射性地质环境调查与评价项目功能需求，即包括原始数据检查、数据入库、数据预处理、专题统计、异常分析与评价、空间查询与分析、应急预警分析和专题制图与成果展示，开发设计了系统功能模块，包括数据管理、数据预处理、分析评价、专题制图、成果展示、辅助决策、站点监测和安全管理共 8 个模块，登录界面(图 6.12)设置双账号模式以保证系统安全。根据监测要素建立了包括陆地 γ 辐射剂量率、就地 γ 能谱，以及水体、底泥、土壤、岩石等样品子库。同时，参考相关标准规范，结合广东省实际情况，对诸如土壤类型、行政区编码、水体类型、建筑物类型、道路类型等进行了较系统、全面、科学的命名，建立了相应的数据字典和元数据规范。

图 6.12　广东省放射性地质环境监测数据管理信息系统

2)监测数据管理信息系统的应用

　　利用本系统，进行了数据检查、预处理、统计分析等应用，编制了广东省放射性地质环境调查与评价项目的专题图件成果。具体应用如下。

　　(1)广东省放射性地质环境监测数据等值线及分层设色图。

　　在做等值线时，先对放射性地质环境监测数据空间进行插值，绘制等值线。然后在专题制图模块进行相应专题图要素设置，对空间插值珊格分层设色，叠加等值线，以及设置相应基础地图要素，如图名、图例、比例尺等，最后输出相应比例尺布局的专题图件。

(2)广东省放射性地质环境监测数据的三维空间示意图。

三维空间示意图利用插值珊格图为基础数据,以监测数据为 Z 变量,主要利用视域分析判别程序,在三维视图平台展示。以原野 γ 辐射剂量率监测数据为例,部分展示区域效果如图 6.13 所示。

图 6.13　广东省部分区域原野 γ 辐射剂量率三维空间示意图

(3)广东省放射性地质环境监测数据晕圈及异常点的提取。

系统提供了监测数据晕圈和异常点的提取展示功能。通过计算广东省放射性地质环境监测样本的均值、标准差,将大于等于 3 倍均值的点定义为异常点或超高本底点。以监测数据插值珊格为基础,将介于均值加 1 倍标准差与均值加 2 倍标准差范围内的区域定义为偏高本底晕区;将介于均值加 2 倍标准差与均值加 3 倍标准差范围内的区域定义为高本底晕区;将大于均值加 3 倍标准差的区域定义为超高本底晕区。

6.5　放射性污染的生态风险

放射性污染生态风险评价是指评估海洋环境中放射性污染对生物、种群和群落造成有害影响的可能性。

6.5.1　非人类物种的辐射影响

1. 概述

UNSCEAR 在 2001 年第 50 届会议上决定起草非人类生物电离辐射效应的文件,并于 2008 年形成了研究报告《电离辐射对非人类生物的效应》。2003 年,ICRP 发表了第 91 号出版物《非人类物种电离辐射影响评价框架》，提出了 ICRP 的环境政策和建立人类与非人类物种辐射影响评价的共同框架。2004 年，IAEA 成立了生物多样性工作组（biodiversity working group，BWG），对已开发的非人类生物辐射防护方法进行对比和有效性分析，为成员国开发生物辐射影响评估的框架、方法以及制定相关标准提供帮助。除此之外，欧盟、美国等国家和组织也已经开发了用于计算非人类生物电离辐射剂量的程序。20 世纪 80 年代末，美国、加拿大等国开始研究电离辐射非人类物种评价和防护的管理问题，一些国际组织如 IAEA、UNSCEAR、ICRP 和 IUR 等均先后讨论这一问题。IAEA 指出：从可持续发展的角度看，仅仅从人类中心论观点看问题是不全面的，应该从人类、生物和生态等方面全面地考虑。同时，"保护了人就保护了环境"这一观念是不全面的。这是因为：①存在没有人类的环境，例如深海有生物存在，但没有人类；②人类为了自身的利益可以从某一地区迁走，但生物则难以做到；③存在对人类不产生影响，但对环境产生影响的情况。ICRP 提出了评价非人类物种放射影响方法的基本框架，指出环境放射防护的框架必须简单实用，参考动植物导出参考数据组的概念与人类辐射防护所用方法类似，因此可以采用共同的评价和防护方法：用防止发生确定性效应和限制个体的随机效应，并使其对群体的影响减到最小的方法保护人类健康；用防止或减小可能引起动物和植物早期死亡或繁殖率减小，使其对物种保护、生物多样性的保持或自然栖息地或群落状态的影响达到可忽略水平的方法保护环境。

2. 生物辐射影响评价方法

在进行核设施的生物辐射影响评价时，需要考虑放射源释放出放射性核素的过程、核素在环境中的扩散过程、核素从环境向生物体及其在生物体中的传输过程、生物体中的核素产生辐照剂量的过程以及最终辐射剂量产生生物效应的过程。

针对电离辐射对非人类物种的影响评价，许多国家都提出了相应的评价方法，包括 RESRAD-BIOTA、ERICA、R&D128、ECOMOD、LIETDOS-BIO、SCK-CEN、EDEN 和 EPICDOSES3D 等。其中国际上使用较为广泛的两种方法为美国能源部推荐的 RESRAD-BIOTA 程序和欧盟推荐的 ERICA 程序。在国内，商照荣（2006）在介绍生物剂量模型研究进展中较早对这两种方法进行了介绍；姚青山等（2006）根据这两个软件的评价流程，对两个软件进行了详细的分析和比较。从研究情况看，国内对这两个程序都有应用，并对方法进行了一定的对比，参见图 6.14 和表 6.12。

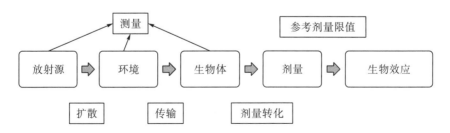

图 6.14　生物辐射影响评价的过程

表 6.12　国外主要的生物辐射影响评价方法

方法名称	开发者	类型
ERICA	欧盟	分级分析软件
RESRAD-BIOTA	美国能源部	分级分析软件
R&D128	英国环保盟	分析软件
AECL	加拿大原子能有限公司	分级分析方法
D-Max	英国朴次茅斯大学	简单的筛选方法
DosDiMEco	比利时核能研究中心	分析方法
LIETDOS-BIO	立陶宛	分析方法

3. 参考生物

ICRP 108 号报告推荐了用于评价放射性核素污染的 12 类参考生物。①陆地生态系统：两栖动物、鸟类、鸟卵、食腐类无脊椎动物、飞行类昆虫、腹足类动物、草本植物、苔藓类植物、哺乳动物(鼠)、哺乳动物(鹿)、爬行动物、灌木、土壤无脊椎动物(蠕虫)、乔木。②淡水生态系统：两栖动物、深水鱼、鸟类、双壳软体动物、甲壳类动物、腹足类动物、哺乳动物、昆虫幼虫、浅水鱼、浮游植物、导管植物、浮游动物。③海洋生态系统：涉禽、浅水鱼、深海鱼、底栖软体动物、甲壳类动物、大型海藻、哺乳动物、浮游植物、浮游动物、多毛纲动物蠕虫、爬行动物、珊瑚虫(或海葵)、珊瑚虫的群落(或海葵的群落)、导管植物。

4. 生物辐射剂量率估算模型

近年来，随着辐射防护概念的不断发展以及生态环境保护要求的不断提高，IAEA、UNSCEAR、ICRP、欧洲共同体、美国能源部等一些国际组织和政府部门陆续开展了非人类物种电离辐射影响的相关研究，并开发出了相应的评价模型，如欧洲共同体的 ERICA 模型、美国的 RESRAD-BIOTA 模型、英格兰和威尔士环境当局的 R&D 128 模型等。我国在进行生物辐射影响评价时，现阶段采用的模型主要是目前国际上比较成熟的 ERICA 和 R&D 128 模型。ERICA 模型和 R&D 128 模型采用了基本相同的计算原理，即生物受到的辐射剂量包括生物在环境介质中(如土壤、水或空气中)受到的外照射剂量和生物食入造成的内照射剂量。两个模型建立的基本假设包括：①在环境介质中核素浓度达到平衡，同时生物体中的核素浓度与环境中的核素浓度也达到平衡；②核素在所有生物体的组织中分布是均匀的；③吸收剂量是整个生物体体积的平均值；④外照射剂量计算时假定生物全部浸没在无穷大的介质中。核素的选取主要考虑人工和天然两种核素，同时还需要考虑核素的物理性质、环境行为、生物活性、化学性质等特点。其中，R&D128 模型考虑了核设施排放的主要放射性核素以及这些核素对生物辐射影响的大小，目前主要选取了 16 种元素对应的 17 个核素；ERICA 模型主要基于 ICRP 38 号报告，选取了 31 种元素对应的 63 个默认的核素，此外，用户可以根据需要添加除惰性气体外的其他核素，具体比较列于表 6.13。

表 6.13　R&D128 和 ERICA 模型中典型生态系统核素选择

R&D128 模型	ERICA 模型	
^{3}H	^{3}H	^{110m}Ag
^{14}C	^{14}C	^{99}Tc
^{32}P	^{32}P, ^{33}P	^{109}Cd
^{35}S	^{35}S	^{141}Ce, ^{144}Ce
^{41}Ar		^{36}Cl
^{85}Kr		^{54}Mn
^{60}Co	^{57}Co, ^{58}Co, ^{60}Co	^{94}Nb, ^{95}Nb
^{90}Sr	^{89}Sr, ^{90}Sr	^{59}Ni, ^{63}Ni
^{106}Ru	^{103}Ru, ^{106}Ru	^{237}Np
^{129}I, ^{131}I	^{125}I, ^{129}I, ^{131}I, ^{132}I, ^{133}I	^{152}Eu, ^{154}Eu
^{137}Cs	^{134}Cs, ^{135}Cs, ^{136}Cs, ^{137}Cs	^{124}Sb, ^{125}Sb
^{226}Ra	^{226}Ra, ^{228}Ra	^{75}Se, ^{79}Se
^{234}Th	^{227}Th, ^{228}Th, ^{230}Th, ^{231}Th, ^{231}Th, ^{234}Th	^{95}Zr
^{238}U	^{234}U, ^{235}U, ^{238}U	^{129m}Te, ^{132}Te
^{239}Pu	^{238}Pu, ^{239}Pu, ^{240}Pu, ^{241}Pu	^{210}Pb
^{241}Am	^{241}Am	^{210}Po
	^{242}Cm, ^{243}Cm, ^{244}Cm	

R&D128 模型共选择了 18 种陆生参考生物，ERICA 模型共选择了 14 种陆生参考生物，表 6.14 列出了 R&D128 模型所选择的陆生参考生物。

表 6.14　R&D128 模型所选择的陆生参考生物

参考生物	质量/kg	尺寸/mm
地衣	0.00131	100×5×5
苔藓	0.00262	100×10×5
乔木	0.00021	100×2×2
灌木	0.00021	100×2×2
草本	0.00021	100×2×2
种子	0.0000018	6×1×1
真菌	0.00263	30×15×10
毛虫	0.00077	30×7×7
蚂蚁	0.00002	5×3×3
蜜蜂	0.002	20×15×10
土鳖	0.001	15×6×3
蚯蚓	0.0035	100×5×5
吃草哺乳动物	0.8	300×150×100
食肉哺乳动物	5.5	670×350×180
啮齿类动物	0.02	100×20×20
鸟	1.5	350×150×150
鸟卵	0.0013	40×25×25
爬行动物	2.26	1200×60×60

R&D128 和 ERICA 模型对于陆生生态系统的计算公式是相同的，即对于元素 H、S、P、C，核素 i 对生物 j 造成的总剂量率为

$$D_j^i = C_{\text{air},i} \times CR_i^j \times DDC_{\text{int},i}^j + \sum_z V_z \times DCC_{\text{ext},z,i}^j \times C_{z,i} \tag{6.41}$$

对于除 H、S、P、C 外的元素对应的核素 i 对生物 j 造成的总剂量率为

$$D_i^j = C_{\text{soil},i} \times CR_i^j \times DDC_{\text{int},i}^j + \sum_z V_z \times DCC_{\text{ext},z,i}^j \times C_{z,i} \tag{6.42}$$

其中，$C_{\text{air},i}$ 为核素 i 在空气中的活度浓度，$Bq \cdot m^{-3}$；CR_i^j 为核素 i 在生物 j 体内的浓集因子，空气中单位为 $(Bq \cdot kg^{-1})/(Bq \cdot m^{-3})$，土壤中或土壤表面单位为 $(Bq \cdot kg^{-1})/(Bq \cdot kg^{-1})$；$DCC_{\text{int},i}^j$ 为核素 i 对生物 j 的内照射剂量率转换因子，$(\mu Gy \cdot h^{-1})/(Bq \cdot kg^{-1})$；$z$ 为栖息地，指在土壤中、土壤表面或空气中；V_z 为生物 j 在栖息地 z 的居留因子，量纲一；$DCC_{\text{ext},z,i}^j$ 为栖息地 z 中核素 i 对生物 j 的外照射剂量率转换因子，土壤中或土壤表面单位为 $(\mu Gy \cdot h^{-1})/(Bq \cdot kg^{-1})$，空气中单位为 $(\mu Gy \cdot h^{-1})/(Bq \cdot m^{-3})$；$C_{z,i}$ 为核素 i 在栖息地 z 中的浓度，土壤中或土壤表面单位为 $Bq \cdot kg^{-1}$，空气中单位为 $Bq \cdot m^{-3}$；$C_{\text{soil},i}$ 为核素 i 在土壤中的浓度，$Bq \cdot kg^{-1}$。

5. 生物辐射剂量率评价标准

非人类物种的生物辐射剂量评价方法主要有本底评价法、剂量限值评价法、剂量-效应评价法。本底评价法：需要天然环境中生物的辐射剂量本底水平，计算额外人为增加的生物辐射剂量，通过对比评价，目前陆生生物、水生生物的本底剂量率为 $10^{-2} \sim 1 \mu Gy/h$，该方法适用于本底调查及评价；目前生物辐射剂量评价关注人工核素，但是天然本底情况下，天然核素造成的辐射剂量率高于人工核素，天然核素的辐射剂量本底水平也应该受到重视，主要天然核素包含 ^{238}U、^{234}U、^{228}Ra、^{226}Ra、^{222}Rn、^{210}Po、^{210}Pb、^{40}K 等。剂量限值评价法：参考国际上推荐的生物辐射剂量限值，通过对比评价人为增加的生物辐射剂量，该方法适用于轻度核污染的生物辐射剂量评价，比如正常运营情况下的核电站周边环境辐射评价、核事故后远离事故发生地的地区。剂量-效应评价法：获取代表生物的辐射剂量，进入国际上的辐射剂量-效应数据库，进一步匹配、评价生物辐射效应，该方法适用于严重核污染下的高剂量、急性电离辐射评价，比如切尔诺贝利核事故、福岛核事故后厂区附近地区的评价。

6. 核设施放射性流出物对生态环境的辐射影响评价案例

核电厂流出物主要以气态和液态两种形式排放，其中气态流出物一般最终通过烟囱排放，液态流出物则采取槽式排放方法。根据监测方式的不同，流出物监测可以分为在线监测和离线监测两大类。

对于不同堆型的核电厂，放射性流出物监测项目会有一定的差异，IAEA 在其"安全及相关标准"中给出了不同堆型核电厂正常运行状态下流出物放射性监测项目的通用要求，并推荐给世界各国及其他国际组织在各自的活动中采用。核电厂正常运行状态下，气态流出物放射性核素主要有惰性气体，包括 ^{41}Ar、Kr 同位素（^{85}Kr、^{85m}Kr、^{87}Kr、^{88}Kr、^{89}Kr）和 Xe 同位素（^{131m}Xe、^{133}Xe、^{133m}Xe、^{135}Xe、^{135m}Xe、^{137}Xe、^{138}Xe）；气溶胶中的裂变和

活化产物,其中考虑的有 β/γ 核素:^{51}Cr、^{54}Mn、^{57}Co、^{58}Co、^{60}Co、^{59}Fe、^{65}Zn、^{95}Zr、^{95}Nb、^{103}Ru、^{106}Ru、^{110m}Ag、^{124}Sb、^{134}Cs、^{137}Cs、^{140}Ba、^{140}La、^{141}Ce 和 ^{144}Ce,β 放射性核素:^{89}Sr、^{55}Fe、^{90}Sr 和 ^{63}Ni,α 放射性核素:^{238}Pu、^{239}Pu、^{240}Pu、^{241}Am、^{242}Cm 和 ^{244}Cm;以及碘同位素、^{3}H 和 ^{14}C 的挥发性化合物。核电厂液态流出物中含有大量裂变和活化产物,需要关注的 γ 放射性核素与气态放射性流出物相同;对于 β 放射性核素,如 ^{89}Sr、^{55}Fe、^{90}Sr 和 ^{63}Ni,如果不能做到在线连续监测,应每季度对混合样品进行测量和分析;对于 α 放射性核素,如钚、镅和锔的同位素,应每季度对混合样品进行分析,特殊地,对于沸水堆,至少核电厂在运行的第一年,应每月对液态流出物中的 ^{32}P 进行监测;^{14}C 在重水堆液态流出物中排放量较大,而其他堆型核电厂液态流出物中则并非必要的监测项目;^{3}H 是核电厂液态流出物中的重要放射性核素,对于重水堆核电厂 ^{3}H 的测量则尤为重要。我国核电厂流出物放射性核素监测项目法规要求如表 6.15 所示。

参考近年来我国某 3 个核电基地的流出物监测资料,3 个核电基地流出物放射性核素监测项目列于表 6.16。可以看出:①3 个核电基地之间流出物放射性核素监测项目存在一定差异;②对照我国现有技术标准要求,3 个核电基地均存在缺项,例如在 ^{14}C 监测方面,核电基地 A 未开展气态流出物 ^{14}C 的测量,核电基地 B 未开展液态流出物 ^{14}C 的测量,核电基地 C 气态和液态流出物中 ^{14}C 的测量工作则均未开展;③与 IAEA 通用要求相比较,各核电基地实际监测项目均少于 IAEA 推荐监测项目。

某核电基地 2010 年液态放射性流出物中各核素检出率如表 6.17 所示。

表 6.15 我国核电厂流出物放射性核素监测项目法规要求

标准	气态放射性流出物	液态放射性流出物
《核动力厂环境辐射防护规定》(GB 6249—2011)	惰性气体、碘、气溶胶(半衰期大于等于 8d)、^{14}C、总 ^{3}H	^{14}C、^{3}H 和其他核素
《辐射环境监测技术规范》(HJ/T 61—2001)	惰性气体(连续取样)、气溶胶、^{14}C、^{3}H、^{131}I	^{3}H、γ 核素分析、β 活化产物

表 6.16 我国三个核电基地流出物监测项目

核电基地	气态放射性流出物	液态放射性流出物
A	惰性气体:^{41}Ar、^{85}Kr、^{85m}Kr、^{88}Kr、^{133}Xe、^{133m}Xe、^{135}Xe 碘:^{131}I、^{133}I 气溶胶:总 α、总 β、^{58}Co、^{124}Sb、^{137}Cs、^{90}Sr	总 β、^{3}H、^{14}C、^{51}Cr、^{134}Cs、^{137}Cs、^{58}Co、^{60}Co、^{125}Sb、^{124}Sb、^{54}Mn、^{110m}Ag、^{131}I、^{133}I、^{90}Sr
B	惰性气体:^{41}Ar、^{88}Kr、^{133}Xe、^{135}Xe 碘:^{131}I、^{133}I 气溶胶:^{134}Cs、^{137}Cs、^{60}Co、^{54}Mn、^{14}C、^{3}H	^{3}H、^{134}Cs、^{137}Cs、^{58}Co、^{60}Co、^{124}Sb、^{54}Mn、^{131}I、^{59}Fe
C	惰性气体:^{41}Ar、^{85}Kr、^{133}Xe、^{131m}Xe、^{135}Xe 碘:^{131}I、^{133}I 气溶胶:^{58}Co、^{60}Co、^{134}Cs、^{137}Cs、^{3}H	总 γ、^{3}H、^{134}Cs、^{137}Cs、^{58}Co、^{60}Co、^{124}Sb、^{54}Mn、^{131}I

表 6.17   某核电基地 2010 年液态放射性流出物中各核素检出率统计

核素	放射性废液处理系统		综合排放系统		核服务厂房特种下水系统	
	样品数	检出率/%	样品数	检出率/%	样品数	检出率/%
^{3}H	220	100	70	80	72	99
^{54}Mn	220	2	70	0	72	4
^{58}Co	220	0	70	0	72	1
^{59}Fe	220	0	70	0	72	0
^{60}Co	220	6	70	0	72	4
^{124}Sb	220	1	70	0	72	0
^{131}I	220	1	70	0	72	0
^{134}Cs	220	1	70	0	72	0
^{137}Cs	220	1	70	0	72	3

6.5.2   放射性污染的生态风险

1. 放射性生态风险的概念

美国国家环境保护局提出了筛选水平的生态风险评估技术路线,包括规划、问题形成、分析、风险表征和风险管理等步骤。Mathews 等(2009)稍微修改了该技术路线,定量评价长期暴露于铀辐射的淡水生态系统的风险。修改后的技术路线包括以下四个步骤:①问题形成;②影响分析;③暴露分析;④风险描述。科普尔斯通(Copplestone)总结了英格兰和威尔士影响评估的技术路线,该技术路线既适用于回顾性影响评价也适用于预测性影响评价,主要包括放射性核素的识别,收集环境介质中放射性核素的活度浓度,通过模型计算生物体所受辐射剂量,与现有标准对照确定影响程度等步骤。此外,Copplestone 还提出了一套相对完整的放射性影响评价的技术路线,主要包括风险识别(识别风险源),风险分析(确定目标生物、确定暴露途径),风险表征(计算生物体所受的辐射剂量,对照标准和已知效应确定影响程度)等步骤。Bird 等(2003)从风险识别、风险分析、风险计算三个步骤对加拿大核设施(铀矿山和工厂)的放射性核素释放开展了针对非人类生物的生态风险评价。国际原子能机构提出了一种保护环境免受电离辐射的技术路线,其主要内容和步骤包括初步计划、问题提出、风险评价、风险表征以及风险管理。欧盟委员会资助的FASSET(Framework for Assessment of Environmental Impact)项目支持将"评估和管理电离辐射污染的环境风险通用框架"应用于放射性污染的生态风险评价中,该技术路线包括问题形成、风险评价和风险管理。2004~2007 年,欧盟组织联合的 ERICA(Environmental Risks from Ionising Radiation in the Environment:Assessment and Management)项目开发了一种适用于电离辐射评价的技术路线,主要包括风险评估、风险表征和风险管理三大步骤。Wood 等(2008)应用 ERICA 综合技术路线,结合 ERICATool 软件评价德里格海岸沙丘生物受辐射污染的影响。

2. 放射生态风险评估方法

常用的风险评价方法有如下几种。

1) 风险商值法

Bird 等(2003)应用风险商值法(预计暴露值/预计无影响剂量率，estimated effect values/estimated no effect values，EEV/ENEV)对加拿大核设施(铀矿山和工厂)的放射性核素释放对非人类生物的影响进行了生态风险评价。Mathews 等(2009)应用风险商值法定量评价长期暴露于铀辐射的淡水生态系统的风险。

2) 模型法

(1) 基于电子电格模型(spreadsheet-based models)：还有研究人员提出了一种基于电子表格的计算模型(the ERICA tool 模型)计算生物体所受的辐射剂量，计算原理同 spreadsheet-based models。

(2) RESRAD-BIOTA 模型：此模型应用在分级法中，可预测放射性核素在生物组织的浓度，计算生物体所受的辐射剂量。

(3) ECOMOD 模型：使用稳定的化学类似物与放射性核素的比率来确定放射性核素在水生生物中的浓度，可动态预测放射性核素浓度的变化。

3) 其他

(1) 筛选水平浓度(screening level concentration approach，SLC)：Thompson 等(2005)首次依据 SLC 采用权重法获取释放进入水生环境的三种放射性核素(^{226}Ra，^{210}Pb，^{210}Po)的沉积物质量标准(sediment quality guidelines，SQGs)，其中包括最低影响水平浓度(lowest effect level，LEL)和严重影响水平浓度(severe effect level，SEL)。加拿大铀矿开采行业和监管机构将 SQGs 用于生态风险评价，评估铀矿开采的液态流出物对底栖无脊椎动物群落产生不良影响的可能性。

(2) 生物量评价方法：ICRP 支持的生物圈建模和评估项目提出了生物量评价方法。生物量评价是一种实用型的关于放射性废弃物处理的放射性评价的方法。

(3) IRSN 综合性模型-制图法：该方法是结合放射性核素扩散模拟和辐射生态敏感性地图描绘出敏感区域，用于估计核事故后的环境影响，并提出相应的管理计划。

3. 生物种群的辐射影响

核辐射污染能导致环境的剧烈改变，显著改变土壤物理、化学以及生物学特性，对核辐射污染周边的生态环境产生巨大的扰动，进而对生物群落组成和分布造成影响。目前，国内外对大面积核辐射染污区生物群落的相关研究报道较为有限，主要集中在微生物群落。表 6.18 为按放射敏感性对植物群落的分类，有学者对美国内华达州核试验基地中微生物调查研究发现，该区域存在一定数量的耐辐射微生物；对该区域中微生物的生长限制因素进行了研究，发现水是关键限制因素。有研究对切诺尔贝利核电站核泄漏周边区域真菌的群落分布和组成进行了较为系统的研究，发现该区域有丰富的真菌多样性，真菌群落组成和丰度与辐射剂量存在明显的分布特征，且大多数真菌具有令人吃惊的辐射适应性。

马亚克核工厂和切尔诺贝利核电站发生的大规模辐射事故，导致俄罗斯大片领土受到放射性沉降物的污染。研究者从放射性污染土地上的动植物中发现诱变水平增加，提出了长期暴露于低剂量辐射可能造成生态后果。然而，长期暴露于辐射环境中对动植物的后期影响在科学界仍存在争议。表 6.18 总结了不同地区生态系统受辐射影响的大尺度研究情况。Geras'kin 等(2021)介绍了长期跟踪(2003～2016 年)不同放射性污染水平和频谱地区苏格兰松树种群的基本结果。在持续辐射照射下生长的动植物种群，其诱变水平、基因组范围的甲基化、基因表达的改变、种群的遗传结构和细胞遗传缺陷的时间动态等方面都有所变化。然而，发现松树细胞组织的基因变化并不影响胚乳酶活性、形态学异常率和生殖能力。研究结果表明，松树对长期辐射具有较高的敏感性。在监测期间已观察到明显的遗传效应，也许这些效应将会被观察很长一段时间。从表观遗传变化状态和植物的遗传结构来看，欧洲赤松在环境类植物中扮演着重要的角色，能反映环境的辐射水平。在美国、加拿大、法国和苏联进行的实验研究提供了按放射敏感性对植物群落分类的资料(表 6.19)。

表 6.18　自然生态系统受辐射影响的大尺度研究

地点	植被类型	辐射源(活度)	暴露模型	开始时间	持续时间
美国长岛	混合林	^{137}Cs(350TBq)	20h/d	1961.11	18 年
纽约	老田社区	^{60}Co(115～144TBq)	20h/d	1962	2 年
	冬麦	^{60}Co(115～152TBq)	20h/d	1971	1 个生长季
加拿大马尼托巴	北方森林	^{137}Cs(370TBq)	19h/d	1969	14 年
美国	短草草原	^{137}Cs(324TBq)	连续/季节	1969.4	—
美国，威斯康星	落叶林	^{137}Cs(56TBq)	20h/d	—	8 年
美国	天然植被(针叶林和落叶林)	反应器	中子、γ 通量	1959	—
美国，波多黎各	热带雨林	$^{134\sim137}Cs$(370TBq)	连续	1965.1	—
法国，卡达拉奇	苔藓植物林	^{137}Cs(44TBq)	20h/d	1969.7	14 年
苏联，乌克兰	松林/桦树林	1180TBq	急性	1973.9	16 天
苏联，乌克兰	草地	1180TBq	急性	1979.5～6	12 天

表 6.19　按放射敏感性对植物群落分类

群落种类	辐射程度		
	少数	中间	严重
针叶林	0.9～9	9～17	>17
落叶林	9～90	40～300	>90
灌木丛	9～40	40～170	>170
热带雨林	35～90	90～350	>350
岩石上草本植物	70～90	90～350	>350
老田	25～90	90～870	>870
林下草本覆盖	170～350	350～520	>520
草场	9～90	90～870	>870
草本入侵者	350～520	520～870	>870

6.5.3　放射生态风险监测与评估的研究进展

自 20 世纪 70 年代以来，IAEA 和美国核管理委员会已经开始整理电离辐射对动植物和生态系统的影响。1992 年美国国家环境保护局提出生态风险评估(ERA)的框架，被全世界广泛推崇为一种生态风险评估的分级方法。Mathews 等(2009)将这个方法应用到放射性污染评估上。之后，ICRP 和联合国科学委员会对原子辐射对生物体的影响，欧盟对电离辐射对生物体的影响进行了大规模的调查，并且建立了一套完整的评估方法和模型。2002 年，美国能源部(United States Department of Energy，USDOE)建立了一套评估辐射剂量对水生和陆生生物影响的分级方法。2004～2007 年，欧盟和 7 个欧洲国家的 15 个组织开展了电离辐射污染的环境危害评价与管理(ERICA)项目，为了弄清楚释放电离辐射的污染物对生物体、生态系统及环境影响，在该项目实施过程中建立起了 ERICA 方法。国内生态风险评估研究进展比较缓慢，直到现在，仍然没有任何官方的组织机构出台关于生态风险评估的文件。20 世纪 90 年代之后，中国的学者们在理论和实践的基础上已经提出了关于水生生物风险评估和区域性风险监测。

放射性污染是指核设施在正常运行或事故情况下放射性物质外逸进入环境造成的放射污染，其危害来源于放射性核素发出的 α、β 和 γ 射线对公众或其他生物的辐射损伤，其具有影响时间长、难以消除、累积性、隐蔽性等特点。随着核能的快速发展，全球范围内核电厂的数量在逐渐增加，尤其是日本福岛核事故是近年来发生的最严重的核事故，这次事故之后大部分的放射性核素(超过 80%)分散在太平洋中，基于此，对海洋放射性生态风险的监测和评估的方法建立显得尤为重要。

目前放射性生态风险监测与评估主要集中在海洋和沿海环境，海洋放射性污染生态风险评价是指评估海洋环境中放射性污染对生物、种群和群落造成有害影响的可能性。福岛核事故后，许多国家相继开展了海洋生物放射性监测与评价工作。监测的放射性核素主要有 ^{131}I、^{134}Cs、^{137}Cs，次要的有 ^{129}I、^{129m}I、^{132}Te、^{136}Cs、^{133}I。监测的生物类群主要有大型藻类、浮游动物、大型底栖无脊椎动物(包括贝类和甲壳类)、鱼类及其他游泳类生物等，其中水产鱼类是主要监测类群，包括水层洄游鱼类和底栖鱼类，各监测生物类群的代表生物见表 6.20。徐虹霓和于涛(2015)总结了福岛核事故后的海洋放射性生态风险评价的技术路线(见图 6.15)，初步构建了海洋放射性生态风险评价的技术路线(见图 6.16)。

表 6.20　福岛核事故后放射性核素监测的海洋生物类群

监测的生物类群		代表生物
大型藻类		褐藻
浮游动物		桡足类、磷虾、水母
大型底栖无脊椎动物	贝类	全部品种
	甲壳类	虾蟹类
鱼类	表层、中层(洄游类)	秋刀鱼、沙丁鱼、鲕仔鱼、玉筋鱼、飞鱼、鲣鱼类、金枪鱼类等
	底层	比目鱼、竹荚鱼等
其他游泳类	头足类	乌贼、章鱼
	哺乳类	鲸鱼类

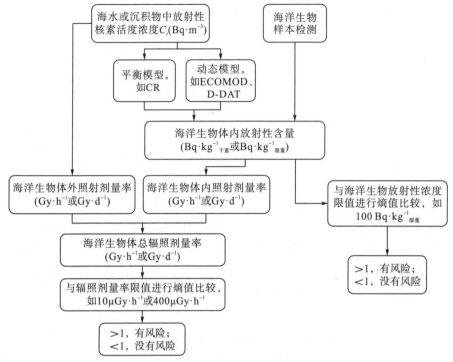

图 6.15　福岛核电站后海洋放射性生态风险评价路线图

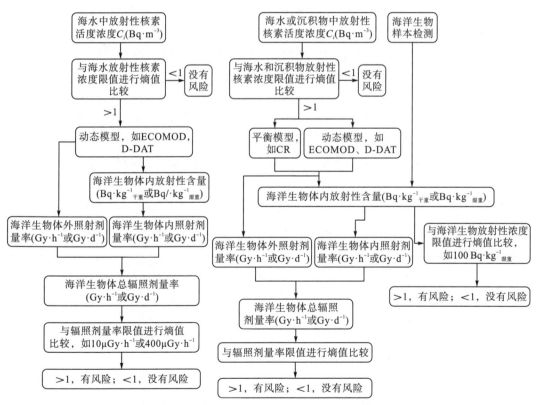

图 6.16　福岛核事故早期与事故中后期海洋放射性生态风险评价路线图

习题

1. 尾矿库、废石堆等表面氡析出率分布不均匀且随时间变化，如何可靠测量尾矿库、废石堆等向环境释放的氡量？

2. 矿井等排风井不间断向环境排放氡，排风井口截面上氡浓度和风速分布都不均匀，如何实现排风井氡排放速率的可靠连续测量？

3. 环境中氡及其子体随时间变化，它们之间的平衡关系一般也随时间和地点变化，如何测量典型场所代表性较好的平衡因子？

4. 生物样品中 U、Pu 等放射性核素含量低，如何快速准确测量指示生物中的 U 和 Pu 等痕量放射性核素？

5. 试以某核电站为例，谈谈应该如何开展放射性生态风险监测与评估。

第7章 放射性污染修复技术及其应用

我国核工业与核技术应用中产生的放射性废物数量较大，放射性废物处理是我国面对的紧迫问题，关系到国家长期的环境和生态安全，是一个涉及大量基础性科学问题、创新技术问题和工程问题的重大高科技系统工程。由于核污染危害巨大，核污染的大面积清除是世界性难题，各界人士都在寻求清除核污染的方法，也取得了一定的成效。目前世界各国大多采用的清除核污染方法有物理法、化学法、电化学法、物理-化学联用法、生物清除法等。本章将分别介绍土壤、水体和大气三大环境基本要素的核污染修复技术。

7.1 放射性污染土壤修复技术

7.1.1 放射性污染土壤的特点

土壤是植物赖以生长的基础，与空气、水一起构成地球上一切生物维持生命所必需的三大基本环境要素，也是环境转移放射性污染物质的重要介质之一。放射性污染土壤是指放射性物质因自然及人为因素进入土壤而产生的污染，放射性污染土壤的特点表现为以下几个方面。

(1)隐蔽性或潜伏性：水体和大气的污染比较直观，严重时人的感官即能发现，而放射性活度的大小只有辐射探测仪才可以探测，非人的感觉器官所能知晓，土壤污染则往往要通过农作物包括粮食、蔬菜、水果或牧草以及摄食的人或动物的健康状况才能反映出来，从遭受污染到产生严重后果有一个相当长的积累过程，具有隐蔽性或潜伏性。

(2)不可逆性和长期性：放射性核素对土壤的污染是一个不可逆过程，土壤一旦遭到污染后极难恢复，污染会长期存在。

(3)表聚性：造成大面积地表放射性污染的主要原因是核武器爆炸、严重的开放性核事故和矿业开采等。放射性核素进入土壤后会随时间推移而缓慢迁移，特别是放射性落下灰会先掉落在土壤表面，而后缓慢向土壤中下层迁移，但因迁移速度慢而主要聚集在土壤表层。

(4)普遍性及面积广大、污染剂量低：放射性污染在造成大面积地表放射性污染的同时，还会通过风蚀、雨蚀等气象过程以及人类的生产活动和食物链传递而逐渐扩大污染区域，对自然生态环境产生长期危害。同时，污染土壤颗粒的再悬浮也会将放射性核素引入大气环境，并随着大气输送而扩散，污染更广阔的区域，其影响面积广大，但污染剂量相对较低。

　　(5)生物体内富集:土壤中的放射性核素会被土壤中生长的植物、动物、微生物吸收和吸附,通过生物自身的新陈代谢而在生物体内富集,对生物的生长发育造成严重影响,尤其是半衰期长的放射性核素能在自然界长期存在。即使原始污染域污染物的浓度很低,但经过特定生态过程的生物富集浓缩之后,就可积累到足以伤害生物的程度。

　　(6)多种核素污染与重金属污染并存(其污染特点与重金属污染相似):放射性核素在土壤中与重金属一样不能被降解,在化学层面只会发生形态的变化与迁移。同时核武器爆炸、核事故和矿业开采过程中形成的土壤污染往往伴生有众多重金属,使放射性污染土壤中也伴生有重金属污染,且许多低剂量放射性核素除有少量的辐射毒性外,其危害主要表现为其化学毒性,使其与重金属污染土壤特点相似。

　　(7)后果的严重性:放射性污染长期多次少量累积照射会引起慢性损伤,使人类造血系统、心血管系统和中枢神经系统等受到损害,癌症的患病率较正常人大大增加;放射性污染事件的发生一般都会对公众造成较大的心理恐慌和阴影。同时放射性污染土壤往往通过食物链影响动物和人类健康,从而影响人类的生存与发展。

7.1.2　放射性污染土壤的危害

　　放射性是原子核的性质,不随物质的物理化学行为而变化,因此放射性污染无法用一般的物理化学手段消除。长寿命的放射性核素可能长期存在于环境中,其电离辐射的后果只能依靠时间的推移而逐渐减小。

　　放射性核素对环境影响的大小与其半衰期的长短呈正相关,半衰期越长对环境的影响越明显。尽管这些放射性核素的活度较低,但其半衰期长、废物数量大、分布面广,会对环境构成长久的潜在危害。铀矿冶大量的放射性废水不断地排出,也直接污染了天然水体和土壤。

　　放射性污染对农田生态环境的影响则主要表现在改变生物遗传物质结构,导致物种特性变异,引起生态系统中物种灭绝和群落的生态功能改变与丧失;引起病原微生物遗传特性变异,使作物生长受到危害,造成农业减产或绝收;农田生态环境条件恶化,使土壤生物和谐的生物链发生断缺和改变,破坏生态平衡,最终改变环境生态群落中的物种结构,改变环境生态系统的功能;物质循环会使土壤中的放射性物质进入大气和河流中,造成环境的放射性污染扩大,并通过各种途径进入人体,威胁人类的生存和发展。

　　土壤中放射性核素污染,不仅会对作物产量和质量造成不良影响,还会通过食物链,最终影响到人类健康。放射性对人类的直接危害有急性损伤和长期效应两种。大剂量照射引起的急性损伤可能使人或生物在很短时间内死亡,而更多的低剂量放射性污染都属于低剂量率的长期效应。土壤中的放射性物质通过食物链经消化道或呼吸道进入人体,其产生的 α、β、γ 射线将对生物机体产生持续的照射,保持长期的危险性,特别是一些核素因生物周期和放射性半衰期长,对人和生物的长期效应具有累积效应和后发效应,可诱发人类癌症等,并可能导致遗传变异。

7.1.3　放射性污染土壤生态修复基本概念及其原理

1. 污染土壤修复、生态修复和生态恢复的概念

污染土壤修复与污染土壤生态修复是两个不同的概念，前者是指通过转移或转换的方式，减少土壤中对生态环境或人体健康产生威胁的有毒有害物质，消除或减弱污染物毒性，恢复或部分恢复土壤的生态服务功能。而污染土壤生态修复（ecological remediation）是指在生态学原理指导下，以受污染的土壤生态系统为修复对象，在广义的生物修复技术的基础上，结合应用各种物理修复、化学修复及工程技术措施，实施各类技术的优化组合，最大限度地激活土壤生态系统的自净功能，从而使土壤中的有毒有害物质被转移、消除或消减，达到恢复或者部分恢复土壤的服务功能和修复效果最佳、最经济实用的目的。其核心是利用特异生物（如修复植物或专性微生物等）对环境污染物的代谢过程，并借助物理修复与化学修复以及工程技术的综合措施加以强化或条件优化，使污染环境得以修复。污染土壤生态修复是一种综合治理手段，能够有效弥补污染土壤修复方法的不足，提升土壤质量。

生态修复的直接目标是治理被污染的环境，它不完全等同于生态恢复。生态恢复（ecological restoration）是指对受到干扰、破坏的生态环境进行修复，使其尽可能恢复到原来的状态，通过人工方法，按照自然规律，恢复天然的生态系统，是通过生态系统自组织和自调节能力对破坏了的环境进行"修复"。而生态修复则是指根据土地利用计划，将受干扰和破坏的土地恢复到具有生产力的状态，确保该土地保持稳定的生产状态，不再造成环境恶化，并与周围环境的景观保持一致（图7.1）。

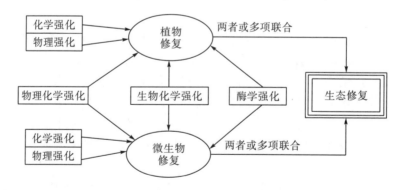

图7.1　污染土壤生态修复的主要作用方式（周启星等，2007）

2. 放射性污染土壤生态修复的原理

（1）生物方法与物理化学方法优化组合：影响生态修复效果的因素复杂多变，同时复合污染又是当前最主要的和普遍的环境污染形式，生态修复主要是通过微生物和植物等的生命活动来完成的，因此影响生物生长发育及其生活的各种因素也成了影响生态修

复的重要因素，在应用生物修复法修复污染土壤时，应根据当地环境情况选择最合适的生态修复途径，将生物方法与物理、化学方法优化组合，根据不同的土壤生态环境选择合理的修复工艺，探索不同工艺参数、调控方法及其工艺组合效果，实现经济、环境和社会效益的统一。

(2) 土壤生态系统自净化功能的激活：土壤与依靠土壤生存的植物和土壤动物、微生物之间往往存在对污染物的循环净化作用，就像是一种强大又富有活力的过滤器，当它们因为负载过重而失去净化能力的状况下，就可以通过生态修复污染土壤的方法使土壤生态系统的自净化功能重新发挥作用。

(3) 生态因子调控：影响生物生长发育及其生活的生态因子是影响污染土壤生态修复的重要因素，因此生态因子调控就成为污染土壤修复的必要前提，是生态修复的基本特征和强化修复效果的重要手段。

3. 污染土壤生态修复应遵循的原则

(1) 整体优化：在污染土壤生态修复技术工艺中，应将不同方法、技术、工艺的选择和匹配实现优化，系统内在净化功能与外加净化功能有机结合，方法之间的连接通过耦合实现生态修复方案整体优化，保证其具有协调性、高效性和稳定性。

(2) 循环再生：污染土壤生态修复的目标在于土壤中污染物浓度降低的同时实现土壤生态服务功能的恢复。

(3) 区域分异：污染土壤生态修复与所处地域自然环境和污染特征密切联系，时空变化和不同的环境条件产生不同的生态修复工艺，表现出不同的工艺组合、工艺参数与调控方法。制定污染土壤修复目标应该考虑污染区域自然条件和修复后的土壤用途，修复后的土壤可以有农业、工业、民用建筑和景观等多种用途，而农业用途又可分为经济作物种植和粮食种植。根据区域分异原则应制订多级修复基准，实现环境、社会和经济效益统一。

(4) 多学科交叉和融合：生态修复的顺利实施需要生态学、植物学、微生物学、土壤学、栽培学、化学、物理学以及工程技术等多学科的协同才能保证取得最优的效果。

7.1.4　放射性污染土壤修复技术

土壤是人类生活和生产活动依赖的最基本、最广泛的自然资源之一，也是生态环境中 90% 污染物的最终受体。在核工业发展初期，放射性污染的管控尚未引起广泛重视，也没有相关的制度进行规范管理，致使部分核设施周围的土壤受到了不同程度的放射性污染。《核安全与放射性污染防治"十三五"规划及 2025 年远景目标》对放射性污染的治理提出了新的要求，把核设施退役及放射性废物治理工程作为六项重点工程之一，把提高放射性污染防治水平作为"十三五"时期核安全与放射性污染防治工作的奋斗目标之一。

放射性污染土壤的修复方法主要借鉴无机重金属污染土壤治理的技术经验，并结合其自身特殊性进行有针对性的调整和优化，现有的修复方法一般可分为物理法、化学法、物理-化学联用法和生物法四大类。

1. 物理法

物理法是根据放射性污染土壤高危害性所开发的较为特殊的处理方法,包括如下几类。

1) 自然衰减消除法

这种方法的原理是自然衰变可使放射性污染土壤降至可接受的程度。达到这种程度所需的时间取决于作为污染作用的一种或多种特定同位素的衰变率。对于半衰期短的放射性同位素,自然衰减消除是特别有效的,如 $^{89}Sr(50.5d)$、$^{95}Zr(64d)$、$^{103}Ru(39.35d)$、$^{106}Ru(368d)$、$^{131}I(8.02d)$、$^{144}Ce(284.8d)$ 等,经过若干年后已经全部消亡,残留下来的是 $^{90}Sr(28.5a)$、$^{137}Cs(30.17a)$ 以及铀、钍等半衰期较长的核素,在偏僻的试验区、核事故场地均可采用自然衰减消除法。

2) 工程法

工程法一般可分为铲土去污、深翻客土和覆盖客土三类。铲土去污是将被污染的土壤(一般是表层土)铲走运至专门的核处置场地进行处理和处置。本土指被污染的土壤,客土指未被污染的土壤。深翻客土就是将下层未受污染的土壤翻至表面以覆盖污染土壤。覆盖客土是直接从外界运来未受污染的土壤将污染土覆盖。

据 IAEA 报告,切尔诺贝利核事故和福岛核事故后,相关国家和地区都尝试应用铲土去污或深翻客土的方式处理放射性污染的土壤,取得了一定的效果。该类方法简便易行,但操作人员易遭受核辐射,且随着时间推移,底部的放射性核素会扩散到客土或深层土壤中,或转移至水相,并未从根本上消除污染源,很难消除二次污染的隐患,同时表层土中还含有可供作物生产的大量有机物质,全部铲走又进一步加剧了土地危机,后续需要进行一系列处理,成本较高。一般仅对小面积污染较重土壤的应急处理有一定的应用价值。由于放射性核素具有自然衰变的特性,利用工程法将受污染土壤转移至偏僻的安全区域,在应对一些污染程度较低或污染核素半衰期较短的污染土壤修复项目时也是一种有效的策略。

3) 固化/稳定化法

固化/稳定化法是防止或降低污染土壤释放有害物质过程的一种技术。其中固化主要是强调将污染土壤转化为固态形式,降低污染物暴露的表面积,从而达到控制污染物迁移的目的。而稳定化主要是指将污染物转化为不易溶解、迁移或毒性较小的形态,以实现其低危害化和低污染风险。固化/稳定化过程一般是将污染土壤挖掘出来,将其与黏结剂或稳定剂结合,使其形成固体沉淀物,再投放到适当形状的模具或特定场地中,从而达到污染治理的目的。该方法具有修复时间较短、易操作等优点。但这一来源于重金属污染土壤修复的技术在应用到放射性污染土壤的过程中也出现了较多问题。由于放射性核素的辐射特性,其稳定化难度明显增大,且其固化的产物也难以如重金属污染固化产物一样用于建筑行业,因此,其修复成本难以控制。同时,由于其并未破坏或减少土壤中放射性污染物质,其长时间的安全性还有待考证。

4) 原位电渗析法

原位电渗析法也称电动力法，是利用电化学、电动力学原理将污染物富集到电极区处理，适用污染范围小的场地。其利用插入土壤中的两个电极在污染土壤两端加上低压直流电场，在低压直流电的作用下，发生土壤孔隙水和带电离子的迁移，土壤孔隙水中或者吸附在土壤颗粒表层的污染物根据各自所带电荷的不同而向不同的电极方向运动，使污染物在电极区富集，进而进行集中处理或分离，从而实现对土壤中污染物质的去除。该方法主要为原位修复，对现有土壤和结构影响最小。但其受环境中放射性污染物存在形态、土壤理化性质等因素影响大，成本较高。

2. 化学修复法及物理-化学联用法

放射性污染土壤的化学修复是利用加入土壤中的化学淋洗剂与污染物发生一定的化学反应将污染物去除的修复技术。主要包括以下几类。

1) 原位土壤淋洗法

该方法是通过注射井等设备向土壤施加淋洗剂，使其向下渗透，在渗透过程中淋洗剂与土壤中污染物通过螯合、溶解或络合等相互作用，继而形成可迁移的化合物，最后通过提取井等装置收集含有污染物的溶液，实现对污染土壤的修复。作为一种主要的将土壤中污染物质去除的手段，结合经济性的考量，土壤淋洗技术是少数准备大规模推广的技术。目前，在部分国家基于该技术的污染土壤修复已进入实地应用阶段。但同时该方法也存在一些局限性，其中较为突出的是土壤的渗透性对于该方法的成本高低甚至能否成功运用有着决定性的影响，同时还存在着对地下水污染的隐患。

2) 异位土壤淋洗法

该方法基于原位土壤淋洗法的原理，主要增加了污染土壤的挖掘、筛分以及可能的回填操作等物理方法，使应用成本进一步增加。土壤的筛分操作对清洗效率的提升有一定帮助，通过将土壤分为粗料和细料，结合其物理参数、受污染情况和处理需求，可采用不同的方案将对应部分清洁到相应程度，从而实现对污染土壤更有针对性及更为高效的修复。该方法具有处理效果好、适用范围广、所用时间短等优势。但针对不同放射性核素的去污需要以及不同土壤的理化性质，特别是土壤渗透性需要进行有一定针对性的研发设计，具有一定的实施难度。同时，该方法可能会破坏土壤理化性质并产生二次污染，同时还存在着对地下水污染的隐患。

3) 可剥离性膜法

该方法是在受到污染的土壤上快速喷洒带有多种官能团的高分子化合物去污液，将成膜去污材料覆盖在污染物上，并迅速固定放射性污染物。材料凝固成膜后，污染表面的放射性污染物在剥离黏附的作用下迅速集结成形，再进行回收清除。这种方法的去污系数能达到100%，而且经济成本相对较低，但是对已渗入土壤内部的放射性污染物质基本没有去除作用。

对于小规模放射性污染土壤的处理，如一般核事故、核工业污染土壤，采用化学处理法速度快、效果好。由于化学处理法成本高，对土壤的结构破坏大，不能单独用于大区域土壤放射性污染的治理，通常需要与其他修复技术结合使用，同时处理产生的污水不会产生二次污染。

除此之外，对受污染的土壤和水体的物理化学处理方法还可采用离子交换、螯合剂浸取及反渗透超滤技术等方法。

3. 生物法

运用物理和化学法对污染土壤进行处理，会改变土壤的原有结构，破坏土壤生态，花费大量的人力和财力，并有可能会造成二次污染。而且目前受到放射性污染的土壤大多具有土壤面积大与放射性核素剂量低的特点，上述物理化学方法作用不大。而生物修复技术具有不可替代的优势，其对土壤的干扰较少，能逐渐减少甚至清除其中的放射性核素，而且其成本低。

生物修复方法是一种利用自然界植物、微生物和动物来处理土壤中放射性污染物的新兴技术，是利用生物技术治理污染土壤，及利用生物消减、净化土壤中的放射性核素或降低其毒性的方法，根据生物的种类不同，通常将放射性污染土壤修复的生物法分为植物修复法、微生物修复法、植物-微生物联合修复法和动物修复法。与传统的物理和化学法相比，生物法修复放射性污染土壤具有价格低廉、操作简便、不产生二次污染、经济效益显著、不破坏土壤本来的结构、能最大限度地保护原有的生态环境、环境友好及能循环利用等突出优势。其中植物修复是生物修复的核心，微生物修复和动物修复都要与植物修复结合才能发挥自修复的最佳效果。植物修复符合人类与自然环境和谐发展的主题，可通过提取或阻止污染土壤的放射性核素迁移，保持水土，稳定污染地域的生态，若套种经济作物，还可以达到生态、经济、社会的和谐统一；植物利用光合作用生长，具有投资和维护成本低、操作简便、不造成二次污染等优点，且有可能通过资源化利用而取得一定经济效益；植物修复是一种环境治理的最终技术，其应用有利于环境生态的恢复及土壤资源的可持续利用。

下面详述放射性污染土壤生物修复技术。

7.1.5　放射性污染土壤生物修复

放射性污染生物修复技术来源于有机污染及重金属污染土壤修复技术。美国Edenspace 公司于 1997～1999 年在美国陆军阿伯丁武器试验场成功地进行了大田条件下植物修复贫铀污染土壤的试验研究，进行植物修复工作后的田块，污染物浓度减少了95%，达到清洁标准。整个修复过程对周围生态系统未造成任何风险。从 2002 年开始，我国也开展了类似的有关重金属污染物植物修复的一系列重大研究项目。

我国土壤修复技术经历了 3 个阶段：第 1 阶段为 20 世纪 80 年代及以前，土壤治理方式为物理修复，主要是土地资源的稳定利用，相关基本环境工程的配套。第 2 阶段是 20世纪 90 年代，土壤治理方式为物理、化学和生物恢复，但主要修复技术是土地复垦，选用先锋植物、耐性植物恢复土壤特性。第 3 阶段是 21 世纪以来，土壤治理方式为物理、化学和生物恢复，修复技术主要采用微生物、植物、动物、固化/稳定化、土壤气提、化学氧化还原、热脱附、淋洗、化学萃取等，其中以微生物修复、植物修复、微生物-植物联合修复为研发、应用重点。生物修复已由细菌修复拓展到真菌修复、植物修复、微生物-植物联合修复、动物修复等，由有机污染物的生物修复拓展到无机污染物及放射性污染物的生物修复。

1. 微生物修复

微生物修复是生物修复技术的重要组成部分，是指利用天然存在的或者培养的功能微生物，在适宜的环境条件下，通过微生物的非代谢性生物吸附和代谢性氧化还原作用修复土壤的一种新型修复技术。由于微生物资源丰富，代谢途径多样化，因此该技术具有处理费用低、对环境影响小、效率高等优点。微生物主要通过生物还原、生物矿化等方式与核素发生相互作用，改变核素的赋存状态，降低核素在环境中的迁移率，以减轻其毒害作用。该法具有广阔的应用前景，备受关注。近年来，发现了一种生物除污-耐放射异常球菌，能用于放射性和有毒化学物质污染场所的生物除污；奇球菌也是一种具有天然核素修复功能的细菌；还发现了对铀、钚的积聚效果好的细菌，这种细菌能吸收 0.6g 铀或 0.3g 钚。

铀污染的微生物修复技术就主要是通过往污染环境中加入电子供体及其他化学物质促进污染地区特定微生物的生长，以加快污染核素的还原和固定。这些微生物包括土著菌、外加菌株以及基因工程菌。微生物修复具有成本低、操作简单、对环境搅动性小、修复效果好、无二次污染等优点。另外，微生物对金属的固化效果稳定且可持续，使尾渣不再产生新的溶解态 $U(VI)$，可从源头上解决铀的溶出问题，降低潜在环境污染风险。有研究利用微生物以乙醇为电子供体还原地下水和沉积物中的六价铀为不溶解的四价铀，使铀原位固定，通过处理地下水中铀浓度从 40~60mg/L 降至 0.103mg/L 以下。

1) 微生物修复机理

微生物修复的主要作用机理是：微生物可以降低土壤中放射性核素的毒性、吸附积累核素、改变根际微环境，从而提高植物对核素的吸收、挥发或固定效率。大量研究发现，对放射性核素具有修复能力的微生物主要包括真菌、细菌、放线菌。微生物种类不同，对放射性污染的耐性也不同，一般认为，放线菌<细菌<真菌。与细菌相比，真菌因接触面积大、生物量大、生长速度快、对环境要求低、抗逆性强等优势，已在土壤放射性污染修复中得到了广泛的应用。19 世纪至今，发现了许多真菌可以吸附土壤中的放射性核素离子，如丛枝菌根（*Arbuscular mycorrhizae*）、黑曲霉（*Aspergillus niger*）、出芽短梗霉（*Aureobasidium pullulans*）、木霉属（*Trichoderma*）、球囊霉属（*Glomus* spp.）、腐木真菌（*Phellinus ribis*）、树脂枝孢霉（*Cladosporium resinae*）、青霉属（*Penicillium* spp.）等。目前，研究较多的耐核素及重金属污染细菌主要有链霉菌（*Streptomyces*）、芽孢杆菌（*Bacillus* sp.）、微球菌属（*Micrococcus*）、恶臭假单胞菌（*Pseudomonasputida*）等。

放射性核素及重金属对人的毒性作用常与它的存在状态有密切的关系。一般来说，放射性核素及重金属存在形式不同，其毒性作用也不同。微生物不能降解和破坏放射性核素及重金属，但可以对土壤中的放射性核素及重金属进行固定、移动或转化，改变它们在土壤中的环境化学行为，可促进有毒、有害物质解毒或降低毒性，从而达到生物修复的目的。微生物修复放射性核素及重金属污染土壤机理主要表现为生物吸附、富集作用、生物转化作用、生物溶解与沉淀作用等。

(1)微生物吸附：微生物吸附是利用某些微生物本身的化学结构及成分特性来吸附溶于水中的污染物质，再通过固液两相分离去除水溶液中污染物质的方法。生物吸附是指核素被动地吸附在细胞表面。生物吸附通常非常迅速，且与细胞的生命代谢无关。古细菌和细菌比表面积大，细胞壁表面含有的官能团(如羟基、羧基、巯基等)带负电荷，可以将核素阳离子吸附在细胞壁表面。大多数微生物表面含有多种带负电荷的基团(如—SH、—OH等)，这些基团通过螯合、络合、共价吸附以及离子交换等作用与金属阳离子结合，从而达到对核素离子吸附的目的。

土壤中核素离子有五种形态：可交换态、碳酸盐结合态、铁锰氧化物结合态、有机结合态、残渣态。前三种形态稳定性差，后两种形态稳定性强。放射性核素污染物的危害主要来自前三种不稳定的重金属形态。微生物固定作用可将重金属离子转化为后两种形态或积累在微生物体内，从而使土壤中重金属的浓度降低或毒性减小。

微生物吸附核素机理包括如下两方面：①利用微生物细胞直接固定核素离子，微生物表面结构对核素的吸附起着重要的作用(其中细胞壁和黏液层能直接吸收或吸附核素)。微生物的表面既带正电荷，又带负电荷，大多数微生物所带的是阴离子型基团，特别是羟基，因此在水溶液中呈负电性。不同的微生物因带电性不同、与核素间的作用力及作用势能变化不同而对核素的吸附作用有异。其中革兰氏阳性菌往往能固定较多的核素离子。②利用微生物的代谢产物固定核素。微生物在其生长过程与环境因素相互作用时会释放出许多代谢产物(如 H、S 及有机物等)，它们能与核素反应从而固定核素。另外，许多微生物提取物也具有键合能力。例如，某些微生物可产生很多胞外多糖，这种多糖由葡萄糖、半乳糖和丙酮酸等构成，具有很强的金属键合活性。

(2)生物富集：生物富集又称生物积累，微生物可以通过生物富集吸收多种核素及重金属离子进入细胞体内，其不同于生物吸附，它是一个主动运输过程，需要能量与呼吸作用才能完成，因此，只发生在活细胞中。此外，富集作用还需要通过多种金属运送机制，如脂类过度氧化、载体协助与离子泵等来增加微生物体内的金属含量。细胞膜的通透性，会使金属阳离子进一步暴露在细胞内的金属阳离子结合位点，进而增加细胞的富集能力。微生物固定作用有胞外吸附作用、胞外沉淀作用和胞内积累作用 3 种形式。其通过以下几种物质对核素进行去除：①核素磷酸盐、核素硫化物沉淀；②细菌胞外多聚体；③核素硫蛋白、植物螯合肽和其他金属结合蛋白；④铁载体；⑤真菌来源物质及其分泌物。

(3)生物转化作用：微生物对核素的转化作用包括氧化还原作用、甲基化与去甲基化作用以及核素的溶解和有机络合配位降解。土壤中的一些核素可以多种价态和形态存在，不同价态和形态的溶解性及毒性不同，可通过微生物的氧化还原作用和去甲基化作用改变其价态及形态，从而改变核素离子的毒性、溶解性以及迁移性，将其转化为低毒态或无毒态，从而降低其毒性。

(4) 生物还原：利用某些微生物本身的还原作用将核污染物中的核素离子由氧化态还原为还原态，是降低目标核素在环境中的溶解度和移动性的方法。例如，在缺氧条件下，微生物利用醋酸盐、乳酸盐、H_2 等作为电子供体，将易迁移的 U(VI) 还原为较稳定的 U(IV)，还原得到的 U(IV) 主要以晶质铀矿 (UO_2) 的形态存在，进而防止其迁移扩散。或将裂变产物 Tc(VII)（高锝酸根离子，TcO_4^-）还原成 Tc(IV)（TcO_2），可以降低目标核素在土壤环境中的溶解度和移动性。

(5) 生物溶解：在土壤环境中，微生物能够利用土壤中丰富的营养物质与能源生长代谢出多种低分子量的有机酸（如氨基酸、甲酸、柠檬酸、草酸等），这些低分子有机酸能与含核素和重金属的矿物及土壤重金属化合物发生一系列反应以加速土壤中核素及重金属的溶解与络合。

(6) 生物沉淀：一些微生物的代谢产物（S^{2-}、SO_4^{2-}）与金属离子发生沉淀反应，使有毒有害的金属元素转化为无毒或低毒核素和金属沉淀物。如柠檬酸杆菌属（*Citrobacter* sp.）能与 U 作用形成磷酸盐沉淀。例如，微生物通过细胞表面局部碱化作用使 U(VI) 沉淀生成碳酸盐或氢氧化物，或 U(VI) 与微生物酶促作用生成的配位体如磷酸盐、草酸盐等共沉淀生成 HUO_2PO_4、$Ca(UO_2)_2(PO_4)_2$ 等稳定的配合物，也称为生物矿化。

(7) 菌根真菌的生物作用：当真菌感染了植物的根并与其一起生长时，就成为菌根。菌根可以更好地吸收土壤中的营养物质。菌根真菌对于重金属离子可以产生直接影响，也可以产生间接影响。研究表明，东南景天体内分离的内生菌显著地增加了东南景天的根长、根表面积和根毛数，最终提高了植物对重金属的吸收和积累。

2) 影响微生物吸附及还原作用的主要因素

微生物吸附、还原核素是一个复杂的过程，受到溶液 pH、吸附温度、竞争离子和离子强度、污染物初始浓度和生物量浓度以及其他外界各种因素的影响。试验过程中可以通过对以上因素的控制和预处理来提高吸附和还原效果。

(1) 溶液 pH：pH 一方面影响微生物的生长，另一方面对还原动力学具有显著影响。由于溶液 pH 影响微生物吸附剂、还原剂细胞表面核素离子吸附位点的活性和污染物自身的化学形态，对于大多数吸附过程而言，溶液 pH 将直接影响微生物吸附量及还原量的多少。在一般情况下，随着溶液 pH 的升高，微生物吸附核还原去除核素阳离子的量将随之而增加；但 pH 过高将引起核素离子沉淀。许多研究表明，每种特定的吸附体系都有一个最佳的 pH，一般在 4~7，如耐辐射奇球菌吸附 U 的最佳 pH 为 5。

(2) 吸附温度：温度会影响微生物的代谢活性，其功能发挥一般集中在某一特定温度范围内，当温度从 20℃升高到 30℃时，还原性功能菌对核素的还原速率会显著提高；在 10℃以下时，微生物的活性较差，还原速率也较低，而且当温度过高时会造成微生物不可逆的损伤。温度过高或过低均可影响微生物对核素离子的吸附量，温度能通过增加细胞表面活性或吸附动力学所需能量来提高对核素离子的去除率，但温度过高可能会使细胞表面的吸附位变形，从而无法吸附核素离子。

(3) 竞争离子和离子强度：实际废物中通常含有多种不同的阴离子和阳离子，这些共存的离子往往会影响微生物对核素的吸附能力。阳离子会吸引带有负电荷的基团，从而导致放射性核素的吸附量减少；阴离子会与目标离子形成络合物，减少目标离子的浓度，使吸附率下降，且络合物的稳定系数越大，这种影响越明显。总体上微生物细胞对碱金属或碱土金属的亲和力远远小于目标离子。硫酸盐、硝酸盐、铁离子既是核素还原过程中的潜在竞争电子受体，同时也是微生物生长的能量来源，对核素还原的速率和程度会产生影响。

(4) 污染物初始浓度和生物量浓度：核素一般既有重金属的生物毒性又有放射性毒性，对微生物而言，过高浓度的核素会对其产生毒害作用，不同微生物对核素的耐受能力不同，而且生存在高放射性环境的微生物也存在较强的抗性，因此，从污染区域的土著微生物群落中筛选功能菌株，使其具有更高的核素耐受性，是提高微生物技术应用成效的重要途径。众多研究表明，增大核素离子初始浓度或降低生物量浓度，可以增加吸附量。但是，在评价核素离子初始浓度或生物量浓度的影响时，不应该将两方面孤立起来，要综合考虑，否则易得出错误结论。

(5) 其他因素：不同种类的微生物吸附剂，对核素离子的吸附容量也有差异。总体上，其吸附量按细菌、真菌、藻类顺序递减。在同类微生物中，吸附量也有高低。此外，微生物菌龄对核素离子的吸附也有较大影响。通常在延滞期和生长的早期阶段，微生物细胞对核素离子的吸附量大于稳定期细胞对核素离子的吸附量。有研究表明，酿酒酵母菌的菌龄对铀的吸附有十分重要的影响。菌龄越小，吸附的铀越多。

3) 微生物修复技术

目前国内外采用的微生物修复技术主要有两种类型，即原位微生物修复技术和异位微生物修复技术。原位修复技术的主要处理方法有生物通风法、投菌法和生物培养法，此法工艺简单、费用低，但处理速度慢，适用于渗透性好的土壤的治理。异位修复主要包括土地耕作法、预制床法、土壤堆制法、土壤堆肥法及泥浆生物反应器法，但是费用昂贵，所以只有在土壤严重污染时才采用该技术。

(1) 原位微生物修复技术：是指不需要将污染土壤搬离现场，直接向污染土壤投放 N、P 等营养物质和供氧，促进土壤中土著微生物或特异功能微生物的代谢活性，降低污染物毒性。此法工艺简单、费用低，但处理速度慢，适用于渗透性好的土壤的治理。具体做法包括在污染的原地点采用一定的工程措施，主要处理方法有生物通风法、投菌法和生物培养法。

生物通风法：又称土壤曝气，是基于改变生物生长环境条件(如通气状况等)而设计的，是一种强迫氧化的生物降解方法。其原理是在待治理的土壤中至少打两口井，安装鼓风机和抽真空机，将空气(空气中加入氮、磷等营养元素)强行排入土壤中，然后抽出，土壤中的挥发性毒物也随之去除。

投菌法：是向受污染的土壤中投入高效降解菌，同时提供这些微生物生长所需的营养，包括以氮、磷为主的常量营养元素和微量营养元素。其微生物可以是自然界筛选的微生物，也可以是基因工程菌。外源微生物由于对污染物的不适应而通常不能与土著微生物有效地竞争，因此只有在现存微生物不能降解污染物时才会考虑引进外源微生物。同时在应用时还需加大接种量，使外源微生物形成优势菌群，以便迅速开始生物降解过程。

生物培养法：一种直接利用土壤中的土著微生物实现生物修复的处理技术，即向污染的土壤中添加微生物生长所需的氮、磷等营养元素以及电子受体，刺激土著微生物的生长来增加土壤中微生物的数量和活性。通过定期向污染土壤中投放营养物质和 O_2 或 H_2O_2 作为电子受体，以满足环境中已经存在的降解菌生长繁殖需要，进而提高土著微生物的活性，将污染物降解成二氧化碳和水。也可采用生物强化技术，即向核素污染土壤中加入一种高效修复菌株或由几种菌株组成的高效微生物组群来增强土壤修复能力的技术。所加入的高效菌株可通过筛选培育或通过基因工程构建，也可以通过微生物表面展示技术表达核素高效结合肽，从而得到高效菌株。

高效菌株有 2 个来源：一是从核素污染土壤中筛选；二是从其他重金属污染环境中筛选。从核素污染土壤中筛选分离出土著微生物，将其富集培养后再投入到原污染的土壤，这是本土生物强化技术。筛选、富集的土著微生物更能适应土壤的生态条件，进而更好地发挥其修复功能。

基因工程可以打破种属的界限，把重金属抗性基因或编码重金属结合肽的基因转移到对污染土壤适应性强的微生物体内，构建高效菌株。由于大多数微生物对重金属的抗性系统主要由质粒上的基因编码，且抗性基因也可在质粒与染色体间相互转移，许多研究工作开始采用质粒来提高细菌对重金属的累积作用，并取得了良好的应用效果。

(2) 异位微生物修复技术：指移动污染物到反应器内或邻近地点，采用工程措施进行。其主要方法有土耕法、生物堆制法、生物泥浆法、土壤堆肥法和预制床法。

土耕法：土地耕作处理是现场处理土壤污染常用的方法。通过施肥、灌溉和耕作来增加土壤中的有效营养物质和氧气，增加物质流动，同时控制一定的温度、湿度和 pH，以提高土壤微生物的活性，加快其对有机污染物的降解。

生物堆制法：它是土耕法的一种改进形式。生物堆制通常包括一个打了孔的暗渠，以用来收集沥出物和回收生物堆中的空气。一个真空泵和暗渠连接在一起，给生物堆充气，以促进微生物的生长。

生物泥浆法：操作方法是先挖出土壤与水混合成泥浆，然后转入反应器，并将已被驯化的微生物加入准备处理的土壤中。同时加入一定量的营养物质和表面活性剂，调节适宜的 pH，底部鼓入空气充氧，加速污染物的降解。这种方法能很好地控制降解条件，因而处理效果好、速度快，但处理成本要比土地耕作、堆肥等技术高。

土壤堆肥法：是将含油废弃物与适当的材料相混合并堆放，依靠堆肥过程中微生物作用来降解石油烃类的过程，同时加入了土壤调理剂以提高微生物的生长和石油生物降解的能量。加入的调理剂可以是干草、割草、树叶、麦秆或肥料，其目的是提高土壤的渗透性，增加氧的传输，改善土壤质地，为建立庞大的微生物种群提供能源。

预制床法：土壤耕作处理的最大缺陷是污染物可能从处理区迁移，预制床的设计可以使污染物的迁移量减至最小，因为它具有滤液收集和控制排放系统。操作方法是在不泄露的平台上铺上沙子和石子，将污染土壤转移到平台上，并加入营养液和水，必要时可加入表面活性剂，定期翻动供氧，充分满足土壤微生物生长需要，处理过程中流出的渗滤液，及时回灌于土层，以彻底清除污染物。

从目前来看，微生物修复是最具发展和应用前景的生物修复技术，人们在微生物材料、降解途径以及修复技术研发等方面取得了一定的研究进展，并展示了一些成功的修复案例。但目前核素污染土壤原位微生物修复技术还存在以下几个方面的问题：修复效率低，不能修复重污染土壤；加入修复现场中的微生物会与土著菌株竞争，可能因其竞争不过土著微生物，而导致目标微生物数量减少或其代谢活性丧失；核素污染土壤原位微生物修复技术大多处于研究阶段和田间试验与示范阶段，还存在大规模实际应用的问题；微生物个体微小，难以从土壤中分离；核素回收困难。同时污染场地应用是各种生物修复技术研发的最终目的。一般说来，实验室的微生物修复研究，因修复条件较为理想化，被干扰因素极少，其修复效果一般都较好。而一旦将室内的微生物修复技术放大到现场条件下，干扰因素复杂，就可能出现一系列的新问题，甚至可能会遭受完全否定等现象。因此，微生物修复技术的场地应用是一项复杂的系统工程，必须融合环境工程、水利学、环境化学及土壤学等多学科知识，创造现场的修复条件，如土地翻耕、农艺措施、添加物质、高效微生物、植物修复、季节更替等，构建出一套因地因时的污染土壤田间修复工程技术。值得深入探索的研究方向包括筛选、培育修复效率更高的优势菌株，必要时对其进行基因改造，提高其对环境的耐受性和修复效率；在保证修复效果的前提下，寻求价格低廉的碳源和磷源，促进目标优势菌株对核素污染的修复；运用分子生物学研究方法，了解核素污染修复过程中细胞代谢途径和调控机制，把握和调控修复全过程中的微生物群落演替，提高生物修复效果的稳定性；研究采用联合修复方法，例如，植物-微生物联合修复、渗透反应墙-微生物联合修复、电化学-微生物联合修复等方法，弥补单一修复方法可能存在的不足，以获得更好的修复效果，缩短修复周期。

4）微生物修复特点及应用前景

用于治理放射性污染的物理化学常规方法的成本较高，易造成二次污染，且难以用于大面积污染的环境治理。用微生物菌体作为生物处理剂，富集回收存在于放射性废液溶液中的锶、铯、铀、锝等放射性核素，该方法效率高、成本低、耗能少，而且没有二次污染物。通过微生物对核素离子的吸附富集，可以实现放射性废物的减量化目标，为核素再生或地质处置创造有利条件。另外，利用微生物来浸冶铀矿石，修复被核试验、贫铀弹、核事故等放射性废物污染的土壤、水体等，对有效解决目前由铀矿冶、铀尾矿、放射性核素造成的环境污染问题具有潜在应用价值。对存在的部分污染工业场地、污染地下水等潜在治理源项，微生物还原固化技术对放射性铀等污染物的治理均存在适用性和可行性。同时，微生物还原固定技术无须使用化学药剂，具有显著的处理成本低、无二次污染的优势，在维持良好的生长条件时，微生物具有良好的自我繁殖能力，其对核素及金属的修复效果可持续，能够从源头上解决污染物的溶出问题，因此该技术在铀尾矿（渣）渗水的污染防控中也具有广阔的应用前景。

若要将微生物技术推广到实际应用中仍存在诸多问题，如工艺操作复杂、吸附剂的最终去向及处置等。随着现代生物技术的发展，人们有望对微生物技术有更全面、更深刻的认识，作为有效治理核素污染的技术，以下几点应给予特别的关注：①加强对微生物还原和吸附机制的研究，采用多种方法，从多个角度进行多层次分析，提出适宜的数学模型；②探索微生物治理与传统方法相结合的综合技术，这一技术可以弥补单一方面的缺陷，有利于在短时间内推向市场；③利用基因工程技术，将多种高效的特征基因重组成具有多功能、高转化能力的基因工程菌来处理放射性废物；利用分子生物学手段对某些关键微生物的基因组序列进行分析，并且与其他的先进技术相结合，如同位素示踪、光谱分析、扫描电镜、原子力显微镜等，这一领域的研究可望取得突破性进展；④采用化学修饰法通过去异求同、屏蔽不利基团并促进吸附基团与放射性核素离子结合，从而增强去除效果；⑤开发出类似于离子交换树脂的商业化生物吸附剂，为微生物技术大规模应用提供可能，使得微生物处理技术在治理核素污染领域发挥有效作用。

2. 动物修复

土壤动物修复技术是利用土壤动物及其肠道微生物在人工控制或自然条件下,在污染土壤中生长、繁殖、穿插等活动过程中对污染物进行破碎、分解、消化和富集的作用,从而使污染物减少或消除的一种生物修复技术。

1) 土壤动物修复的理论基础

土壤动物是土壤生态系统中的主要生物类群之一,占据着不同的生态位,对土壤生态系统的形成和稳定起着重要的作用。这些动物主要由土壤原生动物和土壤后生动物群落组成。一般平均每克土中含有原生动物的数量超过 1 万~4 万个;而土壤后生动物群落主要有线虫、千足虫、蜈蚣、轮虫、蚯蚓、白蚁、老鼠等。蚯蚓、老鼠等动物以动植物残体为食,不断地破碎和分解有机物。一方面给微生物提供了更多的营养,同时微生物随着土壤动物在土壤中的运动而不断被带到新的环境中大量繁殖;另一方面,动物对有机物等的破碎作用增加了微生物的接触面积。特别是密集性的农业生产以来,大量的秸秆、粪便归还到土壤中,土壤动物的作用使得这些物质分解速度加快,分解后能被植物迅速利用,不然会导致废弃物积累过多。

土壤动物特别是无脊椎动物对动植物残体的粉碎和分解作用,促进了物质的淋溶、下渗,还增加了土壤中细菌和真菌活动的接触面积,加速了养分的流动;土壤动物通过直接采食细菌或真菌或通过有机物质的粉碎、微生物繁殖体的传播和有效营养物质的改变等间接方式来影响微生物群落的生物量和活动。由于微生物特别是细菌的活动性差,因而只能靠水及其他的运动而移动。蚯蚓等无脊椎动物通过产生蚓粪使微生物和底物充分混合,蚯蚓分泌的黏液有对土壤的松动作用,能改善微生物生存的物理化学环境,大大增加微生物的活性及其对有机物的降解速度。

土壤动物的上下翻动作用,一方面机械混合了土壤的物质组成;另一方面改变了微地形,从而使土壤中的水、气、热量状况和物质的转化都受到很大影响。许多动物通过与土壤之间的物质、能量交换,参与了土壤中物质和能量的转化过程。许多动物的挖掘作用,在土层内造成了大小不同的洞穴,对土壤的透水性、通气性和松紧度均有很大影响。土壤动物的上下移动发生混合,可降低土壤容重,增加土壤表层的结构性和土壤表面的通透性,从而影响水分传输。土居性动物,如蚯蚓在土壤中向上挖掘与空气相通、向下可达自由水的通道,可增加土壤的渗透性。

土壤动物的消化、排泄使土壤中一些复杂的有机质转变成简单有效的营养物质,能加速物质的生物循环，提高物质的有效性，而且也可改善土壤结构，增加土壤的保肥与供肥能力。

2）土壤动物修复机理

土壤动物在土壤中的活动、生长、繁殖等都会直接或间接地影响到土壤的物质组成和分布。特别是土壤动物能对土壤中的有机污染物进行机械破碎、分解，还会分泌许多酶，并通过肠道排出体外。与此同时，大量的肠道微生物也转移到土壤中来，它们与土著微生物一起分解污染物或转化其形态，使得污染物浓度降低或消失。

土壤动物不仅能直接富集核素和重金属，还能和微生物、植物协同富集核素及重金属，改变核素及重金属的形态，使核素及重金属钝化而失去毒性。特别是蚯蚓等动物的活动促进微生物的转移，使得微生物对土壤修复的作用更加明显；同时土壤动物能把土壤有机物分解转化为有机酸等，使核素及重金属钝化而失去毒性。

3）土壤动物修复技术及应用

土壤动物直接用于修复：土壤动物大规模养殖技术的进一步成熟，为土壤动物修复提供了基础。同时土壤动物修复技术的应用也促进了土壤动物养殖技术的发展。这不仅会开发出一个新的产业，生物修复技术也会改变人们的环境生态保护意识，增强人们对环境土壤动物的保护。

农牧业产生的大量废弃物正是土壤动物最好的食物。通过土壤动物的大规模养殖，这些废弃物将是很好的原料，粪便不出畜禽养殖场的门就能快速地被处理完，秸秆也能快速地被处理，而不用担心秸秆焚烧污染大气和浪费大量有机质，同时通过发展土壤动物养殖，还可以产生大量的有机肥料。土壤动物的蛋白质含量都在 55%～65%，都是上好的蛋白饲料。对于沼渣、纸浆废渣及其他工业及生活有机垃圾等污染的土壤都可以用土壤动物单独地进行修复，也可结合工程技术进行污染治理。

当污染物中含有大量核素、重金属及农药残留时，用于土壤修复的动物则需要进行特别的处理。往往土壤中含的核素、重金属或农药超出土壤动物的半致死浓度时，可以通过工程措施、农艺措施等降低其浓度后进行动物修复。

土壤动物修复技术与微生物、植物修复技术结合应用：土壤动物修复技术如果能和微生物修复技术、植物修复技术、工程技术相结合，将更能发挥其功能，提高修复能力。在很多时候，植物的存在能对土壤环境起到调节作用，如涵养水源、调节土壤水分、分泌有机酸等物质、调节土壤 pH、提高土壤的缓冲性能，从而提高土壤动物在土壤中的生存能力，加强土壤动物处理能力和富集能力。土壤动物、植物、微生物三者结合进行污染土壤的修复，才能真正地修复污染土壤，重建起稳定的土壤生态系统。

3. 植物修复

植物修复是利用植物修复放射性核素及重金属污染土壤的技术，是以植物忍耐和超量积累某种或某些化学物质的理论为基础，利用植物及其共存微生物体系清除或钝化环境中污染物的一门环境污染治理新技术。植物修复技术特别适合于低剂量、大面积的放射性核素及重金属污染土壤治理。在自然环境适宜的条件下,植物修复技术投资和维护成本较低、污染物在原地被降解,操作简便;消除、修复的时间短,不破坏土壤生态环境,通过对植物的集中处理造成二次污染的机会较少,对一些植物的放射性核素和金属还可以回收利用,同时植物修复属于自然过程,容易被公众所接受,且有可能通过资源化利用而取得一定经济效益。植物修复是一种环境治理的最终技术,其应用有利于环境生态的恢复及土壤资源的可持续利用。

1)植物修复种类

植物修复的概念最早由沙内(Chaney)和贝克(Baker)提出,其指利用超积累植物从土壤中吸取一种或几种重金属元素,并将其转运、富集,最后收获富集部位集中处理,这样通过种植一季或多季此种植物即可以有效减轻土壤受污染的程度,并可以将回收的重金属循环利用,特别适合于低剂量、大面积的放射性核素及重金属污染土壤治理。

一般根据植物对污染物的作用原理,将植物修复分为植物萃取(phytoextraction)、植物稳定化(植物固定)(phytostabilization)、植物挥发(phytovolatilization)和植物过滤(phytoinfiltration)(图 7.2)。

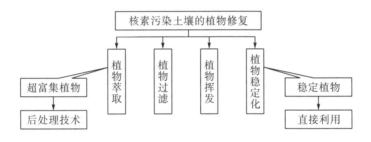

图 7.2 核污染生物修复示意图

(1)植物萃取:利用某种放射性核素的超积累植物将土壤中的核素转运出来,富集并搬运到植物根部可吸收部位和地上部位,待植物收获后再进行处理,连续种植这种植物,可使土壤中放射性核素的含量降低到可接受水平。其核心是超富集植物的选择应用,其关键点是要求所用植物具有生物量大、生长快和抗病虫害能力强的特点,并具备对多种核素及重金属有较强的富集能力。此方法的关键在于寻找合适的超富集植物。

目前许多放射性核素及重金属超富集植物存在的问题主要表现在植株矮小、生长缓慢、生物量低、修复率低、耗时长,且不易机械化作业;植物器官往往会通过腐烂、落叶等途径使核素重返土壤,造成土壤的二次污染,必须在植物落叶前收割并处理这些植物器官;多为野生型植物,对气候条件的要求也比较严格,区域性分布较强,应用范围较小;超积累植物的根系一般较浅(如草本植物多数集中在 0～30cm 内),一般只对浅层污染土壤的修复有效;目前发现的超积累植物只是对某一种低放核素具有超积累性,还未发现或较少发现具有同时对几种低放核素或重金属超积累特性的植物。

超富集(积累)植物是指能够大量吸收污染土壤中的重金属,并将积累在根部的放射性核素或重金属元素转移到地上部分的植物,而且根据元素的不同对其富集量的界定也有所不同。植物萃取是目前研究最多、最有发展前景的植物修复方法。该技术依靠种植对放射性核素及重金属具有较强忍耐和富集能力的超富集植物，同时采用有利于超富集植物吸收、转运、富集放射性核素及重金属的植物强化修复技术，诸如施用植物激素、有机酸、螯合剂、表面活性剂及微生物菌剂等，辅之以配套栽培技术措施，诸如施肥、喷洒农药等提高植物修复效率。

(2)植物稳定化：利用植物根际的一些特殊物质使土壤或水体中的放射性核素固定在相对区域的一种技术或者利用植物根际的一些特殊物质使土壤中的污染物转化为相对无害物质的一种方法。其关键点是找到稳定植物，稳定植物的要求一是保护污染土壤不受侵蚀，减少土壤渗漏来防止核素及金属污染物的淋移；二是通过放射性核素及重金属根部的积累和沉淀或根表吸收来加强土壤中污染物的固定。

然而植物稳定作用并没有将土壤环境中的放射性核素及重金属离子去除，只是暂时将其固定，使其对环境中的生物不产生毒害作用，没有彻底解决环境中的重金属污染问题。如果环境条件发生变化，重金属的生物可利用性可能又会发生改变。严格说来，植物固定不应属于植物修复技术，它是与植物提取原理相反的一种污染土壤利用技术，它所需要的植物特点与植物提取所需植物特点完全相反，也是一种污染土壤无害化的利用方式。有利于植物固定的植物种类和品种的选择应用至关重要。

(3)植物挥发：植物从土壤中萃取挥发性金属(如汞、硒)和低放核素(氚)，并通过叶面作用将它们蒸发掉。

(4)植物过滤：也称植物根滤，它是借助植物羽状根系所具有的强烈吸持作用，从污水中吸收、浓集、沉淀放射性核素及重金属或有机污染物，植物根系可以吸附大量的铅、铬等金属，也可以用于放射性污染物、疏水性有机污染物(如 TNT)的治理。进行根滤作用所需要的媒介以水为主，因此根滤是水体、浅水湖和湿地系统进行植物修复的重要方式，所选用的植物也以水生植物为主。

2)植物对重金属的吸收、转运、积累和忍耐机制

(1)植物对土壤核素及重金属的吸收及转运。

超积累植物根系能分泌特殊有机物，或其根毛直接从土壤颗粒上交换吸附重金属，促进土壤核素及重金属元素的溶解和吸收。吸附在根表或根毛皮层上的核素及重金属离子可通过质外体或共质体途径进入根细胞，大部分金属离子通过专一或通用的离子载体或通道蛋白进入根细胞，该过程为一个消耗能量的主动过程，非必需的核素及重金属可与必需金属竞争膜转运蛋白，以离子形式或金属螯合态进入根细胞。

超积累植物对重金属的吸收具有很强的选择性，其选择性积累的可能机制是：在金属经过根细胞膜进入根细胞共质体或木质部薄壁细胞的质膜装载进入木质部导管时由专一性运输蛋白或通道蛋白调控。重金属一旦进入根细胞，可贮藏在根部或运输到地上部，但由于内皮层上有凯氏带，离子只有转入共质体后才能进入木质部导管，进入根细胞质后，游离离子过多，对细胞产生毒害，因而重金属可能与细胞质中的有机酸、氨基酸、多肽和无机盐结合，通过液泡膜上的运输体或通道蛋白运入液泡中。

植物从根际吸收重金属并将其转移和积累到地上部，这个过程包括许多环节和调控位

点：①跨根细胞质膜运输；②根皮层细胞中横向运输；③从根系的中柱薄壁细胞装载到木质部导管；④木质部中长距离运输；⑤从木质部卸载到叶细胞；⑥跨叶细胞膜运输。

(2) 植物对土壤放射性核素及重金属的积累。

大多数放射性核素及重金属离子带有较多的正电荷，可与植物组织中带负电荷的大分子化合物结合。一般条件下，大多数植物吸收的重金属主要积累在根系而在地上部的含量较低。在根系中，重金属主要分布在质外体或形成磷酸盐、碳酸盐沉淀，或与细胞壁结合。在植物地上部，各组织中的放射性核素及重金属含量一般比较低，但在一些放射性核素及重金属超量积累植物中，其地上部放射性核素及重金属含量是普通植物的 100～1000 倍。

植物积累重金属的机理可能是：①区域化分布：重金属在根基质体内的运输受两个过程的调控：与植物螯合肽(phytochelatins，PCs)结合和区室分布；在叶细胞运输中，组织和细胞水平上都存在区域化分布，在细胞水平上，许多证据显示液泡可能是重金属离子的贮存场所。②有机化合物的螯合作用：有机化合物在植物耐重金属毒害中具有重要作用，这些有机物包括有机酸、氨基酸、肌醇六磷酸盐、多肽金属硫蛋白和金属螯合肽。③细胞壁结合：植物细胞壁是重金属离子进入的第一道屏障，金属沉淀在细胞壁上能阻止重金属离子进入细胞原生质而使其免受伤害。

(3) 植物对放射性核素及重金属的活化或固定。

植物本身对土壤放射性核素及重金属的活化作用主要体现在四个方面：①植物分泌能螯合金属的化合物进入根际：溶解土壤结合态的重金属，金属硫蛋白(metallothioneins，MTs)作为植物的离子载体。②在植物根细胞膜上的专一性金属还原酶作用下，土壤中高价金属离子还原，从而溶解性增加。③植物通过根部释放质子酸化根际环境，促进重金属溶解。④植物根系能分泌特殊有机物，促进土壤重金属溶解。

土壤微生物对土壤重金属也具有活化或固定作用，在环境中核素及重金属影响微生物种类和数量的同时，微生物也通过自身的生命活动改变环境中核素及重金属的存在状态，根际微生物可通过改变土壤溶液 pH，产生 H_2S 和螯合有机物来影响核素及重金属的化学行为，其细胞原生质膜直接吸收固定核素及重金属或通过分解代谢产物释放到环境中。此外，根际微生物也可通过改变根际环境理化性质、化学组成等过程间接地作用于核素及重金属的迁移转化过程。研究表明，一些微生物能够产生胞外聚合物，主要成分为多聚糖、糖蛋白、脂多糖和草酸盐，这些物质具有大量阴离子，与核素及重金属结合而解毒。菌根是植物根系和真菌形成的一种共生体，能增加根系的表面积，菌丝伸展到根系无法接触到的空间增加植物对矿质元素(包括重金属)的吸收，从而提高植物生物量。挑选耐性微生物居住在植物根际，会有利于提高植物对放射性核素及重金属的吸收，因此运用基因工程等生物技术来培养对核素及重金属具有解毒能力的微生物，借此消除放射性核素及重金属对土壤的污染等方面的研究十分活跃。

土壤改良剂也可活化土壤重金属，土壤改良剂包括螯合剂、土壤酸化剂，它们能促进植物对核素及重金属的吸收和富集。

(4) 植物对放射性核素及重金属的忍耐。

植物对重金属的忍耐机制可能是：环境中过量的重金属会影响植物的正常生长和发育，尽管如此，不少植物仍能在高浓度的重金属环境中生长、繁殖并完成生活史，表明在长期进化过程中植物相应地产生了对重金属的抗性，这可能与其存在某些特异性的代谢途径或酶有关。①避性：一些植物可通过某种外部机制保护自己，使其不吸收环境中高含量的重金属从而免受毒害。在这种情况下，植物体内重金属的浓度并不高。在重金属污染条件下，植物通过限制对重金属的吸收，降低体内的重金属浓度，但降低对重金属离子吸收的机制还不清楚。在重金属胁迫下，植物可分泌一些物质来降低植物周围环境中有效态的重金属离子含量，避免植物受害。②耐性：耐性是指植物体内具有某些特定的生理机制，使植物能生存于高含量的重金属环境中而不受伤害，此时植物体内具有较高浓度的重金属。贝克(Baker)认为，耐性具备两条途径：金属排斥性(metal exclusion)和金属累积(metal accumulation)，重金属从生物体内排除，也是一种很好的解毒方式，研究认为，植物原生质膜有主动排出金属离子的作用，植物还可以通过老叶的脱落把重金属排出体外。许多研究认为，一些耐性植物能在根部积累大量重金属离子，并限制向地上部分运输，从而使地上部分免遭伤害，一定程度上提高了植物耐性。

分子生物学的发展，有助于从分子水平上来阐明植物对重金属离子的吸收、积累和忍耐机理。一般认为植物对重金属的吸收、累积和忍耐可能是由多个基因控制的过程，目前已从微生物、植物、动物中陆续分离出与金属化合物形态转化有关的基因，如汞离子还原酶基因(merA)、有机汞裂解酶基因(merB)、汞转运蛋白基因(merT)、金属硫蛋白基因(MT)、植物螯合肽基因(PCs)、铁离子还原酶基因(FRO2)和锌转运蛋白基因(ZIP)。这些基因的发现和克隆有利于更清晰地了解金属离子代谢的生物化学机制。

植物对核素及重金属的吸收、转运、积累、活化和忍耐机制的研究已经越来越受到国内外学者的关注，因它涉及植物生理学、植物生态学、土壤化学、土壤微生物学、分子生物学与基因工程等多个学科，需要相关学科的通力协作和综合，植物对重金属的吸收和抗性的机理还不十分清楚，分子遗传机制的突破很大程度上依赖于对植物吸收、运输、积累核素及重金属的生理生化机理的了解，因而植物对核素及重金属的吸收和在其体内运输的形态及调控成为研究的关键。

(5)植物对重金属及核素的解毒机理。

根据已有研究表明，超积累植物对核素的解毒机理与植物根部对核素及重金属离子的吸收、转运及其在植物体内的转化、螯合和区室化及植物细胞本身的修复机制有关。已有报道的相关解毒机理如下。

回避机制：植物由于某些原因不吸收或少吸收核素。

排除机制：植物吸收核素后从其根际和枝条等部位再排除。

细胞壁作用机制：耐受核素的植物细胞壁比非耐受性植物细胞壁具有更优先键合核素的能力。

核素进入细胞质机制：耐性植物根部能灵活地泵吸核素到液泡中。

核素与各种有机酸络合机制：核素与各种有机酸络合后能降低自由离子的活度系数，降低毒性。

酶适应机制：许多植物能产生不受核素制约的酶或受土壤溶液中核素的影响合成植物根际细胞酶。

渗透调节机制：细胞膜透性增加，使核素能引起许多物质从植物体内渗漏。

(6) 植物对放射性核素及重金属的稳定作用。

植物稳定修复的作用体现在：①可在一定程度上降低土壤被放射性核素侵蚀，同时植物也可减少核素通过在土壤中渗漏从而向其他地方的转移。②植物根系可吸收核素或者将核素吸附在根系表面，从而固定土壤中的核素离子。在我国矿区附近进行的植物稳定试验结果表明，植物稳定修复不但可以减轻不同种类重金属对土壤的毒害，还可以恢复矿区周围植被。在对 U 的稳定过程中，U(Ⅵ) 被还原为较稳定的 U(Ⅳ)，还原得到的 U(Ⅳ) 主要以晶质铀矿(UO_2) 的形态存在，进而防止其迁移扩散，从而减轻 U 对土壤的毒害。

虽然植物稳定作用非常好，但是其只是在一定时间内将核素固定住，以至于对生物体不产生危害，并没有彻底消除土壤中的放射性核素污染。一旦环境条件有所变动，被固定住的核素的生物可利用性也会发生变化。而筛选核素低积累植物作为植物稳定修复中的一种技术，能将轻、中度污染土壤充分利用起来。

3) 影响植物修复效率的因素

影响植物吸收污染物技术的主要限制因素是土壤核素及重金属的生物有效性和核素及重金属从植物根向地上部分转移的能力。核素及重金属在土壤中一般以多种形式贮存，其不同的化学形态对植物修复的有效性不同。核素及重金属生物有效态是指能被该地生存的生物(通常为植物)所吸收的那部分核素及重金属，植物吸取的首要目标是减少土壤有效态重金属浓度，而不是土壤核素及重金属总量，所以植物提取技术的效率在很大程度上取决于对核素及重金属有效态的吸收。

影响植物修复效率的因素如下。

(1) 核素和重金属的形态与性质。

核素溶解态的阳离子迁移力不同，导致植物吸收核素的能力呈现出差异。如从修复环境的角度考虑，对铀在环境中的化学形态及化学行为进行详细研究将有助于制定正确的修复策略。铀以 U(Ⅵ) 活性最高，土壤矿物对 U(Ⅵ) 的吸附随 pH 升高而增加(pH<7 时)，降低 pH 则发生解吸。在土壤和水体中，铀能够与 CO_3^{2-}、OH^-、SO_4^{2-} 和 PO_4^{3-} 形成配合物，这些配合物能够提高铀的总溶解度。

(2) 植物种类的影响。

不同科、属的植物对放射性核素的积累不同，这些植物在科、属内分布具有某些特点，^{90}Sr 和 ^{137}Cs 都是水溶性的长寿命金属核素，它们分别与营养元素 Ca、K 的化学行为相近，具有重要的生态学意义，以放射性核素 Cs 和 Sr 为例，放射性核素 ^{137}Cs 积累植物和超积累植物主要分布在苋科(Amaranthaceae)、藜科(Chenopodiaceae)和菊科(Compositae)内，而对放射性 ^{90}Sr 积累植物来说，葫芦科(Cucurbitaceae) 植物的积累能力较禾本科(Gramineae)强。

(3) 同种植物的不同器官对低放核素的积累和分布影响。

土壤中的高浓度 ^{133}Cs 与 ^{88}Sr 对植物有毒害作用，使植株受到损伤，随着处理浓度升高，植物体内 ^{133}Cs 或 ^{88}Sr 含量增加，并且根系含量大于地上部含量，相同处理浓度下，苏丹草对 ^{133}Cs 的积累量明显高于对 ^{88}Sr 的积累量。

(4) 不同土壤类型对植物富集低放核素和重金属的影响。

土壤理化性质，如质地、pH、有机质、土壤水分等，对铀的生物有效性有重要影响，部分积累植物在不同的土壤类型中，对低放核素的积累能力不同。植物的根际环境、土壤的理化性质、氧化还原电位、pH、水分含量、根系微生物以及根际分泌物等的差异性可能使植物吸收、转运金属离子方面存在不同。

土壤水分对陆生植物吸收和积累铀核素具有十分重要的影响，因为它直接影响到土壤微生物的多样性及植物本身的长势，也关系到灌溉条件下污染物随地下水的走势。生长在含水铀尾矿库边缘的植物较远离尾矿库的植物具有更大的富集因子，其可能原因在于土壤酸度和水分饱和度降低了土壤的束缚力，增强了铀的溶解性和植物吸收的有效性。较高的土壤水分提高了对贫铀的吸收，表明更多的贫铀得到了溶解以供植物利用。富集因子随土壤贫铀含量的增加而减小，随土壤水分的增加而增大。

(5) 土壤微生物对放射性核素和重金属污染植物修复的影响。

自然条件下，植物生长是与根际微生物密不可分的。植物的共生微生物对改善植物的矿质营养有着不可替代的作用。在重金属或放射性核素污染地带(尤其是尾矿)，往往缺乏植物必需的矿质养分，这些共生体系对于植物适应矿区恶劣环境从而保障植物修复的成功可能具有极其重要的意义。在另一方面，共生微生物可能直接或间接参与元素活化与植物吸收过程，对于植物修复效果产生不可忽视的影响。事实上，应用植物-微生物共生体强化植物重金属耐性，提高污染土壤生物修复效率已经成为相关研究领域新的研究热点。在各类植物共生微生物中，菌根真菌是唯一直接联系土壤和植物根系的一类，在植物矿质营养与逆境生理中起着重要的作用，因而受到格外的关注。

(6) 施肥对放射性核素和重金属污染植物修复的影响。

肥料为植物生长提供营养，是植物生长良好的重要保证。当土壤施肥后，立刻就会影响土壤组分中的活性硅、铁、铝、锰、黏粒种类、胶体组分以及土壤环境中的 pH、温度、氧化还原电位、离子强度、重金属浓度等，而这些要素会直接影响土壤对重金属的吸附，从而影响植物对重金属的吸收。由于 ^{137}Cs 与 ^{90}Sr 分别同钾和钙具有相似的化学性质，土壤中施入磷、钙肥会抑制植物对 Sr 的吸收，而在 ^{137}Cs 污染的土壤中施用大量的钾肥会减少植物对 Cs 的吸收。施肥可改变土壤的理化特征，增加土壤中铀核素的植物可利用性，降低这类污染物在土壤中的流动性。

(7) 土壤改良剂对放射性核素和重金属污染植物修复的影响。

在严重污染地带或尾矿废弃地，添加土壤改良剂对于建立植被覆盖是必需的措施。土壤改良剂的添加能够改变土壤特性或核素和重金属的化学形态。土壤改良剂主要包括螯合剂(有机酸)、表面活性剂、植物生长调节剂等。大量研究显示，向土壤中添加某些种类的有机酸(尤其是柠檬酸)改良剂能够大幅度提高铀的植物有效性，增加铀从污染土壤向植物嫩枝的迁移量，从而强化植物提取，这实际上是一种诱导植物提取的过程。

表面活性剂对土壤重金属具有解吸作用，其作用机制是表面活性剂先吸附在土壤表面与重金属的结合物上，然后将重金属从土壤颗粒上分离，进入土壤溶液，进而进入表面活性剂胶束中。

向土壤中施加人工合成的螯合剂(EDTA)、二乙烯三胺五乙酸(DTPA)、乙二醇二乙醚二胺四乙酸(EGTA)、柠檬酸等,能够活化土壤中的重金属,提高重金属的生物有效性,促进植物吸收。

添加螯合剂能够促进重金属离子的解吸和溶解,提高其生物有效性。螯合剂与重金属形成能被植物吸收的螯合物,从而降低重金属对植物产生的毒性,有利于植物对重金属的吸收。而一些低分子有机酸如苹果酸、柠檬酸等在促进土壤中重金属解吸的同时,其在土壤中的降解速度快,降解终产物为二氧化碳与水,不易出现残留造成二次污染。土壤螯合诱导植物修复技术的示意图如图 7.3 所示。

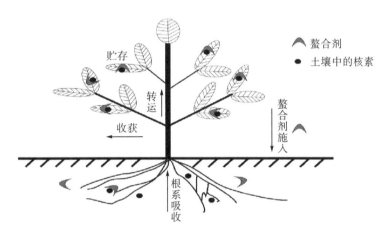

图 7.3 土壤螯合诱导植物修复技术示意图

(8)栽培措施对核素和重金属污染植物修复的影响。

在植物修复的实际应用过程中,主要的栽培措施包括轮作、间作、套作、收割以及育苗、翻耕、种植、除草等。它们的正确应用也是保证修复效果、降低土壤修复的经济成本的重要因素。

4)植物修复强化技术及与之相结合的农业技术

放射性污染土壤的植物修复不仅仅是超富集植物的简单应用,它还涉及植物修复效率的诸多影响因素,如植物种类及品种选择、污染土壤的理化特性、土壤微生物、土壤改良剂、农业施肥措施和核素在土壤中的化学形态等,因此探索放射性核素污染土壤生态修复的最佳生态条件就应包括水分、营养物质、处理场地、氧气与电子受体及介质物化因素,同时综合应用化学强化技术、土壤螯合诱导植物修复技术、必要栽培技术措施缩短修复周期技术、农业结构调整技术、栽培技术措施综合调控技术等增加植物体的生物量及其对放射性核素的吸收、转运、富集和修复效果。

植物修复强化技术是围绕超富集植物对污染土壤中放射性核素或重金属的吸收、转运和富集能力提高所采用的一系列技术措施,往往是通过其他生物、化学物质等的应用以提高超富集植物的富集能力和效果,因此在应用植物修复强化技术时应遵循如下原则:①高效,所采用的强化技术措施至少在促进超富集植物生长、吸收或转运方面功效突出;②安全，所采用的强化技术措施不产生或少产生二次污染，没有生态风险；③经济，所采用的强化技术措施成本低廉，应用方便。

通常提高植物修复效率的途径包括：①通过转基因技术来优化植物本身的富集性能；②通过调节植物生长的根际生态环境以提高土壤中重金属的生物有效性；③通过农艺及管理措施来增加超富集植物的生物量及其对重金属的吸收和累积。

植物修复强化技术类型通常包括：遗传改良技术、螯合诱导技术、应用酸碱调节剂技术、应用表面活性剂技术、应用植物生长调节剂技术、化学复合处理技术、接种根际微生物强化技术、农艺措施强化修复技术、植物刈割和收获技术等。

5) 收获后植物残体的减量化、无害化处理技术

用于植物修复的植物收获后要进行采后处置，目前常规方法主要有直接处置法、压缩填埋法、堆肥法及焚烧法、高温分解法、灰化法、萃取法等，在进行采后处置前可将植物进行干燥、粉碎、微生物制剂处理等使植物残体减量化、无害化，方便运输后处置。

在植物修复过程中会产生大量修复植物及其残体。这些由植物修复产生的收获物富含核素和重金属，如果不尽快进行妥善处理，其中富集的核素和重金属将会重新进入环境，且由于生物体中的核素和重金属具有更高的活性，会对环境带来更大的危害，同时运输和储存这些核素和重金属高富集生物质需要占用较大空间，处理费用高昂。因此，修复植物的后处理技术应基于无害化、资源化和减量化的原则，目的是把核素和重金属高富集生物质中的核素和重金属分离出来的同时，将其中的生物质减量化并转化为能源。

目前主要的核素及重金属高富集植物的后处理技术如下。

(1) 微生物快速减容减重法。

微生物利用富集植物体中的有机质等营养物质进行自身的生长和繁殖，同时放出大量热量，通过产纤维素酶对富集植物体中木质纤维素进行降解，减少富集植物体的体积，从而达到利用微生物将富集植物体快速减容减重的目的。

(2) 焚烧和灰化法。

焚烧法是一种高温热处理技术，是将放射性核素和重金属高富集植物放入焚烧炉中，通入过量空气进行充分燃烧，使得有毒有害物质在高温条件下被氧化、热解、破坏，是一种可以最大限度对植物生物质进行减量，同时避免、减少新的污染物产生，还能将产生的热能回收利用的技术。高温下生物质被氧化、热解，可显著减少重金属高富集植物的体积和重量，便于运输和储存，同时得到的灰分可以进行湿化学提取或直接用作农用肥料，产生的热能也可进一步利用。目前，大部分的重金属高富集植物都采用焚烧法进行处理。但是，焚烧过程中部分重金属会随烟气排出，造成二次污染。

焚烧法处理放射性核素和重金属高富集植物是一种直观、简单的方法，可以最大限度实现减量化的目标，燃烧过程中产生的热能可以发电。但焚烧后飞灰中核素和重金属含量超标，也会产生其他的污染物，造成严重的二次污染，需后续处理才能排放，而且植物中的生物质能源未能得到有效利用，未能实现无害化和资源化的目标。

灰化法是指利用高温将超富集植物体的有机质挥发，只留下含有毒有害物质的灰分，然后再进行后续处理的处理方法，可以显著减少生物质的体积和重量，灰分中的重金属可

以进一步处理从而回收利用。在实验室中发现利用灰化法处理富集生物质可以使干重减少90%以上，这说明灰化法是减少植物体干重的有效方法。目前对灰化法的研究还处在实验室阶段，想要进行应用推广还有待进一步的研究。

（3）堆肥法。

堆肥法是一种利用微生物将重金属高富集植物有机残体堆腐分解得到有机肥料或稳定化物质的方法，其在进行矿质化、无害化和腐殖化的同时，将植物体中各种复杂的有机态养分，转化为可溶性养分和腐殖质，变成能够供人使用的肥料。堆肥法作为一种有机固体废弃物处理技术，有着处理效果较好和对环境较为友好的优点，可以明显减小废弃物的体积，就地堆肥也降低了废弃物的运输成本和后续处理成本，不需要过大的占地面积，外界因素变化对堆肥过程不会造成较大影响。

堆肥法能有效地减小超富集植物体的体积，但堆肥后续的产品中还残留着一定的有毒有害物质。因此，堆肥法在大多数情况下是作为核素或者重金属富集植物的预处理技术来使用的。

（4）压缩填埋法。

压缩填埋法即将要处理的废弃物经过由压缩容器和渗滤液收集系统组成的压缩填埋系统处理后，收集残体和渗滤液一并填埋到特殊处置的场地，通常被用于处理城市固体废弃物。与堆肥法类似，用压缩填埋法处理重金属高富集植物时会产生高浓度的核素或重金属渗滤液，如果不进行处理就泄漏到环境中会造成二次污染。

压缩填埋法是一种简便易行的处理方法，能够快速有效地减小生物质的体积，花费的时间较短，能实现减量化的目标。但其实质是把核素或重金属高富集植物作为废弃物处置，没有将其中的生物质资源化。堆放分解过程中，危险废物并未消除，最终产品仍然具有危害性，而且需要经过特殊处理的场地和有效的压缩设备，所以处理的成本昂贵。因此也常作为放射性核素或重金属高富集植物的预处理方法。

（5）高温分解法。

高温分解法又称热解法，是在高温和厌氧条件下对放射性核素或重金属高富集植物加以剧烈的热激发，使植物体瞬间分解的一种处理方法，植物体会被降解成木炭、生物原油和燃料气体等。由于高温分解是在密闭的装置内进行，因此不会向空气中排放有毒有害气体，主要产物是裂解气、生物油和焦炭渣。

高温分解法处理重金属高富集植物实现了减量化和资源化的目标，将重金属有效从生物质中分离集中在焦炭渣中，但这种方法对生物质含水率有要求（<30%），高温分解设备及运行费用昂贵，焦炭渣中的重金属也需要进一步回收以预防二次污染。

（6）液相萃取法。

利用螯合剂提取富集植物生物质中的放射性核素或重金属的技术为液相萃取法，螯合剂和提取出来的核素或重金属可以再次利用，剩余物质中重金属含量很低，可考虑堆肥处理。在 pH 为 4.5、Pb 和 EDTA 的物质的量之比为 1∶4.76 的条件下从重金属富集植物生物质中用螯合剂成功萃取提取出了 Pb，两次连续萃取之后，植物中的 Pb 有 98.5%被提取出来，提取后的超富集植物体剩余物质中重金属含量很低。目前对液相萃取法的工业化应用研究较少，同时螯合剂和重金属之间的作用机理还未明确，需要从高效螯合剂的选取、螯合剂萃取重金属的最适条件以及螯合剂与重金属的作用机理等方面进行进一步探讨研究。

(7) 水热转化法。

水的临界压力和临界温度分别为 22.1MPa 和 374℃，当水的温度和压力超过临界点时，称为超临界水。超富集植物超临界水气化是一项新颖的技术，既能将生物质气化，又能利用超临界水技术，使重金属主要往液、固相迁移，气相中含量较少。同时，超临界气化反应后的产物中不产生焦油、木炭等副产品，减少了实验仪器堵塞风险。该技术高效、无害，将逐渐成为未来能源与环境行业的一个新热点，针对不同的放射性及重金属污染环境，开发低成本、经济高效的修复技术来治理和修复污染环境是一个重要的世界性研究课题。

(8) 植物冶金。

植物冶金是使用超富集植物在富含金属的土壤中生长，使金属超富集在植物组织内，成熟后收获再进行进一步处理，进而提取金属的技术，是一种比较有前景的重金属富集植物生物质处置技术，它不仅可以收获可观的金属，获得较高的经济利益，而且能够改善环境和提高土壤的农用性能，降低有毒重金属元素通过食物链对人类健康的风险。植物冶金为从低经济价值的矿石、矿渣地以及金属污染的土壤中回收和资源化利用金属提供了可能。与露天采矿相比，植物冶金对环境的干扰和破坏程度低。植物冶金周期较长且受季节和气候影响显著，如受到土壤生物活动、根际分泌液、温度、湿度、pH、竞争性离子浓度以及金属离子在土壤中的溶解性等生物地球化学因素的影响。而且，植物冶金需要烦琐的处理步骤和较为复杂的工艺流程，不同富集植物和目标金属元素的处理步骤及工艺流程不尽相同，从而增加了植物冶金的成本。这些因素都在一定程度上限制了植物冶金的工业化应用。

(9) 热液改质法。

热液改质法是一种将生物质转变为高热值生物燃料的技术，一般在亚临界条件(300～350℃，10～18MPa)下利用水处理生物质 5～20min，生成热值为 30～35MJ/kg 的有机液体即生物原油。热液改质过程中，关键步骤是纤维素水解为葡萄糖，K_2CO_3 是将葡萄糖转化为酚类化合物的高效催化剂。而添加 K_2CO_3 的浓度以及生物质与水的比例关系是影响热液改质产物的重要因素，近年来，一些研究者发现热液改质法可作为重金属富集植物生物质的资源化处置技术。在一项研究中，热液改质法处理伴矿景天的最大重金属去除效率超过 99%，生物原油的产率超过 63%，剩余固体残渣的重金属含量均低于相关的国家标准限值，可作为农用生物肥料。

(10) 超临界水技术。

水的临界压强和临界温度分别为 22.1MPa、374℃，当水的温度和压强超过临界点时，称为超临界水。超临界水是一种既不同于气态也不同于液态的新的流体态-超临界流体，超临界水技术通过超临界气化和液化过程，可将生物质转换为气体(CO、H_2、CO_2、CH_4 和 N_2)和液体(液体燃料和有价值的化学品)，是一种新兴的能源转换技术。众多亚/超临界水技术的研究主要处理模式化合物，如葡萄糖、木质素和纤维素，近两年来开始用于处理重金属富集植物生物质。

(11)其他资源化处置技术。

最新的研究发现重金属富集植物生物质可用于制备纳米材料,该技术不仅为重金属富集植物生物质的资源化处置提供了新的思路,也为今后纳米材料的绿色合成提供了新的途径;重金属富集植物生物质还可用于制取高经济价值的化合物和催化剂,处置技术具有较好的经济、环境和生态效益,将为植物提取修复产业带来改变和提供动力。

修复植物后处理技术应将研究重点放在资源化利用而非简单的无害化或减量化处置,只有通过资源化处置获得较高的附加值,才能更好地推动核素污染植物提取修复技术的工程化应用,获得良好的环境和经济效益。对于生物量较小的重金属超富集植物,可开展基于高价值金属回收的资源化处置技术,如植物冶金法、液相萃取法和焚烧法等,通过最佳的工艺流程和参数选择,获得最高的经济效益。对于大生物量的能源植物(如柳树和玉米等),重点开展基于能源利用的资源化处置技术,如高温分解法、热液改质法和超临界水处理技术等。对于利用超富集植物制取金属纳米材料和催化剂的研究仍需开展深入研究,加快其工业化应用进程。同时可考虑多种后处理技术联用,既能获得较好的经济收益,又能避免二次污染,减小环境风险。

总之,植物修复是一种新兴的环境治理技术,在修复植物的品种筛选、修复机理研究及应用方面都存在不足,借助各类技术与方法提高植物修复效率是目前弥补植物修复技术缺陷的最有力手段。主要应从以下方面开展深入研究。

(1)系统地研究核素超富集植物的生境特征,通过调控其水、肥、气、热条件来促进修复植物的生长发育和提高其修复效率。

(2)针对特定的放射性核素污染土壤进行强化修复措施的专一性、修复效率与环境风险研究,开发经济、环境友好及效果显著的修复剂。

(3)重视放射性核素污染土壤(水体)植物修复中各种配套技术与方法的系统集成研究和工程应用。

植物修复作为一个以应用为主导的科技领域,需要开展多学科交叉研究并针对特定的修复环境进行应用技术开发,以解决不同辅助措施之间相互协调与制约等问题,提高其综合修复效率。

7.1.6　放射性污染土壤修复标准及其利用

1. 概念及意义

放射性污染土壤修复标准,是指放射性核素污染土壤经过各种技术手段修复后土壤中残留放射性核素数量及其放射性强度被法规确立和认可的残留量。这是一种对人体健康和生态系统不构成威胁的法规和技术可接受水平,任何高于这一标准的污染土壤都需要实施修复。放射性核素污染土壤修复标准不同于重金属、有机污染土壤修复标准,其原因在于放射性核素的化学性质和环境地球化学性质不同于重金属和有机污染物,因此必须有放射性污染土壤修复标准来表征各放射性污染点或污染场地的土壤经过人为修复后的清洁程度。

建立放射性污染土壤修复标准具有重要的理论与实际意义,标准的建立有助于调动有限的资源对放射性污染土壤进行有效修复,可作为环境管理工作者进行环境修复质量检查的衡量工具和从事放射性污染土壤修复实地操作者的行动指南,也是放射性污染环境修复是否成功的判别标志。

目前我国对土壤修复颁布的相关标准仅有环保部(现生态环境部)颁布的《建设用地土壤修复技术导则》(HJ 25.4—2019),该标准规定了污染场地土壤修复技术方案编制的基本原则、程序、内容和技术要求,尚未颁布放射性污染土壤修复标准,只有 2000 年公布了《拟开放场址土壤中剩余放射性可接受水平规定(暂行)》(HJ 53—2000)。然而,这一标准指出其适用于核设施(包括铀、钍矿冶设施和放射性同位素生产设施)退役场址的开放利用,对于其他从事导致天然放射性水平增高活动的场址的开放利用,可参照执行;除适用范围外还包括污染场址开放的审管、土壤中剩余放射性可接受水平、确认和审批及关于非辐射危害方面的管理要求、附录等部分内容,附录部分给出了土壤中剩余放射性水平推导中用到的模式与参数、计算方法和计算结果。但其不是以放射性污染土壤修复为目标的,不能代替放射性污染土壤修复标准。

2. 标准分类

放射性污染土壤修复标准根据标准的适用范围可以大致分成两类:一类是通用标准,其中主要考虑环境的风险问题,但它与被修复场地的条件关系不大,适用于一个地区或国家的所有场地,易被政府层管理人员接受,适用范围较广;由于通用标准给出的是同一修复水平,因而不需要对特殊的种群进行特殊处理,简洁明了,易于管理与实施。但其不足之处是推广使用存在一定的难度。如果"一刀切"、坚持推广使用通用标准,某些地方的修复成本就可能相对于实地标准会大幅度提高,从而造成资金浪费。

另一类是根据场地实际情况制定的实地标准,该标准更接近场地的实际情况。实地标准一般是在计算放射性核素对人类或环境风险的基础上制定的,用这一方法制定出的标准可能更适合场地的实际情况,涉及放射性核素种类、分布、比活度及其可能的暴露途径以及土壤、气候、水文、气象、人口等实际情况。但由于场地条件差异往往较大,要满足同一场地风险水平,必须对不同污染场地实施不同的实地清洁标准,从而可能引发社会或政治方面的不公平性争议。

另外根据适用范围还可以将标准分为"干预标准"或"行动标准",它是从实际情况考虑,依据放射性核素污染场地的程度决定是采取"干预"措施还是"行动"措施的定量标准。

由于场地特征、使用目的、核素检测技术等限制,各国甚至同一国家不同地区制定的污染土壤修复标准差异甚大。美国国家环境保护局(U. S. Environmental Protection Agency, USEPA)推行的是"下限"策略,倡导使用更严格的清洁标准,并要求控制癌症发生率在 $1 \times 10^{-6} \sim 1 \times 10^{-4}$。即便是在非清洁的情况下也要求放射性核素产生的剂量不高于 15mrem/a。USEPA 自始至终反对任何高于上述风险和剂量范围的辐照剂量限值。国际放射防护委员会 ICRP 81 号文件建议用干预辐射防护体系作为目前的干预水平标准,认为现存年剂量达到 100mSv 时,进行干预是具正当性的;现存年剂量未达到 10mSv 时,进行干预是不具正当性的;现存年剂量为 10～100mSv 时,是否进行干预需进行评估后才能做出决策。ICRP 在其 82 号文件中提出污染土地清洁的剂量标准, 适用于实际和应急情况下放射性核素污染土地的清洁需求。多数标准都倾向于将实际的辐照剂量控制在每年 1mSv 以内。

除辐照剂量的控制外,与重金属污染土壤修复标准类似,放射性核素除具有放射性外,还与重金属一样具有化学毒性,污染土壤修复中实际情况也是多数将降低土壤中放射性核素含量(浓度)作为主要目标的,通过降低土壤中核素含量以达到降低辐射剂量的目的,因此, 在核素污染土壤修复标准中应制定各类放射性核素含量限值。

3. 放射性污染土壤修复标准的内涵

放射性污染土壤修复标准应至少包含三重含义,即放射性污染土壤的剂量 / 比活度标准(第一层次)、放射性污染土壤的生物多样性标准(第二层次)和美学标准(第三层次),目前普遍接受的是第一层次即剂量 / 比活度标准的量化标准,对第二层次和第三层次标准一般未做特殊要求,但随着人们对环境保护意识的强化和环保条件日趋严格,越来越多的标准研究工作,开始关注生物多样性标准和美学标准。在标准研究、编制过程中更多地综合考虑人类健康评估和土壤利用方式制定放射性污染土壤的评估标准,通过土壤微生物多样性、土壤放射性核素及其伴生重金属污染的植物、动物毒理效应以及人体健康风险、从污染修复开始到竣工的全过程中应符合的美学原则与尺度等多方面试验,开展污染土壤修复后效观察与生态学评价,进行土壤污染修复评价指标的筛选和量化,建立放射性污染土壤修复评价重要指标限值确定方法及放射性核素限值的确定,为对放射性污染土壤修复标准建立奠定基础,生物多样性标准和美学标准也成为管理工作者等用以衡量场地修复成功与否的标尺。

放射性污染土壤的剂量 / 比活度标准是指拟修复或修复完工后土壤中残留放射性核素的量及其对人体产生相应的辐照剂量,通常用以下单位表示: $(Bq \cdot kg^{-1})/(mSv \cdot a^{-1})$ 或 $(pCi \cdot g^{-1})/(mSv \cdot a^{-1})$。剂量 / 比活度标准是最常用的量化标准。某些情况下, 可单独使用比活度标准(用 $Bq \cdot kg^{-1}$ 或 $pCi \cdot g^{-1}$ 表示)或场地放射性核素剂量标准(用 $mSv \cdot a^{-1}$ 等表示)。

生物多样性是自然资源的重要组成部分,在制定和实施修复方案时除考虑恢复土地使用价值外,还应将生物多样性的恢复或增加作为工作目标,并对稀有物种栖息地和重要的生境类型采取严格的保护措施,并制定放射性污染土壤修复的生物多样性标准,该标准主要固定修复后土壤中生物多样性的丰富程度,可用各种多样性指数(包括 α 多样性指数、β 多样性指数和 γ 多样性指数)以表达修复竣工后土壤生物多样性的丰富程度。α 多样性指数用以测定群落内的物种多样性;β 多样性指数用以测定群落物种多样性沿着环境梯度变化的速率或群落间的多样性;γ 多样性指数则是一定区域内总的物种多样性的度量。

污染土壤修复的美学标准,是指整个修复活动从开始到竣工的全过程中应符合一定的美学原则与尺度。污染土壤修复包含了方案设计与筛选、植物种苗选择与繁育、灌溉与施肥、道路与设施配置、植物搭配与景观呈现等环节,体现生态美、环境美、人性美、科学美、技术美、生物多样性丰富以及经济、实用诸原则的统一。从生态美和环境美的角度看,放射性核素污染场地修复必须遵循的基本美学标准包括:以可持续发展理论为指导,把整个修复活动对环境的影响放在第一位,修复过后的场地要符合大众的审美需求,修复活动从方案设计开始就要以美的规律为指导，修复竣工后的场地也必须与当地环境相容，与整体环境和谐共生，在视觉上也要使人愉悦，实现环境美。

放射性污染土壤修复标准的制定，明显不同于重金属和有机污染土壤修复的标准制定，它涉及跨部门、跨行业的合作，与放射生态学、放射毒理学、放射性污染修复技术等研究水平有关，必须集法律法规、监测水平、场地特性调查、场地使用目的、天然辐照背景调查、放射性核素的地质与地球化学特性研究、土壤放射性核素及其伴生重金属污染土壤的植物、动物毒理效应以及人体健康风险评估、污染土壤修复后效观察与生态学评价、土壤物理、化学、生物的定性和定量指标体系研究等于一体才能制定出符合我国实际的放射性污染土壤修复标准。我国的放射性污染土壤评价与修复标准应该借鉴国外污染土壤修复标准制定的方法，在国家层面上系统地开展放射性污染土壤修复标准建立的方法体系研究，并尽快出台我国的放射性污染土壤评价与修复标准。

4. 放射性污染土壤修复利用方式

对放射性污染土壤的修复与土壤的污染物类型、污染程度、污染面积、所处位置及其规划土壤利用方式密切相关。一般可选择的利用方式如下。

(1)对污染严重、污染面积较小、放射性核素半衰期长的土壤一般可采用挖掘、淋洗等异位的物理化学方法快速去除污染物，降低污染，修复被污染场地土壤。对修复的场地可用于公园、绿地等生态景观建设。

(2)对污染面积大、污染时间长、污染物浓度较低、放射性核素半衰期较短、正在或规划用作农业种植用地的土壤，可采用以植物提取修复为核心的生物修复方法，通过一段时间多次种植超富集植物，多次收获植物地上部或方便收获的植物地下部，辅之以有利于植物超富集核素及其伴生重金属的植物修复强化技术及其农业栽培技术措施，由超富集植物带出土壤中的放射性核素和重金属，对收获的植物体进行减容、焚烧及其他无害化处理或提取植物体内所携带的核素和重金属等技术，逐渐降低污染土壤中放射性核素及重金属的浓度，直至被污染土壤中的放射性核素及重金属的浓度降至国家有关土壤标准所允许的浓度以下，使污染土壤被重新用于农业生产，在修复期间产生的植物不能进入食物链。

(3)对污染面积巨大、污染物浓度极低、放射性核素半衰期短、长期作为粮食作物、蔬菜作物、饲料作物等种植的污染极轻的基本农田土壤可主要采用植物固定修复技术，通过选育对核素及重金属吸收极少或不吸收土壤中的核素和重金属的植物新品种，特别是人类利用的植物部位如籽实、叶片等地上部中积累极少或不吸收的植物新品种，对轻微污染土壤持续加以利用，提高土壤利用效率。

7.2 放射性污染水体修复技术

水环境是构成生存环境的基本要素之一，是人类社会赖以生存和发展的重要场所，也是受人类干扰和破坏最严重的领域。2011 年日本福岛核事故，导致大量的放射性物质被释放到了海洋中，而且为了防止堆芯熔化已经产生了 100 多万吨核废水。2021 年初，日本政府以没有空间储存这些核废水为由决定将这 100 多万吨核废水排入海洋中，其中的放射性物质对海洋环境造成严重放射性污染的同时，也会在大气扩散、地下渗漏以及雨季汇流等形式下对内陆水造成污染，水环境放射性污染问题已经引起了全世界的广泛关注。放射性废水有别于普通工业废水，不能通过物理、化学或生物等方法将其分解破坏，只能靠其自然衰变降低使其放射性消失。因此，在放射性废水的处理方面，只能使用贮存与扩散两种方式，即使用适当的方法处理之后，将大部分的放射性元素转移到小体积的浓缩废物中并加以贮存，而使大体积废水中剩余的放射性元素含量小于最大允许浓度排放于环境中进行稀释和扩散。对放射性废水的处理，人们几乎尝试了各种先进的水处理工艺，包括化学沉淀、离子交换等传统处理方法，以及膜处理法、超临界流体萃取、磁分离、植物修复法及微生物处理等新技术。

7.2.1　放射性污染水体的化学修复技术

液体介质的化学分离技术涉及从地下水、地表水或废水中分离和浓缩放射性污染物的过程。过滤器、滤饼、碳装置和离子交换树脂等工艺残留物需要进一步处理、储存或处置。不同化学分离技术的提取率因污染物的类型和浓度以及方法的不同而有很大差异。这些技术是否适用于特定场地必须根据场地特定的因素来确定。化学分离技术可以是原位的或者非原位的。对于地下水的非原位处理，需要建设和运行地下水抽水和输水系统。所有非原位化学分离技术都会产生处理过的流出物和污染的残留物，需要进一步处理或处置，主要包括离子交换、化学沉淀(非原位处理)、渗透性反应墙(原位处理)三种技术。

1)离子交换

典型的离子交换装置使用包含交换树脂的柱或床以及各种泵和管道来运送废物流和潜在的新的废树脂。树脂可以是酸性阳离子树脂(用于去除带正电荷的离子)或碱性阴离子树脂(用于去除带负电荷的离子)。用于放射性废液的树脂通常是氢基树脂或羟基树脂，或者是部分离子交换装置通过混合床输送废水，该混合床在同一床中含有阳离子和阴离子树脂。通常，在一个完整的离子交换循环中进行四项操作：交换、反洗、再生和清洗。在交换步骤中，离子交换树脂与含有待去除的污染离子的溶液接触，在达到溶液中污染物离子相对于可交换离子的临界浓度后，树脂耗尽或不再有效；然后进行反洗步骤，以使树脂膨胀并除去可能堵塞床的细屑；反洗后，废树脂通过暴露于原始交换离子的高浓缩溶液中而再生，从而导致逆向交换过程；清洗步骤在下一个交换步骤之前去除多余的再生溶液。阳离子树脂使用酸性溶液再生，而阴离子树脂使用强性碱溶液再生。反洗、再生和清洗步骤产生的盐水被收集用于放射性废物处置。离子交换将污染物固定在交换介质中，从而显著降低污染物的迁移率，但不影响污染物本身的放射性毒性。离子交换在废物流为离子形式时最有效；非离子废物流或含有悬浮固体的废物流则必须预处理。从树脂中去除的放射性浓缩废物和废树脂本身需要被进一步处理、储存或处置。此外，这项技术的有效性取决于废物流的 pH、温度、污染物浓度和流速，以及树脂的选择性和交换能力。如果存在一种以上的放射性污染物，则可能需要一种以上的树脂或一种以上的处理工艺。

　　离子交换是一种成熟的化学分离方法,在将液体废物流中的放射性核素和无机金属水平降低到适合排放流出物的水平方面非常有效。离子交换被认为是去除镭-226、镭-228和铀的最有效的技术。这项技术将合成树脂或天然沸石(用于锶和铯)中相对无害的离子分离并置换出废物流中的放射性核素。树脂由不溶性结构组成,具有许多离子转移位点,并对特定种类离子具有亲和力,"可交换"离子以弱离子键结合到树脂上。如果待回收离子(污染物)的电化学电位大于可交换离子的电化学电位,则交换离子进入溶液,离子污染物与树脂结合。树脂必须通过暴露在原始交换离子的浓缩液中定期再生。沸石一旦耗尽,就会作为固体废物储存起来。离子交换能够有效地减少放射性高的放射性核素,特别是镭和铀,以及来自地下水、地表水和其他废水流的溶解金属,包括其他化学分离过程产生的萃取剂。对于存在的特定放射性核素,必须根据具体地点选用树脂。离子交换被认为是去除镭-226、镭-228和铀的最有效技术。USEPA还将离子交换确定为是对铯-137、锶-89和碘-131等β发射体的有效处理方法。实验室规模试验和中试规模试验表明,离子交换也能有效去除氚、钚、锶-90和锝-99。

　　从离子交换树脂和废树脂中去除的浓缩放射性盐水需要处理、储存或处置。放射性盐水残留物是强碱或酸性溶液(具体取决于所用树脂和再生材料的类型),需要中和。废离子交换树脂可以在处置前严格洗涤,以降低其放射性核素含量,并可以混入水泥中储存或处置。在离子交换过程中,当树脂置于放射性环境中时,会产生辐射分解副产物,包括苯衍生物。在存在有机物质的情况下形成的少量氢气可以用废气处理系统捕获。由于阴离子交换树脂对铀的吸附能力很强,废物可能变得极其浓缩,难以处理。

2) 化学沉淀

　　化学沉淀通过化学反应或通过改变溶剂的组成来降低溶解度,从而将可溶性放射性核素转化为不溶性形式。在沉淀过程中,向搅拌后的反应容器中含有放射性核素的废液添加化学沉淀剂。常用的沉淀剂包括碳酸盐、硫酸盐、硫化物、磷酸盐、聚合物、石灰和其他氢氧化物。可从溶液中去除的放射性核素的量取决于所用的沉淀剂和剂量、废水中放射性核素的浓度以及溶液的 pH。为了让放射性核素充分沉淀,通常需要将最佳 pH 保持在相对较窄的范围内。化学沉淀显著降低了液体介质中污染物的体积、液体介质的毒性,但没有降低残留在液体介质中污染物的迁移率。该工艺产生纯化的液体介质,被污染的工艺残留物(沉淀污泥)可以被储存,然后再被进一步处置。

　　USEPA 已经认定化学沉淀是处理镭-226、镭-228 和铀的最有效技术。USEPA 将沉淀分为凝结/过滤和石灰软化。混凝/过滤是连续添加促凝剂,如硫酸铁或硫酸铝(明矾),并将其与受污染的溶液混合,以形成絮凝剂沉淀物。石灰软化是添加石灰(氧化钙),以形成不溶性碳酸钙和氢氧化镁来去除水的硬度。石灰软化沉淀可以去除 75%～95%的镭。经证明,在较高的 pH 下,石灰软化在去除溶解在水中的铀方面非常有效。通过络合剂(如氰化物或 EDTA)溶解在溶液中的金属很难沉淀,使用硫酸铁通过化学沉淀技术能够去除80%的铀,使用硫酸亚铁可去除 92%～93%的铀,使用明矾可去除 95%的铀。此外,钴-60 和锝-99 通常需要更多的处理步骤,如化学还原和沉淀。化学沉淀的适用性和有效性一般会受废料的物理和化学性质(如温度、pH、流速)的影响。

关于废物管理问题：流出物经过处理后，可能需要调节其 pH 或去除沉淀剂。沉淀过程中回收的污泥需要脱水，然后才能进行处置。金属硫化物沉淀产生的废水在经过处理后，可能需要去除其中的硫化物，然后才能排放。过滤器反冲洗水也需要处理和/或处置。

3) 渗透性反应墙

渗透性反应墙，也称为被动处理墙，安装在地下，穿过放射性核素污染的地下水的流动路径，使地下水能够被动地流过墙，同时抑制放射性核素移动。这主是通过在墙内使用处理剂来实现的，例如螯合剂(特定放射性核素的专用配位体)、吸附剂(例如泥炭、骨炭磷酸盐、磷灰石、活性炭或沸石)和活性矿物(例如石灰石)。放射性核素由屏障材料以浓缩形式保留，但屏障材料需要定期更换。通过挖掘垂直于地下水流路径的沟渠并用反应性材料回填来建造渗透性反应墙，其中，反应性材料可以与沙子混合以提高渗透性。在一些应用中，渗透性反应墙被建造成各种横向连接的不透水地下屏障(例如板桩或泥浆壁)或渗透性导管(例如盲沟)的交汇点，以便地下水通过反应性材料收集并汇集。这种布置通常称为漏斗和闸门系统。这项技术的理想使用场地应该是渗透性均匀、溶解固体含量低、缓冲能力差的地下水以及在底部固定反应墙的浅弱透水层。溶解氧含量高或溶解矿物质(如碳酸盐或硫酸盐)含量高的场地，更容易堵塞和积聚微生物生物量，因此这项技术可能不适合在这些场所使用。渗透性对比明显的场地将使有效的渗透性反应墙的设计变得极其困难。在有大量地下设施、地下结构障碍物和大量大岩石的地区，不太适合应用这项技术。

USEPA 就选择渗透性反应墙来降低地下水中的铀浓度，使用零价铁作为反应介质，通过渗透性反应墙可以很好地去除铀。使用菱沸石作为反应介质，可以还原地下水中的锶-90 和铯-137。斜发沸石作为反应介质已表现出对铯-137、锶-90、钴-60 和镭-226 具有较强的吸附能力。

废物管理问题：在安装渗透性反应墙期间通常会产生的废物包括挖掘的污染土壤、去污液体或固体以及一次性个人防护设备。如果反应墙可以安装在污染源区域的外部并向下倾斜，大部分废物可以减至最少。操作和维护期间通常会产生的废物包括监测井的清洗水、废反应介质(可能每隔几年)和一次性个人防护设备。根据正在处理的放射性核素的类型和浓度，在移除废介质进行更换时，废介质中可能存在较高放射性。

7.2.2　放射性污染水体的物理修复技术

放射性水体中的污染物要么是被液体介质溶剂化(即污染物的一个分子被液体的许多分子包围)，要么是以悬浮在溶液中的微观颗粒的形式存在。物理修复技术就是要将放射性核素与液体介质进行物理分离，从而得到"干净"的液体和被污染的残留物，后者则需要进一步处理处置。这些残留物可存在于污泥、滤饼或碳吸附装置中。采用物理分离技术可应用于各种液体介质，包括地下水、地表水和废水，主要是非原位工艺，需要构建和运行地下水抽水和输水系统。这些技术产生处理过的流出物废水流，其体积和类型取决于具体采用的技术。涉及以下技术：膜过滤(反渗透和微滤)、碳吸附和曝气，以及一些新兴的技术如超临界流体萃取和磁分离等。

1) 膜过滤

膜过滤是使用半渗透膜将液体介质（例如地下水、地表水）中溶解的放射性核素或固体放射性核素颗粒与液体介质本身分离。通常，为了保护膜的完整性，需要某种形式的预处理（如过滤悬浮固体）。应控制水的流速和 pH，以确保最佳条件。一般用于处理液体中放射性核素的两种膜工艺是微滤/超滤和反渗透。

微滤/超滤依赖于膜的孔径大小，可以通过改变膜的孔径大小来去除不同大小的颗粒和分子。微滤、超滤和纳滤工艺通常最适合从液体中分离非常细的颗粒（粒径为 0.001～0.1μm）。这些过滤工艺可以在 5～100psi（1psi=6.895kPa）的范围内工作。为了提高超滤分离的效率，有时会使用络合剂预处理被污染的液体以使其形成更大的分子络合物（例如金属-聚合物或螯合物），从而更容易被膜分离。而反渗透使用选择性渗透膜，这种渗透膜允许水通过，但是将放射性核素离子截留在膜的浓缩污染液体侧。通常，渗透压会将洁净的水吸入溶解的离子，但是施加到溶液上 200～400psi 的高压迫使离子浓度较低的水通过膜。最常用的三种反渗透膜材料是醋酸纤维素、芳香族聚酰胺和薄膜复合材料，薄膜复合材料由多孔支撑聚合物表面上的脱盐膜的薄膜组成。反渗透处理的效果受到被处理离子的大小和电荷影响。因为镭和铀离子体积大、电荷高，所以反渗透在去除污染溶液中溶解的这些放射性核素方面特别有效。反渗透用于去除粒径在 0.0001μm 范围内的分子。

膜过滤法可以处理各种废物，包括金属和有机物，并能有效去除水中的大多数放射性核素。然而，氚由于其化学特性不容易被去除。在法国，通过超滤处理含钴和铯的低放废液。此外，反渗透已被认定为是去除镭-226、镭-228 和铀的有效技术。USEPA 还将反渗透确定为是对铯-137、锶-89 和碘-131 等 β 发射体的有效处理方法。USDOE 的萨凡纳河基地利用反渗透作为处理工艺中的第一步，通过膜过滤法，佛罗里达州地下水中 300μg/L 的铀浓度降低了 99%，伊利诺伊州某地点的镭初始浓度分别从 11.6pCi/L、13.9pCi/L 和 13pCi/L 降低到 <0.1pCi/L、<0.1pCi/L 和 1.2pCi/L。已有研究发现，对于初始浓度分别为 35pCi/L、30pCi/L 和 30pCi/L 的铀、钍和镭，膜过滤法的去除效率超过 99%；对于初始浓度为 30pCi/L 的镭，膜过滤法的去除效率为 43%。芬兰辐射与核安全管理局进行的测试显示，使用纳滤膜去除了水中 90%～95% 的铀，使用反渗透膜去除了水中 98%～99.5% 的铀。对膜超滤进行的实验室规模试验表明，与水溶性聚合物或表面活性剂结合使用并添加金属选择性螯合剂后，膜超滤对铀和钍的去除率达到 99%～99.9%。

关于废物管理问题：根据系统的进料情况，微滤/超滤过程产生三种废物流：固体物质滤饼、处理过的流出物滤液和含有溶解污染物的浓缩液。反渗透产生处理过的流出物和浓缩液的滤液。滤饼和/或浓缩液需要进一步处理或处置。根据污染物减少的程度，处理后的流出物可能需要额外处理。

2) 吸附

活性炭液相吸附包括通过一系列装有颗粒活性炭的容器抽取地下水，地下水中溶解态污染物通过黏附在碳粒的表面和孔隙中而被吸收。活性炭是一种有效的吸附剂，因为它的表面积与体积之比很大（每克碳为 297～2509m²）。尽管颗粒活性炭是最常用的吸附剂，但其他吸附剂包括活性氧化铝、木质素吸附/吸附黏土和合成树脂也有很好的吸附效果。

　　碳吸附系统通常是串联设置的连续流动的碳柱。除非进行预处理以去除悬浮固体，否则典型的系统需要用到空气冲刷和反洗碳的设备，以防止流入液中存在的固体颗粒积累导致污染和流通量下降。当流出物中污染物的浓度超过一定水平时，碳就需要在场外设施处移除并再生或者移除并处置。用于处理金属污染地下水的碳可能无法再生，应移除并妥善处理。碳吸附系统最常见的两种反应器配置是脉冲床或移动床和固定床，液体吸附最常用的配置是固定床。

　　颗粒活性炭可用于处理有机物、某些无机物和放射性核素，如铀、钴-60、钌-106、镭-226 和钋-210。活性炭也能有效去除地下水中的氡，但尚未推广到市政供水系统，因为辐射的积累可能会严重到足以造成辐射危害。此外，活性氧化铝已被证明能有效吸附铀和镭。碳吸附几乎在任何流速下都能有效去除水中低浓度（小于 $10mg \cdot L^{-1}$）的污染物，在低流速下（$2 \sim 4L/min$）能去除水中浓度较高的污染物。为防止悬浮固体在碳柱中积累，可能需要为去除固体进行预处理。活性炭目前已用于吸附氡、钴-60、钌-106、镭-226 和钋-210。氡的去除效率为 90%～99.9%。有研究发现，活性炭能有效地将地下水铀浓度从 26～100$\mu g \cdot L^{-1}$ 降低到小于 $1\mu g \cdot L^{-1}$。此外，活性氧化铝也已被证明能有效吸附铀和镭，其中吸附铀的效率从 90%到 99%不等。在伊利诺伊州的工厂试验研究中，使用二氧化锰吸附镭，也能实现 90%～97%的去除效率。

　　关于废物管理问题：虽然废活性炭通常在用于去除有机污染物时再生，但是在大多数情况下，处理放射性核素，废碳将在使用后被换下、进一步处理或处置。对于流入液中氡是污染物的情况，活性炭中氡气的衰变会导致子体产物的积累和提高 γ 辐射的可能性。

　　3）曝气

　　曝气是一种传统工艺，该工艺通过向水中通空气来提高气相与水相之间的传递，从而增强化合物从水中的挥发。该工艺可以使用填料塔、塔盘曝气、喷雾系统或扩散气泡曝气来进行。USEPA 已经证实曝气是去除氡的最有效可行处理技术。在填料塔曝气中，水和空气的逆流通过填充材料，填料通常由具有高表面积/体积比的塑料形状组成，为氡从水向空气的转移提供高比表面；地下水被泵送到填料塔的顶部，并均匀地分布在填料上，同时空气流被吹入塔的底部；经过处理的地下水从底部离开填料塔，而含有大部分氡的气流从顶部离开。

　　塔盘曝气是利用一系列装有板条、穿孔或金属丝网底部的塔盘，水穿过塔盘并接触空气时便可去除氡。空气可以通过自然通风或鼓风机强制通风供应。喷雾曝气将水以小水滴的形式向上引导，以提供一个大的界面区域，氡从该区域迁移到空气中。喷雾从管格架上的固定喷嘴喷出，这比其他工艺需要的操作面积更大。在扩散气泡系统中，鼓风机迫使空气进入几个处理罐，空气通过水下扩散器如多孔板或穿孔管注入水中。注入的空气形成气泡，当气泡上升到水面时会在水中产生湍流；氡随后从水中分离出来，排放到处理区之外。受氡污染的地下水的曝气处理在处理单元产生含氡空气污染排放物。根据排放物中的氡浓度和法规，可能需要废气处理系统来捕获氡。氡废气处理通常包括使空气污染排放物通过气相活性炭的处理。

在中试研究中，使用扩散气泡曝气和填料塔曝气的曝气除氡总效率分别为 90%～99.6% 和 92.7%～99.8%，其中水中初始氡浓度分别为 1767～86355pCi/L 和 115225～278488pCi/L。对曝气工艺中烟囱排放物的分析表明，废气需要稀释 10^4～10^5 倍，才能与环境空气中的氡活性相似。通过对 60 多个曝气系统的文献比较表明，填料塔曝气的氡去除效率为 78.6%～99%，扩散气泡曝气机的氡去除效率为 93%～95%，多级气泡曝气机的氡去除效率为 71%～100%，喷雾曝气机的氡去除效率为 35%～99%，塔盘曝气的氡去除效率为 70%～99%。

关于废物管理问题：空气排放物的处理会产生被氡污染的废活性炭。如果大量水处理的时间足够长，氡衰变产物（子体）（如铅-210）的积累会导致显著的伽马辐射。

4）超临界流体萃取

超临界流体是良好的溶剂，因为它们具有高物质密度、高溶质容量以及比普通流体更大的扩散率，但黏度与气体黏度一样低。这些特性允许超临界流体快速透过基质（如土壤），溶解有机化合物，并在很少泵送的情况下快速转移出基质。通过降低膨胀箱中的压力和温度，溶解的有机物从溶液中分离出来。

二氧化碳在 90°F（32.2℃）和 1080psi 以上成为超临界流体。超临界二氧化碳是用于萃取目的的首选超临界流体，因为它不易燃且无毒，并且在压力和温度变化相对较小的情况下特性变化较大。USDOE 探索了超临界二氧化碳作为一种处理放射性核素污染的液体和固体的方法。通过将金属络合剂（螯合剂）溶解在超临界流体二氧化碳中，形成能够从液体或固体基质中萃取放射性核素的增溶剂，由此产生的有机金属化合物在超临界二氧化碳中仍然可溶，并随着超临界流体的持续流动而被带出基质。使用类型正确的络合剂，超临界二氧化碳应该能够从被污染的液体和固体中萃取出铯、锶、铀和钚。但目前这种技术在商业上还不可行。

5）磁分离

磁分离是一种物理分离工艺，它基于磁化率来分离物质。所有元素和化合物都表现出三种磁性中的一种：铁磁性（例如：铁对普通磁体的吸引力）、顺磁性（对较高磁场有较大响应的轻微磁性）或反磁性（非磁性）。铀和钚化合物就具有顺磁性。最直接的磁分离工艺是使用强磁场从受污染的流体或泥浆中分离出铁磁性和顺磁性物质。在磁场中，当泥浆通过时，磁性基质物质（如钢丝绒）会萃取磁性和微磁性污染颗粒。有工艺技术首先将受污染的水与包覆有离子交换树脂或沸石的铁颗粒（磁铁矿）混合，混合后，放射性核素被吸附到包覆颗粒上，然后通过磁力分离器，将吸附有放射性核素的磁粉从水中分离出来。

洛斯·阿拉莫斯国家实验室利用高强度磁场对铀和钚污染的土壤进行实验室规模的磁分离试验，去除率分别为 6%～58% 和 83%～84%。然而，磁力分离器也捕获了大量的土壤体，铀分离效率为 3%～14%，钚分离效率为 24%～32%。在内华达州试验场针对钚污染土壤（浆状）利用磁分离工艺进行的实验室规模试验结果显示，土壤体减少了 45%～75%。乌克兰（切尔诺贝利核电站附近）的一家乳品厂尝试利用吸附/磁分离技术以去除受污染牛奶中的放射性铯，取得了一定的效果，但还没有达到商业化应用的程度。

7.2.3 放射性污染水体的生物修复技术

1. 放射性污染水体的植物修复技术

放射性污染地下水、地表水和废水的生物处理包括通过水培或湿地环境中的植物根系去除污染物，根系吸收和蒸发到空气中（针对氚），或通过植物大量吸收地下水来控制地下水流。这种利用植物根系处理受污染的地下水、地表水和废水的方法称为植物修复技术。相比于传统的物理化学修复技术，植物修复技术具有投资维护成本低、操作简便、不造成二次污染等特点，特别适宜于大面积水体污染的治理，因而，在修复水体放射性核素污染方面受到高度重视。

1）技术原理

植物修复技术（图 7.4）是利用植物去除、转移或固定地下水、地表水及废水中污染物的工艺。它适用于所有受植物影响的生物、化学和物理过程，有助于清除受污染的介质。植物修复可以原位或非原位（如水培）应用于地下水或地表水。适用于液体培养基的植物修复机制包括增强根际微生生物降解作用、植物降解作用、根际过滤、转化和植物挥发。因为放射性核素不能通过生物降解清除，在一定条件下，它们能够从一种形态转化为另一种形态或通过扩散迁移等作用使放射性污染物浓度逐步降低。植物修复技术适用于水体放射性核素修复的机制主要有三种：①根际过滤，放射性物质随植物根系吸收水分和养分的过程，通过胞外或胞内路径进入植物根部；植物将进入体内的放射性物质贮存在根部或输送至茎、叶等部位；将累积放射性物质后的植物从水体中移出，达到净化的目的。②根际固定或转化，植物根部分泌的有机物可改变放射性物质在水体中的化学形态，促使放射性物质分离或固定，降低其在环境中的移动性和生物可利用性。③植物-微生物协同，植物的根系为根际微生物提供附着和形成菌落的场所，并促进微生物的生长。部分与植物根部共生的微生物则通过吸附、沉淀、氧化还原等作用，将放射性物质累积在微生物体内或使其固定。

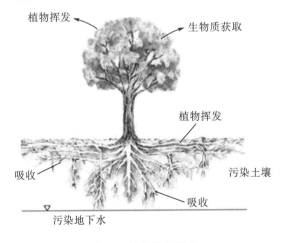

图 7.4 植物修复技术

2) 放射性污染水体的植物修复技术应用

依据植物在去除环境中放射性核素的方式和机制，应用于放射性污染水体的植物修复技术主要有根际过滤技术和人工湿地技术等。根际过滤是使用水培生长的植物，通过根际接触受放射性污染的水体，从而植物根部吸收污染物，污染物迁移/积累到植物的芽和叶中的过程。简而言之，就是植物庞大的根系从污染水体中吸收、累积和沉淀放射性重金属。随后从生长区域收割、干燥，并处置植物。根际过滤可以在水培温室、使用浮床的池塘或作为湿地建造的浅潟湖中进行。在涉及大面积放射性污染水体的净化时，根际过滤特别有效且经济，该方法已被成功用于去除水体中的铀。美国 Edenspace 公司利用向日葵处理阿什塔比拉地区某铀加工厂的废水，向日葵根部能在 24h 内富集废水中 95%的铀。在切尔诺贝利地区，根际过滤可以在 10 天内从一个小池塘中提取 95%的铯和锶。在 USDOE 在俄亥俄州阿什塔比拉区进行的一个为期 9 个月的测试，利用根际过滤技术使高达 450ppb[①]的铀废水浓度被降至 5ppb 或更低，降低了 90%以上。从目前的研究来看，凤眼莲、芦苇等是具有发达纤维根系和很高生物产量的水生植物，能够有效去除放射性核素，适合根际过滤的要求。研究表明，水葫芦、卡州萍、金鱼藻均对水中 ^{89}Sr 具有一定的富集能力，生物富集系数为 10～20，其中水葫芦对放射性锶的绝对富集能力最强，可以选取水葫芦作为治理放射性锶污染水体的植物。

人工湿地技术是由人工建造和控制运行，利用土壤、人工介质、植物和微生物等的作用，对投放到湿地上的放射性重金属污水进行净化处理的一种技术。其作用机制包括吸附、滞留、过滤、氧化还原、沉淀、微生物分解、转化、植物遮蔽和残留物积累等。人工湿地一般由氧化池、生化段和沉降池 3 部分组成。德国 Wismut 公司建成人工湿地处理铀矿坑水中间试验工厂，该工厂由 1 个曝气池、1 个沉淀池、2 个充填不同砾石的厌氧或好氧池和 1 个种植本地植物的沼泽池等 5 个反应池组成，试验结果表明铀的去除率可达 50%，且其运行费用远低于常规水处理方法。也有研究利用实验室人工湿地处理含铀废水，80d 后可以使水体中铀的质量浓度从 $8mg \cdot L^{-1}$ 降低到 $0.4mg \cdot L^{-1}$，铀去除率高达 95%。目前，人工湿地常用的植物为水生或半水生的维管植物。植物在人工湿地中的主要作用是：提供微生物附着和形成菌落的场所，并促进微生物群落的发育；根部通过释放氧气氧化分解根际周围的沉降物；植物代谢产生和残体及溶解的有机碳给湿地中的微生物提供食物源。人工湿地独特而复杂的净化机制使其能够在放射性金属污染的水体处理中发挥出重要作用，其最大的优点是富集能力强，出水水质好，可以结合景观设计，种植观赏植物改善水质状况，其造价及运行费用远低于常规处理技术。

此外，还有一种植物修复技术是利用深根植物来控制地下水中污染物的迁移。根据植物类型、气候和季节，当植物的根向下长到地下水位时，植物可以充当有机泵，形成一个密集的根群，吸收大量的地下水，可以影响并潜在地控制地下水流的流动，减少或防止渗透和沥滤，从而诱导水从地下水位向上流经渗流带。杨柳科的树木已经被证明每天可以吸收多达 757L 的水，并且这些树木形成的小树林可以用来代替地下水抽水井。在阿贡国家

① 1ppb=1μg/L

实验室，这种深根植物修复技术被用来控制含氚地下水流，利用杂交杨树吸收地下水，并排出一些氚，三年时间里，氚污染地下水平均氚浓度降低了73%。植物挥发或植物蒸发技术就是指植物吸收含有挥发性或易蒸发性污染物(如氚)的水，并通过叶片将污染物排出到空气中。植物挥发技术被USDOE和美国国家林业局应用在南卡罗来纳州萨凡纳河地区，针对氚污染地下水进行的植物挥发已经使溪流中的氚减少了84%。

关于废物管理问题：根际过滤将收割生物质残渣，残渣必须作为放射性废物得到进一步处理和/或处置。收割的生物质通常需干燥，有时需焚烧，以减小生物质体积。此外，西南科技大学的陈晓明教授课题组，针对收割后的植物生物质，研制了一种利用微生物组合发酵堆肥的方法，也为核素富集生物质的减容提供了新的途径。

3)水体放射性污染的植物修复技术展望

用于放射性污染水体植物修复的植物应具有超累积能力和高耐受性，因此，寻找和开发生物量大、能超量累积放射性核素以及能同时累积多种放射性核素的植物是研究的重点方向。目前，对放射性核素污染水体的植物修复主要利用单种植物，其修复效果有限。因此，应用多种类型植物的优化组合修复方式，利用多种植物在时间和空间上的差异，实现优势互补，提高植物修复的效率。很多微生物能通过各种作用去除环境中的放射性重金属，达到修复效果。利用植物-微生物联合修复，充分发挥植物修复与微生物修复各自的优势，弥补不足，能提高植物修复效率。筛选有较强降解能力的微生物和适宜的共生植物，构建植物-微生物修复体系的最佳组合将是以后研究的重点。在修复放射性重金属污染水体过程中采用的高效累积植物一般是外来植物种类，对原环境造成严重破坏；因此，外来植物的生物安全性也是必须研究解决的问题。

2. 放射性污染水体的微生物修复技术

随着生物技术的发展，对微生物与重金属及放射性核素之间相互作用机制的研究不断深入，人们逐渐认识到利用微生物治理放射性污染水体是一种极有应用前景的方法。用微生物菌体作为生物处理剂，吸附存在于水溶液中的铀等放射性核素，具有效率高、成本低廉、耗能少等诸多优点，可以实现放射性废物的减量化目标，为核素的回收利用或地质处置创造有利条件。

1)技术原理

微生物在生物地球化学技术中发挥着重要作用，因为它们具有良好的性能，低成本和大量的可用量。各种类型的微生物，包括藻类、真菌、细菌和酵母，已被用于去除铀、铯等核素。微生物结构的复杂性意味着生物去除放射性核素可能有多种方式，目前研究发现的机理主要包括生物表面吸附、体内富集、氧化还原及生物矿化等方式。这些机理可以单独起作用，也可以与其他机理结合在一起发挥作用，这取决于全过程的反应条件。生物表面吸附是一个物理化学过程，废水中的铀与生物表面发生静电吸附或与生物细胞壁上的—COOH、—NH、—OH、PO_4^{3-}和—SH等官能团的化学络合，达到降低其迁移性的目的。有研究应用扫描电子显微镜、傅里叶红外光谱、电子能谱等方法研究了酿酒酵母菌与铀酰离子的相互作用，结果表明，酵母菌细胞表面有大量铀结晶，UO_2^{2+} 与细胞表面发生了显著的吸附作用，并且吸附量随铀浓度增加和作用时间延长而加大。这种方法适宜处理废水量大、浓度低的放射性废水，具有快速、廉价的特点，但生物吸附后产物非常不稳定。放射性核素在生物体内富集往往发生在生物表面吸附后期，即首先是通过物理化学作用使金属被动地附着在细胞表面；然后通过能量流动和信息传递等功能使金属在细胞内部富集。生物体内积累仅发生在活细胞内，铀等核素一般不是生物功能性元素，不参与细胞新陈代谢，细胞体内的核素含量可能是由于其毒性改变细胞膜的渗透性后进入生物体内。生物矿化是指生物将大分子有机物分解转化为无机物的过程，再利用生成的无机物如磷酸盐、碳酸盐及氢氧化物等，以及废水中的铀发生化学反应，形成不溶的无机微沉淀。研究发现大肠杆菌、沙雷氏菌属及假单胞菌属等可以通过酶促反应矿化分解磷酸盐类有机物产生正磷酸盐，能与铀结合生成稳定的磷酸铀沉淀，如 HUO_2PO_4、$Ca(UO_2)_2(PO_4)_2$ 和 $H_2(UO_2)_2(PO_4)_2$ 等。微生物还原是在硫酸盐还原或者铁还原的条件下，添加电子供体（如乳酸等）到污染水体中激活还原菌群（硫酸盐还原菌、铁还原菌等），把溶解度较高的高价态核素（如六价铀）还原为溶解度低的低价态核素（如四价铀），从而达到去除核素污染的目的。在此工艺中，本土或引入的细菌在呼吸过程中使用电子供体（食物来源，如有机物、硫化物或二价铁），并将电子转移到电子受体（如放射性核素），将核素还原为低价态或氧化态。一些放射性核素被还原的结果是，它们以更稳定、更难溶解的形式从溶液中析出。但是生物还原技术应用于修复铀废水时，需要保持厌氧条件，才能长期保持还原态铀的稳定性及保证生物修复效果。

2）水体放射性污染的微生物修复技术应用

关于微生物还原法原位修复铀污染地下水的研究已经有 30 多年的历史。已发现的与 U(Ⅵ) 还原相关的微生物有硫酸盐还原菌（如 *Desulfovibrio* spp.）、铁还原菌（如 *Geobacter* spp.、*Shewanella* spp.）和硝酸盐还原菌（如 *Thiobacillus denitrificans*），可溶性铀(Ⅵ) 可以通过这些细菌还原成不溶性铀(Ⅳ)。利用微生物以乙醇为电子供体还原地下水和沉积物中的六价铀为不溶解的四价，结果表明，以乙醇为电子供体能够促进土著微生物将 U(Ⅵ) 转化为 U(Ⅳ) 从而将铀原位固定。U(Ⅵ) 的还原反应发生在反硝化反应和 Fe(Ⅲ) 还原之后，与硫酸盐的还原反应几乎同时出现；地下水中铀浓度最终达到了 EPA 的饮用水标准（$<0.03\text{mg}\cdot\text{L}^{-1}$），沉积物中 70%～80% 的 U(Ⅵ) 被转化成 U(Ⅳ)，主要以 U(Ⅵ)-Fe 氧化物的复合物形式存在，而并非晶质铀矿晶体。此外，还有研究人员对细菌还原和铀沉淀析出也进行了应用研究，在 50 天的时间里，一个前铀矿加工设施产生的可溶性铀(Ⅵ) 从 0.4～$1.4\mu\text{mol}\cdot\text{L}^{-1}$ 的初始浓度下降了 70%。对锝的细菌还原和沉淀析出进行的研究表明，锝可以从可溶性的 Tc(Ⅶ) 细菌还原成可溶性较低的 Tc(Ⅳ)，并取得了较好的去除效果。美国能源部也开展了研究项目，专门开发可用于修复放射性核素和金属的微生生物修复技术。然而，这些技术目前在商业应用上尚有一定难度。

3）水体放射性污染的微生物修复技术展望

随着生物技术的迅猛发展与微观机理的深入研究，为开展特异性微生物修复放射性核素污染开辟了新途径。微生物修复技术由于具有投资低、环保效益好等优点已成为国内外研究者广泛关注的对象，然而由于微生物的生存环境受到气候、温度、地质及酸碱度等的影响，微生物修复还存在一些有待解决的问题：①寻找和筛选对铀等低放射性核素有抗性并具有较强吸收能力的微生物是十分重要的研究方向。随着现代分子生物学的发展，利用基因工程技术定向改变微生物的基因结构，提高其对铀等低放射性核素的选择性、亲和力和吸收能力，或者构建具有较强吸附能力的或特异性吸附核素能力的工程菌。②不仅可利用微生物净化被 U 污染的地表水、地下含水层和地下水，对其他的放射性元素如 Pu、Tc 等，其还原态一般难溶于水，用类似的方法处理也极具前景。③可以联合微生物修复与植物修复技术，探究联合技术的修复机理，研究表明生物联合修复技术的修复效果比单一植物或者微生物的修复效果显著，可以联合不同的植物和微生物修复放射性核素的污染。

7.3　放射性污染大气的生物修复技术

7.3.1　放射性污染大气概述

由于自然或人为的因素使大气中放射性污染物质的浓度达到有害程度，以致破坏生态系统和人类正常生存和发展的条件，对人或物造成危害的现象叫作放射性污染大气。大气放射性污染物的来源主要有三个：①由地面天然放射性矿物释放出来；②由宇宙射线轰击大气中某些组分而形成；③由人类活动如核试验、核武器制造、核燃料生产及核事故、核废物的处理处置、矿物的开采、冶炼和应用等而产生。大气放射性污染物的形式和种类很多，放射性气载废物中可能含有活化和裂变产生的人工放射性核素和天然放射性核素，所含核素的种类、数量和形态差别很大，并且还经常伴随有各种常量有害物质，如粉尘、NO_x、SO_x、HF、CO_2、CO 等，它们通常以气体、气溶胶和悬浮物等形式存在。放射性污染物一方面可以直接对人体造成外照射损伤，另一方面可以通过呼吸道吸入、食物链食入和皮肤或黏膜浸入等三种方式进入人体，造成危害更大的内照射，对人类健康危害极大。

7.3.2　放射性污染大气的治理技术

放射性污染大气的净化处理方法有很多种，可以大致分为物理法、化学法、生物法等，又可根据主要工艺流程分为通风法、贮存衰变法、过滤法、吸附法、吸收法、蒸馏法、生物转化法等。为了提高净化效果，根据放射性核素的性质、种类和污染程度的不同，往往采用多种方法的综合处理流程。

1. 放射性污染大气的物理化学治理技术

对于放射性粉尘的处理可分为干法除尘和湿法除尘两种方式。干法除尘通常采用各种除尘器和过滤器进行处理。①旋风除尘器结构简单，操作管理方便，费用低廉，适用于除去粒径大于 5μm 的尘粒，可作为过滤器的前置除尘器。过滤式除尘器可以去除粒径小于 10μm 的粉尘颗粒。②袋式过滤器采用玻璃纤维、天然纤维或合成纤维做成滤袋，可处理粒径 1μm 以下的尘粒，过滤效率达 98%，其缺点是不耐高温，怕水。③高温陶瓷过滤器装着许多根微孔碳化硅陶瓷管（呈烛状，长 1m，外径 60mm）元件，使用温度可达到 1100℃，对粒径大于 5μm 的粒子的过滤效率达 99%，缺点是设备体积大，陶瓷过滤管使用寿命短，维修更换工作量大。④烧结金属过滤器材质有不锈钢、镍合金等，可根据烟气成分选用，过滤效率与过滤器孔径大小有关，一般可达 99% 以上，优点是使用寿命长，缺点是价格较贵。⑤因尘埃具有不同的核质比，电除尘器利用高压电场使其产生分离，可以处理粒径 0.05～50μm 的粉尘，去除率可达 99% 以上，缺点是投资大，维修费用高，设备占地面积较大，易出现电火化和发生短路，不宜用来处理高负荷的尾气。⑥硅胶柱吸附器通过极性吸附剂，可用来去除废气中的水蒸气和 NO_x。

湿法除尘又称湿法洗涤。放射性废气中的颗粒或放射性物质与水或其他液体相接触，由于重力沉降、惯性碰撞、截留、扩散沉积与溶解等作用而去除废气中的颗粒和有害气体。湿法除尘的效率一般大于 90%，高者可达到 99.5%，甚至更好。湿法除尘除了去除尘粒之外，还有降温、加湿、去除酸性或碱性气体组分等作用。湿法除尘适宜于净化高温、易燃、易爆的含尘气体。缺点是耗能较大，产生废液和泥浆等二次废物多，管道设备容易受腐蚀。对于高温、易燃、易爆的含尘气体宜采用湿法除尘方式，工艺设备具体包括筛板塔、泡罩塔、浮阀塔、填充床洗涤器、喷淋洗涤器、文丘里洗涤器等。

对于放射性气溶胶一般采用高效微粒空气过滤器（high efficiency particulate air filter，HEPA）进行处理。广泛用于核设施内的干式过滤器可以有效捕集粒径小于 0.3μm 的放射性气溶胶粒子，去除效率大于 99.97%。一次使用失效后即废弃；在使用 HEPA 过滤器之前要安装预过滤器，以除去废气中的大颗粒固体。

对于放射性气体的治理可以采用通风稀释法、贮存衰变法、物理吸附法和化学吸收法等方式。对于矿井、厂房和实验室等可采用通风稀释法，如矿井主要采用通风法防控氡的危害。对于工艺废气通常采用吸附法进行处理。吸附剂应该具有较大的平衡吸附量、良好的选择性、容易解吸、平衡吸附量与温度或压力有较敏感关系、有较高机械强度和耐磨性、性能稳定、价格低等特点。吸附剂的种类包括活性炭、硅胶、活性氧化铝、分子筛等。其中活性炭滞留床对 ^{85}Kr、^{133}Xe 以及 ^{131}I 等有良好的吸附选择性；采用液体吸收装置使用制冷剂可以吸收溶解度较高的放射性惰性气体；采用低温分馏装置可以对 ^{85}Kr 进行回收，回收率大于 99%。对于短寿命放射性气体废物则可以采用加压储存衰变的方式进行有效、经济的去除。加压贮存衰变是通过加压废气在储罐或衰变室内滞留足够长的时间，使其中短寿命的放射性气体发生衰变，从而降低放射性活度的方法，该方法对于处理除 ^{14}C、^{85}Kr 和氚的大多数短半衰期气体有着较好的效果，核电厂废气净化系统常用这种方法。

对于工艺废气通常采用物理和化学相结合方法进行处理，一般先用冷凝、洗涤或其他化工技术加以预处理，除去酸、碱、水分和其他有损过滤器和吸附剂的物质，然后通过过滤器和吸附装置进一步处理。如铀精制厂氟化工序产生的废气，处理方法是经两次冷凝后再用氢氧化钾洗涤。气体扩散厂产生的废气，一般先经旋风分离器、金属丝网过滤器、玻璃丝填充过滤器或静电除尘器等除去废气中的铀微尘,然后对废气中铀的氟化物采用固体吸附剂吸附法或液体淋洗剂洗涤法除去。反应堆的废气,先经滞留衰变使碘、氪、氙等短寿命的同位素衰变掉,再在室温或低温下经活性炭吸附后由高烟囱排入大气。除去核燃料后处理厂废气中碘的方法有:①滞留衰变法,滞留设备有贮罐、延迟管或滞留床等;②液体洗涤法,用液体吸收剂淋洗废气,使碘转入液相而除去,吸收剂有氢氧化钠、硫代硫酸钠和硝酸汞-硝酸的水溶液等,可将碘氧化成非挥发性的碘酸盐;③固体吸附法,用三亚乙基二胺或碘化钾浸渍过的活性炭、附银沸石、附银硅胶等吸附剂吸附碘。对于 $^{14}CO_2$ 除了采用分子筛分离、膜分离等方法,也常采用化学吸收法,包括:①碱液吸收法,吸收剂有氢氧化钠溶液、乙醇胺溶液等;②固体化学试剂吸附法,吸附剂包括氢氧化锂、氢氧化钡、碱石灰和固态胺等。对氚的处理视来源而定:轻水堆中产生的氚一般要转变成氚水再稀释排放;后处理厂产生的氚,采用大气扩散稀释排放;处理方法有低温蒸馏法、催化氧化法等。对于废物焚烧或固化处理过程中产生的含钌废气,可用除钌过滤器或硅胶吸附塔等除去。典型的放射性废气处理流程如图 7.5 所示。

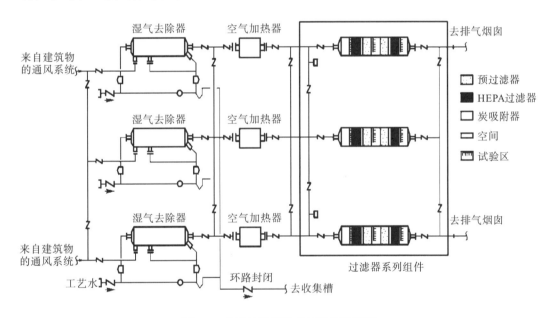

图 7.5　典型的放射性废气处理流程图

2. 氡及其子体的物理化学防控技术

氡及其子体是人类所受天然辐射的主要来源,是仅次于吸烟的致肺癌因素,被 WHO 列为 19 种最致癌物质之一。UNSCEAR 向联大书面报告并确认居民氡致肺癌;WHO 报告认为 3%～14%的肺癌是由氡暴露引起的;在美国,室内氡浓度的增加被认为是导致肺癌的最危险因素,因氡暴露而过早死亡的人数估计每年达到 21000 人;肺癌是我国发病率和死亡率均处于第一位的癌症。环境中的氡主要来源于土壤、岩石、建筑材料等的释放,以及地下工程、矿井、隧道等的排放。地下场所周围的岩石、土壤析出的氡通过扩散、对流以及地下水渗透,沿着工程结构孔隙进入工程内部,导致地下场所空气中具有较高的氡及其子体浓度，其对场所内部人员的健康造成巨大的威胁。因此，需要高度重视氡的照射与防护问题。

氡的物理化学防控技术主要有土壤降压、室内增压、通风换气、隔阻法、吸附法、空气净化法等除氡方式。①土壤降压法，离地面较近的房屋，其室内氡主要的来源是地基下面和周围的土壤氡气扩散。因此，可以通过结构改造（主动式和被动式土壤降压）来阻止氡气从土壤扩散到室内，在美国和加拿大已经有很成熟的根据不同房屋设计而进行土壤降压改造的技术。最常用且降氡效果最好的是主动式土壤降压，降氡效率可以达到99%。这个方法对地基下的土壤渗透性要求比较高，土壤的渗透性好坏决定所需要的通风管的个数以及安放的位置。对于已建好的房屋，这个方法的改造成本太高；对于不具备改造条件的房屋，该方法将无法适用。②室内增压法，安装风扇将室内气体排入地下室或爬行空间，使直接与土壤相接的地方的气压高于土壤气压，从而防止氡气从土壤中扩散到地下室或爬行空间从而扩散到室内。或将高楼层或室外的气体排入居室内，室内气压高于土壤中的气压，土壤中的氡气就不易扩散到室内。该方法受到地下室或爬行空间与居室之间密封性的严格限制。并且如果地下室的窗或门被打开，压差被破坏，这个方法的效果会被大大降低。③通风换气法，通风换气排氡是最简单的防氡方法，包括自然通风换气和机械通风换气。自然通风换气主要是开门、开窗或在低楼层安装通风口。研究发现，对于一间房间，开窗通风 1h 后，室内氡浓度能降至原来的 1/3 以下。只要有足够多的窗户或通风口打开，室内的氡浓度可以降低 90% 以上，这种方法所需成本最低。但该方法受室外气候变化的影响很大，对于气候炎热和寒冷的地方不适用。机械通风换气通过安装供暖通风与空气调节（heating ventilation and air conditioning，HVAC）系统将室外的空气根据需要制热或制冷后与室内空气互换，在降低室内氡浓度的同时也能保证室内的舒适度，只要换气率足够大，室内氡及其子体浓度就能在较短时间内降到很低的水平。但该方法会增加室内供暖和制冷的费用。④隔阻法，一方面对氡有可能从土壤扩散到室内的路径进行填补密封，包括地面和墙壁的裂缝、地面与墙壁的连接缝、裸露的土壤、敞开的集水坑以及空心砖顶部等，将这些路径用泡沫或塑料膜填充覆盖后再用防氡密封剂进行密封，有研究表明，一定厚度的环氧树脂涂料封闭剂能减少 99% 的氡释放。另一方面，是对室内墙壁、地板、天花板使用防氡涂料，使用质地较好的涂料涂刷，降低房屋建材的氡析出率。该方法一般作为其他降氡方法的一个辅助手段。单独应用该方法能实现的降氡效果不明显。因为这个方法只有在所有的氡有可能扩散进来的孔隙都密封好后，才能达到一定的效果。但这通常都是很难实现的，并且随着时间的增加，房屋结构会产生细微变化，还可能会出现新的氡进入途径。涂堵阻氡法，虽然可以从源头上减缓材料中的氡向地下场所环境空气中的释放，但不能做到长期有效。⑤吸附法，吸附除氡不仅能够有效降低室内氡浓度，而且还可以有效除去异味、细菌、二氧化碳等，是一种多参数空气净化方法。用合适的材料吸附氡及其子体，现用的较好的吸附剂是活性炭等多孔材料。有研究表明，活性炭的局部降氡效果可以达到 60%～70%。但要作为一个长期的室内降氡方法，吸附效率和物理饱和限制使得用吸附剂吸附氡气降氡效果受到限制，需要大量的活性炭才能达到一定效果，因此还有待研发更好性能的新型吸附剂。⑥空气净化法，采样过滤、混风机、电场方法、离子发生器等方法可以用来直接移除室内的氡子体,其中研究最多的是利用空气净化器过滤室内空气。一般的被动式净化器通过抽取室内气体,将室内空气中的颗粒物截留在其内部的过滤网上,而实现空气净化的作用。同样,氡子体气溶胶颗粒也会像其他颗粒物一样被净化器的滤网截留,从而降低室内的氡子体浓度,该方法的剂量降低效果与使用的空气净化器的过滤部件组成、工作的流速以及应用环境的条件有关。

3. 放射性污染大气的生物治理技术

1) 放射性污染大气的微生物修复技术

放射性污染大气的防治以物理化学方法为主,随着现代生物科技的发展,近年来利用微生物法治理大气放射性污染开始逐步应用。

(1) 微生物修复放射性污染大气的技术原理。

微生物修复放射性污染大气的机理类似于微生物修复土壤和水体中放射性污染物的机理,主要包含微生物吸附、微生物的生物积累和微生物转化三个方面。

(2) 放射性污染大气的微生物修复技术工艺。

大气污染的微生物修复工艺包括生物洗涤法、生物过滤法、生物滴滤法和膜生物反应器法等方法。由于大气污染的生物处理法涉及气、液/固相传质过程及生化降解过程,影响因素很复杂,有关的理论研究还不够深入,许多处理工艺还只停留在实验室水平,包括填料特性、反应动力学、动态负荷、开发难降解和疏水性污染物处理工艺等问题还有待进一步研究,所以放射性大气污染的微生物修复技术尚处在探索阶段。

(3) 放射性污染大气的微生物修复技术进展。

目前,在应用微生物技术治理放射性核聚变燃料氚方面有了一些新进展。日本原子能开发研究机构与茨城大学研究人员从森林土壤中找到两种对氢氧化能力很强的微生物,即 *Kitasatospora* sp. 和 *Streptomyces* sp. 可在常温下氧化环境中的氢,并转换为水,这样使清除环境中氚的放射性污染成为可能。进一步研究证明,此微生物方法与以往催化剂方法清除氚的方式效果和速度大致相同。这两种菌株在低温条件下保存一年之后,经活化的菌株对氚的放射性清除效果仍能保持 70% 的水平,其使用成本低、运送方便、不产生废弃物等特点,都显示了微生物技术治理氚污染的优越性。日本福岛核事故后,日本筑波大学的研究表明蓝藻、绿藻和褐藻等藻类对 ^{125}I 的富集能力都很强;日本山梨大学的一项研究表明,一种小球藻 *Parachlorella* sp. binos 可以从核污染的废水和土壤中吸收富集放射性碘,二次离子质谱分析表明放射性碘积累在小球藻的胞质溶胶中;最近韩国先进辐射技术研究所、韩国原子能研究所等多个研究机构的一项联合研究报告了一种使用耐辐射细菌(*Deinococcus radiodurans*)R1 处理放射性碘的新生物修复方法,含有耐辐射球菌 R1 的生物金纳米材料对放射性碘的去除率可以达到 99% 以上。印度的一项研究表明,从核设施中分离出的几种微藻 *Coccomyxa actinabiotis* sp. 能够耐受 α、β 和 γ 辐射,并且能够应用于氚的生物修复,通过基因工程等生物技术手段可以增强微藻的辐射耐受性和去污能力,因此利用藻类和微生物从水环境中去除氚的生物技术研究具有广阔的前景。

（4）放射性污染大气的微生物修复技术展望。

微生物法处理污染物属于自然过程，通过研究可以进一步强化和优化该过程，主要是从强化传质和控制有利于转化反应过程的条件两方面着手。通过优化细胞固定化技术，可进一步提高单位体积内微生物浓度，并通过对温度、湿度、pH 等环境因素的控制，可使微生物处于最佳生长状态，提高其对放射性污染物的净化率；通过进一步优化支撑材料可有效改善气流条件、增强传质能力等。随着研究的不断深入，大气污染的微生物修复技术将会从各方面得到全面的发展。主要研究方向包括以下几个方面。

（1）目前微生物法处理废气还只适用于低浓度的简单废气，可在现有研究基础上扩大生物处理废气的应用范围。

（2）深化反应动力学模式、动态负荷等理论研究。

（3）筛选高效优势菌种，并与现代高科技相结合，将微生物通过驯化，优化其生存条件，提高单位体积的生物降解速度。

（4）选择适当的填料，提高填料的表面性质及其使用寿命。

（5）注重设备研究开发，实现生物处理废气产品的成套化、系列化、标准化。将神经网络系统应用于生物法处理废气，实现自动控制，提高对各运行参数的控制能力，可降低维护费用和故障发生的概率。

2）放射性污染大气的植物修复技术

利用植物修复技术来治理大气污染尤其是近地表大气的混合污染是近年来国际上正在加强研究和迅速发展的前沿性新课题。

（1）植物修复技术原理。

大气污染的植物修复是一种以太阳能为动力，利用植物的同化或超同化功能净化污染大气的绿色植物技术。这种生物修复过程可以是直接的，也可以是间接的，或者两者同时存在。植物对大气污染的直接修复是植物通过其地上部分的叶片气孔及茎叶表面对大气污染物的吸收与同化的过程，而间接修复则是指通过植物根系或其与根际微生物的协同作用清除干湿沉降进入土壤或水体中大气污染物的过程。具体可分为植物吸附与吸收修复、植物降解修复、植物转化修复、植物同化和超同化修复。

（2）放射性污染大气的植物吸附与吸收修复技术。

植物对于大气污染物的吸附与吸收主要发生在地上部分的表面及叶片的气孔。在很大程度上，吸附是一种物理性过程，其与植物表面的结构，如叶片形态、粗糙程度、叶片着生角度和表面的分泌物有关。研究表明植物可以有效地吸附空气中的粉尘、雾滴等悬浮物及其吸附着的放射性污染物。植物也可以吸收大气中的多种化学物质和放射性核素，包括 CO_2、NO_x、SO_2、Cl_2、HF、^{90}Sr、^{137}Cs、^{210}Po、^{210}Pb 等。研究表明，苔藓、凤梨等空气植物可以吸收富集空气中的 ^{90}Sr、^{137}Cs 等放射性污染物。美国西北大学的一项研究报道，玉米、向日葵和高羊茅等植物可以吸收铀尾矿中的 ^{226}Ra 和 ^{222}Rn 并加快它们向环境释放，^{222}Rn 的释放速率与植物的总叶面积显著正相关。西南科技大学研究报道一种生长在铀尾矿周边的大灰藓（ *Calohypnum plumiforme* ）可以有效吸收富集 ^{210}Po、^{210}Pb 等放射性核素，是一种有潜力的氡污染修复植物。青岛农业大学研究人员发现一种短茎空气凤梨

(*Tillandsia brachycaulos*)能够有效地通过叶片减少空气中的氡，密集覆盖凤梨叶片的特化叶毛在氡吸收中起主要作用，因为扩大的粗糙叶表面积有利于氡子体的沉积，叶毛的粉状表皮蜡层吸收脂溶性氡，该研究为我们提供了一种新的氡污染控制的生态治理策略，可移动的附生凤梨植物可广泛应用于氡去除系统。植物吸收大气中的污染物主要是通过气孔，并经由植物维管系统进行运输和分布。对于已进入植物体的污染物，有些可以通过植物的代谢途径被代谢或转化，有些可以被植物固定或隔离在液泡中。虽然会有一部分被植物吸收的污染物或被转化了的产物重新回到大气中，但这一过程是次要的，不至于构成新的大气污染源。但是，如何防止植物体内的放射性污染物和其他有毒有害污染物进入食物链是一个需要关注的问题。

(3)放射性污染大气的植物修复技术展望。

大气污染是一个复杂的并涉及多方面的环境问题。植物修复能否有效地修复大气污染物和净化大气环境，受到诸多因素的影响和限制。这些因素除了来自植物本身外，还来自气候、土壤、污染物以及公众环境修复意识等方面。植物修复与植物生命活动密不可分，因为植物只有在其具有旺盛的生命活力时才有可能对大气污染进行有效的修复。所以，影响或抑制植物生命活动的因素都将影响或抑制植物的修复。对于植物修复最大的限制因素无疑是气候、土壤条件等与植物生长条件相关的因素。植物修复的本身除有耗时长的缺陷外，还存在其他一些限制因素，如植物修复受到污染物浓度的限制，有毒污染物有可能在植物体中转化为毒性更强的物质，所吸收的污染物有可能又重新释放到环境中或通过食物链的生物放大而污染等。如何解决这些问题将是植物修复能否投入实际应用的关键。虽然这些限制因素对大气污染的植物修复提出了挑战，但是与此同时也给这种生物修复技术的研究与发展带来了机遇。应该看到的是，无论是近地表大气污染植物修复的理论本身还是其应用性的研究都处于刚刚起步阶段，并在迅速发展。国际上在这方面的研究进展为大气污染绿色生物修复技术走向应用提供了可能性。这种污染大气生物修复的思想及其技术对城市园林绿化、环境规划和生态环境建设具有直接的指导意义和应用价值。迫切需要的是运用生物学、化学、土壤科学、环境科学、农学等多学科的知识，交叉、综合地开展研究。

人们利用自然植物资源修复已受损的土、水栖身地的同时，还可以修复栖身地的大气环境，从而提高整体环境质量，造福于人类。这种利用自然生物资源来修复自然环境污染的思路与策略必将促进环境友好、经济高效、持续健康的生物修复的理论创新和技术发展。

习题

1. 对以下名词进行解释：生物修复、微生物修复、动物修复、植物修复、植物提取、植物固定、植物降解、植物过滤、植物挥发、原位修复、异位修复、生物吸附、植物吸收、生物富集、生物转化、生物还原、生物沉淀(生物矿化)、生物溶解、超富集植物、低积累植物、转移系数、富集系数、转运量系数、富集量系数、植物提取率、螯合剂、植物修复强化技术、修复植物、放射性核素污染土壤修复标准、同位素替代技术、土壤螯合诱导植物修复技术、修复植物后处理技术、微生物去除核素技术。

2. 简述土壤放射性污染的特点及危害。

3. 放射性污染土壤修复技术有哪些？分别阐述其优点及不足。

4. 生物修复类型有哪些？分别简述其区别与联系。

5. 阐述放射性污染土壤的微生物修复过程的可能机理及修复技术。

6. 简述影响生物修复过程的主要影响因素。

7. 植物修复的主要种类及其主要机理有哪些？比较其异同和优缺点。

8. 植物修复强化技术主要有哪些？如何选择应用？

9. 修复植物后处理技术有哪些？各有什么特点？

10. 查阅文献资料，分别举出 1～2 个案例，综合分析放射性污染土壤的植物提取修复、稳定修复的过程、特点、方法及其应用。

11. 简述放射性污染土壤修复标准制定的概念、内涵及分类。

12. 放射性污染水体化学修复技术主要有哪些？比较其优缺点。

13. 放射性污染水体物理修复技术主要有哪些？比较其优缺点。

14. 简述放射性污染水体植物修复的主要机制。

15. 简述放射性污染水体微生物修复的原理及特点。

16. 简述放射性污染水体植物-微生物联合修复技术的可行性及技术方案。

17. 放射性污染水体的化学、物理和生物修复都会有废物产生，试比较其产生的废物类型及特点，并探讨其可行的废物管理和废物的处理方案。

18. 放射性污染大气的物理化学修复技术主要有哪些？比较其优缺点。

19. 氡及其子体的修复技术主要有哪些？比较其优缺点。

20. 简述放射性污染大气生物修复技术的可行性及技术方案。

参 考 文 献

蔡福龙, 1998. 海洋放射生态学[M]. 北京: 原子能出版社.

蔡福龙, 陈英, 许丕安, 等, 1992. 大弹涂鱼浓集 ^{137}Cs、^{134}Cs、^{65}Zn、^{60}Co 的研究[J]. 海洋环境科学(1): 3-10.

柴永福, 岳明, 2016. 植物群落构建机制研究进展[J]. 生态学报, 36(15): 4557-4572.

陈保冬, 陈梅梅, 白刃, 2011. 丛枝菌根在治理铀污染环境中的潜在作用[J]. 环境科学, 32(3): 809-816.

陈梅, 安冰, 唐运来, 2012. 苋菜、小麦和玉米对铯的吸收和积累差异[J]. 作物研究, 26(5): 512-517.

陈宁, 周卫健, 侯小琳, 等, 2010. 西安加速器质谱中心 ^{129}I 加速器质谱分析方法建立及其在我国核环境示踪中的应用[J]. 地球环境学报, 1(2): 9.

程檀生, 钟毓澍, 1997. 低能及中能原子核物理学[M]. 北京: 北京大学出版社.

程业勋, 王南萍, 侯胜利, 2005. 核辐射场与放射性勘查[M]. 北京: 地质出版社.

樊文华, 刘素萍, 2004. 钴的土壤化学[J]. 山西农业大学学报(自然科学版), (2): 194-198.

冯德玉, 代其林, 崔广艳, 等, 2013. 油菜对 Sr 胁迫的生理生态响应[J]. Botanical Research, 2(5): 125-129.

付倩, 刘聪, 赖金龙, 等, 2015. 锶对蚕豆根尖细胞的遗传毒性效应[J]. 农业环境科学学报, 34(9): 1646-1652.

傅小城, 王茹静, 杜凤雷, 2014. 非人类物种辐射影响评价方法分析[J]. 核安全, 13(3): 84-89, 77.

高常飞, 刘军, 2014. 日本福岛核事故海水中放射性核素扩散模型研究[J]. 安徽农业科学, 42(11): 3330-3333.

高琦, 胡星宇, 张立炎, 等, 2017. 鱼类放射性污染特征及除污染研究[J]. 食品工业科技, 38(17): 216-219.

高万林等, 1980. 放射性水文地球化学找矿[M]. 北京: 原子能出版社.

何正忠, 肖德涛, 赵桂芝, 等, 2013. 连续测氡方法迭代修正因子的理论计算与实验测定[J]. 原子能科学技术, 47(6): 1040-1043.

洪晓曦, 袁静, 郑现明, 等, 2017. 油菜对 Cs 胁迫的响应及其对 Cs 富集规律的研究[J]. 农业环境科学学报, 36(12): 2394-2400.

侯兰欣, 徐世明, 赵文虎, 等, 1996. 植物对土壤中 ^{137}Cs 浓集能力的筛选[J]. 核农学通报, (6): 281-282, 287.

胡南, 张新华, 黄爱武, 等, 2008. 铀尾矿浸出液对斑马鱼组织某些生化指标的研究[J]. 毒理学杂志, (3): 207-209.

黄志, 颜未, 蒯琳萍, 2019. 钴铯锶 3 种核素对大肠杆菌的毒性研究[J]. 江苏农业科学, 47(6): 288-293.

贾秀芹, 2012. 麻疯树对铯、锶胁迫的生理生化响应及富集[D]. 绵阳: 西南科技大学.

姜晓燕, 闫冬, 何映雪, 等, 2018. 铀尾矿废渣回填治理区植物中镭放射性水平调查[J]. 辐射防护, 38(2): 132-136.

李传昭, 赵文虎, 徐世明, 1995. ^{110m}Ag 在鲤鱼体内的转移、积累与分布[J]. 中国环境科学, (5): 356-362.

李建国, 2006. 放射生态学转移参数手册[M]. 北京: 原子能出版社.

李俊柯, 杜家豪, 邓章轩, 等, 2020. 铀胁迫对不同苔藓生长及抗氧化系统的影响[J]. 广东农业科学, 47(8): 65-73.

李黎, 2015. 钴的富集植物筛选[D]. 绵阳: 西南科技大学.

李书鼎, 2005. 放射生态学原理及应用[M]. 北京: 中国环境科学出版社.

李宇林, 罗学刚, 2019. 铀对两种湿生植物生理生化及其积累特性的影响[J]. 广东农业科学, 46(9): 77-84.

李祯堂, 张红庆, 王旭东, 等, 2004. ^{237}Np 在黄土和石英砂中迁移的影响因素[J]. 辐射防护通讯, 24(4): 14-20.

李志强. 2016. 氡析出率标准装置快速定值方法的研究与应用[D]. 衡阳: 南华大学.

廖若星, 赖金龙, 李月琴, 等, 2017. 蚕豆对土壤中锶的累积及其器官分配特征分析[J]. 农业环境科学学报, 36(10): 1953-1959.

林武辉, 陈立奇, 余雯, 等, 2015. 福岛核事故源项评价[J]. 中国科学: 地球科学, 45(12): 1875-1885.

林武辉, 邓芳芳, 梁林, 等, 2020. 日本福岛核事故后海洋中(90)Sr: 污染现状、辐射评价、启示[C]//2020 中国环境科学学会科学技术年会, 中国江苏南京.

刘凯. 2013. 氡子体参考水平定值的 α 能谱测量方法建立[D]. 衡阳: 南华大学.

刘小松, 丘寿康. 2007. 一种较准确而快速测量氡析出率的方法[J]. 辐射防护, 27(3): 156-162.

刘晓娜, 赵中秋, 陈志霞, 等, 2011. 螯合剂、菌根联合植物修复重金属污染土壤研究进展[J]. 环境科学与技术, 34(S2): 127-133.

刘秀清, 章铁, 2012. ^{60}Co γ 射线低剂量辐照对生菜种子萌发、幼苗生长及酶活性的影响[J]. 核农学报, 26(6): 868-872.

刘彦中, 吴道慧, 王忠跃, 等, 2006. ^{60}Co-γ 射线辐射对长寿花某些生理指标的影响[J]. 安徽农业科学, (20): 5205-5207.

卢靖, 王颖松, 蒋育澄, 等, 2006. 金属铯的生物化学研究进展[J]. 稀有金属, (5): 682-687.

卢希庭, 江栋兴, 叶沿林, 2001. 原子核物理[M]. 北京: 原子能出版社.

罗泽娇, 程胜高, 2003. 我国生态监测的研究进展[J]. 环境保护, (3): 41-44.

倪有意, 卜文庭, 郭秋菊, 等, 2015. 福岛核事故向环境释放的 Pu 研究进展[J]. 原子能科学技术, 49(10): 1899-1908.

聂小琴, 丁德馨, 李广悦, 等, 2009. 铀矿浸出液胁迫对绿豆种子萌发和幼苗生长及其抗氧化酶活性的影响[J]. 农业环境科学学报, 28(4): 789-795.

聂小琴, 丁德馨, 李广悦, 等, 2010. 某铀尾矿库土壤核素污染与优势植物累积特征[J]. 环境科学研究, 23(06): 719-725.

聂小琴, 丁德馨, 李广悦, 等, 2011. 铀矿浸出液胁迫对种子萌发和幼苗生长及抗氧化酶影响[J]. 环境科学与技术, 34(2): 26-31.

聂小琴, 丁德馨, 董发勤, 等, 2015. 水生植物大藻和凤眼莲对水中铀的去除[J]. 核化学与放射化学, 37(04): 243-249.

潘自强, 2007. 电离辐射环境监测与评价[M]. 北京: 原子能出版社.

庞义俊, 2013. ^{14}C-AMS 测量及其在 PM$_{2.5}$ 源解析中的应用[D]. 桂林: 广西师范大学.

亓铎朝, 2018. Cs 对菠菜叶片光合作用的影响[J]. 中国科技博览, 7: 70.

亓琳, 王庆, 王晓凌, 等, 2017. 向日葵对锶的富集特征与耐受机制研究[J]. 环境科学学报, 37(12): 4779-4786.

齐杨, 于洋, 刘海江, 等, 2015. 中国生态监测存在问题及发展趋势[J]. 中国环境监测, 31(6): 9-14.

强继业, 陈宗瑜, 李佛琳, 等, 2003. ^{60}Co-γ 射线辐射对滇特色花卉生长速率及叶绿素含量的影响[J]. 中国生态农业学报, 11(4): 21-23.

阙泽胜, 吴星根, 李冠超, 等, 2022. 基于 GIS 的土壤氡浓度空间分布规律探析[J]. 地理信息世界, 29(4): 42-47.

任天山, 程建平, 等, 2007. 环境与辐射[M]. 北京: 原子能出版社.

单健, 肖德涛, 赵桂芝, 等, 2012. NRL-1 型测氡仪的绝对湿度效应研究[A]//中国核学会辐射防护分会. 辐射防护分会 2012 年学术年会论文集[C]. 中国核学会辐射防护分会: 中国核学会, 6.

商照荣. 2006. 辐射防护概念的拓展与环境放射防护[J]. 核安全, 5(4): 9-15.

邵敏, 蔡志强, 赵希岳, 等. 2006. 放射性核素 ^{60}Co 在土壤中吸附和解吸的动力学研究[J]. 江苏工业学院学报, 18(3): 11-15.

石雷, 丁保君, 2012. 切尔诺贝利核事故对白俄罗斯生态环境的影响[J]. 环境与可持续发展, 37(1): 93-96.

石玉春, 吴燕玉, 1986. 放射性物探[M]. 北京: 原子能出版社.

宋宇晨, 强继业, 傅雄伟, 2007. γ 射线辐射对松叶牡丹种子发芽率及幼苗生长的影响[J]. 安徽农业科学, (21): 6370, 6414.

苏翔, 白瑞, 2020. 钴污染土壤的治理修复综述[J]. 山东化工, 49(20): 238-240.

台湾质谱学会, 2019. 质谱分析技术原理与应用[M]. 北京: 科学出版社.

谭大刚, 1999. 环境核辐射污染及防治对策[J]. 沈阳师范学院学报: 自然科学版, (1): 68-73.

汤彬, 葛良全, 方方, 等, 2022. 核辐射测量原理[M]. 第 2 版. 哈尔滨: 哈尔滨工程大学出版社.

唐峰华, 王锦龙, 刘丹彤, 等, 2013. 日本福岛核泄漏典型人工放射性核素在北太平洋柔鱼渔场的分布[J]. 农业环境科学学报, 32(10): 2066-2071.

唐永金, 罗学刚, 曾峰, 等, 2013. 不同植物对高浓度 Sr、Cs 胁迫的响应与修复植物筛选[J]. 农业环境科学学报, 32(5): 960-965.

田志恒, 左富琪, 肖德涛, 等, 1991. 驻极体收集积分测氡法[J]. 中国核科技报告, (00): 858-866.

王丹, 陈晓明, 刘明学, 2018. 电离辐射的植物学和微生物学效应[M]. 北京: 科学出版社: 110-112.

王建宝, 唐运来, 徐静, 等, 2015. 钴在蚕豆中的积累分布及其对叶片光合作用和抗氧化酶活性的影响[J]. 西北植物学报, 35(5): 963-970.

王钦美, 张志宏, 2015. 植物质体基因组研究进展[J]. 沈阳农业大学学报, 46(5): 513-520.

王帅, 黄德娟, 黄德超, 等, 2016. 蕹菜对铀的富集特征及其形态分析[J]. 江苏农业科学, 44(8): 266-268.

王天龙, 强继业, 2009. ^{60}Co-γ 射线对萝卜种子发芽率及幼苗生长的影响[J]. 青海农林科技, (1): 1-3.

王月华, 韩烈保, 尹淑霞, 等, 2006. γ 射线辐射对高羊茅种子发芽及酶活性的影响[J]. 核农学报, (3): 199-201, 224.

文亚峰, 韩文军, 吴顺, 2010. 植物遗传多样性及其影响因素[J]. 中南林业科技大学学报, 30(12): 80-87.

闻方平, 王丹, 徐长合, 等, 2009. ^{133}Cs、^{88}Sr 单一胁迫对甘蓝生理生化指标的影响[J]. 湖北农业科学, 48(01): 114-117.

吴昊, 肖德涛, 李志强, 等, 2016. 某些场所氡及其子体平衡因子的测量[J]. 辐射防护, 36(5): 291-296.

吴惠山, 蒋永一, 唐声喤, 等, 1998. 核技术勘查[M]. 北京: 原子能出版社.

吴惠山, 1995. 氡测量方法与应用[M]. 北京: 原子能出版社.

吴喜军, 2015. ^{222}Rn/^{220}Rn 子体连续测量方法的研究及仪器的研制[D]. 衡阳: 南华大学.

吴彦琼, 胡劲松, 胡南, 等, 2010. 铀尾矿库区的植物组成与多样性[J]. 生态学杂志, 29(7): 1314-1318.

伍浩松, 2005. 世界卫生组织国际氡项目[J]. 国外核新闻, (9): 23-24.

夏启中, 2020. 植物免疫系统研究进展[J]. 黄冈师范学院学报, 40(3): 65-71.

肖德涛, 赵桂芝, 2004. 被动积分测 ^{220}Rn 方法及其应用[J]. 南华大学学报(自然科学版), (4): 7-13.

肖诗琦, 宋收, 陈晓明, 等, 2018. 高通量测序揭示铀污染对土壤真菌群落结构的影响[J]. 农业环境科学学报, 37(8): 1698-1704.

肖诗琦, 陈晓明, 戚鑫, 等, 2020. 铀污染对土壤酶活性及微生物功能多样性的影响[J]. 核农学报, 34(4): 896-903.

徐虹霓, 于涛, 2015. 日本福岛核事故后海洋生物放射性监测与生态风险评价进展[C]. 2015 年中国环境科学学会学术年会, 中国广东深圳.

徐静, 唐运来, 王建宝, 等, 2015. Cs 对菠菜叶片光合作用影响的研究[J]. 核农学报, 29(5): 986-994.

杨毅, 林炬, 刘颖. 2018. 辐射环境监测[M]. 北京: 北京航空航天大学出版社.

姚青山, 潘自强, 刘森林, 等. 2006. 国际主要非人类物种辐射剂量评估方法比较[J]. 辐射防护通讯, 26(5): 1-7.

尹观, 倪师军, 2009. 同位素地球化学[M]. 北京: 地质出版社.

于虹漫, 陈宗瑜, 强继业, 2003. ^{60}Coγ 射线辐照对仙客来生长及叶片光合特性的影响[J]. 北方园艺, (5): 45-46.

于涛, 倪甲林, 黄德坤, 等, 2022. 我国海洋放射性监测技术体系现状及展望[J]. 应用海洋学学报, 41(1): 166-176.

俞誉福, 1993. 环境放射性概论[M]. 上海: 复旦大学出版社.

张晓雪, 王丹, 李卫锋, 等, 2010. ^{133}Cs 和 ^{88}Sr 在蚕豆苗中的蓄积及其辐射损伤效应[J]. 辐射研究与辐射工艺学报, 28(1): 48-52.

张新华, 李富军, 2005. 几种物理技术在提高植物抗逆性中的研究进展[J]. 西北植物学报, (9): 1894-1899.

张宇, 2013a. Cs 对超富集植物藜萌发代谢生物学的影响[J]. 安全与环境学报, 13(3): 5-8.

张宇, 2013b. 乙酸铀对超富集植物藜萌发代谢生物学的影响[J]. 贵州农业科学, 41(8): 38-41.

张玉敏, 李红, 朱春来, 等, 2010. 海洋核污染与放射性监测技术[J]. 舰船科学技术, 32(12): 76-79

张智慧, 1994. 空气中氡及其子体的测量方法[M]. 北京: 原子能出版社.

章晔, 华荣洲, 石栢慎, 1990. 放射性方法勘查[M]. 北京: 原子能出版社.

赵昌, 乔方利, 王关锁, 等, 2014. 福岛核事故泄漏进入海洋的 ^{137}Cs 对中国近海影响的模拟与预测[J]. 科学通报, 59(34): 3416-3423.

赵希岳, 樊国华, 蔡志强, 等, 2010. 放射性核素 ^{60}Co 在土壤中的淋溶和迁移分布[J]. 中国环境科学, 30(8): 1118-1122.

赵燕子, 2008. 核电站环境放射性监测[J]. 核电子学与探测技术, 28(6): 1193-1196, 1234.

钟章成, 2014. 现代植物生态学研究进展[M]. 北京: 科学出版社.

周启星, 魏树和, 刁春燕, 2007. 污染土壤生态修复基本原理及研究进展[J]. 农业环境科学学报, 26(2): 419-424.

朱君, 邓安嫦, 石云峰, 等, 2017. 不同喷淋强度对核素 Sr-90 在土壤中迁移的影响[J]. 土壤学报, 54(3): 785-793.

朱君, 邓安嫦, 石云峰, 等, 2018. 不同质地土壤对核素 Sr-90 阻滞及迁移的影响[J]. 安全与环境学报, 18(1): 330-334.

朱君, 邓安嫦, 张艾明, 2019. 实验室尺度三维含水层核素迁移模型试验[J]. 核化学与放射化学, 41(3): 290-296.

朱君, 李婷, 陈超, 等, 2021. 近海核电厂核素地下水释放通量的模型计算方法[J]. 吉林大学学报(地球科学版), 51(1): 201-211.

朱永懿, 杨俊诚, 陈景坚, 等, 1998. 施肥措施对水稻吸收 ^{137}Cs 的影响[J]. 核农学报, (2): 32, 37, 33-36.

庄志雄, 曹佳, 张文昌, 2018. 现代毒理学[M]. 北京: 人民卫生出版社.

邹玥, 唐运来, 王丹, 等, 2016. 木耳菜在 4 种土壤中对 Cs 的吸收与转运研究[J]. 西北植物学报, 36(1): 147-155.

曾涛涛, 李利成, 陈真, 等, 2018. 铀尾矿土壤细菌与古菌群落结构解析及耐铀菌分离鉴定[J]. 中国有色金属学报, 28(11): 2383-2392.

Agarwal M, Pathak A, Rathore R S, et al., 2018. Proteogenomic analysis of *Burkholderia* species strains 25 and 46 isolated from uraniferous soils reveals multiple mechanisms to cope with uranium stress[J]. Cells, 7(12): 269.

Akimoto S, 2014. Morphological abnormalities in gall-forming aphids in a radiation-contaminated area near Fukushima Daiichi: selective impact of fallout?[J]. Ecology and Evolution, 4(4): 355-369.

Akimoto S I, 2014. Morphological abnormalities in gall-forming aphids in a radiation-contaminated area near Fukushima Daiichi: Selective impact of fallout? Ecology and Evolution, 4(4): 355-369.

Akob D M, Mills H J, Kostka J E, 2007. Metabolically active microbial communities in uranium-contaminated subsurface sediments[J]. FEMS Microbiology Ecology, 59(1): 95-107.

Ames L L, Rai D, 1978. Radionuclide interactions with soil and rock media. Volume 1: processes influencing radionuclide mobility and retention, element chemistry and geochemistry, conclusions and evaluation. Final report[R]. Battelle Pacific Northwest Labs., Richland, WA (USA).

Amr M A, 2012. The collision/reaction cell and its application in inductively coupled plasma mass spectrometry for the determination of radioisotopes: a literature review[J]. Adv Appl Sci Res 3: 2179-2191

Arai T, 2014. Radioactive cesium accumulation in freshwater fishes after the Fukushima nuclear accident[J]. Springerplus, 3: 479.

Arcanjo C, Maro D, Camilleri V, et al., 2019. Assessing tritium internalisation in zebrafish early life stages: Importance of rapid isotopic exchange[J]. Journal of Environmental Radioactivity, 203: 30-38.

Arcanjo C, Adam-Guillermin C, El Houdigui S M, et al., 2020. Effects of tritiated water on locomotion of zebrafish larvae: a new insight in tritium toxic effects on a vertebrate model species[J]. Aquatic Toxicology, 219: 105384.

Armant O, Gombeau K, El Houdigui S M, et al., 2017. Zebrafish exposure to environmentally relevant concentration of depleted uranium impairs progeny development at the molecular and histological levels[J]. Plos One, 12(5): e0177932.

Bader M, Müller K, Foerstendorf H, et al., 2017. Multistage bioassociation of uranium onto an extremely halophilic archaeon revealed by a unique combination of spectroscopic and microscopic techniques[J]. Journal of Hazardous Materials, 327: 225-232.

Barillet S, Larno V, Floriani M, et al., 2010. Ultrastructural effects on gill, muscle, and gonadal tissues induced in zebrafish (*Danio rerio*) by a waterborne uranium exposure[J]. Aquatic Toxicology, 100(3): 295-302.

Berke H, Rothstein A, 1949. Amino aciduria in uranium poisoning; the response to different amounts of uranium given intravenously and by inhalation[J]. The Journal of Pharmacology and Experimental Therapeutics, 96(2): 198-208.

Bird G A, Thompson P A, Macdonald C R, 2003. Assessment of the Impact of radionuclide releases from Canadian nuclear facilities on non-human biota[C]//Protection of the Environment from Ionising Radiation: the Development & Application of A System of Radiation Protection for the Enviromment.

Bobek J, Šmídová K, Čihák M, 2017. A waking review: Old and novel insights into the spore germination in *Streptomyces*[J]. Frontiers in Microbiology, 8: 2205.

Bonisoli-Alquati A, Koyama K, Tedeschi J, et al., 2015. Abundance and genetic damage of barn swallows from Fukushima[J]. Scientific Reports, 5: 9432.

Bourrachot S, Simon O, Gilbin R, 2008. The effects of waterborne uranium on the hatching success, development, and survival of early life stages of zebrafish (*Danio rerio*)[J]. Aquatic Toxicology, 90(1): 29-36.

Briggs G A, 1974. Diffusion estimation for small emissions[J].Atmospheric Turbulence and Diffusion Laboratory, 965: 83-145.

Briner W, 2010. The toxicity of depleted uranium[J]. International Journal of Environmental Research and Public Health, 7(1): 303-313.

Brown J, Hosseini A, Borretzen P, Iosjpe M, 2003. Environmental impact assessments for the marine environment-transfer and uptake of radionuclides[J]. Stralevern. Rapport.

Brown S D, Martin M, Deshpande S, et al., 2006. Cellular response of *Shewanella oneidensis* to strontium stress[J]. Applied and Environmental Microbiology, 72(1): 890-900.

Bu W, Bu W, Zheng J, et al., 2013. Vertical distributions of plutonium isotopes in marine sediment cores off the Fukushima coast after the Fukushima Dai-ichi Nuclear Power Plant accident[J].Biogeosciences, 10: 2497-2511.

Bu W, Zheng J, Liu X, et al., 2016. Mass spectrometry for the determination of fission products ^{135}Cs, ^{137}Cs and ^{90}Sr: A review of methodology and applications[J]. Spectrochimica Acta Part B Atomic Spectroscopy, 119: 65-75.

Buesseler K O, Jayne S R, Fisher N S, et al., 2012. Fukushima-derived radionuclides in the ocean and biota off Japan[J].Proceedings of the National Academy of Sciences of the United States of America, 109(16): 5984-5988.

Cai G Q, Zhu J F, Shen C, et al., 2012. The effects of cobalt on the development, oxidative stress, and apoptosis in zebrafish embryos[J]. Biological Trace Element Research, 150: 200-207.

Casacuberta N, Masqué P, Garcia-Orellana J, et al., 2013. ^{90}Sr and ^{89}Sr in seawater off Japan as a consequence of the Fukushima Dai-ichi nuclear accident[J]. Biogeosciences, 10(6): 3649-3659.

Castrillo G, Teixeira P J P L, Paredes S H, et al., 2017. Root microbiota drive direct integration of phosphate stress and immunity[J]. Nature, 543(7646): 513-518.

Charette M A, Breier C F, Henderson P B, et al., 2013. Radium-based estimates of cesium isotope transport and total direct ocean discharges from the Fukushima Nuclear Power Plant accident[J]. Biogeosciences, 10(3): 2159-2167.

Chen B D, Zhu Y G, Smith F A, 2006. Effects of arbuscular mycorrhizal inoculation on uranium and arsenic accumulation by Chinese brake fern (*Pteris vittata* L.) from a uranium mining-impacted soil[J]. Chemosphere, 62(9): 1464-1473.

Chino M, Nakayama H, Nagai H, et al., 2011. Preliminary estimation of release amounts of ^{131}I and 137Cs accidentally discharged from the fukushima daiichi nuclear power plant into the atmosphere[J]. Journal of Nuclear Science and Technology, 48(7): 1129-1134.

Chiu C Y, Chiu H C, Liu S H, et al., 2019. Prenatal developmental toxicity study of strontium citrate in Sprague Dawley rats[J]. Regulatory Toxicology and Pharmacology, 101: 196-200.

Dai Q W, Zhang T, Zhao Y L, et al., 2020. Potentiality of living *Bacillus pumilus* SWU7-1 in biosorption of strontium radionuclide[J]. Chemosphere, 260: 127559.

Dekker L, Arsène-Ploetze F, Santini J M, 2016. Comparative proteomics of *Acidithiobacillus ferrooxidans* grown in the presence and absence of uranium[J]. Research in Microbiology, 167(3): 234-239.

Dinocourt C, Legrand M, Dublineau I, et al., 2015. The neurotoxicology of uranium[J]. Toxicology, 337: 58-71.

Einor D, Bonisoli-Alquati A, Costantini D, et al., 2016. Ionizing radiation, antioxidant response and oxidative damage: A meta-analysis[J]. Science of the Total Environment, 548: 463-471.

Epov V N, Taylor V, Lariviere D, et al., 2003. Collision cell chemistry for the analysis of radioisotopes by inductively coupled plasma mass spectrometry[J]. J Radioanal Nucl Chem, 258: 473-482.

Eriksen T E, Ndalamba P, Bruno J, et al., 1992. The solubility of $TcO_2 \cdot nH_2O$ in neutral to alkaline solutions under constant p_{co2}[J]. Ract, 58-59(1): 67-70.

Espinoza J E, McDowell L R, Wilkinson N S, et al., 1991. Forage and soil mineral concentrations over a three-year period in a warm climate region of central Florida. I. Macrominerals[J]. Livestock Research for Rural Development, 3(1): 20-27.

Feng D, Cheng Q, Cheung T, 1998. Study on accumulation of ^{137}Cs in aquatic organisms[J]. Nuclear Science and Techniques, 9(3): 184-185.

Fraley L, Chave G, Markham O D, 1993. Seasonal variations in deposition and retention of cerium-141 and cesium-134 in cool desert vegetation[J]. Journal of Environmental Radioactivity, 21(3): 203-212.

Fredrickson J K, Zachara J M, Balkwill D L, et al., 2004. Geomicrobiology of high-level nuclear waste-contaminated vadose sediments at the Hanford Site, Washington State[J]. Applied and Environmental Microbiology, 70(7): 4230-4241.

Fujishima Y, Kino Y, Ono T, et al., 2021. Transition of radioactive cesium deposition in reproductive organs of free-roaming cats in Namie Town, Fukushima[J]. International Journal of Environmental Research and Public Health, 18(4): 1772.

Fukumoto M, 2020. Low-dose radiation effects on animals and ecosystems long-term study on the Fukushima nuclear accident: Long-term study on the Fukushima nuclear accident[M]. Berlin: Springer Nature.

Fuller A J, Shaw S, Ward M B, et al., 2015. Caesium incorporation and retention in illite interlayers[J]. Applied Clay Science, 108: 128-134.

Gagnaire B, Arcanjo C, Cavalie I, et al., 2020. Tritiated water exposure in zebrafish (*Danio rerio*): Effects on the early-life stages[J]. Environmental Toxicology and Chemistry, 39(3): 648-658.

Gallois N, Alpha-Bazin B, Ortet P, et al., 2018. Proteogenomic insights into uranium tolerance of a Chernobyl's *Microbacterium* bacterial isolate[J]. Journal of Proteomics, 177: 148-157.

Geras'kin S A, Fesenko S V, Alexakhin R M, 2008. Effects of non-human species irradiation after the Chernobyl NPP accident[J]. Environment International, 34(6): 880-897.

Geras'kin S A, Yoschenko V, Bitarishvili S, et al., 2021. Multifaceted effects of chronic radiation exposure in Japanese red pines from Fukushima prefecture[J]. Science of the Total Environment, 763: 142946.

Gerke H C, Hinton T G, Takase T, et al., 2020. Radiocesium concentrations and GPS-coupled dosimetry in Fukushima snakes[J]. Science of the Total Environment, 734: 139389.

Gibbons S M, 2017. Microbial community ecology function over phylogeny[J]. Nature Ecology & Evolution, 1(1): 32.

Hao Y H, Ren J, Liu J, et al., 2013. Immunological changes of chronic oral exposure to depleted uranium in mice[J]. Toxicology, 309: 81-90.

Hartsock W J, Cohen J D, Segal D J, 2007. Uranyl acetate as a direct inhibitor of DNA-binding proteins[J]. Chemical Research in Toxicology, 20(5): 784-789.

Hasegawa M, Ito M T, Kaneko S, et al., 2013. Radiocesium concentrations in epigeic earthworms at various distances from the Fukushima Nuclear Power Plant 6 months after the 2011 accident[J]. Journal of Environmental Radioactivity, 126: 8-13.

Hayama S, Nakiri S, Nakanishi S, et al., 2013. Concentration of radiocesium in the wild Japanese monkey (*Macaca fuscata*) over the first 15 months after the Fukushima Daiichi nuclear disaster[J]. Plos One, 8(7): e68530.

Hirose M, Kikawada Y, Tsukamoto A, et al., 2015. Chemical forms of radioactive Cs in soils originated from Fukushima Dai-ichi nuclear power plant accident studied by extraction experiments[J]. Journal of Radioanalytical and Nuclear Chemistry, 303(2): 1357-1359.

Hiyama A, Nohara C, Kinjo S, et al., 2012. The biological impacts of the Fukushima nuclear accident on the pale grass blue butterfly[J]. Scientific Reports, 2: 570.

Hosseini A, Thørring H, Brown J E, et al., 2008. Transfer of radionuclides in aquatic ecosystems—default concentration ratios for aquatic biota in the Erica Tool[J]. Journal of Environmental Radioactivity, 99(9): 1408-1429.

Hu P, Brodie E L, Suzuki Y, et al., 2005. Whole-genome transcriptional analysis of heavy metal stresses in *Caulobacter crescentus*[J]. Journal of Bacteriology, 187(24): 8437-8449.

Iibuchi T, Kasamatsu F, Ishikawa Y, et al., 2002. Some biological factors related to the ^{137}Cs concentration of marine organisms[J]. Journal of Radioanalytical and Nuclear Chemistry, 252(2): 281-285.

Imamura N, Komatsu M, Ohashi S, et al., 2017. Temporal changes in the radiocesium distribution in forests over the five years after the Fukushima Daiichi Nuclear Power Plant accident[J]. Scientific Reports, 7: 8179.

Jaswal R, Pathak, A, Edwards B, et al., 2019. Metagenomics-guided survey, isolation, and characterization of uranium resistant microbiota from the Savannah River site, USA[J]. Genes, 10(5): 22.

Jones J D G, Dangl J L, 2006. The plant immune system[J]. Nature, 444(7117): 323-329.

Jönsson P G, Kvick Å, 1972. Precision neutron diffraction structure determination of protein and nucleic acid components. III. The crystal and molecular structure of the amino acid α-glycine[J]. Acta Crystallographica Section B, 28 (6): 1827-1833.

Junier P, Vecchia E D, Bernier-Latmani R, 2011. The response of *Desulfotomaculum reducens* MI-1 to U (VI) exposure: A transcriptomic study[J]. Geomicrobiology Journal, 28 (5-6): 483-496.

Kaplan D I, Serne R J, Parker K E, et al., 2000. Iodide sorption to subsurface sediments and illitic minerals[J]. Environmental Science & Technology, 34 (3): 399-405.

Kaszuba J P, Runde W H, 1999. The aqueous geochemistry of neptunium: dynamic control of soluble concentrations with applications to nuclear waste disposal[J]. Environmental Science & Technology, 33 (24): 4427-4433.

Katsenovich Y, Carvajal D, Guduru R, et al., 2013. Assessment of the resistance to uranium (VI) exposure by *Arthrobacter* sp. isolated from Hanford Site soil[J]. Geomicrobiology Journal, 30 (2): 120-130.

Keum D K, Jeong H, Jun I, et al., 2020. Radiation dose assessment model for terrestrial flora and fauna and its application to the environment near Fukushima accident[J]. Journal of Radiation Protection and Research, 45 (1): 16-25.

Khemiri A, Carriere M, Bremond N, et al., 2014. *Escherichia coli* response to uranyl exposure at low pH and associated protein regulations[J]. Plos One, 9 (2): 9.

Kinoshita N, Sueki K, Sasa K, et al., 2011. Assessment of individual radionuclide distributions from the Fukushima nuclear accident covering central-east Japan[J]. Proceedings of the National Academy of Sciences of the United States of America, 108 (49): 19526-19529.

Kogure T, Morimoto K, Tamura K, et al., 2012. XRD and HRTEM evidence for fixation of cesium ions in vermiculite clay[J]. Chemistry Letters, 41 (4): 380-382.

Kolhe N, Zinjarde S, Acharya C, 2020. Impact of uranium exposure on marine yeast, *Yarrowia lipolytica*: Insights into the yeast strategies to withstand uranium stress[J]. Journal of Hazardous Materials, 381: 11.

Kumar R, Nongkhlaw M, Acharya C, et al., 2013. Uranium (U)-tolerant bacterial diversity from U ore deposit of domiasiat in North-East India and its prospective utilisation in bioremediation. [J]. Microbes and Environments, 28 (1): 33-41.

Kutanis D, Erturk E, Besir A, et al., 2016. Dexmedetomidine acts as an oxidative damage prophylactic in rats exposed to ionizing radiation[J]. Journal of Clinical Anesthesia, 34: 577-585.

Larsson C M, 2004. The FASSET Framework for assessment of environmental impact of ionising radiation in European ecosystems—an overview[J]. Journal of Radiological Protection, 24 (4A): A1.

Larsson C M, 2008. An overview of the ERICA Integrated Approach to the assessment and management of environmental risks from ionising contaminants[J]. Journal of Environmental Radioactivity, 99 (9): 1364-1370.

Laughlin D C, 2014. The intrinsic dimensionality of plant traits and its relevance to community assembly[J]. Journal of Ecology, 102 (1): 186-193.

Laughlin D C, Laughlin D E, 2013. Advances in modeling trait-based plant community assembly[J]. Trends in Plant Science, 18 (10): 584-593.

Legendre A, Elmhiri G, Gloaguen C, et al., 2019. Multigenerational exposure to uranium changes morphometric parameters and global DNA methylation in rat sperm[J]. Comptes Rendus Biologies, 342 (5-6): 175-185.

Lieser K H, 1993. Technetium in the nuclear fuel cycle, in medicine and in the environment[J]. Radiochimica Acta, 63 (s1): 5-8.

Lin W H, Chen L Q, Yu W, et al., 2016. Radioactive source terms for the Fukushima nuclear accident[J]. Science China Earth Sciences, 59: 214-222.

Liu F, Du K J, Fang Z, et al., 2015. Chemical and biological insights into uranium-induced apoptosis of rat hepatic cell line[J]. Radiation and Environmental Biophysics, 54(2): 207-216.

Liu H Q, Wang X X, Wu Y Z, et al., 2019. Toxicity responses of different organs of zebrafish(Danio rerio) to silver nanoparticles with different particle sizes and surface coatings[J]. Environmental Pollution, 246: 414-422.

Lopez-Fernandez M, Vilchez-Vargas R, Jroundi F, et al., 2018. Microbial community changes induced by uranyl nitrate in bentonite clay microcosms[J]. Applied Clay Science, 160: 206-216.

Mathews T, Beaugelin-Seiller K, Garnier-Laplace J, et al., 2009. A probabilistic assessment of the chemical and radiological risks of chronic exposure to uranium in freshwater ecosystems[J]. Environmental Science & Technology, 43(17): 6684-6690.

Matsushima N, Ihara S, Takase M, et al., 2015. Assessment of radiocesium contamination in frogs 18 months after the Fukushima Daiichi nuclear disaster[J]. Scientific Reports, 5: 9712.

Miller A C, Stewart M, Rivas R, 2010. Preconceptional paternal exposure to depleted uranium: Transmission of genetic damage to offspring[J]. Health Physics, 99(3): 371-379.

Miller C W, Yildiran M., 1984. Estimating radionuclide air concentrations near buildings: A screening approach[J]. Trans. Am. Nucl. Soc, 46: 55-57.

Møller A P, Mousseau T A, 2013. Low-dose radiation, scientific scrutiny, and requirements for demonstrating effects[J]. Bmc Biology, 11: 92.

Møller A P, Mousseau T A, 2015. Strong effects of ionizing radiation from Chernobyl on mutation rates[J].Scientific Reports, 5: 8363.

Møller A P, Surai P, Mousseau T A, 2005. Antioxidants, radiation and mutation as revealed by sperm abnormality in barn swallows from Chernobyl[J]. Proceedings of the Royal Society B-Biological Sciences, 272(1560): 247-252.

Morino Y, Ohara T, Nishizawa M, 2011. Atmospheric behavior, deposition, and budget of radioactive materials from the Fukushima Daiichi nuclear power plant in March 2011[J]. Geophysical Research Letters, 38(7): L00G11.

Morris D E, Chisholm-Brause C J, Barr M E, et al., 1994. Optical spectroscopic studies of the sorption of UO_2^{2+} species on a reference smectite[J]. Geochimica et Cosmochimica Acta, 58(17): 3613-3623.

Mousseau T A, Moller A P, 2020. Plants in the light of ionizing radiation: What have we learned from Chernobyl, Fukushima, and other "hot" places?[J]. Frontiers in Plant Science, 11: 552.

Mukherjee A, Wheaton G H, Blum P H, et al., 2012. Uranium extremophily is an adaptive, rather than intrinsic, feature for extremely thermoacidophilic Metallosphaera species[J]. Proceedings of the National Academy of Sciences, 109(41): 16702-16707.

Mumtaz S, Streten C, Parry D L, et al., 2018. Soil uranium concentration at Ranger Uranium Mine land application aeas drives changes in the bacterial community[J]. Journal of Environmental Radioactivity, 189: 14-23.

Neck V, Fanghänel T, Kim J I, 1997. Mixed hydroxo-carbonate complexes of neptunium(V)[J]. Ract, 77(3): 167-176.

Nelson J L, Perkins R W, Haushild W L, 1966. Determination of Columbia River flow times downstream from Pasco, Washington, using radioactive tracers introduced by the Hanford reactors[J]. Water Resources Research, 2(1): 31-39.

Ng C Y P, Cheng S H, Yu K N, 2016. Hormetic effect induced by depleted uranium in zebrafish embryos[J]. Aquatic Toxicology, 175: 184-191.

Ochiai, K, Hayama, S, Nakiri, S, et al., 2014. Low blood cell counts in wild Japanese monkeys after the Fukushima Daiichi nuclear disaster[J]. Scientific Reports, 4: 5793.

Oreliana, R, Hixson, K. K, Murphy, S, et al., 2014. Proteome of *Geobacter sulfurreducens* in the presence of U(VI)[J]. Microbiology-SGM, 160: 2607-2617.

Pereira, S, Camilleri, V, Floriani, M, et al., 2012. Genotoxicity of uranium contamination in embryonic zebrafish cells[J]. Aquatic Toxicology, 109: 11-16.

Pitois A, Aldave de Las Heras L, Betti M, 2008. Determination of fission products in nuclear samples by capillary electrophoresis-inductively coupled plasma mass spectrometry(CE-ICP-MS)[J]. Int J Mass Spectrom 270: 118-126.

Povinec P P, Hirose K, Aoyama M, 2012. Radiostrontium in the western North Pacific: Characteristics, behavior, and the Fukushima impact[J]. Environmental Science & Technology, 46(18): 10356-10363.

Qin H B, Yokoyama Y, Fan Q H, et al., 2012. Investigation of cesium adsorption on soil and sediment samples from Fukushima Prefecture by sequential extraction and EXAFS technique[J].Geochemical Journal, 46(4): 297-302.

Rädlinger G, Heumann K G, 2000. Transformation of iodide in natural and wastewater systems by fixation on humic substances[J].Environmental Science & Technology, 34(18): 3932-3936.

Rai D, Ryan J L, 1985. Neptunium(IV) hydrous oxide solubility under reducing and carbonate conditions[J]. Inorganic Chemistry, 24(3): 247-251.

Rai D, Hess N J, Felmy A R, et al., 1999. A thermodynamic model for the solubility of PuO_2(am) in the aqueous K^+-HCO_3^--CO_3^{2-}-OH^--H_2O system[J].Ract, 84(3): 159-170.

Robinson C A, 2003. Development of an international framework for the protection of the environment from the effects of ionizing radiation[J]. Protection of the Environment from Ionising Radiation: 110.

Runde W, Neu M P, Clark D L, 1996. Neptunium(V) hydrolysis and carbonate complexation: Experimental and predicted neptunyl solubility in concentrated NaCl using the Pitzer approach[J]. Geochimica et Cosmochimica Acta, 60(12): 2065-2073.

Sakamoto, F, Ohnuki, T, Kozai, N, et al., 2005. Effect of uranium(VI) on the growth of yeast and Influence of metabolism of yeast on adsorption of U(VI)[J]. Journal of Nuclear and Radiochemical Sciences, 6(1): 99-101.

Sanchez A L, Murray J W, Sibley T H, 1985. The adsorption of plutonium IV and V on goethite[J].Geochimica et Cosmochimica Acta, 49(11): 2297-2307.

Sarapultseva E I, Malina I, 2009. The change of Daphnia magna viability after low doses of gamma-irradiation[J]. Radiatsionnaia Biologiia, Radioecologiia, 49(1): 82-84.

Sarapultseva E I, Gorski A I, 2013. Low-dose γ-irradiation affects the survival of exposed daphnia and their offspring[J]. Dose-Response, 11(4): 460-468.

Sarapultseva E I, Dubrova Y E, 2016. The long-term effects of acute exposure to ionising radiation on survival and fertility in Daphnia magna[J]. Environmental Research, 150: 138-143.

Sargis R M, Subbaiah P V, 2006. Protection of membrane cholesterol by sphingomyelin against free radical-mediated oxidation[J]. Free Radical Biology and Medicine, 40(12): 2092-2102.

Scotti I A, Silva, S, Botteschi G, 1994. Effects of ozone on grain quality of wheat grown in open-top chambers - 3 years of experimentation[J]. Environmental Pollution, 86(1): 31-35.

Sepulveda-Medina P, Katsenovich Y, Musaramthota V, et al., 2015. The effect of uranium on bacterial viability and cell surface morphology using atomic force microscopy in the presence of bicarbonate ions[J]. Research in Microbiology, 166(5): 419-427.

Shanbhag P M, Choppin G R, 1981. Binding of uranyl by humic acid[J].Journal of Inorganic and Nuclear Chemistry, 43(12): 3369-3372.

Shen Y H, Zheng X Y, Wang X Y, et al., 2018. The biomineralization process of uranium(VI) by *Saccharomyces cerevisiae - transformation* from amorphous U(VI) to crystalline chernikovite[J].Applied Microbiology and Biotechnology, 102(9): 4217-4229.

Sheppard M I, Hawkins J L, 1995. Iodine and microbial interactions in an organic soil[J]. Journal of Environmental Radioactivity, 29(2): 91-109.

Silva R J, Nitsche H, 1995. Actinide environmental chemistryl[J]. Radiochimica Acta, 70-71(s1): 377-396.

Simon O, Gagnaire B, Camilleri V, et al., 2018. Toxicokinetic and toxicodynamic of depleted uranium in the zebrafish, *Danio rerio*[J]. Aquatic Toxicology, 197: 9-18.

Sohtome T, Wada T, Mizuno T, et al., 2014. Radiological impact of TEPCO's Fukushima Dai-ichi Nuclear Power Plant accident on invertebrates in the coastal benthic food web[J]. Journal of Environmental Radioactivity, 138: 106-115.

Song M, Probst T U, 2000. Rapid determination of technetium-99 by electrothermal vaporization-inductively coupled plasma-mass spectrometry with sodium chlorate and nitric acid as modifiers[J]. Anal Chim Acta, 413: 207-215.

Sonnack L, Klawonn T, Kriehuber R, et al., 2017. Concentration dependent transcriptome responses of zebrafish embryos after exposure to cadmium, cobalt and copper[J]. Comparative Biochemistry and Physiology D-Genomics & Proteomics, 24: 29-40.

Sonnack L, Klawonn T, Kriehuber R, et al., 2018. Comparative analysis of the transcriptome responses of zebrafish embryos after exposure to low concentrations of cadmium, cobalt and copper[J]. Comparative Biochemistry and Physiology D-Genomics & Proteomics, 25: 99-108.

Steinhauser G, Brandl A, Johnson T E, 2014. Comparison of the Chernobyl and Fukushima nuclear accidents: a review of the environmental impacts[J]. Science of the Total Environment, 470: 800-817.

Sternalski A, Matsui S, Bonzom J M, et al., 2015. Assessment of radiological dose rates in passerine birds after the Fukushima nuclear accident according to their life stage[J].Japanese Journal of Ornithology, 64(2): 161-168.

Stohl A, Seibert P, Wotawa G, et al., 2012. Xenon-133 and caesium-137 releases into the atmosphere from the Fukushima Dai-ichi nuclear power plant: Determination of the source term, atmospheric dispersion, and deposition[J]. Atmospheric Chemistry and Physics, 12(5): 2313-2343.

Sutcliffe B, Chariton A A, Harford A J, et al., 2017. Effects of uranium concentration on microbial community structure and functional potential[J]. Environmental Microbiology, 19(8): 3323-3341.

Sutcliffe B, Chariton A A, Harford A J, et al., 2018. Insights from the genomes of microbes thriving in uranium-enriched sediments[J]. Microbial Ecology, 75(4): 970-984.

Suzuki Y, Banfield J F, 2004. Resistance to, and accumulation of, uranium by bacteria from a uranium-contaminated site[J]. Geomicrobiology Journal, 21(2): 113-121.

Swer P B, Joshi S R, Acharya C, 2016. Cesium and strontium tolerant *Arthrobacter* sp. strain KMSZP6 isolated from a pristine uranium ore deposit[J]. AMB Express, 6.

Tanoi K, Uchida K, Doi C, et al., 2016. Investigation of radiocesium distribution in organs of wild boar grown in Iitate, Fukushima after the Fukushima Daiichi nuclear power plant accident[J]. Journal of Radioanalytical and Nuclear Chemistry, 307 (1): 741-746.

Tapia-Rodríguez A, Luna-Velasco A, Field J A., et al., 2012. Toxicity of uranium to microbial communities in anaerobic biofilms[J]. Water, Air, & Soil Pollution, 223 (7): 3859-3868.

Theodorakopoulos N, Chapon V, Coppin F M et al., 2015. Use of combined microscopic and spectroscopic techniques to reveal interactions between uranium and *Microbacterium* sp. A9, a strain isolated from the Chernobyl exclusion zone[J]. Journal of Hazardous Materials, 285: 285-293.

Thompson P A, Kurias J, Mihok S, 2005. Derivation and use of sediment quality guidelines for ecological risk assessment of metals and radionuclides released to the environment from uranium mining and milling activities in Canada[J]. Environmental Monitoring and Assessment, 110 (1-3): 71-85.

Thorenoor N, Lee J H, Lee S K, et al., 2010. Localization of the death effector domain of Fas-associated death domain protein into the membrane of *Escherichia coli* induces reactive oxygen species-involved cell death[J]. Biochemistry, 49 (7): 1435-1447.

Tyupa D V, Kalenov S V, Skladnev D A, et al., 2014. Toxic influence of silver and uranium salts on activated sludge of wastewater treatment plants and synthetic activated sludge associates modeled on its pure cultures[J]. Bioprocess and Biosystems Engineering, 38 (1): 125-135.

Urushihara Y, Suzuki T, Shimizu, Y., et al., 2018. Haematological analysis of Japanese macaques (*Macaca fuscata*) in the area affected by the Fukushima Daiichi Nuclear Power Plant accident[J]. Scientific Reports, 8: 16748.

Valentin J, 2003. A framework for assessing the impact of ionising radiation on non-human species: ICRP Publication 91[J]. Annals of the ICRP, 33 (3): 201-270.

Vanwonterghem I, Jensen P D, Ho D P, et al., 2014. Linking microbial community structure, interactions and function in anaerobic digesters using new molecular techniques[J]. Current Opinion in Biotechnology, 27: 55-64.

Vovk I F. 1988. Radiolysis as a factor influencing migration behaviour of iodine in the geosphere[J]. Ract, 44-45 (1): 195-200.

Waite T D, Davis J A, Payne T E, et al., 1994. Uranium (VI) adsorption to ferrihydrite: Application of a surface complexation model[J]. Geochimica et Cosmochimica Acta, 58 (24): 5465-5478.

Westoby M, Wright I J, 2006. Land-plant ecology on the basis of functional traits[J]. Trends in Ecology & Evolution, 21 (5): 261-268.

Wharton M J, Atkins B, Livens F R, et al., 2000. An X-ray absorption spectroscopy study of the coprecipitation of Tc and Re with mackinawite (FeS) [J]. Applied Geochemistry, 15 (3): 347-354.

Whitehead D C, 1984. The distribution and transformations of iodine in the environment[J]. Environment International, 10 (4): 321-339.

Wildung R E, Gorby Y A, Krupka K M, et al., 2000. Effect of electron donor and solution chemistry on products of dissimilatory reduction of technetium by *Shewanella putrefaciens*[J]. Applied and Environmental Microbiology, 66 (6): 2451-2460.

Wilkins M J, VerBerkmoes N C, Williams K H, et al., 2009. Proteogenomic monitoring of *Geobacter* physiology during stimulated uranium bioremediation[J]. Applied and Environmental Microbiology, 75 (20): 6591-6599.

Wilson D J, Britter R E, 1982. Estimates of building surface concentrations from nearby point sources[J]. Atmospheric Environment, 16 (11): 2631-2646.

Wood M D, Marshall W A, Beresford N A, et al., 2008. Application of the *ERICA* Integrated Approach to the Drigg coastal sand dunes[J]. Journal of Environmental Radioactivity, 99 (9): 1484-1495.

Wright I J, Reich P B, Westoby M, et al., 2004. The worldwide leaf economics spectrum[J]. Nature, 428(6985): 821-827.

Xiao S, Michalet R, Wang G, et al., 2009. The interplay between species' positive and negative interactions shapes the community biomass-species richness relationship[J]. Oikos, 118(9): 1343-1348.

Xiao S, Zhao L, Zhang J L, et al., 2013. The integration of facilitation into the neutral theory of community assembly[J]. Ecological Modelling, 251: 127-134.

Xu M, Zhang Y, Cao S, et al., 2023. A simulated toxic assessment of cesium on the blue mussel Mytilus *edulis* provides evidence for the potential impacts of nuclear wastewater discharge on marine ecosystems[J]. Environmental Pollution, 316: 120458.

Yamada S, Kitamura A, Kurikami H, et al., 2015. Sediment and ^{137}Cs transport and accumulation in the Ogaki Dam of eastern Fukushima[J]. Environmental Research Letters, 10(1): 014013.

Yan X, Luo X, Zhao M, 2016. Metagenomic analysis of microbial community in uranium-contaminated soil[J]. Applied microbiology and biotechnology, 100(1): 299-310.

Yu Z S, Warner J A, Dahlgren R A, et al., 1996. Reactivity of iodide in volcanic soils and noncrystalline soil constituent[J]. Geochimica et Cosmochimica Acta, 60(24): 4945-4956.

Yuan M, Jiang Z, Bi G, et al., 2021. Pattern-recognition receptors are required for NLR-mediated plant immunity[J]. Nature, 592(7852): 105-109.

Yung M C, Ma J C, Salemi M R, et al., 2014. Shotgun proteomic analysis unveils survival and detoxification strategies by *Caulobacter crescentus* during exposure to uranium, chromium, and cadmium[J]. Journal of Proteome Research, 13(4): 1833-1847.

Yung M M C, Park D M, Overton K W, et al., 2015. Transposon mutagenesis paired with deep sequencing of *Caulobacter crescentus* under uranium stress reveals genes essential for detoxification and stress tolerance[J]. Journal of Bacteriology, 197(19): 3160-3172.

Zaitsev A S, Gongalsky K B, Nakamori T, et al., 2014. Ionizing radiation effects on soil biota: Application of lessons learned from Chernobyl accident for radioecological monitoring[J]. Pedobiologia, 57(1): 5-14.

Zheng J, Tagami K, Uchida S, 2013. Release of plutonium isotopes into the environment from the Fukushima Daiichi Nuclear Power Plant accident: What is known and what needs to be known[J]. Environmental Science & Technology, 47(17): 9584-9595.

Zheng J, Tagami K, Bu W T, et al., 2014. Isotopic ratio of ^{135}Cs/^{137}Cs as a new tracer of radiocesium released from the Fukushima nuclear accident[J]. Environ Sci Technol, 48: 5433-5438.